全彩印刷
移动学习版

学电脑从入门到精通

龙马高新教育 编著

人民邮电出版社
北京

图书在版编目（CIP）数据

学电脑从入门到精通 / 龙马高新教育编著. -- 北京：人民邮电出版社，2017.8（2021.2 重印）
ISBN 978-7-115-46192-6

Ⅰ. ①学… Ⅱ. ①龙… Ⅲ. ①电子计算机－基本知识 Ⅳ. ①TP3

中国版本图书馆CIP数据核字(2017)第149890号

内容提要

本书以案例教学的方式为读者系统地介绍了电脑的相关知识和操作技巧。

全书共16章。第1章主要介绍电脑的入门知识；第2～7章主要介绍Windows 10的使用方法，包括基本操作、电脑操作环境的个性化设置、管理电脑文件和文件夹、轻松学会打字、电脑网络的连接以及管理电脑中的软件等；第8～10章主要介绍网上娱乐方法，包括多媒体娱乐、使用电脑上网以及网络聊天交友等；第11～13章主要介绍电脑办公的方法，包括使用Word处理文档、使用Excel制作报表以及使用PowerPoint制作演示文稿等；第14～16章主要介绍电脑使用秘技，包括使用电脑高效办公、电脑的优化与维护以及办公实战秘技等。

本书附赠的DVD多媒体教学光盘中，包含了与图书内容同步的教学录像及案例的配套素材和结果文件。此外，还赠送了大量相关学习内容的教学录像及扩展学习电子书等。

本书不仅适合电脑的初、中级用户学习使用，也可以作为各类院校相关专业学生和电脑培训班学员的教材或辅导用书。

◆ 编　　著　龙马高新教育
责任编辑　张　翼
责任印制　彭志环
◆ 人民邮电出版社出版发行　北京市丰台区成寿寺路11号
邮编　100164　电子邮件　315@ptpress.com.cn
网址　http://www.ptpress.com.cn
天津画中画印刷有限公司印刷
◆ 开本：700×1000　1/16
印张：19.25
字数：386千字　2017年8月第1版
印数：43 501－45 000册　2021年2月天津第19次印刷

定价：49.80元（附光盘）

Preface 前言

在信息科技飞速发展的今天，计算机已经走入了人们工作、学习和日常生活的各个领域，而计算机的操作水平也成为衡量一个人综合素质的重要标准之一。为满足广大读者的学习需求，我们针对当前计算机应用的特点，组织多位计算机专家、国家重点学科教授及计算机培训教师，精心编写了这套“从入门到精通”系列图书。

写作特色

从零开始，快速上手

无论读者是否接触过电脑，都能从本书获益，快速掌握相关操作方法。

面向实际，精选案例

全部内容均以真实案例为主线，在此基础上适当扩展知识点，真正实现学以致用。

全彩展示，一步一图

本书通过全彩排版，有效突出了重点、难点。所有实例的每一步操作，均配有对应的插图和注释，以便读者在学习过程中能够直观、清晰地看到操作过程和效果，提高学习效率。

单双混排，超大容量

本书采用单、双栏混排的形式，大大扩充了信息容量，在有限的篇幅中为读者奉送了更多的知识和实战案例。

高手支招，举一反三

本书在每章最后的“高手私房菜”栏目中提炼了各种高级操作技巧，为知识点的扩展应用提供了思路。

书盘结合，互动教学

本书配套的多媒体教学光盘内容与书中知识紧密结合并互相补充。在多媒体光盘中，我们模拟工作、生活中的真实场景，通过视频教学帮助读者体验实际应用环境，从而全面理解知识点的运用方法。

光盘特点

10 小时全程同步教学录像

光盘涵盖本书所有知识点的同步教学录像，详细讲解每个实战案例的操作过程及关键步骤，帮助读者更轻松地掌握书中所有的知识内容和操作技巧。

超值学习资源

除了与图书内容同步的教学录像外，光盘中还赠送了大量相关学习内容的教学录像、扩展学习电子书及本书所有案例的配套素材和结果文件等，以方便读者扩展学习。

配套光盘运行方法

（1）将光盘放入光驱后，系统会弹出【自动播放】对话框。

（2）单击【打开文件夹以查看文件】链接可以打开光盘文件夹，用鼠标右键单击光盘文件夹中的 MyBook.exe 文件，并在弹出的快捷菜单中选择【以管理员身份运行】菜单项，打开【用户账户控制】对话框，单击【是】按钮，光盘即可自动播放。

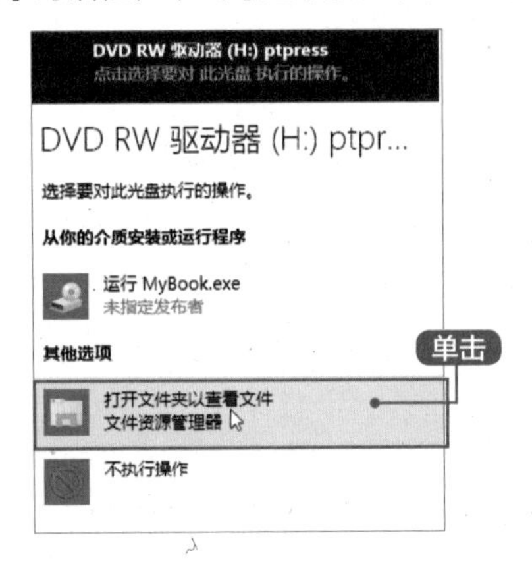

（3）光盘运行后会首先播放片头动画，之后进入光盘的主界面。其中包括【课堂再现】、【龙马高新教育 APP 下载】、【支持网站】3 个学习通道和【素材文件】、【结果文件】、【赠送资源】、【帮助文件】、【退出光盘】5 个功能按钮。

（4）单击【课堂再现】按钮，进入多媒体同步教学录像界面。在左侧的章号按钮上单击鼠标左键，在弹出的快捷菜单上单击要播放的节名，即可开始播放相应的教学录像。

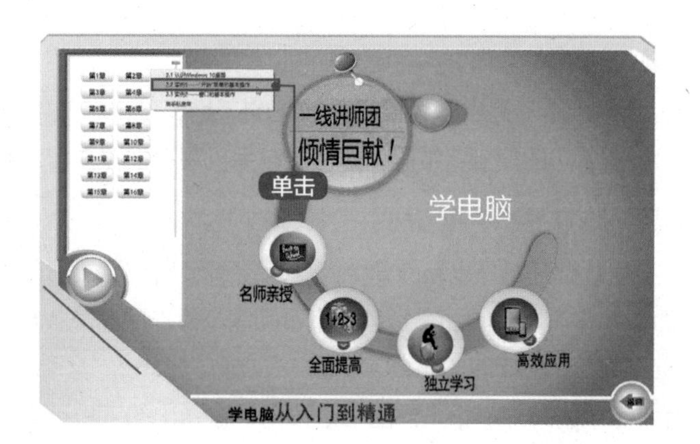

（5）单击【龙马高新教育 APP 下载】按钮，在打开的文件夹中包含龙马高新教育 APP 的安装程序，可以使用 360 手机助手、应用宝等将程序安装到手机中，也可以将安装程序传输到手机中进行安装。

（6）单击【支持网站】按钮，用户可以访问龙马高新教育的支持网站，在网站中进行交流学习。

（7）单击【素材文件】、【结果文件】、【赠送资源】按钮，可以查看对应的文件和学习资源。

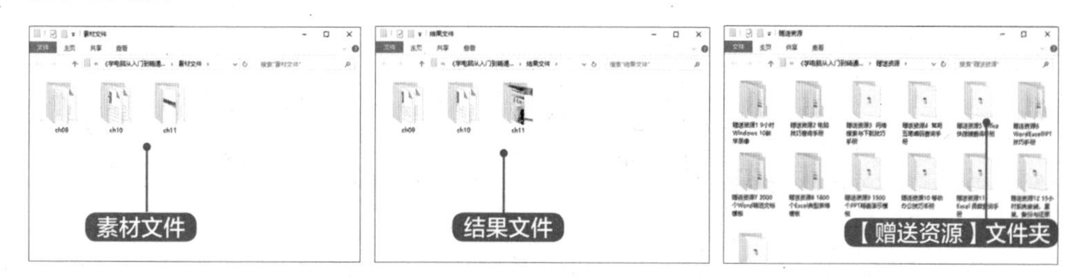

（8）单击【帮助文件】按钮，可以打开“光盘使用说明 .pdf”文档，该说明文档详细介绍了光盘在电脑上的运行环境和运行方法。

（9）单击【退出光盘】按钮，即可退出本光盘系统。

二维码视频教程学习方法

为了方便读者学习，本书提供了大量视频教程的二维码。读者使用微信、QQ 的“扫一扫”功能扫描二维码，即可通过手机观看视频教程。

龙马高新教育 APP 使用说明

（1）下载、安装并打开龙马高新教育 APP，可以直接使用手机号码注册并登录。在【个人信息】界面，用户可以订阅图书类型、查看问题及添加的收藏、与好友交流、管理离线缓存、反馈意见并更新应用等。

（2）在首页界面单击顶部的【全部图书】按钮，在弹出的下拉列表中可查看订阅的图书类型，在上方搜索框中可以搜索图书。

（3）进入图书详细页面，单击要学习的内容即可播放视频。此外，还可以发表评论、收藏图书并离线下载视频文件等。

（4）首页底部包含 4 个栏目：在【图书】栏目中可以显示并选择图书，在【问同学】栏目中可以与同学讨论问题，在【问专家】栏目中可以向专家咨询，在【晒作品】栏目中可以分享自己的作品。

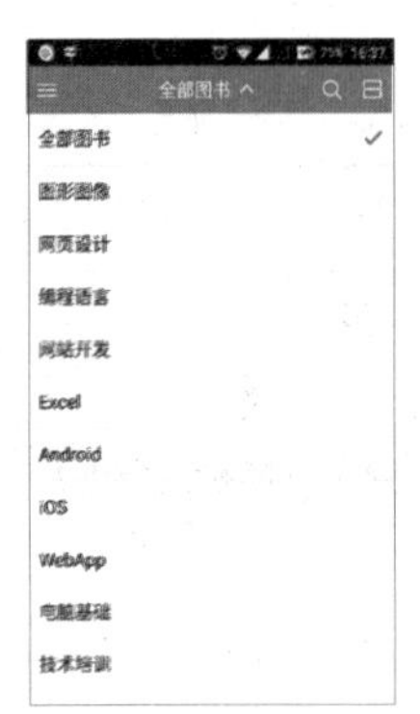

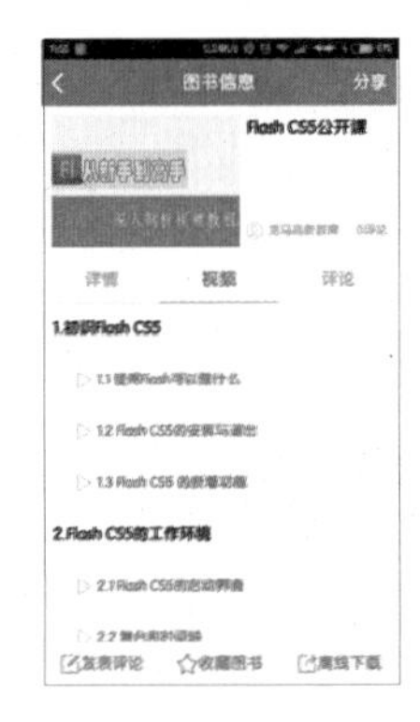

创作团队

本书由龙马高新教育编著。参与本书编写、资料整理、多媒体开发及程序调试的人员有孔万里、周奎奎、张任、张田田、尚梦娟、李彩红、尹宗都、王果、陈小杰、左琨、邓艳丽、崔姝怡、侯蕾、左花苹、刘锦源、普宁、王常吉、师鸣若、钟宏伟、陈川、刘子威、徐永俊、朱涛和张允等。

在本书的编写过程中，我们竭尽所能地将最好的内容呈现给读者，但书中也难免有疏漏和不妥之处，敬请广大读者不吝指正。读者在学习过程中有任何疑问或建议，可发送电子邮件至 zhangyi@ptpress.com.cn。

编　者

Contents 目录

第 1 章 电脑快速入门

本章视频教学时间 / 29 分钟

1.1 电脑的分类 16

1.1.1 台式机 16

1.1.2 笔记本电脑 17

1.1.3 平板电脑 17

1.1.4 智能手机 18

1.1.5 可穿戴电脑、智能家居与 VR 设备 18

1.2 认识电脑的组成 20

1.2.1 硬件 20

1.2.2 软件 23

1.3 实例 1——开启和关闭电脑 25

1.3.1 正确开启电脑的方法 25

1.3.2 重启电脑 26

1.3.3 正确关闭电脑的方法 26

1.4 实例 2——使用鼠标 27

1.4.1 鼠标的正确握法 27

1.4.2 鼠标的基本操作 27

1.4.3 不同鼠标指针的含义 28

1.5 实例 3——使用键盘 29

1.5.1 键盘的基本分区 29

1.5.2 键盘的基本操作 30

1.5.3 打字的正确姿势 31

1.6 实例 4——连接电脑 31

高手私房菜 33

技巧 1 • 怎样用左手操作鼠标 33

技巧 2 • 将鼠标指针调大 34

第 2 章 Windows 10 的基本操作

本章视频教学时间 / 18 分钟

2.1 认识 Windows 10 桌面 36

2.2 实例 1——“开始”菜单的基本操作 38

2.2.1 在“开始”菜单中查找程序 38

2.2.2 将应用程序固定到“开始”屏幕 39

2.2.3 将应用程序固定到任务栏 39

2.2.4 动态磁贴的使用 40

2.2.5 调整“开始”屏幕大小 41

2.3 实例 2——窗口的基本操作 41

2.3.1 窗口的组成元素 41

2.3.2 打开和关闭窗口 44

2.3.3 移动窗口的位置 45

2.3.4 调整窗口的大小 45

2.3.5 切换当前窗口 46

2.3.6 窗口贴边显示 47

高手私房菜 48

技巧 1 • 快速锁定 Windows 桌面 48

技巧 2 • 隐藏搜索框 48

第 3 章 电脑操作环境的个性化设置

本章视频教学时间 / 24 分钟

3.1 实例 1——桌面图标的设置 50

3.1.1 找回传统桌面的系统图标 50

3.1.2 添加桌面图标 51

3.1.3 删除桌面图标......52
3.1.4 设置桌面图标的大小和排列方式......52
3.2 实例 2——个性化设置......53
3.2.1 设置桌面背景和颜色......53
3.2.2 设置锁屏界面......54
3.2.3 设置主题......55
3.2.4 设置屏幕分辨率......56
3.3 实例 3——Microsoft 账户的设置......57
3.3.1 认识Microsoft 账户......57
3.3.2 注册并登录Microsoft 账户......57
3.3.3 添加账户头像......60
3.3.4 更改账户密码......60
3.3.5 设置开机密码为 PIN 码......61
高手私房菜......63
技巧 1 • 取消显示开机锁屏界面......63
技巧 2 • 取消开机密码，设置 Windows 自动登录......64

第 4 章 管理电脑文件和文件夹
本章视频教学时间 / 31 分钟
4.1 实例 1——文件和文件夹的管理......66
4.1.1 电脑......66
4.1.2 文件夹组......66
4.2 认识文件和文件夹......67
4.2.1 文件......67
4.2.2 文件夹......69
4.3 实例 2——文件和文件夹的基本操作......70
4.3.1 找到文件和文件夹......70
4.3.2 文件资源管理功能区......71
4.3.3 打开 / 关闭文件或文件夹......72
4.3.4 更改文件或文件夹的名称......72
4.3.5 复制 / 移动文件或文件夹......73
4.3.6 隐藏 / 显示文件或文件夹......74
高手私房菜......75
技巧 1 • 添加常用文件夹到“开始”屏幕......75
技巧 2 • 如何快速查找文件......76

第 5 章 轻松学会打字
本章视频教学时间 / 48 分钟
5.1 实例 1——正确的指法操作......78
5.1.1 手指的基准键位......78
5.1.2 手指的正确分工......78
5.1.3 正确的打字姿势......79
5.1.4 按键的敲打要领......79
5.2 实例 2——输入法的管理......80
5.2.1 输入法的种类......80
5.2.2 挑选合适的输入法......80
5.2.3 安装与删除输入法......81
5.2.4 输入法的切换......82
5.3 实例 3——拼音打字......82
5.3.1 使用简拼、全拼混合输入......82
5.3.2 中英文混合输入......83
5.3.3 拆字辅助码的输入......84
5.3.4 快速插入当前日期时间......85
5.4 实例 4——陌生字的输入方法......85
5.5 实例 5——五笔打字......87
5.5.1 五笔字根在键盘上的分布......87

5.5.2 巧记五笔字根 89
5.5.3 灵活输入汉字 90
5.5.4 简码的输入 91
5.5.5 输入词组 94

高手私房菜 99

技巧 1 • 单字的五笔字根编码歌诀技巧...... 99
技巧 2 • 造词 101

第 6 章 电脑网络的连接

本章视频教学时间 / 41 分钟

6.1 实例 1——电脑连接上网的方式及配置 102
6.1.1 ADSL 宽带上网 102
6.1.2 小区宽带上网 104
6.2 实例 2——组建无线局域网...... 106
6.2.1 准备工作 106
6.2.2 组建无线局域网 109
6.3 实例 3——组建有线局域网...... 112
6.3.1 准备工作 112
6.3.2 组建有线局域网 114
6.4 实例 4——管理你的无线网...... 115
6.4.1 网速测试 115
6.4.2 修改无线网络名称和密码 ... 116
6.4.3 IP 的带宽控制 117
6.4.4 关闭路由器无线广播 118
6.4.5 实现路由器的智能管理....... 119
6.5 实例 5——实现 Wi-Fi 信号家庭全覆盖 120
6.5.1 家庭网络信号不能全覆盖的原因 120
6.5.2 解决方案 121
6.5.3 使用 WDS 桥接扩大路由覆盖区域 123

高手私房菜 127

技巧 1 • 安全使用免费 Wi-Fi 127
技巧 2 • 将电脑转变为无线路由器 127

第 7 章 管理电脑中的软件

本章视频教学时间 /53 分钟

7.1 认识常用软件.......................... 130
7.2 软件的获取方法 133
7.2.1 安装光盘 134
7.2.2 从官网下载......................... 134
7.2.3 通过电脑管理软件下载....... 135
7.3 实例 1——软件的安装方法...... 135
7.4 实例 2——软件的更新 / 升级 .. 137
7.4.1 自动检测升级 137
7.4.2 使用第三方软件升级 138
7.5 实例 3——软件的卸载 138
7.5.1 使用自带的卸载组件 138
7.5.2 使用【设置】面板卸载程序... 140
7.5.3 使用第三方软件卸载 140
7.5.4 使用【设置】面板.............. 141
7.6 实例 4——使用 Windows 应用商店 142
7.6.1 搜索并下载应用 142
7.6.2 购买付费应用 144
7.6.3 查看已购买应用 145
7.6.4 更新应用 146
7.7 实例 5——硬件设备的管理...... 147

7.7.1 查看硬件的型号 147
7.7.2 更新和卸载硬件的驱动程序 148
7.7.3 禁用或启动硬件 150
7.8 实例 6——设置默认打开程序 150
高手私房菜 153
技巧 1 • 安装更多字体 153
技巧 2 • 解决安装输入法软件时提示“扩展属性不一致”的问题 154
第 8 章 多媒体娱乐
本章视频教学时间 / 24 分钟
8.1 实例 1——浏览和编辑图片 156
8.1.1 查看图片 156
8.1.2 旋转图片 157
8.1.3 裁剪图片 157
8.1.4 使用滤镜 158
8.1.5 修改图片光线 159
8.2 实例 2——听音乐 159
8.2.1 Groove 音乐播放器的设置与使用 159
8.2.2 在线听歌 162
8.2.3 下载音乐 163
8.3 实例 3——看电影 164
8.3.1 使用【电影和电视】应用 164
8.3.2 在线看电影 166
8.3.3 下载电影 167
8.4 实例 4——玩游戏 168
8.4.1 单机游戏——纸牌游戏 168
8.4.2 联机游戏——Xbox 169
高手私房菜 173
技巧 1 • 将喜欢的图片设置为照片磁贴 173
技巧 2 • 创建照片相册 173
第 9 章 使用电脑上网
本章视频教学时间 / 20 分钟
9.1 实例 1——使用 Microsoft Edge 浏览器 176
9.1.1 Microsoft Edge 的功能与设置 176
9.1.2 无干扰阅读——阅读视图 178
9.1.3 在 Web 上书写——做 Web 笔记 179
9.1.4 在浏览器中使用 Cortana 180
9.2 实例 2——使用 Internet Explorer 11 浏览器 180
9.3 实例 3——查看天气 181
9.4 实例 4——查询地图 182
9.5 实例 5——网上购物 183
9.5.1 网上购物的流程 183
9.5.2 网上购物的方法 184
9.6 实例 6——网上购买火车票 188
高手私房菜 188
技巧 1 • 删除上网记录 189
技巧 2 • 认识网购交易中的卖家骗术 190
第 10 章 网络聊天交友
本章视频教学时间 / 34 分钟
10.1 实例 1——聊 QQ 192
10.1.1 申请 QQ 账号 192

10.1.2 登录QQ......193
10.1.3 添加QQ好友......193
10.1.4 与好友聊天......194
10.1.5 语音和视频聊天......196
10.1.6 使用QQ发送文件......197
10.1.7 创建讨论组......198
10.1.8 管理QQ好友......199

10.2 实例2——玩微信......200

10.2.1 微信网页版......200
10.2.2 微信电脑版......202

10.3 实例3——刷微博......202

10.3.1 发布微博......203
10.3.2 添加关注......203
10.3.3 转发并评论......204
10.3.4 发起话题......205

高手私房菜......205

技巧1 • 一键锁定QQ，保护隐私......205
技巧2 • 备份/还原QQ聊天记录......206

第11章 使用Word处理文档

本章视频教学时间 / 42分钟

11.1 实例1——制作公司内部通知...208

11.1.1 创建并保存Word文档....208
11.1.2 设置文本字体......209
11.1.3 设置文本段落缩进和间距...209
11.1.4 添加边框和底纹......210

11.2 实例2——制作教学课件......211

11.2.1 设置页面背景颜色......211
11.2.2 插入图片及艺术字......212
11.2.3 设置文本格式......212
11.2.4 绘制表格......213

11.3 实例3——排版毕业论文......214

11.3.1 设计毕业论文首页......215
11.3.2 设计毕业论文格式......215
11.3.3 设置页眉并插入页码......216
11.3.4 提取目录......217

11.4 实例4——递交准确的年度报告......218

11.4.1 批注文档......219
11.4.2 修订文档......219
11.4.3 删除批注......220
11.4.4 接受或拒绝修订......220

高手私房菜......221

技巧1 • 使用【Enter】键增加表格行......221
技巧2 • 删除页眉分割线......221

第12章 使用Excel制作报表

本章视频教学时间 / 45分钟

12.1 实例1——制作员工考勤表....224

12.1.1 新建工作簿......224
12.1.2 在单元格中输入文本内容...224
12.1.3 调整单元格......225
12.1.4 美化单元格......225

12.2 实例2——制作汇总销售记录表......226

12.2.1 对数据进行排序......226
12.2.2 数据的分类汇总......227

12.3 实例3——制作销售情况统计表......228

12.3.1 创建柱形图表 228
12.3.2 美化图表 229
12.3.3 添加趋势线 230
12.3.4 插入迷你图 231

12.4 实例 4——制作销售奖金计算表 232

12.4.1 使用【SUM】函数计算累计业绩 232
12.4.2 使用【VLOOKUP】函数计算销售业绩额和累计业绩额 232
12.4.3 使用【HLOOKUP】函数计算奖金比例 233
12.4.4 使用【IF】函数计算基本业绩奖金和累计业绩奖金 234
12.4.5 计算业绩总奖金额 235

12.5 实例 5——制作销售业绩透视表/图 235

12.5.1 创建销售业绩透视表 235
12.5.2 设置销售业绩透视表表格 236
12.5.3 设置销售业绩透视表中的数据显示形式 237
12.5.4 创建销售业绩透视图 238
12.5.5 编辑销售业绩透视图 239

高手私房菜 240

技巧 1 • 输入以“0”开头的数字 240
技巧 2 • 在 Excel 中绘制斜线表头 241

第 13 章 使用 PowerPoint 制作演示文稿

本章视频教学时间 / 1 小时 16 分钟

13.1 实例 1——制作岗位竞聘演示文稿 244

13.1.1 制作首页幻灯片 244
13.1.2 制作岗位竞聘幻灯片 245
13.1.3 制作结束幻灯片 247

13.2 实例 2——设计沟通技巧培训 PPT 247

13.2.1 设计幻灯片母版 247
13.2.2 设计幻灯片首页 249
13.2.3 设计图文幻灯片 250
13.2.4 设计图形幻灯片 251
13.2.5 设计结束页幻灯片 253

13.3 实例 3——制作中国茶文化幻灯片 254

13.3.1 设计幻灯片母版 254
13.3.2 设计幻灯片首页 256
13.3.3 设计茶文化简介页面 257
13.3.4 设计目录页面 257
13.3.5 设计其他幻灯片 258
13.3.6 设置超链接 259
13.3.7 添加切换效果 261
13.3.8 添加动画效果 261

13.4 实例 4——公司宣传片的放映 263

13.4.1 设置幻灯片放映 263
13.4.2 添加注释 264

高手私房菜 266

技巧 1 • 用【Shift】键绘制标准图形 266
技巧 2 • 通过压缩图片为 PPT 瘦身 266

第 14 章 使用电脑高效办公

本章视频教学时间 / 25 分钟

14.1 实例 1——收/发邮件 268

14.2 实例 2——使用个人智能助理 Cortana 269

14.3 实例 3——文档的下载 271
14.4 实例 4——局域网内文件的共享 272
14.4.1 开启公用文件夹共享 273
14.4.2 共享任意文件夹 274
14.5 实例 5——办公设备的使用 275
14.5.1 打印机的使用 275
14.5.2 复印机的使用 277
14.5.3 扫描仪的使用 278
14.6 实例 6——使用云盘保护重要资料 279
高手私房菜 281
技巧 1 • 打印行号、列标 281
技巧 2 • 打印时让文档自动缩页 282

第 15 章 电脑的优化与维护
本章视频教学时间 /23 分钟
15.1 实例 1——系统安全与防护 284
15.1.1 修补系统漏洞 284
15.1.2 查杀电脑中的病毒 285
15.2 实例 2——使用 360 安全卫士优化电脑 286
15.2.1 电脑优化加速 286
15.2.2 给系统盘瘦身 287
15.3 实例 3——一键备份与还原系统 288
15.3.1 一键备份系统 288
15.3.2 一键还原系统 290
15.4 实例 4——重装系统 291
15.4.1 什么情况下重装系统 292
15.4.2 重装前应注意的事项 292
15.4.3 重新安装系统 293
高手私房菜 294
技巧 • 转移系统盘重要资料和软件 294

第 16 章 办公实战秘技
本章视频教学时间 /23 分钟
16.1 实例 1——Office 组件间的协作 298
16.1.1 在 Word 中创建 Excel 工作表 298
16.1.2 在 Word 中调用 PowerPoint 演示文稿 298
16.1.3 在 Excel 中调用 PowerPoint 演示文稿 299
16.1.4 在 PowerPoint 中调用 Excel 工作表 299
16.1.5 将 PowerPoint 转换为 Word 文档 300
16.2 实例 2——使用 OneDrive 同步数据 300
16.3 实例 3——使用手机 / 平板电脑办公 301
16.3.1 修改文档 301
16.3.2 制作销售报表 303
16.3.3 制作 PPT 305
高手私房菜 306
技巧 • 使用手机连接打印机打印文档 306

DVD 光盘赠送资源

赠送资源 1 9 小时 Windows 10 教学录像

赠送资源 2 电脑技巧查询手册

赠送资源 3 网络搜索与下载技巧手册

赠送资源 4 常用五笔编码查询手册

赠送资源 5 Office 快捷键查询手册

赠送资源 6 Word/Excel/PPT 技巧手册

赠送资源 7 2000 个 Word 精选文档模板

赠送资源 8 1800 个 Excel 典型表格模板

赠送资源 9 1500 个 PPT 精美演示模板

赠送资源 10 移动办公技巧手册

赠送资源 11 Excel 函数查询手册

赠送资源 12 15 小时系统安装、重装、备份与还原教学录像

赠送资源 13 电脑维护与故障处理技巧查询手册

第 1 章

电脑快速入门

本章视频教学时间 / 29 分钟

重点导读

对于电脑初学者，要想熟练地掌握电脑应用知识，首先就要认识电脑并掌握电脑上各种按钮与接口的使用，还要学会如何正确地启动与关闭电脑，以及使用鼠标与键盘等。

学习效果图

1.1 电脑的分类

本节视频教学时间 / 6 分钟

随着电脑的更新换代，其类型也日新月异，种类也越来越多，市面上最为常见的有：台式机、笔记本电脑、平板电脑、智能手机等。另外，智能家居、智能穿戴设备也一跃成为了当下热点。本节将介绍不同种类的电脑及其特点。

1.1.1 台式机

台式机也称为桌面计算机，是最为常见的电脑，其特点是体积大，较笨重，一般需要放置在电脑桌或专门的工作台上，主要用于比较稳定的场合，如公司与家庭。

目前，台式机主要分为分体式和一体机。分体式是出现最早的传统机型，显示屏和主机分离，占位空间大，通风条件好，与一体机相比，用户群更广。下图所示就是一款台式机。

一体机是将主机、显示器等集成到一起，与传统台式机相比，它结合了台式机和笔记本电脑的优点，具有连线少、体积小、设计时尚的特点，吸引了无数用户的眼球，成为一种新的产品形态，如下图所示。

当然，除了分体式和一体机外，迷你 PC 产品也逐渐进入市场，成为时下热门产品。虽然迷你 PC 产品体积小，有的甚至与 U 盘大小一般，却搭载着处理器、内存、硬盘等，并配有操作系统，可以插入电视机、显示器或者投影仪等，使之成为一个电脑，

用户还可以使用蓝牙鼠标、键盘连接操作。下图所示就是英特尔公司推出的一款一体式迷你电脑棒。

1.1.2 笔记本电脑

笔记本电脑（NoteBook Computer，简写为 NoteBook），又称为笔记型、手提或膝上电脑（Laptop Computer，简写为 Laptop），是一种方便携带的小型个人电脑。笔记本电脑与台式机有着类似的结构组成，包括显示器、键盘、鼠标、CPU、内存和硬盘等。笔记本电脑主要的优点有体积小、重量轻、携带方便，所以便携性是笔记本电脑相对于台式机最大的优势。下图所示就是一款笔记本电脑。

笔记本电脑与台式机的对比如下。

（1）便携性比较

与笨重的台式机相比，笔记本电脑小巧便携，且消耗的电能较少，产生的噪声较小。

（2）性能比较

相对于同等价格的台式机，笔记本电脑的运行速度通常会稍慢一点，对图像和声音的处理能力也比台式机稍逊一筹。

（3）价格比较

对于同等性能的笔记本电脑和台式机来说，笔记本电脑由于对各种组件的搭配要求更高，其价格也相应较高。但是，随着现代工艺和技术的进步，笔记本电脑和台式机之间的价格差距正在缩小。

1.1.3 平板电脑

平板电脑是个人电脑（PC）家族新增加的一名成员。其外观和笔记本电脑相似，是一种小型、携带方便的个人电脑。集移动商务、移动通信和移动娱乐为一体，是平板电脑最重要的特点，其具有与笔记本电脑一样的体积小而轻的特点，可以随时转移使用场所，移动灵活性较高。

平板电脑最为典型的是 iPad，它的出现，在全世界掀起了平板电脑的热潮。如今，平板电脑种类、样式、功能更多，可谓百花齐放，如有支持打电话的、带全键盘滑盖的、支持电磁笔双触控的。另外，根据应用领域划分，平板电脑有多种类型，如商务型、学生型、工业型等。下图所示就是一款平板电脑。

1.1.4 智能手机

智能手机已基本替代了传统的、功能单一的手持电话，它可以像个人电脑一样，拥有独立的操作系统、运行和存储空间。除了具有手机的通话功能外，它还具备 PDA（Personal Digital Assistant，掌上电脑）的功能。

智能手机，与平板电脑相比，以通信为核心，尺寸小，便携性强，可以放入口袋中随身携带。从广义上说，智能手机是使用人群最多的个人电脑。下图所示就是一款智能手机。

1.1.5 可穿戴电脑、智能家居与 VR 设备

从表面上看，可穿戴电脑同智能家居和电脑有些风马牛不相及的感觉，但它们却同属于电脑的范畴，可以像电脑一样智能。下面就简单介绍可穿戴电脑、智能家居与 VR 设备。

1. 可穿戴电脑

可穿戴电脑，通常称为可穿戴计算设备，指可穿戴于身上的、外出进行活动时可实现某些功能的微型电子设备。它由轻巧的装置构成，便携性更强，具有满足可佩戴的形态，具备独立的计算能力及拥有专用的应用程序和功能，可以完美地将电脑和穿戴设备结合，如眼镜、手表、项链，给用户提供全新的人机交互方式和用户体验等。

随着 PC 互联网向移动互联网过渡，相信可穿戴计算设备也会以更多的产品形态和更好的用户体验被人们所接受，逐渐实现大众化。下图所示就是一款可穿戴电脑。

2. 智能家居

智能家居相对于可穿戴电脑，则提供了一个无缝的环境，以住宅为平台，利用综合布线技术、网络通信技术、安全防范技术、自动控制技术、音视频技术等与家居生活有关的设施集成，构建高效的住宅设施与家庭日程事务的管理系统，提升家居生活的安全性、便利性、舒适性和艺术性，并实现居住环境的环保节能。

传统的家电、家居设备、房屋建筑等都成为了智能家居的发展方向，尤其是物联网的快速发展和“互联网 +”的提出，使更多的家电和家居设备成为连接物联网的终端和载体。如今，我们可以明显地发现，我国的智能电视市场，基本完成市场布局，传统电视逐渐被替代和淘汰，在市场上基本无迹可寻。

智能家居的出现给用户带来了各种便利，如电灯可以根据光线、用户位置或用户需求，自动打开或关闭，自动调整灯光和颜色；电视可以感知用户的观看状态，据此判断是否关闭等；手机可以控制插座、定时开关、充电保护等。

3.VR 设备

虚拟现实（简称 VR）技术，是创建和体验虚拟环境的计算机仿真系统。用户可以通过 VR 设备，增强对听觉、视觉、触觉、嗅觉等感知，满足人们的工作和娱乐需求，是一种新的交互方式。

2016 年被称为 VR 元年，因为 VR 从年头热到年尾，而央视 2017 年春节联欢晚会推出的 VR 全景直播，更让它火了一把，给用户带来了超逼真沉浸式体验，将观众从自家沙发带进了“现场”。目前，市面上的 VR 眼镜（见下图），价格也十分亲民，售价多在几百元左右，带上眼镜，配合手机或电脑，让人拥有沉浸式的虚拟现实。

1.2 认识电脑的组成

本节视频教学时间 / 8 分钟

电脑已经完全融入了我们的日常生活，成为生活、工作和学习中的一部分。本节主要从电脑的硬件和软件两方面入手，介绍电脑的内部组成部件和软件组成。

1.2.1 硬件

通常情况下，一台电脑的硬件主要包括主机、显示器、键盘、鼠标、音箱等，如下图所示。用户还可根据需要配置麦克风、摄像头、打印机、扫描仪、调制解调器等部件。

1. 主机

主机是电脑的重要组成部分，其由多个硬件部件组成，包括 CPU（中央处理器）、主板、内存、硬盘、电源、光驱、显卡等，如下图所示。主机外部主要包含电源按钮、重启按钮及其他电脑配件的连接端口等。

一台电脑上的按钮主要有主机上的电源按钮、重启按钮、光驱开关按钮以及显示器上的电源按钮。按下电脑主机上的电源按钮，可以开启电脑；按下主机上的重启按钮，可以重新启动电脑。

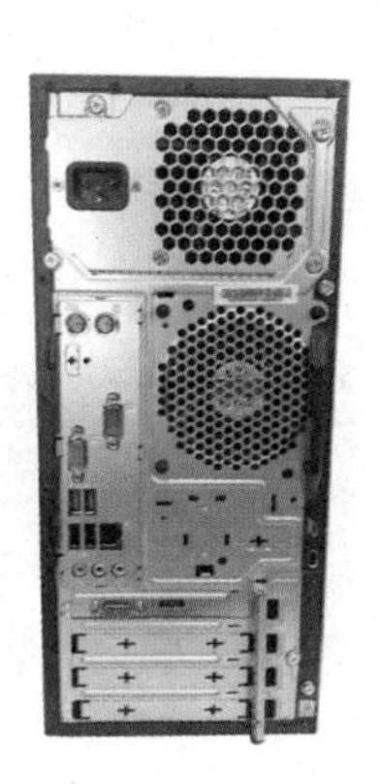

2. 显示器

显示器是电脑重要的输出设备。电脑操作的各种状态、结果，编辑的文本、程序、图形等都是在显示器上显示出来的。目前，大多数显示器都是液晶显示器，如下图所示。

显示器上的电源按钮主要用于控制显示器的开关。除该按钮外，不同的型号与品牌的显示器还提供其他按钮，如用于调节亮度的按钮、用于调节对比度的按钮以及自动调节显示器亮度与对比度的按钮。当然，不同的显示器其按钮也有所差异，如下图是一款显示器按键功能图。

3. 键盘

键盘是电脑最基本的输入设备，如下图所示。用户给电脑输入的各种命令、程序和数据都可以通过键盘输入到电脑中。按照键盘的结构，可以将键盘分为机械式键盘和电容式键盘；按照键盘的外形，可以将键盘分为标准键盘和人体工学键盘；按照键盘的接口，可以将键盘分为 AT 接口（大口）、PS/2 接口（小口）、USB 接口、无线等种类的键盘。

4. 鼠标

鼠标用于确定光标在屏幕上的位置。在应用软件的支持下，鼠标可以快速、方便地完成某种特定的操作。鼠标包括鼠标右键、鼠标左键、鼠标滚轮、鼠标线和鼠标插头。鼠标按照插头的类型，可分为 USB 接口的鼠标、PS/2 接口的鼠标和无线鼠标，如下图所示。

5. 音箱

音箱是可以将音频信号变换为声音的一种设备，如下图所示。通俗地讲，就是音箱主机箱体内或低音箱体内自带的功率放大器，对音频信号进行放大处理后由音箱本身回放出声音，使其声音变大。

6. 其他扩展硬件

除了以上几种硬件设备外，麦克风、摄像头、U 盘、路由器等都是常用的电脑设备。

（1）麦克风

麦克风也称话筒，是将声音转换为电信号的转换器件，它通过声波作用到电声元件上产生电压，使其转换的电能作用于各种扩音设备中。

（2）摄像头

摄像头(Camera)又称为电脑相机、电脑眼等，是一种视频输入设备，被广泛地运用于视频会议、远程医疗、实时监控，而且通过摄像头还可以在网上进行有影像、有声音的交谈和沟通等。

（3）U盘

U盘是一种使用USB接口与电脑连接的微型、高容量移动存储设备，无需物理驱动器就可以实现即插即用。U盘最突出的优点就是：小巧、便于携带、存储容量大、价格便宜、性能可靠。

（4）路由器

路由器是用于连接多个逻辑上分开的网络的设备，可以用来建立局域网，也可以实现家庭中多台电脑同时上网，还可以将有线网络转换为无线网络。

1.2.2 软件

软件是电脑系统的重要组成部分。电脑的软件系统可以分为系统软件、驱动软件和应用软件3大类。使用不同的软件，电脑可以完成不同的工作，具有非凡的灵活性和通用性。

1. 最常用的软件——应用程序

所谓应用程序，是指除了系统程序以外的所有程序，它是用户利用电脑及其提供的系统程序为解决各种实际问题而编制的。

目前，常见的应用程序有各种用于科学计算的程序包、各种数字处理软件、信息管理软件、电脑辅助设计软件、实时控制软件和各种图形软件等。其中，应用最为广泛的应用程序就是文字处理软件。它能实现对文本的编辑、排版和打印，如Microsoft（微软）公司的Office办公软件。

2. 人机对话的桥梁——操作系统

操作系统是一款管理电脑硬件与软件资源的程序，同时也是电脑系统的内核与基石。目前，操作系统主要有 Windows 7、Windows 8 和 Windows 10 等。

（1）Windows 7

Windows 7 继承了 Windows XP 的实用和 Windows Vista 的华丽，同时进行了一次升华。该系统旨在让人们的日常电脑操作更加简单和快捷，为人们提供高效易行的工作环境。

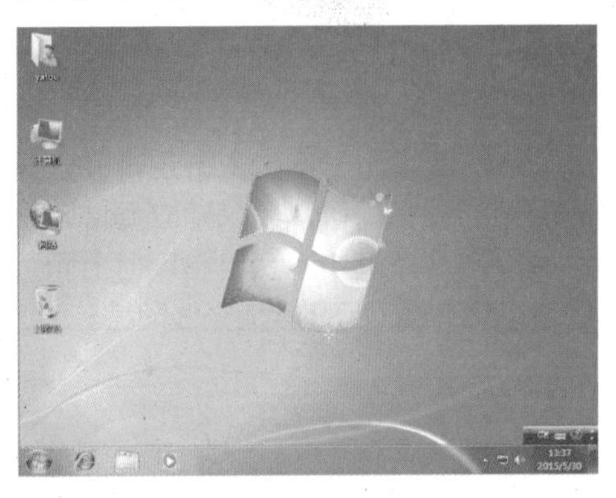

（2）Windows 8

Windows 8 是由美国微软公司开发的、具有革命性变化的操作系统。Windows 8 系统支持来自 Intel、AMD 和 ARM 的芯片架构，这意味着 Windows 系统开始向更多平台迈进。

（3）Windows 10

Windows 10 是美国微软公司研发的新一代跨平台及设备应用的操作系统，覆盖 PC、平板电脑、手机、XBOX 和服务器端等。

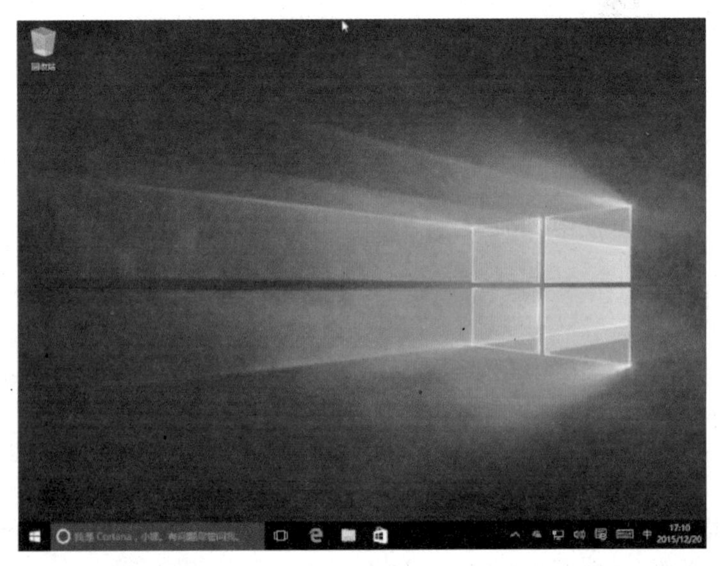

3. 不得不用的软件——驱动程序

驱动程序（Device Driver），全称为“设备驱动程序”，是一种可以使电脑和设备通信的特殊程序，相当于硬件的接口。操作系统只有通过驱动程序才能控制硬件设备的工作。

1.3 实例 1——开启和关闭电脑

本节视频教学时间 / 3 分钟

电脑的开关机是使用电脑的最基本的操作。

1.3.1 正确开启电脑的方法

启动电脑的方法很简单。连通电源后，按下主机箱前面的电源开关即可启动电脑。当然，别忘了打开连接显示器的电源开关。当按下显示器的电源开关时，开关旁边的电源指示灯会亮起。通常显示器的电源开关在显示屏的下方。正确开机的操作步骤如下。

1 打开显示器

在显示器右下角，按下【电源】按钮，打开显示器。

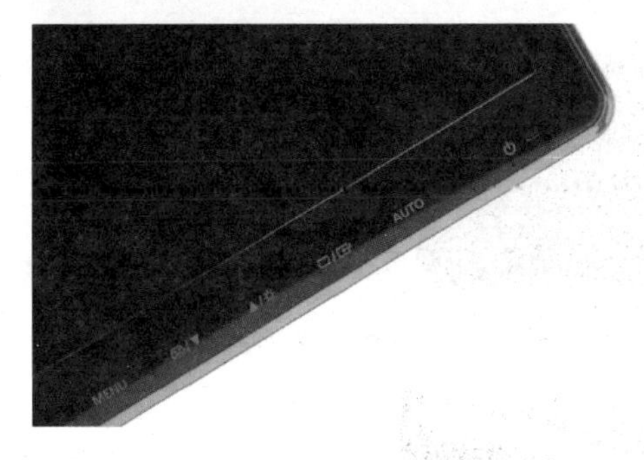

提示

无论任何品牌显示器，其电源按钮的标识都为⏻。

2 打开主机电源

按下主机上的【电源】按钮，打开主机电源。

3 进入系统加载界面

电脑启动并自检后，首先进入Window 10的系统加载界面。

4 进入系统桌面

加载完成后，系统会成功进入 Windows 系统桌面。

1.3.2 重启电脑

重启电脑有两种比较常用的方法。

方法 1：打开“开始”菜单，单击【电源】选项，在弹出的选项菜单中，单击【重启】选项，即可重新启动电脑。如果系统还有程序正在运行，则会弹出警告窗口，用户可根据需要选择是否保存。

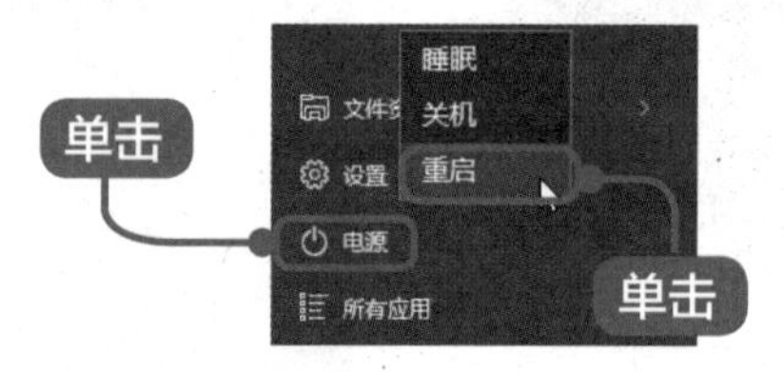

方法 2：按下主机机箱上的【重新启动】按钮，即可重新启动电脑。

1.3.3 正确关闭电脑的方法

在使用 Windows 操作系统时，当电脑执行了系统的关机命令后，某些电源设置可以自动切断电源，关闭电脑。如果是使用只退出操作系统而不关闭电脑本身的电源设置，用户还需要手动按下电源开关以切断电源，实现关机操作。不过这种情况的电脑目前已不多见。正确关闭电脑有以下 3 种方法。

1. 使用“开始”菜单

打开“开始”菜单，单击【电源】选项，在弹出的选项菜单中单击【关机】选项，即可关闭电脑。

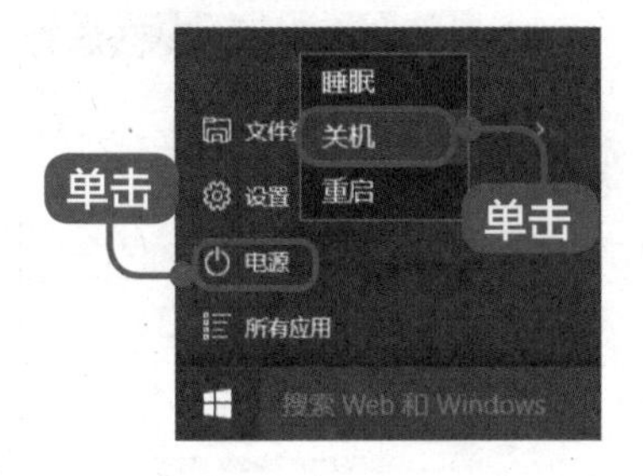

2. 使用快捷键

在桌面环境中，按【Win+F4】组合键，打开【关闭 Windows】对话框，其默认选项为【关机】，单击【确定】按钮，即可关闭电脑。

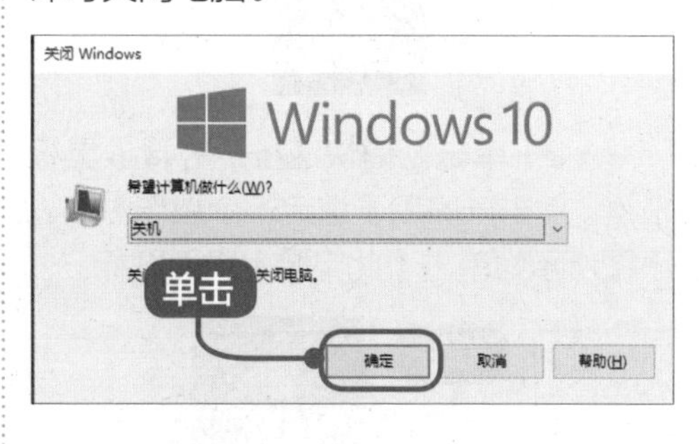

3. 右键快捷菜单

右键单击【开始】按钮，或按【Win+X】组合键，在打开的菜单中单击【关机或注销】➢【关机】选项，进行关机操作。

1.4 实例 2——使用鼠标

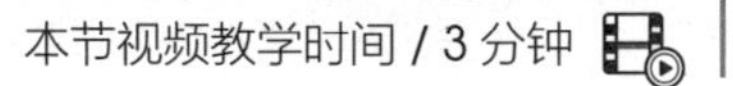
本节视频教学时间 / 3 分钟

鼠标用于确定光标在屏幕上的位置，在应用软件的支持下，鼠标可以快速、方便地完成某种特定的功能。

1.4.1 鼠标的正确握法

正确持握鼠标，有利于用户在长时间的工作和学习时不感觉到疲劳。正确的鼠标握法是：手腕自然放在桌面上，用右手大拇指和无名指轻轻夹住鼠标的两侧，食指和中指分别对准鼠标的左键和右键，手掌心不要紧贴在鼠标上，这样有利于鼠标的移动操作。正确的鼠标握法如下图所示。

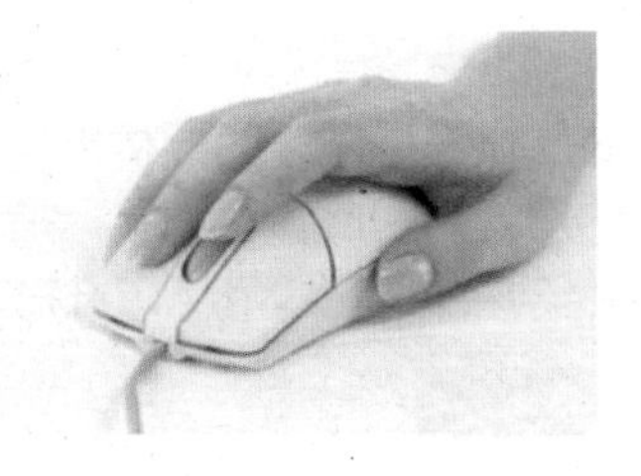

1.4.2 鼠标的基本操作

鼠标的基本操作包括指向、单击、双击、右击和拖曳等。

（1）指向：指移动鼠标，将鼠标指针移动到操作对象上。下图所示为指向【此电脑】桌面图标。

（2）单击：指快速按下并释放鼠标左键。单击一般用于选定一个操作对象。下图所示为单击【此电脑】桌面图标。

（3）双击：指连续两次快速按下并释放鼠标左键。双击一般用于打开窗口，或启动应用程序。下图所示为双击【此电脑】桌面图标后，打开的【计算机】窗口。

（4）右击：指快速按下并释放鼠标右键。右击一般用于打开一个与操作相关的快捷菜单。下图所示为右击【此电脑】桌面图标打开快捷菜单的操作。

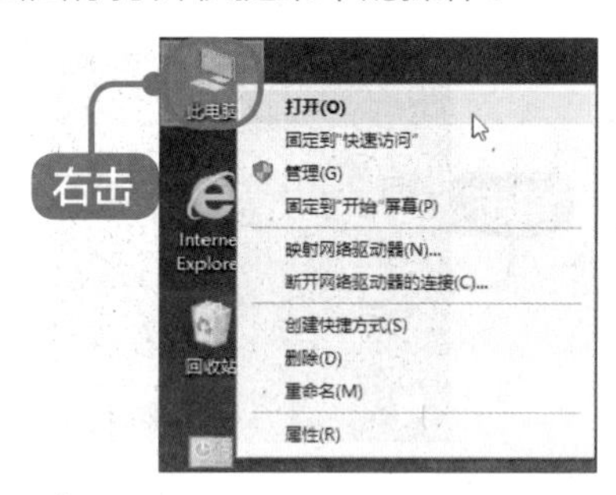

（5）拖曳：指按下鼠标左键的同时，移动鼠标指针到指定位置后释放按键的操作。拖曳一般用于选择多个操作对象、复制或移动对象等。下图所示为拖曳鼠标指针选择多个对象的操作。

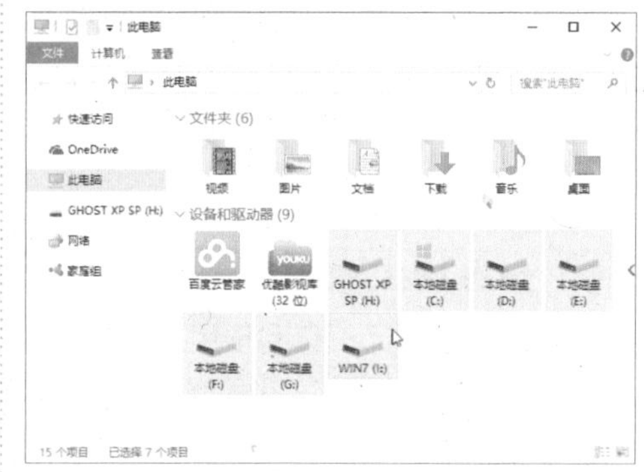

1.4.3 不同鼠标指针的含义

在使用鼠标操作电脑的时候，鼠标指针的形状会随着用户操作的不同或是系统工作形态的不同，呈现出不同的形状。因此，了解鼠标指针的不同形状，可以帮助用户方便快捷地操作电脑。下面介绍几种常见的鼠标指针形状及其所表示的状态。

指针形状	表示的状态	用途
	正常选择	Windows 的基本指针，用于选择菜单、命令或选项等
	后台运行	表示打开的程序正在加载中
	忙碌状态	表示打开的程序或操作未响应，需要用户等待

续表

指针形状	表示的状态	用途
+	精准选择	用于精准调整对象
I	文本选择	用于文字编辑区内指示编辑位置
⊘	禁用状态	表示当前状态及操作不可用
↕和⇔	垂直或水平调整	鼠标指针移动到窗口边框线时，会出现双向箭头，拖曳鼠标，可上下或左右移动边框改变窗口大小
⤡和⤢	沿对角线调整	鼠标指针移动到窗口 4 个角落时，会出现斜向双向箭头，拖曳鼠标，可沿水平或垂直两个方向等比例放大或缩小窗口
✥	移动对象	用于移动选定的对象
☝	链接选择	表示当前位置有超文本链接，单击鼠标左键即可进入

1.5 实例 3——使用键盘

本节视频教学时间 / 4 分钟

键盘是用户向电脑内部输入数据和控制电脑的工具，是电脑的一个重要组成部分。尽管现在鼠标已经代替了键盘的一部分工作，但是像文字和数据输入这样的工作还是要靠键盘来完成的。

1.5.1 键盘的基本分区

一般分为 5 个小区：上面一行是功能键区和状态指示区；下面是主键盘区、编辑键区和辅助键区。

（1）功能键区

功能键区位于键盘的上方，由【Esc】键、【F1】键～【F12】键及其他 3 个功能键组成。这些键在不同的环境中有不同的作用。

（2）主键盘区

主键盘区位于键盘的左下部，是键盘的最大区域。它既是键盘的主体部分，又是用户经常操作的部分。在主键盘区，除了数字和字母之外，还有若干辅助键。

（3）编辑键区

编辑键区位于键盘的中间部分，包括上、下、左、右 4 个方向键和几个控制键。

（4）辅助键区

辅助键区位于键盘的右下部，相当于集中录入数据时的快捷键，其中的按键功能都可以用其他区中的按键代替。

（5）状态指示区

键盘上除了按键以外，还有 3 个指示灯，位于键盘的右上角，从左到右依次为 Num Lock 指示灯、Caps Lock 指示灯、Scroll Lock 指示灯。它们与键盘上的【Num Lock】键、【Caps Lock】键及【Scroll Lock】键一一对应。

1.5.2 键盘的基本操作

键盘的基本操作包括按下和按住两种。

（1）按下：按下并快速松开按键，如同使用遥控器一样。下图所示为按下【Windows】键，弹出开始屏幕。

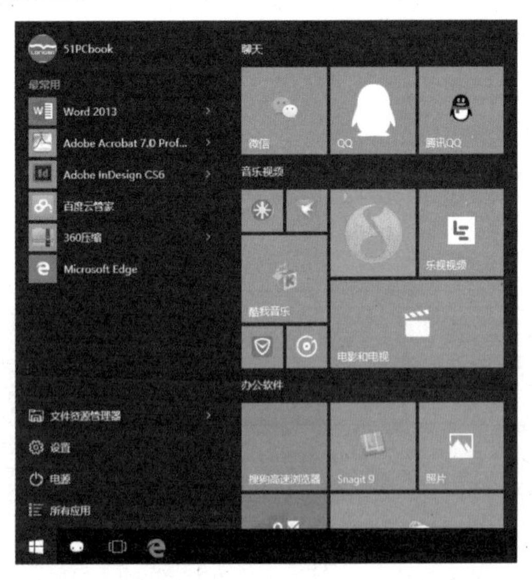

（2）按住：按下按键不放。主要用于两个或两个以上的按键组合，称为组合键。按住【Windows】键不放，再按下【L】键，即可锁定 Windows 桌面。

1.5.3 打字的正确姿势

打字之前一定要端正坐姿。如果坐姿不正确，不但会影响打字速度，而且还会很容易疲劳、出错。

正确的坐姿应遵循以下几个原则。

（1）两脚平放，腰部挺直，两臂自然下垂，两肘贴于腋边。

（2）身体可略倾斜，离键盘的距离为 20~30cm。

（3）将文稿放在键盘左边，或用专用夹夹在显示器旁边。

（4）打字时眼观文稿，但身体不要跟着倾斜。

1.6 实例 4——连接电脑

本节视频教学时间 / 3 分钟

电脑上的接口有很多，主机上主要有电源接口、USB 接口、显示器接口、网线接口、鼠标接口、键盘接口等，显示器上主要有电源接口、主机接口等。在连接主机外设之间的连线时，只要按照“辨清接头，对准插上”这一要领口诀去操作，即可顺利完成电脑与外设的连接。另外，在连接电脑与外设前，一定要先切断用于给电脑供电的插座电源。下图所示为主机外部接口。

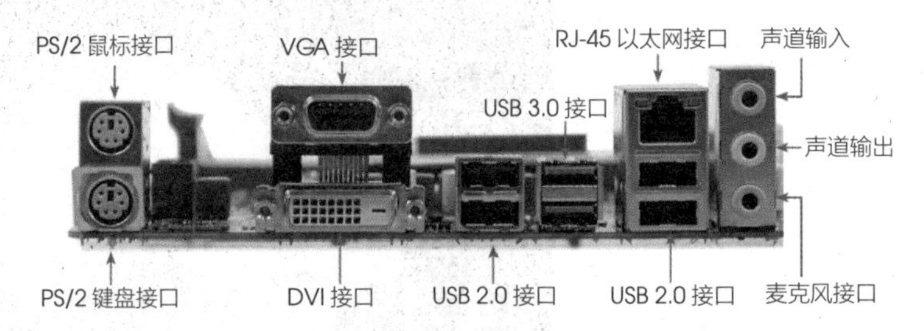

1. **连接显示器**

主机上连接显示器的接口在主机的后面。连接的方法是将显示器的信号线，即 15 针的信号线接在显卡上，插好后拧紧接头两侧的螺丝即可。显示器电源一般都是单独连接电源插座的。

2. **连接键盘和鼠标**

键盘接口在主机的后部，是一个紫色圆形的接口。一般情况下，键盘的插口会在机箱的外侧，同时键盘插头上有向上的标记，连接时按照这个方向插好即可。PS/2 鼠标的接口也是圆形的，位于键盘接口旁边，按照指定方向插好即可。

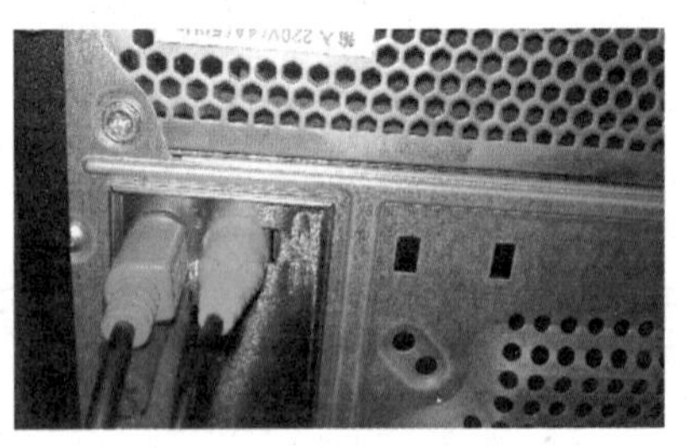

USB 接口的鼠标和键盘的连接方法更为简单，直接接入主机后端的 USB 端口即可。

3. **连接网线**

网线接口在主机的后面。将网线一端的水晶头按指示的方向插入网线接口中，就完成了网线的连接。

4. 连接音箱

将音箱的音频线接头分别连接到主机声卡的接口中，即可连接音箱。

5. 连接主机电源

主机电源线的接法很简单，只需要将电源线接头插入电源接口即可。

高手私房菜

技巧 1 • 怎样用左手操作鼠标

如果用户习惯用左手操作鼠标，就需要对鼠标属性进行简单的设置，以满足用户个性化的需求。具体的设置方法如下。

1 单击【主题】选项

在桌面的空白处单击鼠标右键，在弹出的快捷菜单中选择【个性化】菜单命令，在弹出的【设置】窗口左侧，单击【主题】选项，再单击右侧的【鼠标指针设置】超链接。

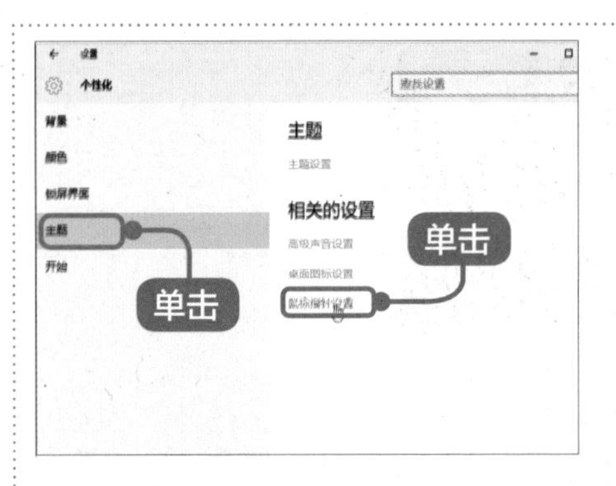

2 完成设置

弹出【鼠标 属性】对话框，选择【鼠标键】选项卡，然后勾选【切换主要和次要的按钮】复选框，单击【确定】按钮即可完成设置。

技巧 2 ● 将鼠标指针调大

老年用户可以将鼠标指针调大，以方便使用。打开【鼠标 属性】对话框中，单击【指针】选项卡，从【方案】下拉列表框中选择较大的方案，如选择【Windows 标准（特大）（系统方案）】方案，再单击【确定】按钮。

第 2 章

Windows 10 的基本操作

本章视频教学时间 / 18 分钟

重点导读

首次接触 Windows 10 的用户，首先需要掌握系统的基本操作。本章主要介绍 Windows 10 的基本操作，包括认识 Windows 10 桌面、“开始”菜单和窗口的基本操作等。

学习效果图

2.1 认识 Windows 10 桌面

本节视频教学时间 / 4 分钟

进入 Windows 10 操作系统后，用户首先看到的是桌面。桌面的组成元素主要包括桌面背景、桌面图标和任务栏等。

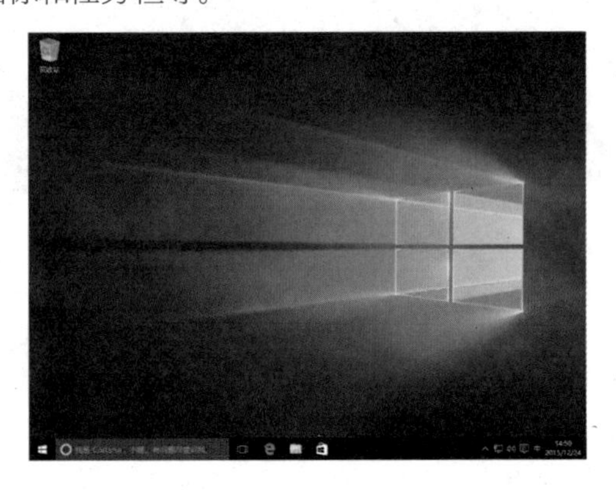

1. 桌面背景

桌面背景可以是个人收集的数字图片、Windows 提供的图片、纯色或带有颜色框架的图片，也可以显示幻灯片图片。

Windows 10 操作系统自带了很多漂亮的背景图片，用户可以从中选择自己喜欢的图片作为桌面背景。除此之外，用户还可以把自己收藏的精美图片设置为背景图片。

2. 桌面图标

Windows 10 操作系统中，所有的文件、文件夹和应用程序等都由相应的图标表示。桌面图标一般是由文字和图片组成的，文字是图标的名称或功能，图片是它的标识符。新安装的系统桌面中只有一个【回收站】图标。

用户双击桌面上的图标，可以快速地打开相应的文件、文件夹或者应用程序，如双击桌面上的【回收站】图标，即可打开【回收站】窗口。

3. 任务栏

任务栏是位于桌面最底部的长条，主要由【开始】按钮、搜索框、任务视图、快速启动区、系统图标显示区和【显示桌面】按钮组成。和以前的操作系统相比，Windows 10 中的任务栏设计得更加人性化，使用更加方便，功能和灵活性更强大。用户按【Alt +Tab】组合键可以在不同的窗口之间进行切换操作。

4. 通知区域

默认情况下，通知区域位于任务栏的右侧。它包含一些程序图标，这些程序图标显示有关传入的电子邮件、更新、网络连接等事项的状态和通知。安装新程序时，可以将此程序的图标添加到通知区域。

新安装的电脑在通知区域经常已有一些图标，而且某些程序在安装过程中会自动将图标添加到通知区域。用户可以更改出现在通知区域中的图标和通知。对于某些特殊图标（称为“系统图标”），还可以选择是否显示它们。

用户可以通过将图标拖曳到所需的位置来更改图标在通知区域中的顺序。

5.【开始】按钮

单击桌面左下角的【开始】按钮⊞，或按下 Windows 徽标键，即可打开“开始”菜单，左侧依次为用户账户头像、常用的应用程序列表及快捷选项，右侧为“开始”屏幕。

6. 搜索框

Windows 10 中， 搜 索 框 和 Cortana 高度集成，在搜索框中直接输入关键词，或者打开“开始”菜单输入关键词，即可搜索相关的桌面程序、网页、我的资料等。

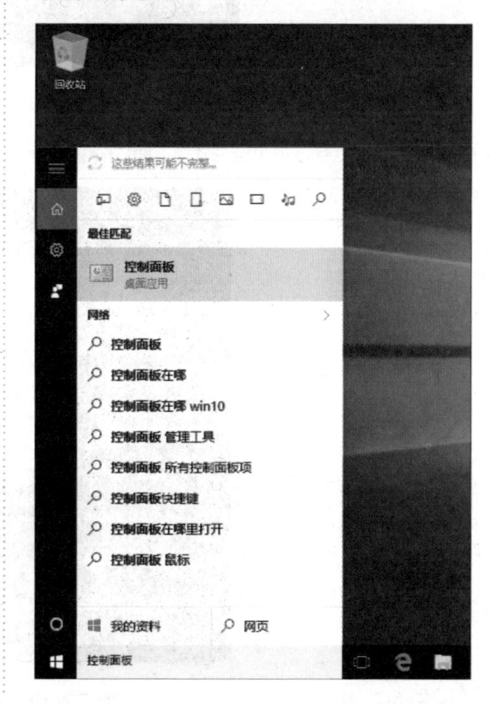

2.2 实例1——“开始”菜单的基本操作

本节视频教学时间 / 6 分钟

在 Windows 10 操作系统中，“开始”菜单重新回归，与 Windows 7 系统中的“开始”菜单相比，界面经过了全新的设计，其右侧集成了 Windows 8 操作系统中的“开始”屏幕。本节主要介绍“开始”菜单的基本操作。

2.2.1 在“开始”菜单中查找程序

打开“开始”菜单，即可看到最常用程序列表或【所有应用】选项。最常用程序列表主要罗列了最近使用最为频繁的应用程序，可以查看最常用的程序。单击应用程序选项后面的 按钮，即可打开跳转列表。

单击【所有应用】选项，即可显示系统中安装的所有程序，并以数字和首字母升序排列。单击排列的首字母，显示排序索引，通过索引可以快速查找应用程序。

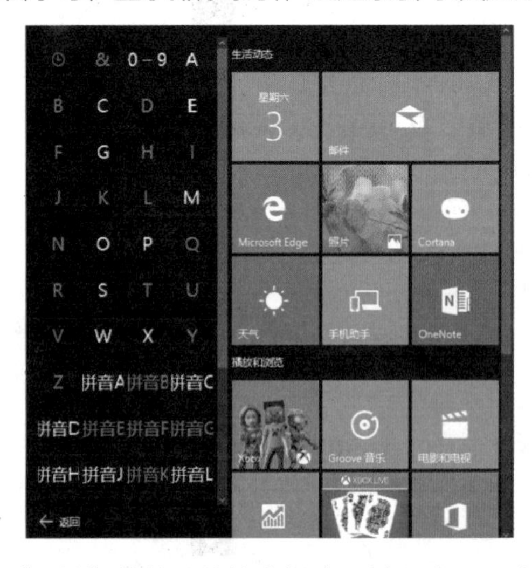

另外，也可以在“开始”菜单下的搜索框中，输入应用程序关键词，快速查找应用程序。

2.2.2 将应用程序固定到“开始”屏幕

系统默认下，“开始”屏幕主要包含了生活动态及播发和浏览的主要应用，用户可以根据需要将应用程序添加到“开始”屏幕中。

打开“开始”菜单，在最常用程序列表或所有应用列表中，选择要固定到“开始”屏幕的程序，单击鼠标右键，在弹出的菜单中选择【固定到“开始”屏幕】命令，即可固定到“开始”屏幕中。如果要从“开始”屏幕中取消固定，右键单击“开始”屏幕中的程序，在弹出的菜单中选择【从“开始”屏幕取消固定】命令即可。

2.2.3 将应用程序固定到任务栏

用户除了可以将应用程序固定到“开始”屏幕外，还可以将应用程序固定到任务栏中的快速启动区域，方便使用程序时，可以快速启动。

单击【开始】按钮，选择要添加到任务栏的程序，单击鼠标右键，在弹出的快捷菜单中，选择【更多】➤【固定到任务栏】命令，即可将其固定到任务栏中。

对于不常用的程序图标，用户也可以将其从任务栏中删除。右键单击需要删除的程序图标，在弹出的快捷菜单中选择【从任务栏取消固定此程序】命令即可。

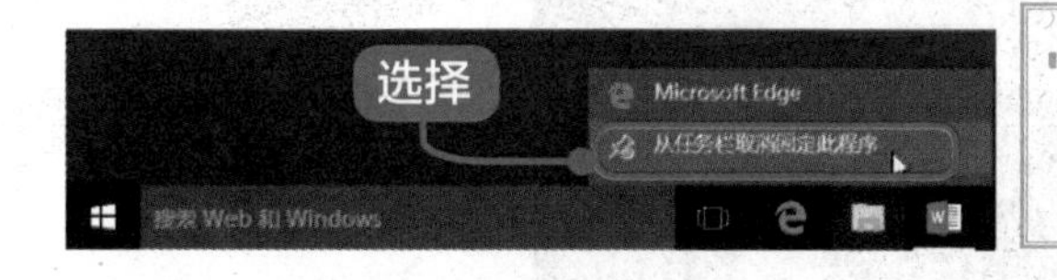

提示

用户可以通过拖曳鼠标，调整任务栏中程序图标的顺序。

2.2.4 动态磁贴的使用

动态磁贴（Live Tile）是“开始”屏幕界面中的图形方块，也叫“磁贴”，通过它可以快速打开应用程序。磁贴中的信息是根据时间或发展活动的，如左下图即为“开始”屏幕中开启了动态磁贴的日历程序，右下图则未开启动态磁贴，对比发现，动态磁贴显示了当前的日期和星期。

1. 调整磁贴大小

在磁贴上单击鼠标右键，在弹出的快捷菜单中选择【调整大小】命令，在弹出的子菜单中有4种显示方式供选择，包括小、中、宽和大，选择相应的命令，即可调整磁贴的大小。

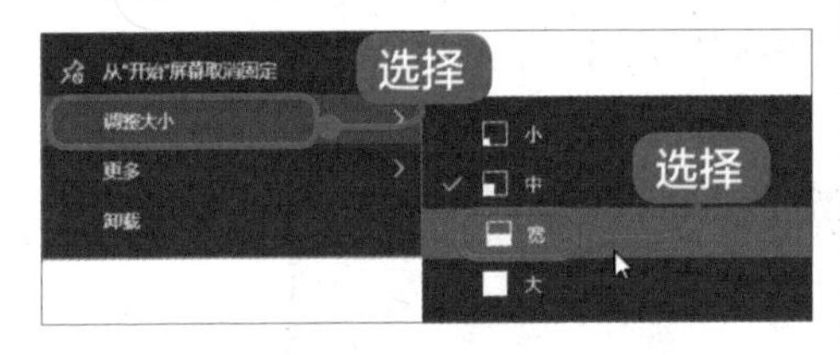

2. 打开\关闭磁贴

在磁贴上单击鼠标右键，在弹出的快捷菜单中选择【更多】➤【关闭动态磁贴】或【打开动态磁贴】命令，即可关闭或打开磁贴的动态显示。

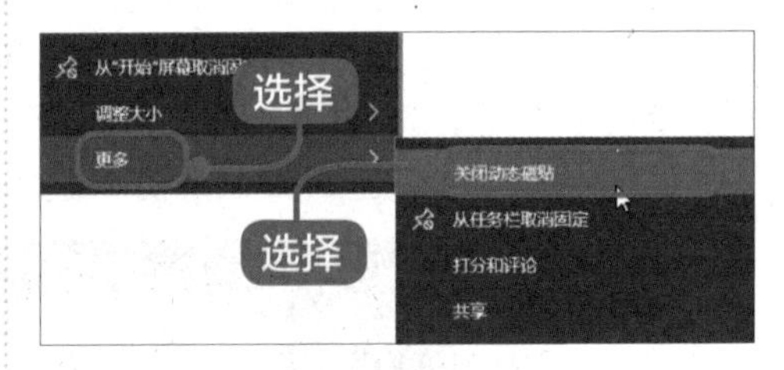

3. 调整磁贴位置

选择要调整位置的磁贴，单击鼠标左键不放，拖曳至任意位置或分组，松开鼠标即可完成位置调整。

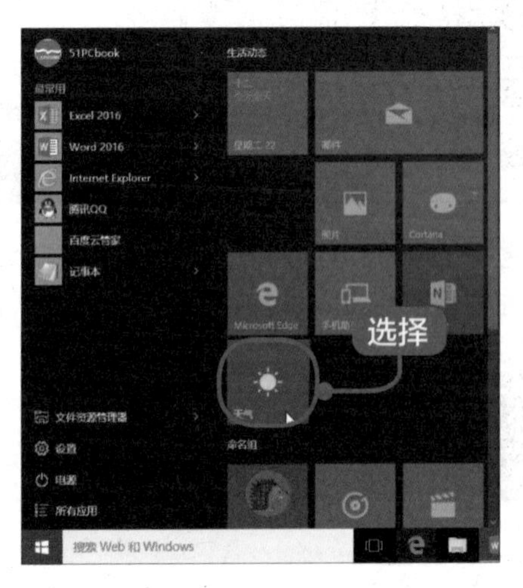

2.2.5 调整“开始”屏幕大小

在 Windows 8 系统中，“开始”屏幕是全屏显示的，而在 Windows 10 中，“开始”屏幕的大小并不是一成不变的，用户可以根据需要调整大小，也可以将其设置为全屏幕显示。

调整“开始”屏幕的大小操作非常简单，用户只要将鼠标指针放在“开始”屏幕边栏右侧，待鼠标指针变为 ⇔ 形状时，可以横向调整其大小，如下图所示。

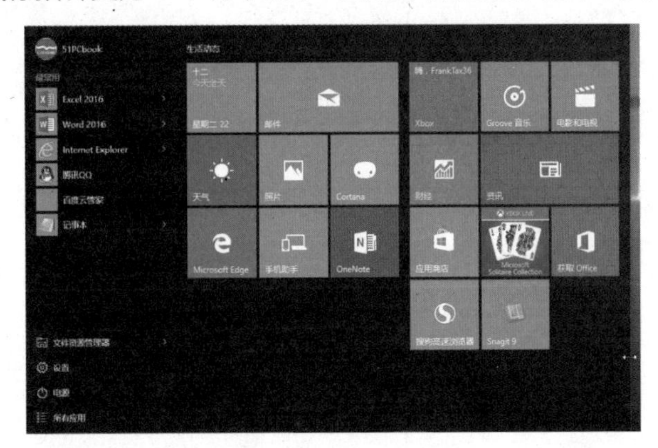

如果要全屏幕显示“开始”屏幕，按【Win+I】组合键，打开【设置】对话框，单击【个性化】➢【开始】选项，将【使用全屏幕“开始”菜单】设置为“开”即可。

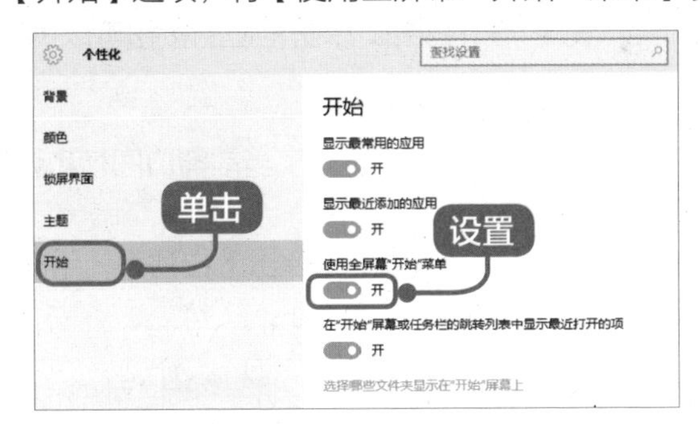

2.3 实例 2——窗口的基本操作

本节视频教学时间 / 6 分钟

在 Windows 10 中，窗口是用户界面中最重要的组成部分，用户对窗口的操作是最基本的操作。

2.3.1 窗口的组成元素

窗口是屏幕上与一个应用程序相对应的矩形区域，是用户与产生该窗口的应用程序之间的可视界面。当用户开始运行一个应用程序时，应用程序就创建并显示一个窗口；

当用户操作窗口中的对象时，程序会做出相应的反应。用户可以通过关闭一个窗口来终止一个程序的运行，也可以通过选择相应的应用程序窗口来选择相应的应用程序。

下图所示是【此电脑】窗口，其由标题栏、快速访问工具栏、菜单栏、地址栏、控制按钮区、搜索框、导航窗格、内容窗口、状态栏和视图按钮等部分组成。

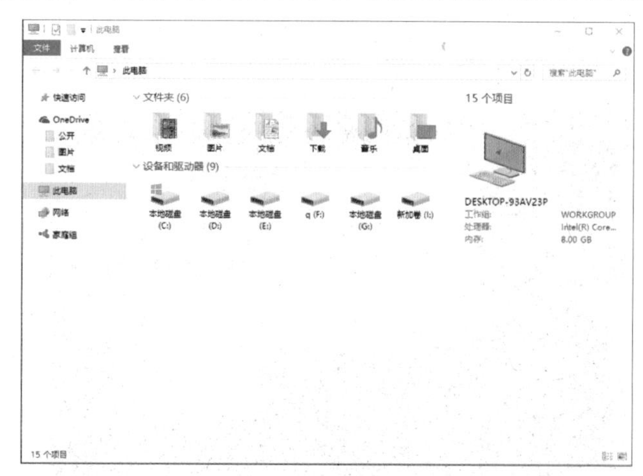

1. 标题栏

标题栏位于窗口的最上方，显示了当前的目录位置。标题栏右侧分别为“最小化”“最大化 / 还原”和“关闭”3 个按钮，单击相应的按钮可以执行相应的窗口操作。

2. 快速访问工具栏

快速访问工具栏位于标题栏的左侧，显示了当前窗口图标和查看属性、新建文件夹、自定义快速访问工具栏 3 个按钮。

单击【自定义快速访问工具栏】按钮▾，弹出下拉列表，用户可以单击勾选列表中的功能选项，将其添加到快速访问工具栏中。

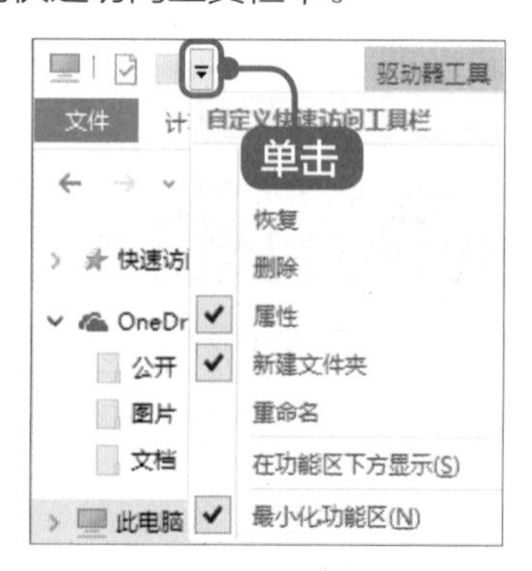

3. 菜单栏

菜单栏位于标题栏下方，包含了当前窗口或窗口内容的一些常用操作菜单。在菜单栏的右侧为“展开功能区 / 最小化功能区”和“帮助”按钮。

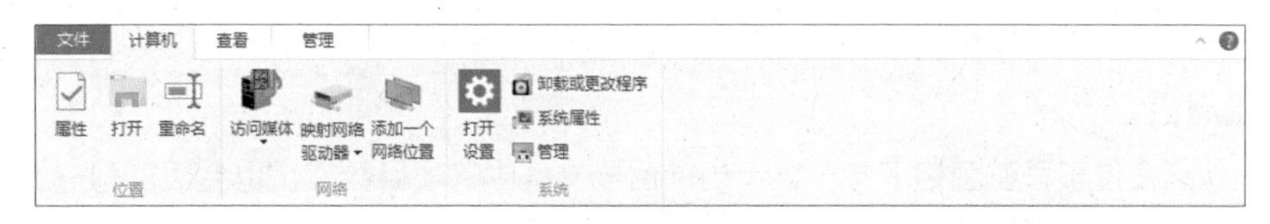

4. 地址栏

地址栏位于菜单栏的下方，主要反映了从根目录开始到现在所在目录的路径。单击地址栏即可看到具体的路径，如下图即表示当前路径为【D 盘】下【软件】文件夹目录下。

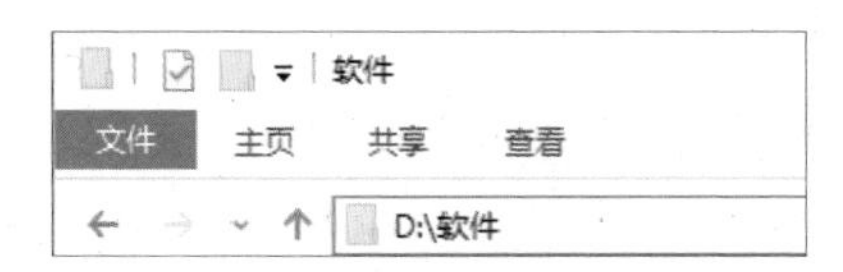

在地址栏中直接输入路径地址，单击【转到】按钮→或按【Enter】键，可以快速转到要访问的位置。

5. 控制按钮区

控制按钮区位于地址栏的左侧，主要用于返回、上移到前一个目录位置或前进到下一个目录位置。单击⌄按钮，打开下拉菜单，可以查看最近访问的位置信息。单击下拉菜单中的位置信息，可以快速进入该位置目录。

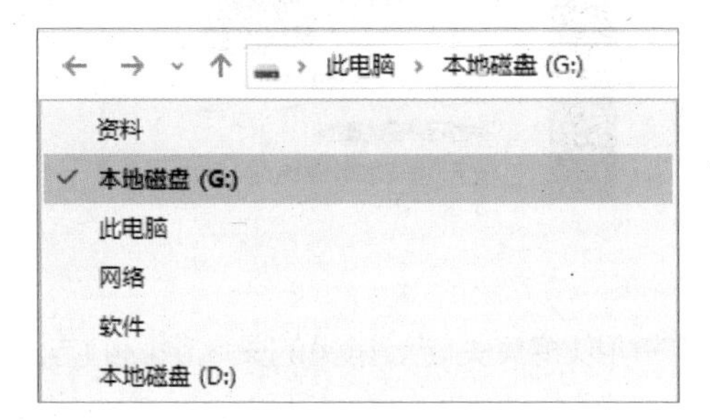

6. 搜索框

搜索框位于地址栏的右侧，通过在搜索框中输入要查看信息的关键字，可以快速查找当前目录中相关的文件、文件夹。

7. 导航窗格

导航窗格位于控制按钮区下方，显示了电脑中包含的具体位置，如快速访问、OneDrive、此电脑、网络等，用户可以通过左侧的导航窗格，快速访问相应的目录。另外，用户也可以单击导航窗格中的【展开】按钮⌄或【收缩】按钮›，显示或隐藏详细的子目录。

8. 内容窗口

内容窗口位于导航窗格右侧，是显示当前目录的内容区域，也叫工作区域。

9. 状态栏

状态栏位于导航窗格下方，显示当前目录文件中的项目数量，也会根据用户选择的内容，显示所选文件或文件夹的数量、容量等属性信息。

10. 视图按钮

视图按钮位于状态栏右侧，包含了【在窗口中显示每一项的相关信息】和【使用大缩略图显示项】两个按钮，用户可以单击选择视图方式。

2.3.2 打开和关闭窗口

打开和关闭窗口是最基本的操作，本节主要介绍其操作方法。

1. 打开窗口

在 Windows 10 中，双击应用程序图标，即可打开窗口。在【开始】菜单列表、桌面快捷方式、快速启动工具栏中都可以打开程序的窗口。

另外，也可以在程序图标中右键单击鼠标，在弹出的快捷菜单中选择【打开】命令，也可以打开窗口。

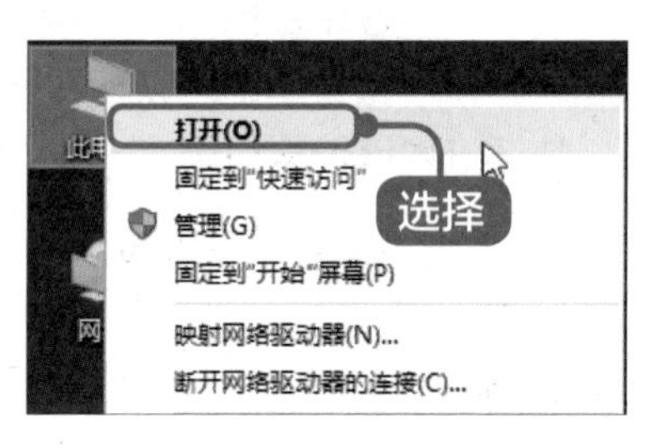

2. 关闭窗口

窗口使用完后，用户可以将其关闭。常见的关闭窗口的方法有以下几种。

（1）使用【关闭】按钮

单击窗口右上角的【关闭】按钮，即可关闭当前窗口。

（2）使用快速访问工具栏

单击快速访问工具栏最左侧的窗口图标，在弹出的快捷菜单中单击【关闭】按钮，即可关闭当前窗口。

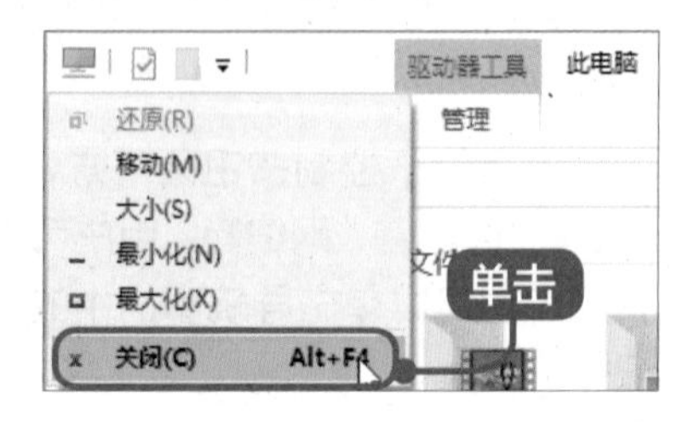

（3）使用标题栏

在标题栏上单击鼠标右键，在弹出的快捷菜单中选择【关闭】菜单命令即可。

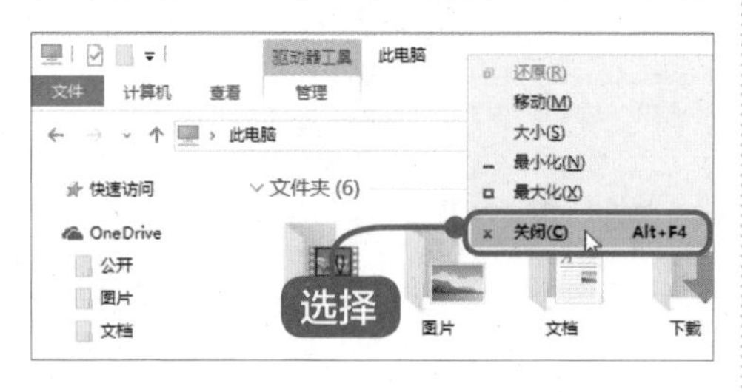

（4）使用任务栏

在任务栏上选择需要关闭的程序，单击鼠标右键，在弹出的快捷菜单中选择【关闭窗口】菜单命令即可。

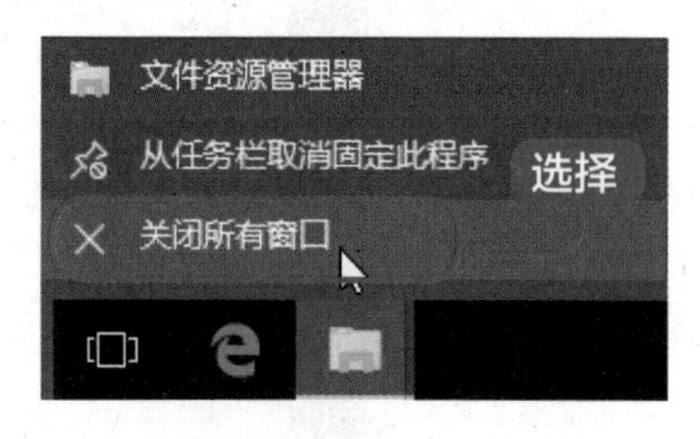

（5）使用快捷键

在当前窗口上按【Alt+F4】组合键，即可关闭窗口。

2.3.3 移动窗口的位置

当窗口没有处于最大化或最小化状态时，将鼠标指针放在需要移动位置的窗口的标题栏上，此时鼠标指针是形状，按住鼠标左键不放，拖曳标题栏到需要移动到的位置，松开鼠标，即可完成窗口位置的移动。

2.3.4 调整窗口的大小

默认情况下，打开的窗口大小和上次关闭时的大小一样。用户将鼠标指针移动到窗口的边缘，当鼠标指针变为⇕或⇔形状时，可上下或左右移动边框，以纵向或横向改变窗口大小。将指针移动到窗口的任意角点，当鼠标指针变为⤢或⤡形状时，拖曳鼠标，可沿水平或垂直两个方向等比例放大或缩小窗口。

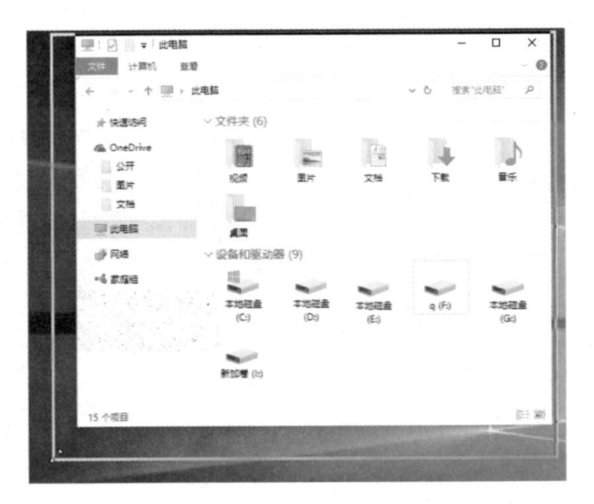

另外，单击窗口右上角的最小化按钮 - ，可使当前窗口最小化；单击最大化按钮 □ ，可以使当前窗口最大化；在窗口最大化时，单击【向下还原】按钮 ，可还原到窗口最大化之前的大小。

> **提示**
> 在当前窗口中，双击窗口，可使当前窗口最大化；再次双击窗口，可以向下还原窗口。

2.3.5 切换当前窗口

如果同时打开了多个窗口，用户有时会需要在各个窗口之间进行切换操作。

1. 使用鼠标切换

如果打开了多个窗口，使用鼠标在需要切换的窗口中任意位置单击，该窗口即可出现在所有窗口的最前面。

另外，将鼠标指针停留在任务栏左侧的某个程序图标上，该程序图标上方会显示该程序的预览小窗口。在预览小窗口中移动鼠标指针，桌面上也会同时显示该程序中的某个窗口。如果是需要切换的窗口，单击该窗口，该窗口即可显示在桌面上。

2.【Alt+Tab】组合键

在 Windows 10 系统中，使用键盘主键盘区中的【Alt+Tab】组合键切换窗口时，桌面中间会出现当前打开的各程序预览小窗口。按住【Alt】键不放，每按一次【Tab】键，就会切换一次，直至切换到需要打开的窗口。

3.【Win+Tab】组合键

在 Windows 10 系统中，按键盘主键盘区中的【Win+Tab】组合键或单击【任务视图】按钮，即可显示当前桌面环境中的所有窗口缩略图，在需要切换的窗口上单击，即可快速切换到该窗口。

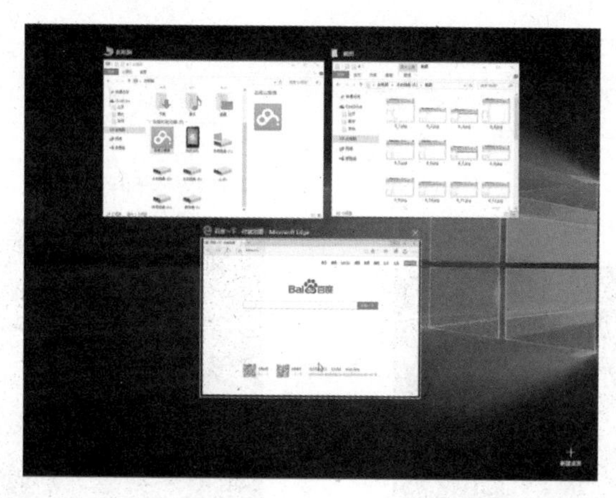

2.3.6 窗口贴边显示

在 Windows 10 系统中，如果需要同时处理两个窗口，可以按住一个窗口的标题栏，拖曳至屏幕左右边缘或角落位置，窗口会出现气泡，此时松开鼠标，窗口即会贴边显示。

技巧 1 ● 快速锁定 Windows 桌面

在离开电脑时，用户可以将电脑锁屏，保护桌面隐私。锁屏的方法主要有以下两种。

（1）使用菜单命令

按【Windows】键，弹出“开始”菜单，单击账户头像，在弹出的快捷菜单中单击【锁定】命令，即可进入锁屏界面。

（2）使用快捷键

按【Windows+L】组合键，可以快速锁定 Windows 系统，进入锁屏界面。

技巧 2 ● 隐藏搜索框

Windows 10 操作系统的任务栏中默认显示搜索框，用户可以根据需要隐藏搜索框，具体的操作步骤如下。

在任务栏上单击鼠标右键，在弹出的快捷菜单中选择【搜索】➢【隐藏】菜单命令，即可隐藏搜索框，如下图所示。

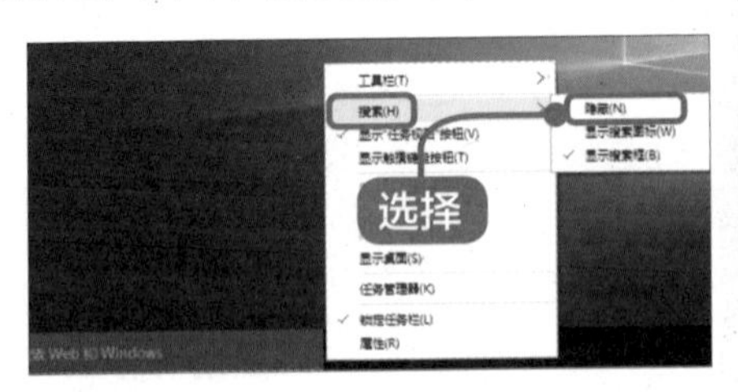

第 3 章

电脑操作环境的个性化设置

本章视频教学时间 / 24 分钟

重点导读

与之前版本的 Windows 系统相比，Windows 10 进行了重大的变革，不仅延续了 Windows 家族的传统，而且给用户带来了更多新的体验。用户在使用过程中，可以根据使用习惯，打造自己喜欢的办公桌面环境。

学习效果图

3.1 实例 1——桌面图标的设置

本节视频教学时间 / 10 分钟

在 Windows 10 操作系统中，所有的文件、文件夹以及应用程序都有形象化的图标表示。在桌面上的这些图标被称为桌面图标，双击某一桌面图标，可以快速打开相应的文件、文件夹或应用程序。本节介绍桌面图标的基本操作。

3.1.1 找回传统桌面的系统图标

刚安装好 Windows 10 操作系统时，桌面上只有【回收站】一个图标，用户可以添加【此电脑】、【用户的文件】、【控制面板】和【网络】等图标，具体的操作步骤如下。

1 在桌面空白处右击

在桌面空白处右击，在弹出的快捷菜单中选择【个性化】菜单命令。

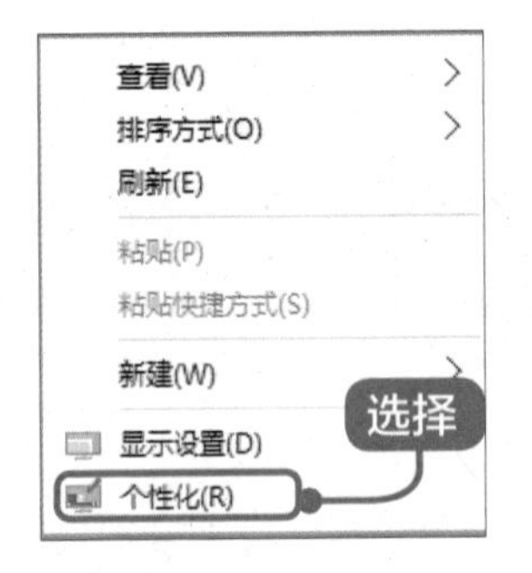

2 单击【桌面图标设置】选项

在弹出的【设置】窗口中，单击【主题】➢【桌面图标设置】选项。

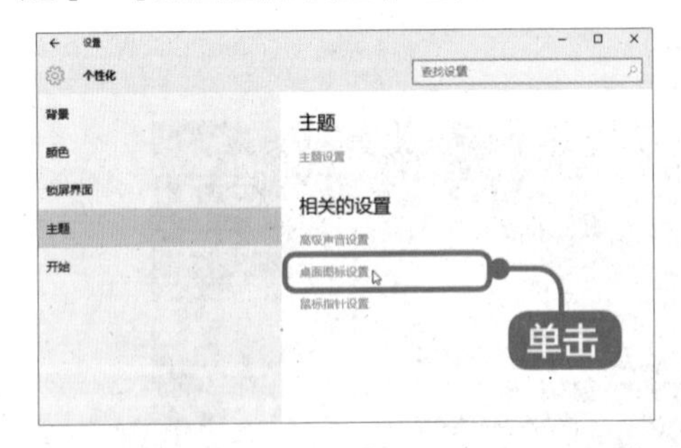

3 选择图标

弹出【桌面图标设置】窗口，在【桌面图标】选项组中选中要显示的桌面图标复选框。

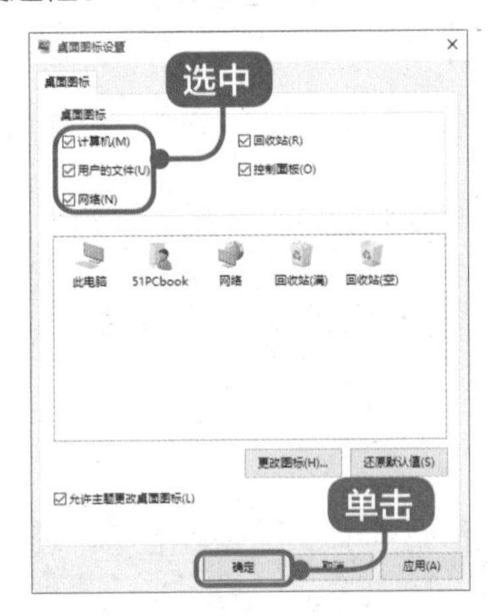

4 添加图标

单击【确定】按钮，所选择的桌面图标即可在桌面上显示。

3.1.2 添加桌面图标

为了方便使用，用户可以将文件、文件夹和应用程序的图标添加到桌面上。

1. 添加文件或文件夹图标

添加文件或文件夹图标的具体操作步骤如下。

1 选择【桌面快捷方式】菜单命令

右键单击需要添加到桌面的文件或文件夹，在弹出的快捷菜单中选择【发送到】➢【桌面快捷方式】菜单命令。

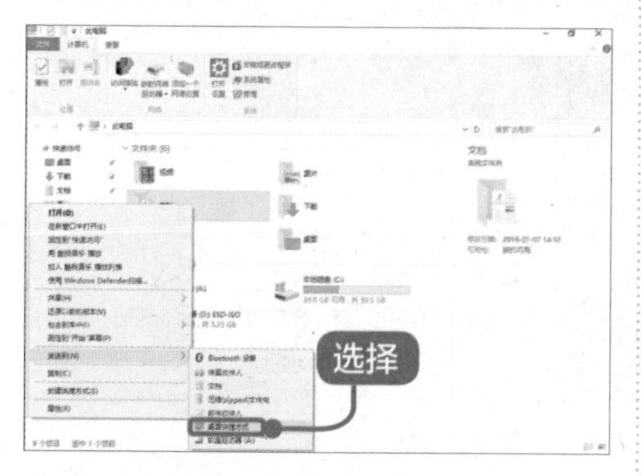

2 添加到桌面

此文件或文件夹图标就被添加到桌面。

2. 添加应用程序桌面快捷方式图标

用户也可以将应用程序的快捷方式图标放置在桌面上。下面以将【记事本】添加到桌面为例，讲解添加应用程序桌面快捷方式图标的具体操作步骤。

1 打开文件所在的位置

单击【开始】按钮，在弹出的“开始”菜单中选择【所有应用】➢【Windows附件】➢【记事本】菜单命令，在程序列表中的【记事本】选项上右击，在弹出的快捷菜单中选择【更多】➢【打开文件所在的位置】菜单命令。

2 添加到桌面

弹出【Windows附件】窗口，右击【记事本】图标，在弹出的快捷菜单中选择【发送到】➢【桌面快捷方式】菜单命令，即可将其添加到桌面。

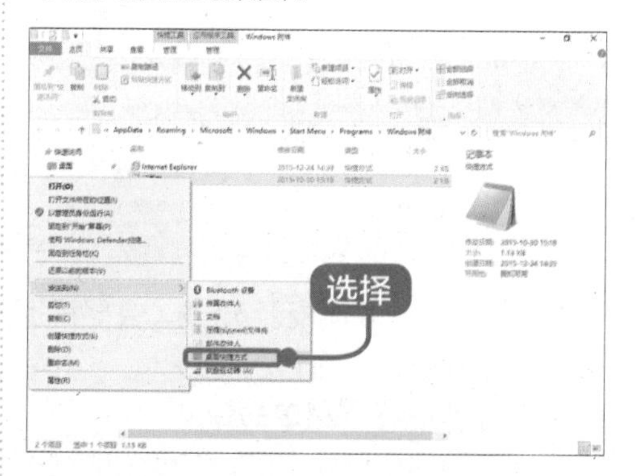

3.1.3 删除桌面图标

对于不常用的桌面图标，可以将其删除，这样有利于桌面管理，同时也使桌面看起来更加简洁、美观。

1. 使用【删除】命令

选择要删除的桌面图标，单击鼠标右键，在弹出的快捷菜单中选择【删除】菜单命令。在弹出的【删除快捷方式】对话框中，单击【是】按钮即可。

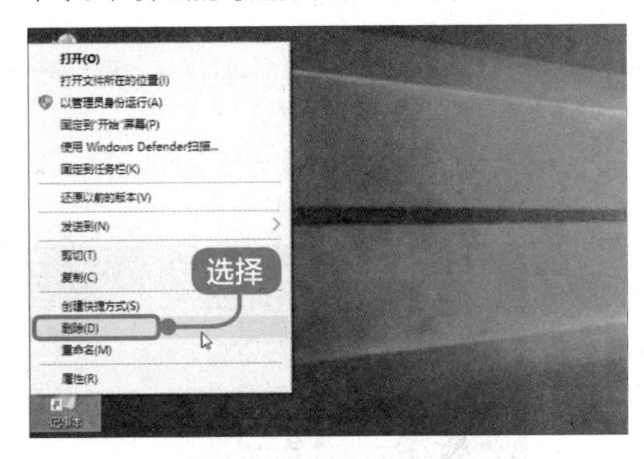

> **提示**
> 删除的桌面图标被放置在【回收站】中，用户还可以将其还原。

2. 利用快捷键删除

选择需要删除的桌面图标，按下【Delete】键，即可快速将其删除。

如果想彻底删除桌面图标，按下【Delete】键的同时按下【Shift】键，此时会弹出【删除快捷方式】对话框，提示“你确定要永久删除此快捷方式吗？”，单击【是】按钮即可。

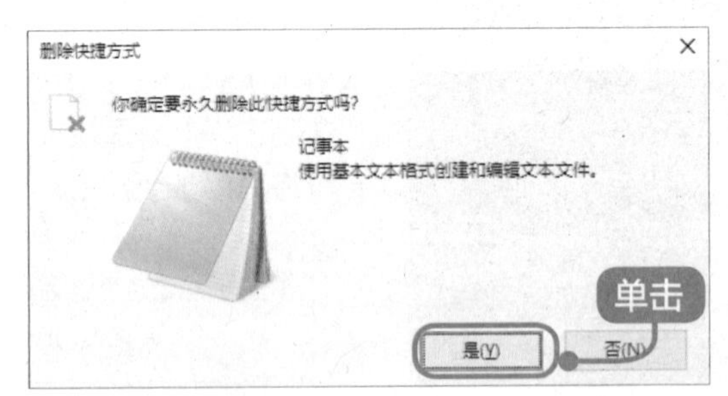

3.1.4 设置桌面图标的大小和排列方式

如果桌面上的图标比较多，会显得很乱，这时可以通过设置桌面图标的大小和排列方式等来整理桌面。

1 选择【大图标】菜单命令

在桌面的空白处右击，在弹出的快捷菜单中选择【查看】菜单命令，在弹出的子菜单中显示 3 种图标大小，包括大图标、中等图标和小图标。本实例选择【大图标】

菜单命令。

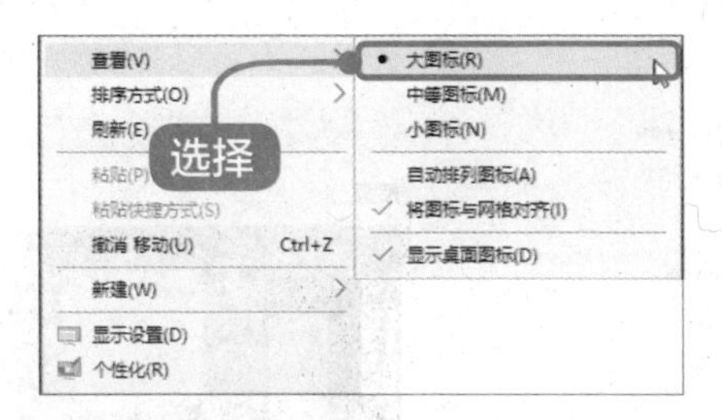

2 **以大图标方式显示**

返回到桌面，此时桌面图标已经以大图标的方式显示，效果如下图所示。

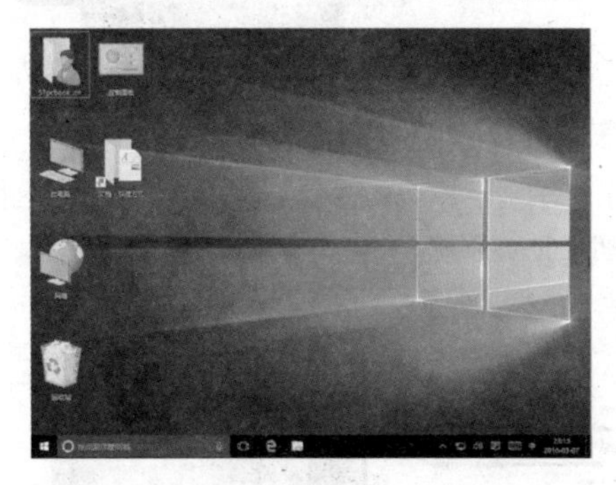

提示

单击桌面任意位置，按住【Ctrl】键不放，向上滚动鼠标滑轮，则缩小图标；向下滚动鼠标滑轮，则放大图标。

3 **选择排列方式**

在桌面的空白处右击，然后在弹出的快捷菜单中选择【排列方式】菜单命令，在弹出的子菜单中有4种排列方式，分别为名称、大小、项目类型和修改日期，本实例选择【名称】菜单命令。

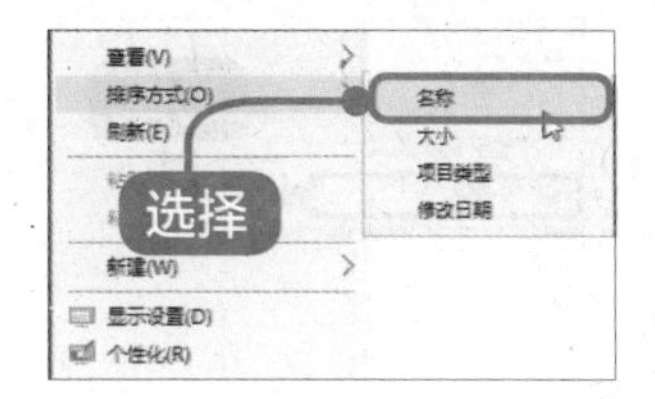

4 **按名称排列**

返回到桌面，图标的排列方式将按名称进行排列，效果如下图所示。

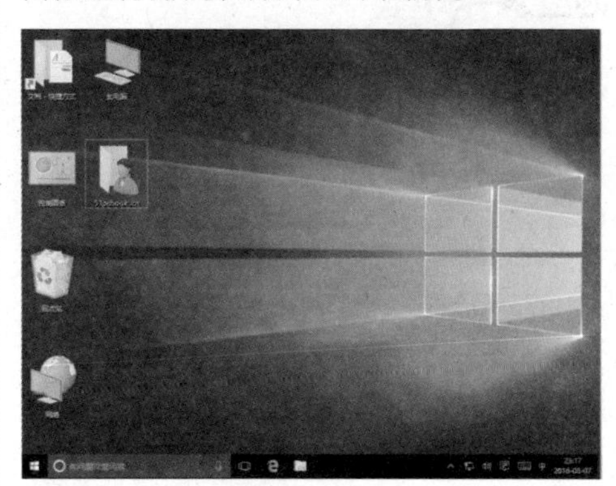

3.2 实例2——个性化设置

本节视频教学时间 / 3分钟

桌面是打开电脑并登录Windows之后看到的主屏幕区域，用户可以对它进行个性化设置，让屏幕看起来更漂亮更舒服。

3.2.1 设置桌面背景和颜色

桌面背景可以是个人收集的数字图片、Windows提供的图片、纯色或带有颜色框架的图片，也可以是幻灯片图片。

Windows 10操作系统自带了很多漂亮的背景图片，用户可以从中选择自己喜欢的图片作为桌面背景，除此之外，用户还可以把自己收藏的精美图片设置为桌面背景。

1 选择【个性化】菜单命令

在桌面的空白处右击，在弹出的快捷菜单中选择【个性化】菜单命令。

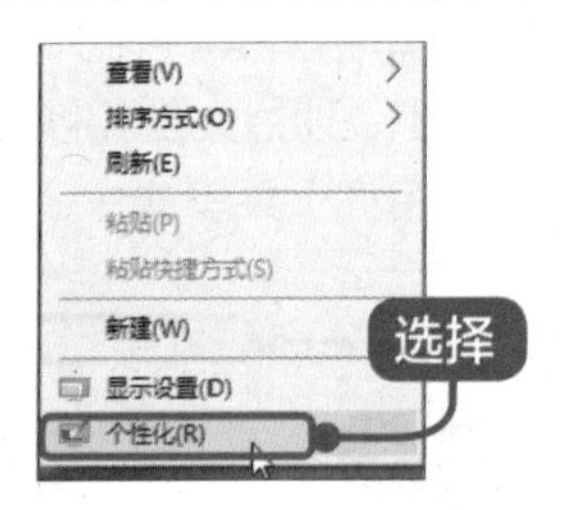

2 设置桌面背景

弹出【个性化】窗口，选择【背景】选项，在其右侧区域即可设置桌面背景。

3 选择图片

桌面背景主要包含图片、纯色和幻灯片放映 3 种形式，用户可在图片缩略图中选择要设置的背景图片，也可以单击【浏览】按钮选择本地图片作为桌面背景图。

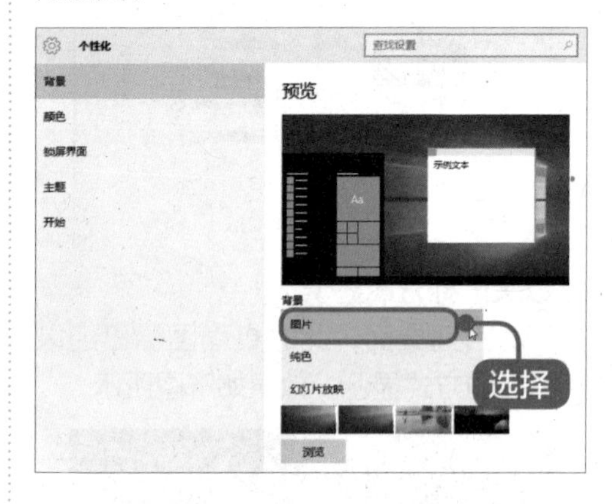

4 选择喜欢的主题色

单击【颜色】选项，可以让 Windows 从背景中自动选取一个主题色，也可以自己选择喜欢的主题色。

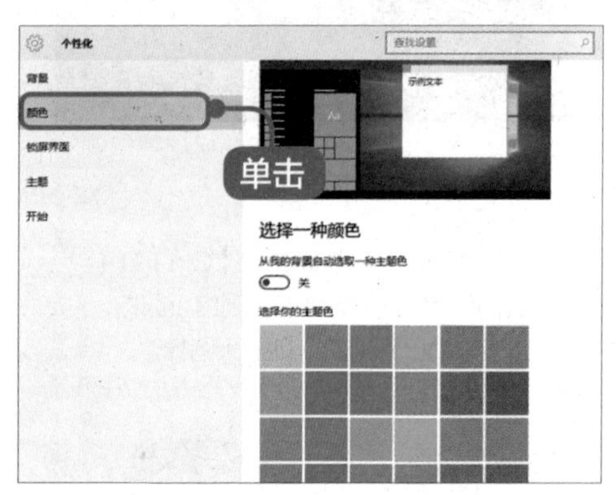

3.2.2 设置锁屏界面

用户可以根据自己的喜好，设置锁屏界面的背景、显示状态的应用等，具体的操作步骤如下。

1 设置为图片形式

打开【个性化】窗口，单击【锁屏界面】选项，用户可以将背景设置为 Windows 聚焦、图片和幻灯片放映 3 种方式中的一种。设置为 Windows 聚焦，系统会根据用户的使用习惯联网下载精美壁纸；设置为图片形式，用户可以选择系统自带或电脑本地的图片作为锁屏界面；设置为幻灯片放映，可以将自定义图片或相册设置为锁屏界面，并以幻灯片形式展示。例如，这里选择【Windows 聚焦】选项。

2 联网加载壁纸

在屏幕中，可以看到系统正在联网加载壁纸，等待加载完毕后，即可看到Windows提供的壁纸效果。

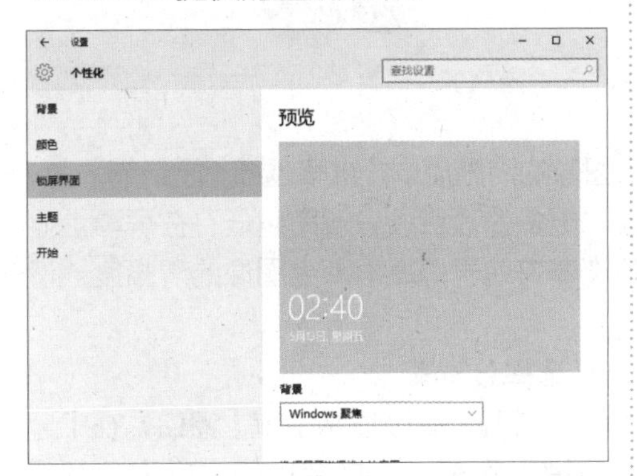

3 打开锁定屏幕界面

按【Windows+L】组合键，打开锁定屏幕界面，即可看到设置的壁纸效果。

4 进行喜好选择

单击界面右上角的“喜欢吗”信息提示框后，在弹出的列表中包含两个选项，用户可以根据自己的喜好进行选择，如下图所示。

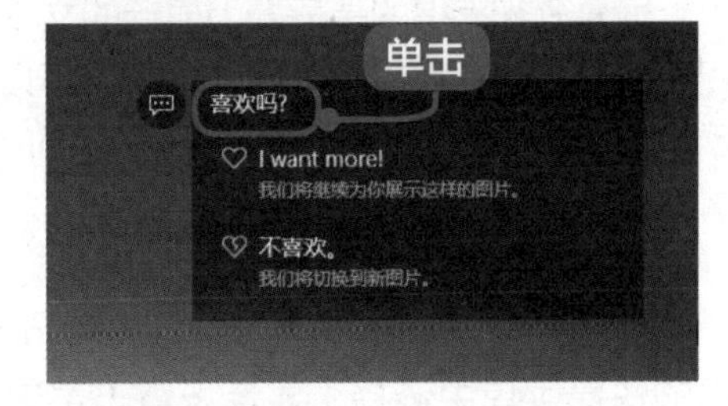

另外，也可以选择显示详细状态和快速状态应用的任意组合，如显示即将到来的日历事件、社交网络更新以及其他应用和系统通知。

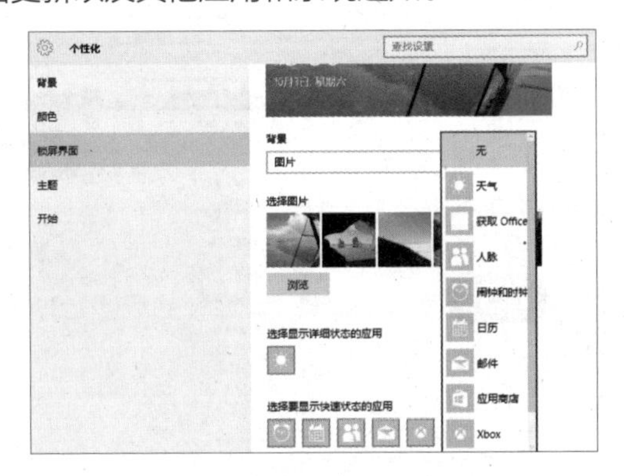

3.2.3 设置主题

主题是桌面背景图片、窗口颜色和声音的组合，Windows 10采用了新的主题方案，无边框设计的窗口、扁平化设计的图标等，使其更具现代感。本节主要介绍如何设置系统主题。

1 打开【个性化】窗口

打开【个性化】窗口，单击【主题】选项，然后单击【主题设置】超链接。

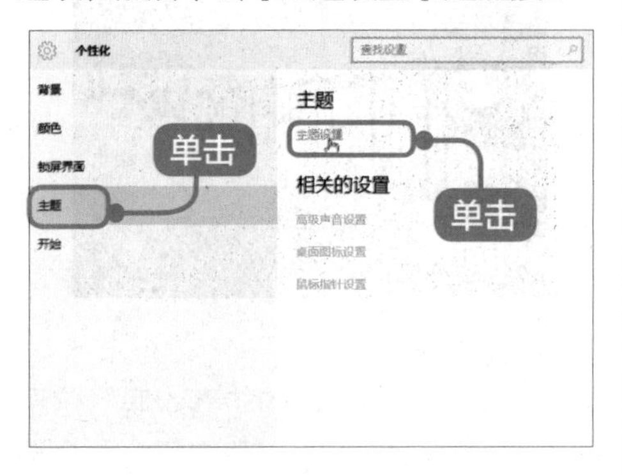

2 选择主题

在打开的窗口中，即可看到系统自带的默认主题，单击选择某一主题，即可应用该主题。也可以通过选择【联机获取更多主题】超链接来下载更多的新主题。

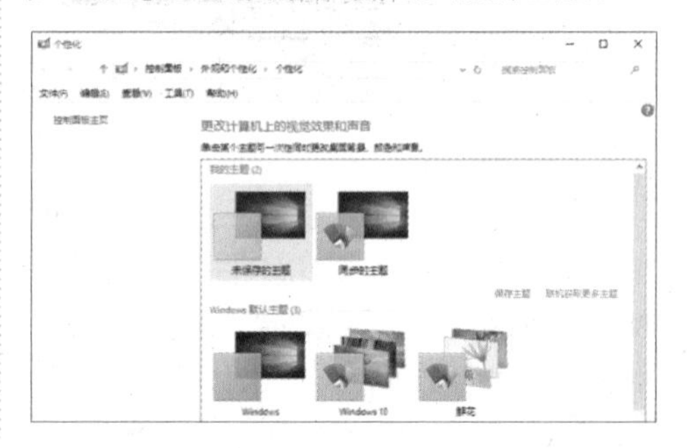

3.2.4 设置屏幕分辨率

屏幕分辨率指的是屏幕上显示的文本和图像的清晰度。分辨率越高，显示越清楚，同时屏幕上的项目越小，因此，屏幕可以容纳更多的项目。分辨率越低，在屏幕上显示的项目越少，但尺寸越大。设置适当的分辨率有助于提高屏幕上图像的清晰度。设置屏幕分辨率的具体操作步骤如下。

1 在空白处右击

在桌面空白处单击鼠标右键，在弹出的快捷菜单中选择【显示设置】菜单命令，然后单击【显示】>【高级显示设置】超链接。

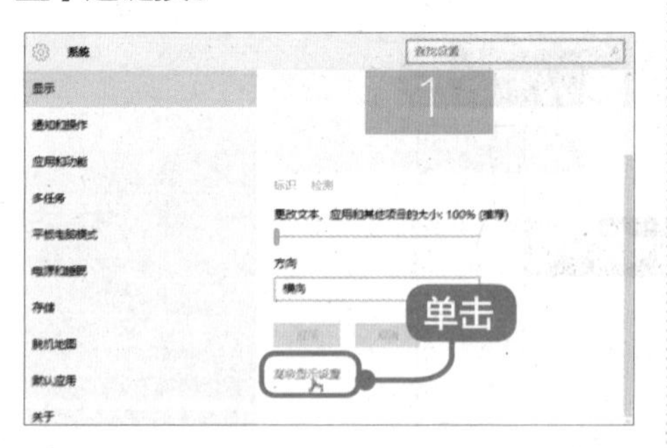

2 选择分辨率

打开【高级显示设置】窗口，在【分辨率】列表中选择合适的分辨率，然后单击【应用】按钮完成设置。

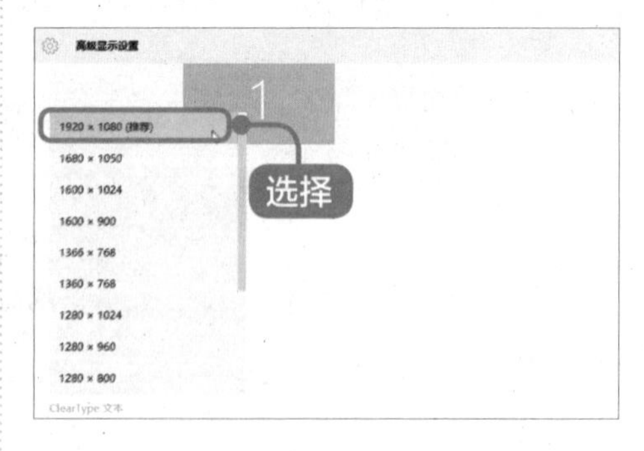

> **提示**
>
> 在显卡驱动安装正常的情况下，建议用户选择推荐的分辨率。如果将显视器设置为它不支持的屏幕分辨率，那么该屏幕在几秒钟内将变为黑色，显视器则还原至原始分辨率。

3.3 实例3——Microsoft账户的设置

本节视频教学时间 / 7 分钟

管理 Windows 用户账户是使用 Windows 10 系统的第一步，注册并登录 Microsoft 账户，才可以使用 Windows 10 的许多功能应用，并可以同步设置。

3.3.1 认识Microsoft账户

在 Windows 10 中，系统中集成了很多 Microsoft 服务，但都需要使用 Microsoft 账户才能使用这些服务。

使用 Microsoft 账户可以登录并使用任何 Microsoft 应用程序和服务，如 Outlook.com、Hotmail、Office 365、OneDrive、Skype、Xbox 等，而且登录 Microsoft 账户后，还可以在多个 Windows 10 设备上同步设置和操作内容。

用户使用 Microsoft 账户登录本地计算机后，部分 Modern 应用启动时默认使用 Microsoft 账户，如 Windows 应用商店，使用 Microsoft 账户才能购买并下载 Modern 应用程序。

3.3.2 注册并登录Microsoft账户

在首次使用 Windows 10 时，系统会以计算机的名称创建本地账户。如果需要改用 Microsoft 账户，就需要注册并登录 Microsoft 账户，具体的操作步骤如下。

1 更改账户设置

按【Windows】键，弹出“开始”菜单，单击本地账户头像，在弹出的快捷菜单中单击【更改账户设置】命令。

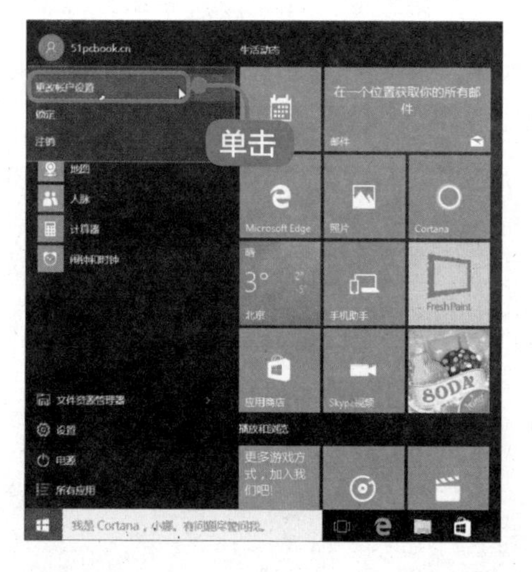

2 改用 Microsoft 账户登录

在弹出的【账户】界面中，单击【改用 Microsoft 账户登录】超链接。

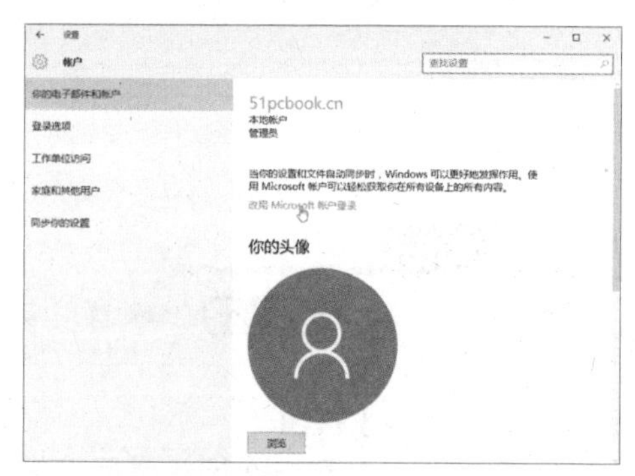

3 输入账户和密码

弹出【个性化设置】对话框，输入 Microsoft 账户和密码，单击【登录】按钮即可。如果没有 Microsoft 账户，则单击【创建一个】超链接。这里单击【创建一个】超链接。

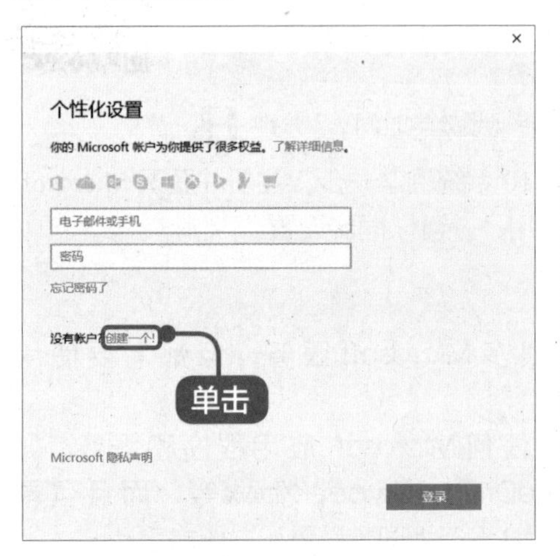

4 输入账户信息

弹出【让我们来创建你的账户】对话框，在信息文本框中输入相应的信息、邮箱地址和使用密码等，然后单击【下一步】按钮。

5 单击【下一步】按钮

在弹出的【查看与你相关度最高的内容】对话框中，单击【下一步】按钮。

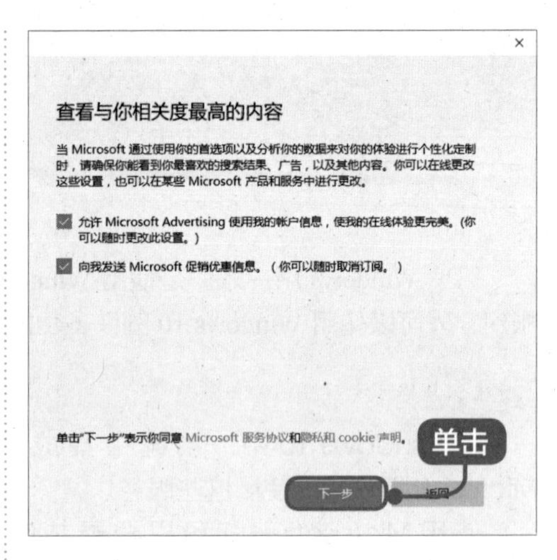

6 输入密码

弹出【使用你的 Microsoft 账户登录此设备】对话框，在【旧密码】文本中，输入步骤4中设置的本地账户密码（即开机登录密码），如果没有设置密码，无需填写，直接单击【下一步】按钮。

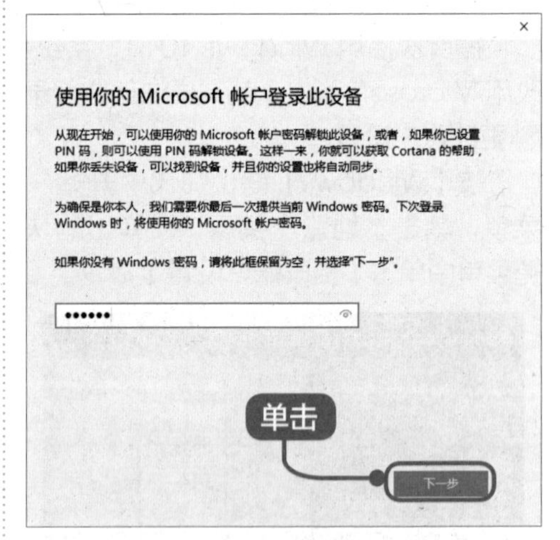

> **提示**
>
> 该步骤设置完毕后，则再次重启登录电脑时，则需要输入步骤4中设置的密码进行登录。

7 设置 PIN 码

弹出【设置 PIN 码】对话框，用户可以选择是否设置 PIN 码。如需设置，单击【设置 PIN】按钮；如不设置，则单击【跳过此步骤】按钮。这里单击【跳过此步骤】按钮。

8 注册验证

返回【账户】界面，即可看到注册且登录的账户信息，如下图所示。微软为了确保用户账户使用安全，需要对注册的邮箱或手机号进行验证，这里单击【验证】超链接。

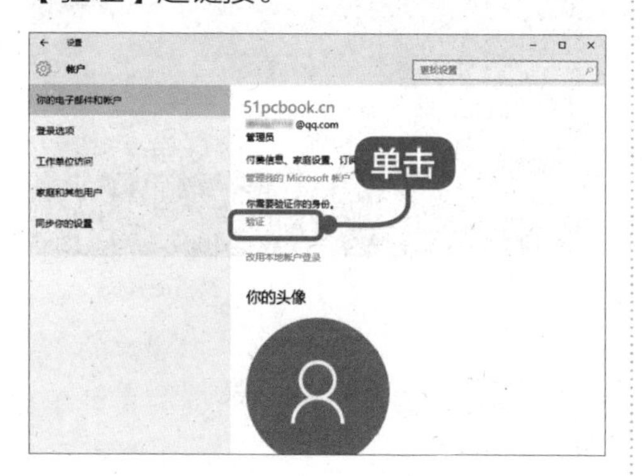

9 输入安全码

弹出【验证电子邮件】对话框，登录电子邮箱，查看 Microsoft 发来的安全码，由 4 位数字组成，将其输入到文本框中，单击【下一步】按钮。

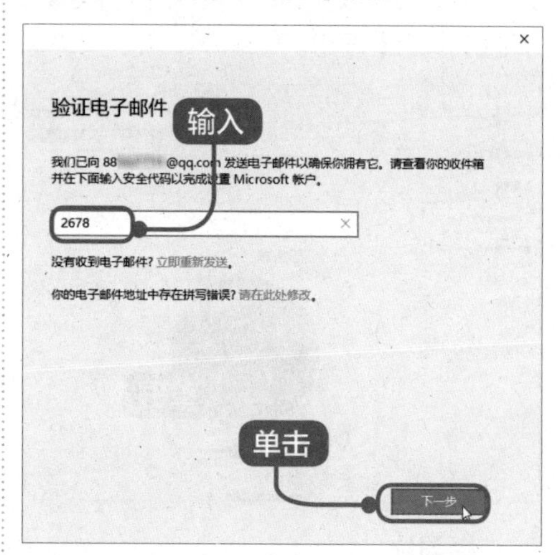

10 完成设置

返回到【账户】界面，即可看到【验证】超链接已消失，表示已完成设置。

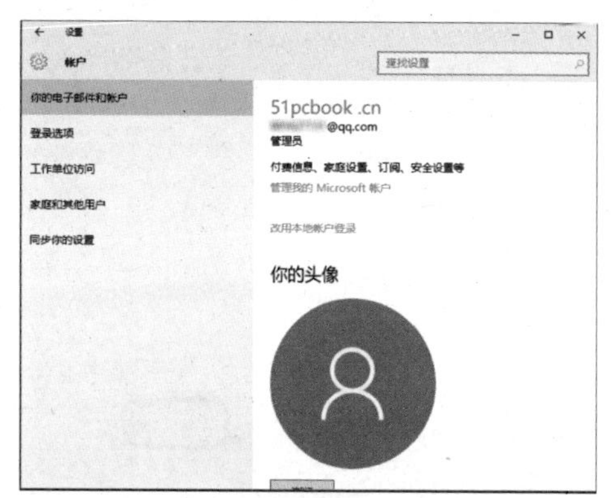

Microsoft 账户注册成功后，再次重启登录电脑时，则需输入 Microsoft 账户的密码。进入电脑桌面时，OneDrive 也会被激活。

3.3.3 添加账户头像

登录 Microsoft 账户后，默认没有任何头像。用户可以将自己喜欢的图片设置为该账户的头像，具体的操作步骤如下。

1 单击【浏览】按钮

在【账户】对话框中单击【你的头像】下的【浏览】按钮。

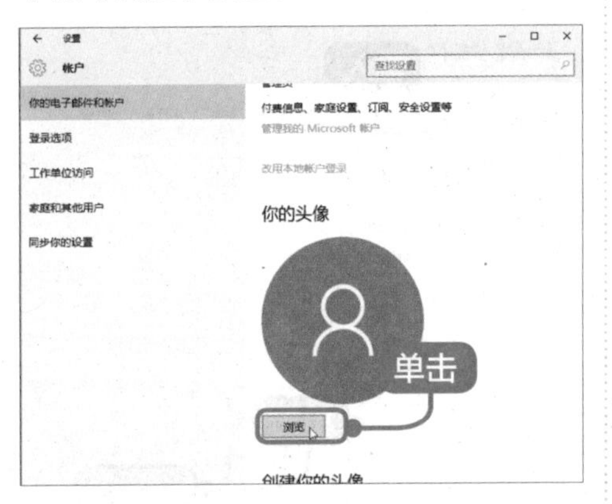

2 选择图片

弹出【打开】对话框，从电脑中选择要设置的图片，然后单击【选择图片】按钮。

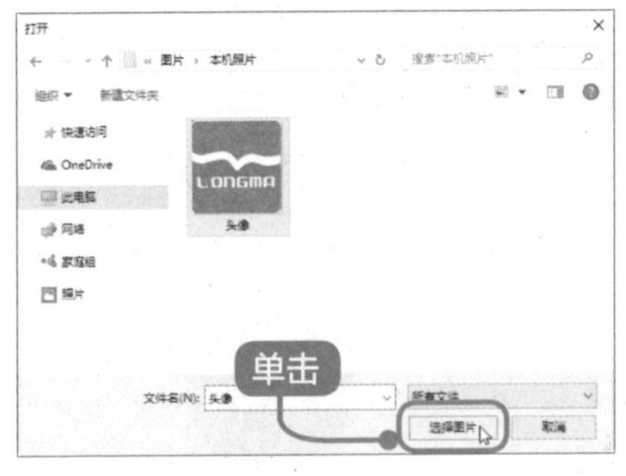

3 设置头像

返回【账户】对话框，即可看到设置好的头像。

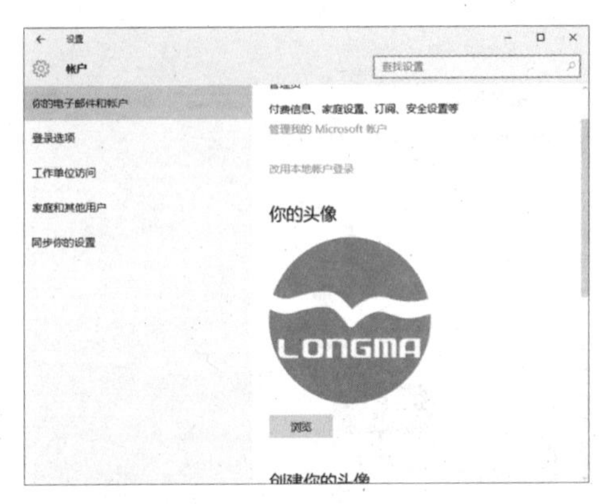

4 再次登录界面

再次进入登录界面时，即可看到设置的账户头像，如下图所示。

3.3.4 更改账户密码

定期地更改账户密码，可以确保账户的安全，具体的操作步骤如下。

1 打开【账户】对话框

打开【账户】对话框，单击【登录选项】选项，在其界面中，单击【密码】区域中的【更改】按钮。

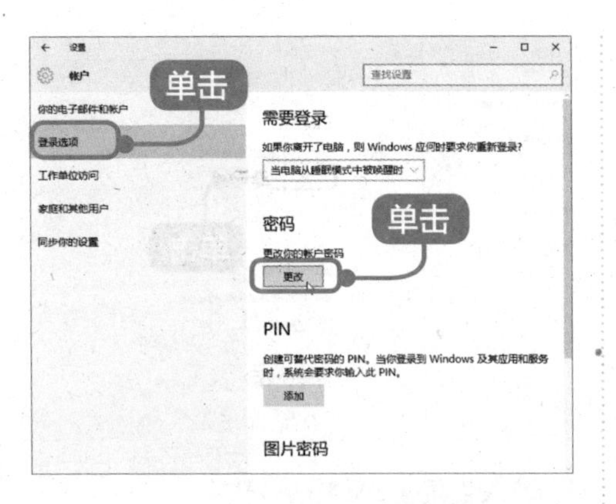

> **提示**
> 按【Windows+I】组合键，打开【设置】对话框，选择【账户】图标选项，即可进入【账户】对话框。

2 输入当前密码

弹出【请重新输入密码】界面，输入当前密码，单击【登录】按钮。

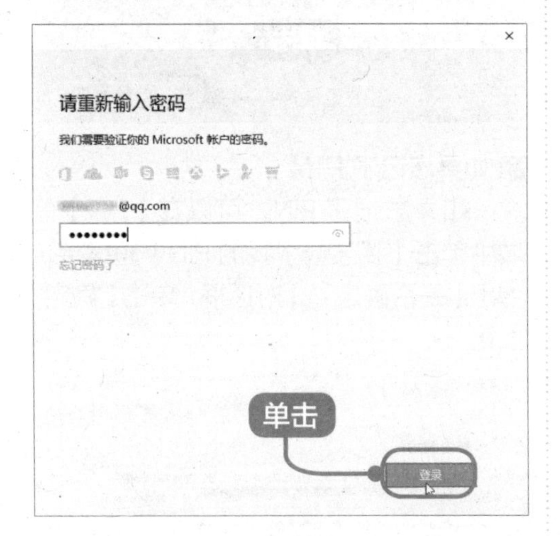

3 输入新密码

弹出【更改你的Microsoft账户密码】界面，分别输入当前密码、新密码，然后单击【下一步】按钮。

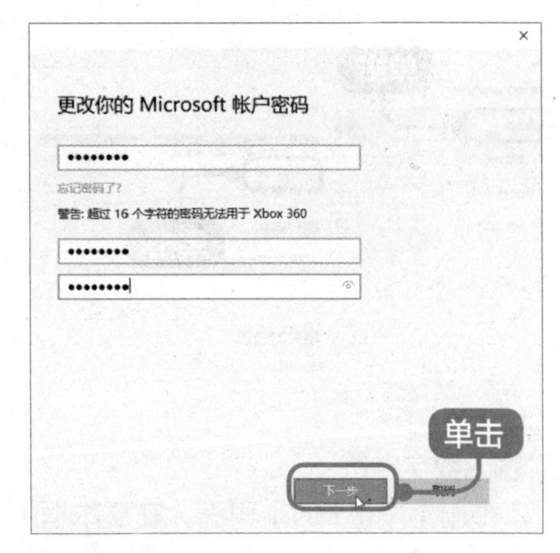

4 更改密码成功

系统提示更改密码成功，单击【完成】按钮即可。

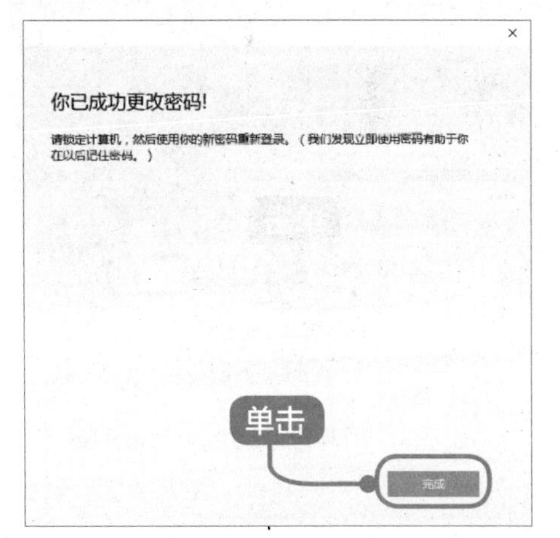

3.3.5 设置开机密码为 PIN 码

PIN 是为了方便移动、手持设备进行身份验证的一种密码措施，在 Windows 8 中已被使用。设置 PIN 之后，在登录系统时，只要输入设置的数字字符，不需要按【Enter】键或单击鼠标，即可快速登录系统，也可以访问 Microsoft 服务的应用。

用户在注册或登录 Microsoft 账户时，即被提示设置 PIN，没有设置的用户可参照下面的步骤进行设置。

1 单击【添加】按钮

在【账户】界面中单击【登录选项】选项，然后单击【PIN】区域下的【添加】按钮。

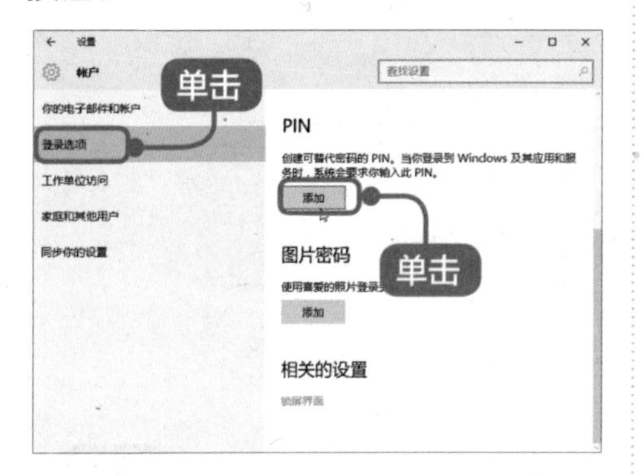

2 输入数字字符

弹出【设置 PIN】界面，在文本框中输入数字字符（至少 4 位的数字字符，不可为字母），单击【确定】按钮即可完成设置。

> **提示**
> Windows 10 操作系统中，PIN 最多支持 32 位数字。

3 更改当前 PIN

返回【登录选项】界面，即可看到【PIN】区域下的【添加】按钮变为【更改】和【删除】按钮。如果要更改当前 PIN，单击【更改】按钮。

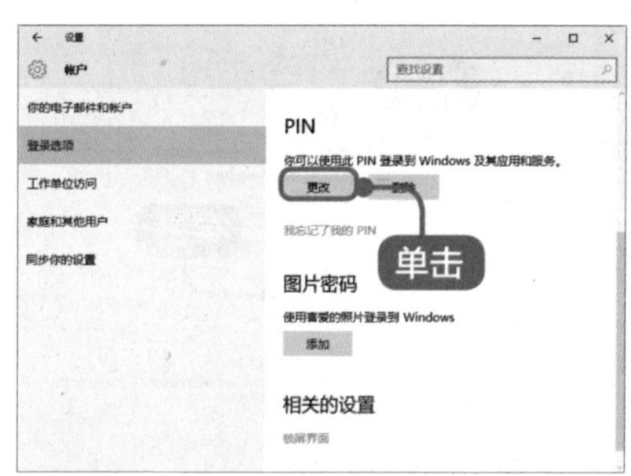

4 输入当前 PIN 和新 PIN

弹出【更改 PIN】对话框，分别输入当前 PIN 和新 PIN，然后单击【确认】按钮即可。

5 如果忘记了 PIN

如果忘记了 PIN，可以在【PIN】区域中单击【我忘记了我的 PIN】超链接，弹出【是否确定？】对话框，单击【确定】按钮。

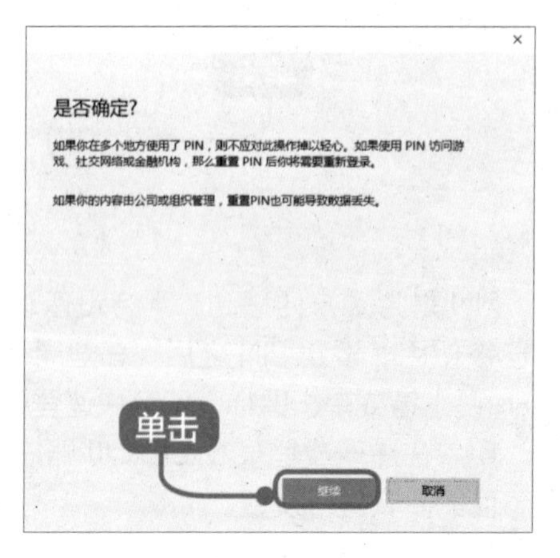

6 输入新的 PIN 码

弹出【设置 PIN】对话框，输入新的 PIN 码，单击【确定】按钮。

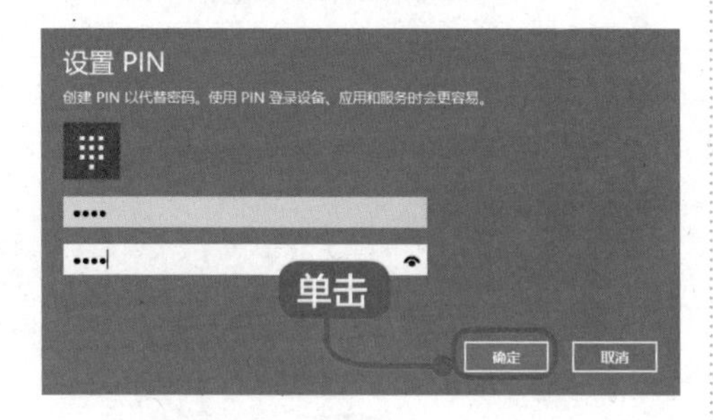

7 再次登录系统

当设置 PIN 后，再次登录系统时，则需输入 PIN 码进行登录。

8 输入 PIN

输入设置的 PIN，无需按【Enter】键，即可自动进入系统。

技巧 1 • 取消显示开机锁屏界面

虽然开机锁屏界面给人以绚丽的视觉效果，但是影响了开机时间和速度，用户可以根据需要取消系统启动后的锁屏界面，具体的操作步骤如下。

1 输入“gpedit.msc”

按【Win+R】组合键，打开【运行】对话框，输入“gpedit.msc”命令，按【Enter】键。

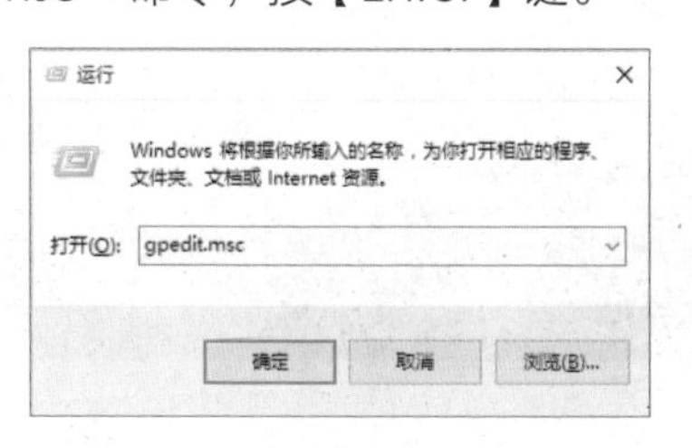

2 打开【不显示锁屏】命令

弹出【本地组策略编辑器】对话框，单击【计算机配置】➢【管理模板】➢【控制面板】➢【个性化】命令，在【设置】列表中双击【不显示锁屏】命令。

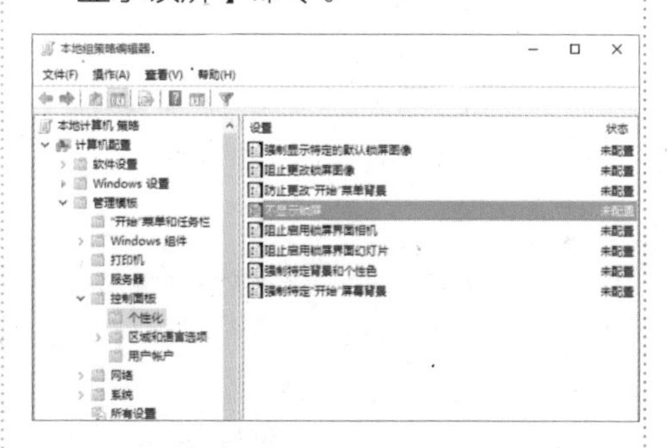

3 取消显示开机锁屏界面

弹出【不显示锁屏】对话框，选择【已启用】单选项，单击【确定】按钮，即可取消显示开机锁屏界面。

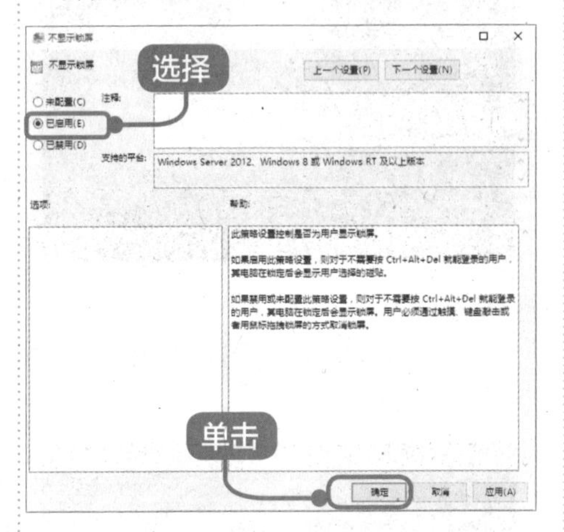

技巧 2 ● 取消开机密码，设置 Windows 自动登录

虽然使用账户登录密码，可以保护电脑的隐私安全，但是每次登录时都要输入密码，对于一部分用户来讲，太过于麻烦。用户可以根据需求，选择是否使用开机密码。如果希望 Windows 跳过输入密码步骤直接登录，可以参照以下步骤进行设置。

1 输入“netplwiz”

在电脑桌面中，按【Windows+R】组合键，打开【运行】对话框，在文本框中输入“netplwiz”，按【Enter】键确认。

2 选中本机用户

弹出【用户账户】对话框，选中本机用户，并取消勾选【要使用计算机，用户必须输入用户名和密码】复选框，单击【应用】按钮。

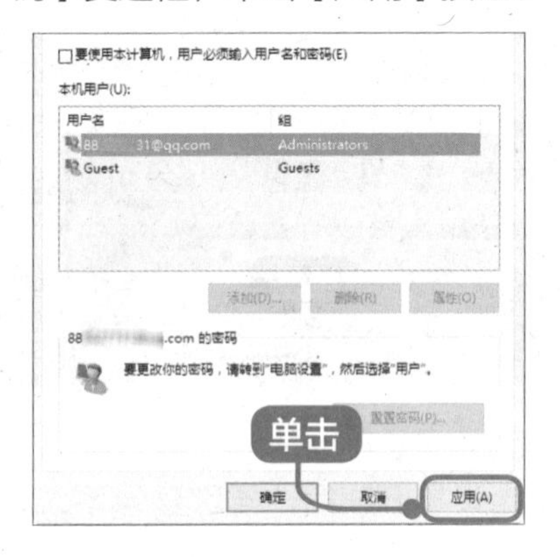

3 输入密码

弹出【自动登录】对话框，在【密码】和【确认密码】文本框中输入当前账户密码，然后单击【确定】按钮即可取消开机登录密码。

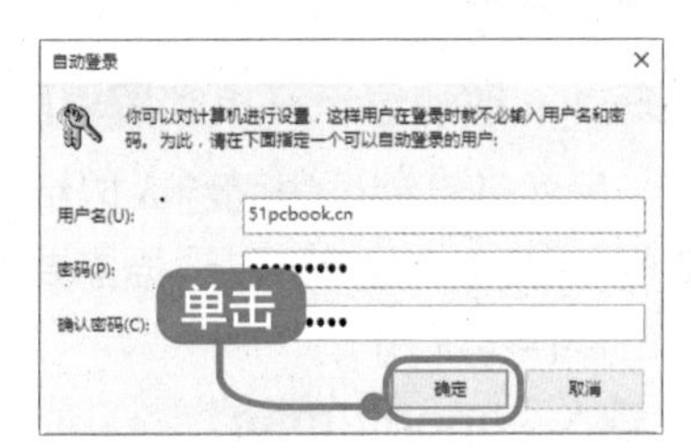

4 再次重新登录

再次重新登录时，无需输入用户名和密码，即可直接登录系统。

> **提示**
>
> 如果在锁屏状态下，则还是需要输入账户密码，只有在启动系统登录时，可以免输入账户密码。

第 4 章

管理电脑文件和文件夹

本章视频教学时间 / 31 分钟

重点导读

文件和文件夹是 Windows 10 操作系统资源的重要组成部分。用户只有掌握好管理文件和文件夹的基本操作，才能更好地运用操作系统完成工作和学习。本章主要讲述 Windows 10 中文件和文件夹的基本操作。

学习效果图

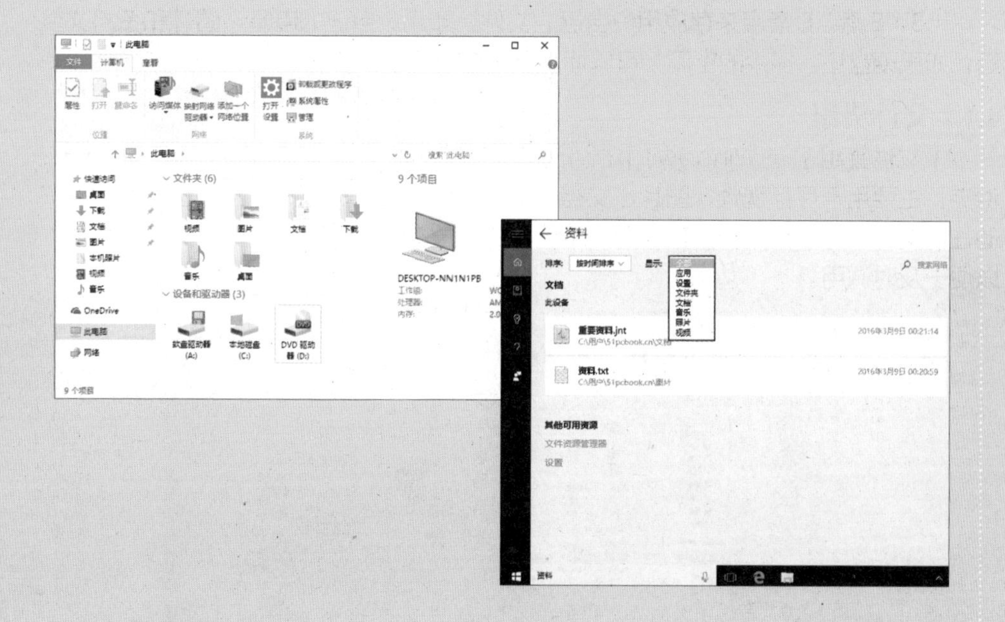

4.1 实例 1——文件和文件夹的管理

本节视频教学时间 / 3 分钟

Windows 10 系统一般是用【此电脑】来存放文件，此外也可以用移动存储设备存放文件，如 U 盘、移动 U 盘及手机的内部存储等。

4.1.1 电脑

理论上来说，文件可以被存放在【此电脑】的任意位置。但是为了便于管理，文件应按性质分盘存放。

通常情况下，电脑的硬盘最少需要划分为 3 个分区：C、D 和 E 盘。3 个盘的功能分别如下。

（1）C 盘。C 盘主要是用来存放系统文件。所谓系统文件，是指操作系统和应用软件中的系统操作部分。一般系统默认情况下都会被安装在 C 盘，包括常用的程序。

（2）D 盘。D 盘主要用来存放应用软件文件。如 Office、Photoshop 和 3ds Max 等程序，常常被安装在 D 盘。对于软件的安装，有以下常见的原则。

① 一般小的软件，如 RAR 压缩软件等可以安装在 C 盘。

② 对于大的软件，如 Office 2016，建议安装在 D 盘。

> **提示**
> 几乎所有软件默认的安装路径都在 C 盘中，电脑用得越久，C 盘被占用的空间越多。随着时间的增加，系统反应会越来越慢。所以安装软件时，需要根据具体情况改变安装路径。

（3）E 盘。E 盘用来存放用户自己的文件，如用户自己的电影、图片和资料文件等。如果硬盘还有多余的空间，可以添加更多的分区。

4.1.2 文件夹组

【文件夹组】是 Windows 10 中的一个系统文件夹，系统为每个用户建立了文件夹，主要用于保存视频、图片、文档、下载、音乐以及桌面等，当然也可以保存其他任何文件。对于常用的文件，用户可以将其存放在【文件夹组】对应的文件夹中，以便于及时调用。

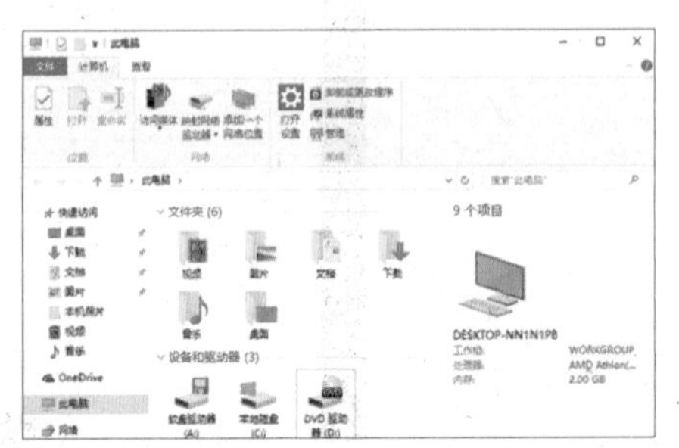

4.2 认识文件和文件夹

本节视频教学时间 / 3 分钟

在 Windows 10 操作系统中，文件是最小的数据组织单位。文件中可以存放文本、图像和数值数据等信息。而硬盘则是存储文件的大容量存储设备，其中可以存储很多文件。同时为了便于管理文件，还可以把文件组织到目录和子目录中去。目录被认为是文件夹，而子目录则被认为是文件夹的文件夹 (或子文件夹)。

4.2.1 文件

文件是 Windows 存取磁盘信息的基本单位，一个文件是磁盘上存储的信息的一个集合，可以是文字、图片、影片或一个应用程序等。每个文件都有自己唯一的名称，Windows 10 正是通过文件的名字来对文件进行管理的。

Windows 10 与 DOS 最显著的差别就是它支持长文件名，甚至在文件和文件夹名称中允许有空格。在 Windows 7 中，默认情况下系统自动按照类型显示和查找文件。有时为了方便查找和转换，也可以为文件指定扩展名。

1. 文件名的组成

在 Windows 10 操作系统中，文件名由“基本名”和“扩展名”构成，它们之间用英文“.”隔开。例如，文件“tupian.jpg”的基本名是“tupian”，扩展名是“jpg”，文件“月末总结 .docx”的基本名是“月末总结”，扩展名是“docx”。

> **提示**
> 文件可以只有基本名，没有扩展名，但不能只有扩展名，没有基本名。

2. 文件命名规则

文件的命名有以下规则。

（1）文件名称长度最多可达 256 个字符，1 个汉字相当于 2 个字符。

文件名中不能出现这些字符：斜线（\、/）、竖线（|）、小于号（<）、大于号（>）、冒号（：）、引号（（“）或（“））、问号（？）、星号（*）。

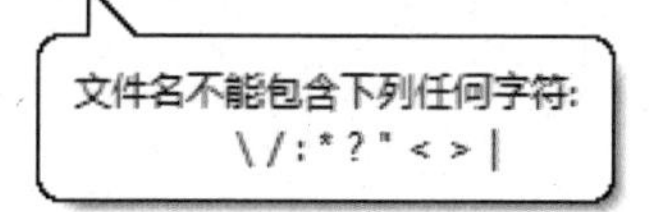

> **提示**
> 不能出现的字符在计算机中有特殊的用途。

（2）文件命名不区分大小写字母，如“abc.txt”和“ABC.txt”是同一个文件名。

（3）同一个文件夹下的文件名称不能相同。

3. 文件地址

文件的地址由“盘符”和“文件夹”组成，它们之间用一个反斜杠“\”隔开，其中后一个文件夹是前一个文件夹的子文件夹。例如“E:\Work\Monday\总结报告.docx”的地址是“E:\Work\Monday”，其中“Monday”文件夹是“Work”文件夹的子文件夹，如下图所示。

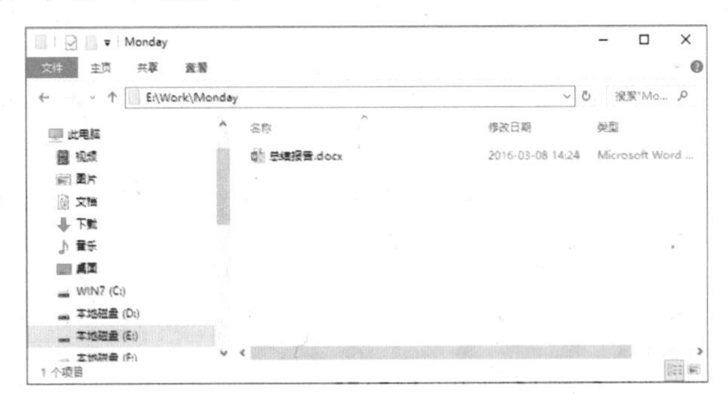

4. 文件图标

在 Windows 10 操作系统中，文件的图标和扩展名代表了文件的类型，而且文件的图标和扩展名之间有一定的对应关系，看到文件的图标，知道文件的扩展名就能判断出文件的类型。例如，文本文件中扩展名为“.docx”的文件图标是，图片文件中扩展名为“.jpeg”的文件图标是，压缩文件中扩展名为“.rar”的文件图标是，视频文件中扩展名为“.avi”的文件图标是。

5. 文件大小

查看文件的大小有两种方法。

方法 1：选择要查看大小的文件并单击鼠标右键，在弹出的快捷菜单中选择【属性】菜单命令，即可在打开的【属性】对话框中查看文件的大小。

> **提示**
>
> 文件的大小用 B（Byte 字节）、KB（千字节）、MB（兆字节）和 GB（吉字节）做单位。1 个字节（1B）能存储 1 个英文字符，1 个汉字占两个字节。

方法 2：打开包含要查看大小的文件的文件夹，单击窗口右下角的按钮，即可在文件夹中查看文件的大小。

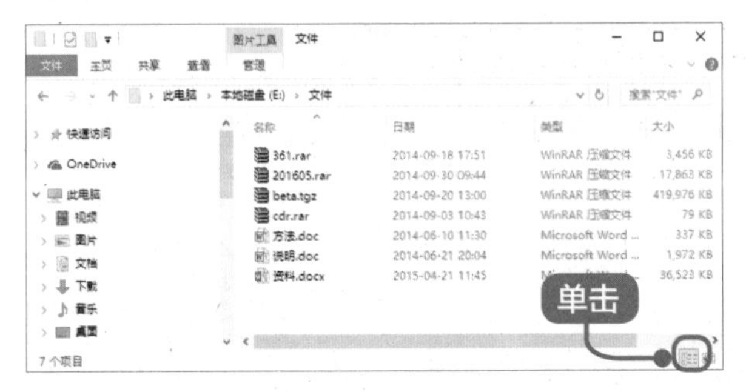

4.2.2 文件夹

在 Windows 10 操作系统中，文件夹主要用来存放文件，是存放文件的容器。

文件夹是从 Windows 95 开始提出的一个概念。它实际上是 DOS 中目录的概念，在过去的电脑操作系统中，习惯把它称为目录。树状结构的文件夹是目前微型电脑操作系统的流行文件管理模式。它的结构层次分明，容易被人们理解，只要用户明白它的基本概念，就可以熟练使用它。

1. 文件夹命名规则

在 Windows 10 中，文件夹的命名有以下规则。

（1）文件夹名称长度最多可达 256 个字符，1 个汉字相当于 2 个字符。

文件夹名中不能出现这些字符：斜线（\、/）、竖线（|）、小于号（<）、大于号（>）、冒号（：）、引号（（“）或（“））、问号（？）、星号（*）。

（2）文件夹不区分大小写字母，如“abc”和“ABC”是同一个文件夹名。

（3）文件夹通常没有扩展名。

（4）同一个文件夹中文件夹不能同名。

2. 选择文件或文件夹

（1）单击即可选择一个对象。

（2）单击菜单栏中的【编辑】➤【全选】菜单命令或按【Ctrl+A】组合键，即可选择所有对象。

（3）选择一个对象，按住【Ctrl】键，同时单击其他对象，可以选择不连续的多个对象。

（4）选择第一个对象，按住【Shift】键单击最后一个对象，或拖曳鼠标指针绘制矩形框选择多个对象，都可以选择连续的多个对象。

3. 文件夹大小

文件夹的大小单位与文件的大小单位相同，但只能使用【属性】对话框查看文件夹的大小。选择要查看的文件夹并单击鼠标右键，在弹出的快捷菜单中选择【属性】菜单命令，在弹出的【属性】对话框中即可查看文件夹的大小。

4.3 实例 2——文件和文件夹的基本操作

本节视频教学时间 / 21 分钟

文件和文件夹是 Windows 10 操作系统资源的重要组成部分。用户只有掌握好管理文件和文件夹的基本操作，才能更好地运用操作系统完成工作和学习。

4.3.1 找到文件和文件夹

双击桌面上的【此电脑】图标，进入任意一个本地磁盘，即可看到其中分布的文件夹，如下图所示。

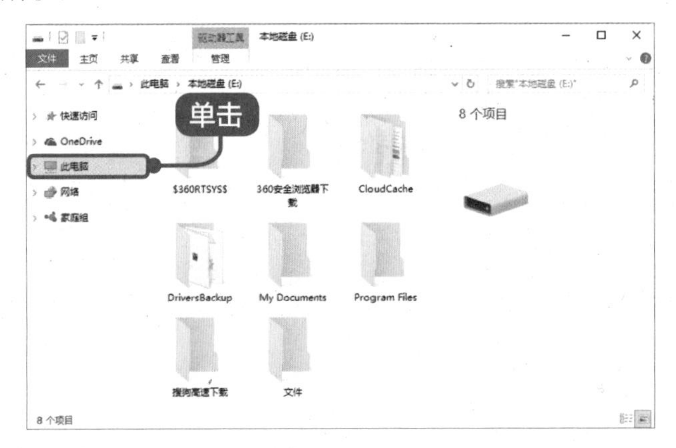

文件的种类是由文件的扩展名来标示的，由于扩展名是无限制的，所以文件的类型自然也就是无限制的。文件的扩展名是Windows 10操作系统识别文件的重要方法，因而了解常见的文件扩展名对于学习和管理文件有很大的帮助。

4.3.2 文件资源管理功能区

在 Windows 10 操作系统中，文件资源管理器采用了 Ribbon 界面，其实它并不是首次出现，在 Office 2007 到 Office 2016 都采用了 Ribbon 界面，最明显的标识就是采用了标签页和功能区的形式，便于用户的管理。而本节介绍 Ribbon 界面，主要目的是方便用户可以通过新的功能区，对文件和文件夹进行管理。

在文件资源管理器中，默认隐藏功能区，用户可以单击窗口最右侧的向下按钮或按【Ctrl+F1】组合键展开或隐藏功能区。另外，单击标签页选项卡，也可显示功能区。

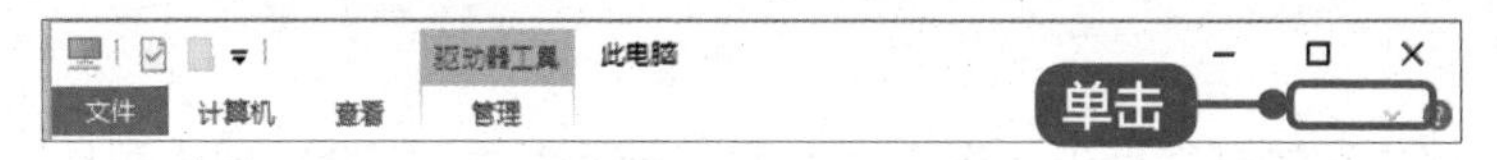

在 Ribbon 界面中，主要包含计算机、主页、共享和查看 4 种标签页，单击不同的标签页，则包含不同类型的命令。

1.【计算机】标签页

双击【此电脑】图标，进入【此电脑】窗口，默认显示【计算机】标签页，主要包含了对电脑的常用操作，如磁盘操作、网络位置、打开设置、程序卸载、查看系统属性等。

2.【主页】标签页

打开任意磁盘或文件夹，可看到【主页】标签页，主要包含对文件或文件夹的复制、移动、粘贴、重命名、删除、查看属性和选择等操作，如下图所示。

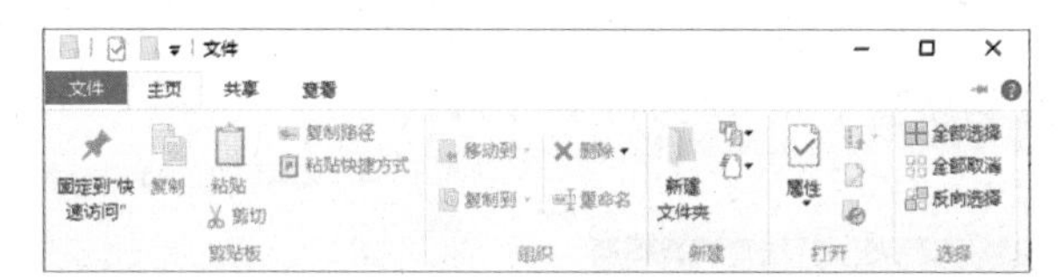

3.【共享】标签页

【共享】标签页中，主要包括对文件的发送和共享操作，如文件压缩、刻录、打印等。

4.【查看】标签页

【查看】标签页中，主要包含对窗口、布局、视图和显示 / 隐藏等操作，如文件或文件夹显示方式、排列文件或文件夹、显示 / 隐藏文件或文件夹都可在该标签页中进行操作。

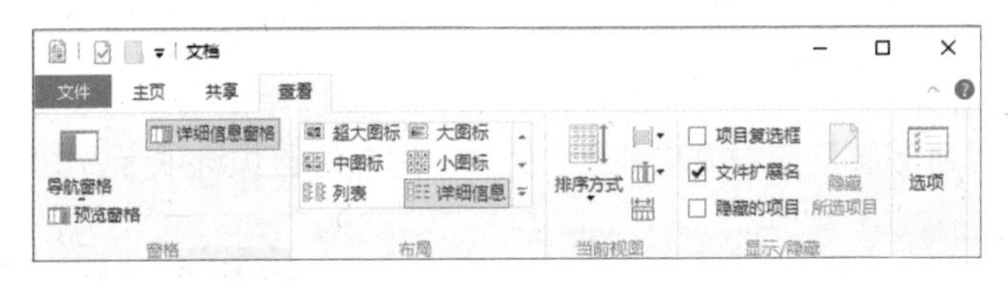

除了上述主要的标签页外，当文件夹中包含图片时，则会出现【图片工具】标签页；当文件夹中包含音乐文件时，则会出现【音乐工具】标签页。另外，还有【管理】、【解压缩】、【应用程序工具】等标签页。

4.3.3 打开 / 关闭文件或文件夹

对文件或文件夹进行最多的操作就是打开和关闭，下面就介绍打开和关闭文件或文件夹的常用方法。

1. 打开文件

（1）双击要打开的文件。

（2）在需要打开的文件名上单击鼠标右键，在弹出的快捷菜单中选择【打开】菜单命令。

（3）利用【打开方式】打开，具体操作步骤如下。

1 选择【写字板】方式

在需要打开的文件名上单击鼠标右键，在弹出的快捷菜单中选择【打开方式】菜单命令，在其子菜单中选择相关的软件，如这里选择【写字板】方式打开记事本文件。

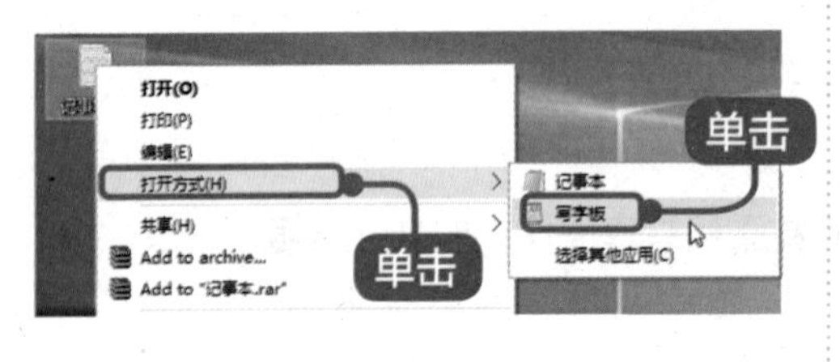

2 打开记事本文件

写字板软件将自动打开选择的记事本文件。

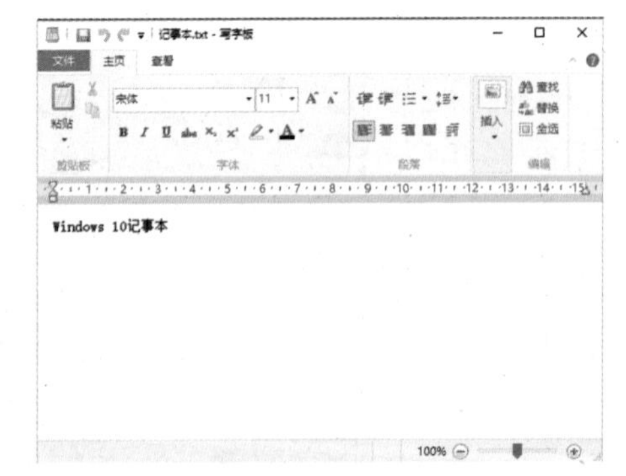

4.3.4 更改文件或文件夹的名称

新建文件或文件夹后，都有一个默认的名称作为文件名，用户可以根据需要给新建的或已有的文件或文件夹重新命名。

更改文件名称和更改文件夹名称的操作类似，主要有以下 3 种方法。

1. 使用功能区

选择要重新命名的文件或文件夹，单击【主页】标签页，在【组织】功能区中，单击【重命名】按钮，文件或文件夹即可进入编辑状态，输入要命名的名称，单击【Enter】键进行确认。

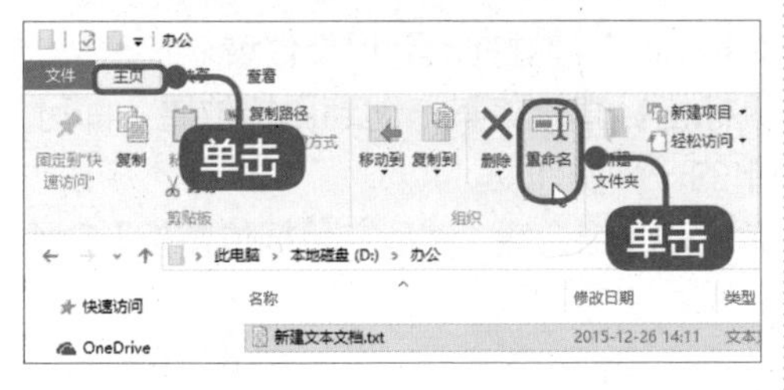

2. 右键菜单命令

选择要重新命名的文件或文件夹，单击鼠标右键，在弹出的菜单命令中选择【重命名】菜单命令，文件或文件夹即可进入编辑状态，输入要命名的名称，单击【Enter】键进行确认。

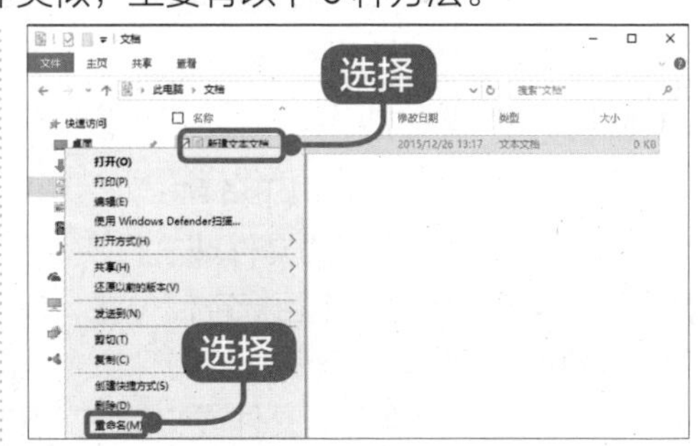

3.【F2】快捷键

选择要重新命名的文件或文件夹，按【F2】键，文件或文件夹即可进入编辑状态，输入要命名的名称，单击【Enter】键进行确认。

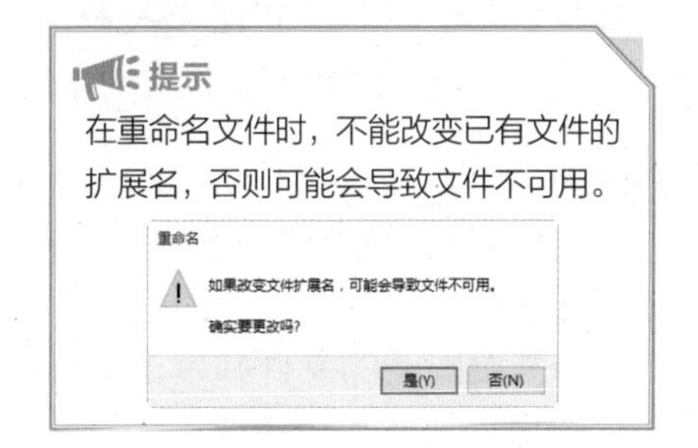

4.3.5 复制 / 移动文件或文件夹

对一些文件或文件夹进行备份，也就是创建文件的副本，或者改变文件的位置，这就需要对文件或文件夹进行复制或移动操作。

1. 复制文件或文件夹

复制文件或文件夹的方法有以下 4 种。

（1）在需要复制的文件或文件夹名上单击鼠标右键，在弹出的快捷菜单中选择【复制】菜单命令。选定目标存储位置，单击鼠标右键，在弹出的快捷菜单中选择【粘贴】菜单命令即可。

（2）选择要复制的文件或文件夹，按住【Ctrl】键并拖动到目标位置。

（3）选择要复制的文件或文件夹，按住鼠标右键并拖动到目标位置，在弹出的快捷菜单中选择【复制到当前位置】菜单命令。

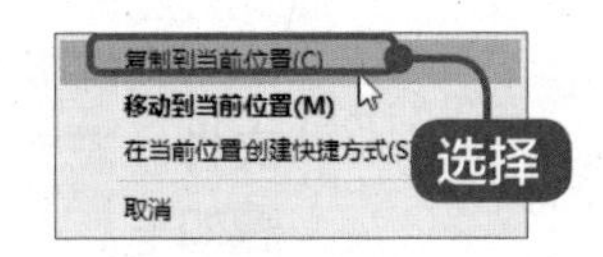

（4）选择要复制的文件或文件夹，按【Ctrl+C】组合键，然后在目标位置按【Ctrl+V】组合键即可。

2. 移动文件或文件夹

移动文件的方法有以下 4 种。

（1）在需要移动的文件或文件夹名上单击鼠标右键，在弹出的快捷菜单中选择【剪切】菜单命令。选定目标存储位置，单击鼠标右键，在弹出的快捷菜单中选择【粘贴】菜单命令即可。

（2）选择要移动的文件或文件夹，按住【Shift】键并拖动到目标位置。

（3）选中要移动的文件或文件夹，用鼠标指针直接将其拖动到目标位置，即可完成文件或文件夹的移动操作，这也是最简单的一种操作。

（4）选择要移动的文件或文件夹，按【Ctrl+X】组合键，然后在目标位置按【Ctrl+V】组合键即可。

4.3.6 隐藏 / 显示文件或文件夹

隐藏文件或文件夹可以增强文件的安全性，同时可以防止误操作导致文件或文件夹丢失。隐藏与显示文件或文件夹的操作类似，本节仅以隐藏和显示文件为例进行介绍。

1. 隐藏文件

隐藏文件的操作步骤如下。

1 选择【属性】菜单命令

选择需要隐藏的文件并单击鼠标右键，在弹出的快捷菜单中选择【属性】菜单命令。

2 成功隐藏文件

弹出【属性】对话框，选择【常规】选项卡，然后勾选【隐藏】复选框，单击【确定】按钮，选择的文件被成功隐藏。

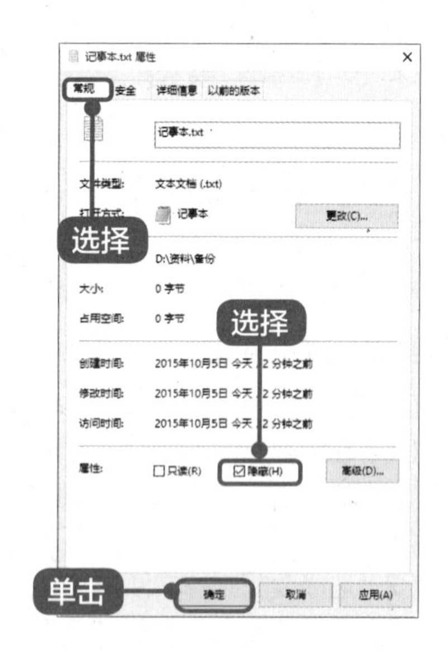

2. 显示文件

文件被隐藏后，用户要想调出隐藏文件，需要先显示文件，具体的操作步骤如下。

1 看到隐藏的文件

按一下【Alt】功能键，调出功能区，选择【查看】标签页，单击勾选【显示/隐藏】的【隐藏的项目】复选框，即可看到隐藏的文件或文件夹。

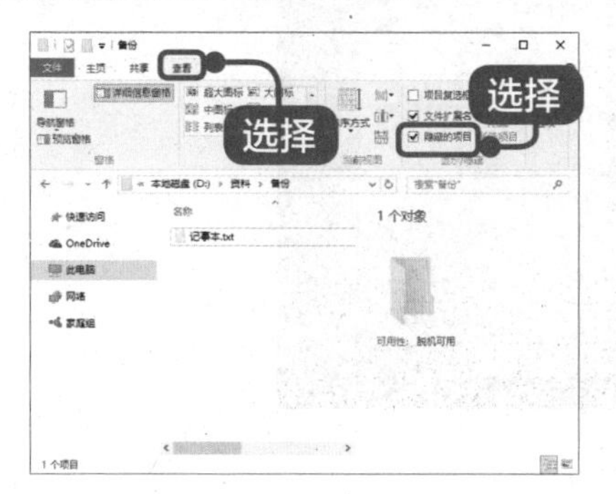

2 显示隐藏的文件

右键单击该文件，弹出【属性】对话框，选择【常规】选项卡，然后取消【隐藏】复选框的勾选，单击【确定】按钮，即可显示隐藏的文件。

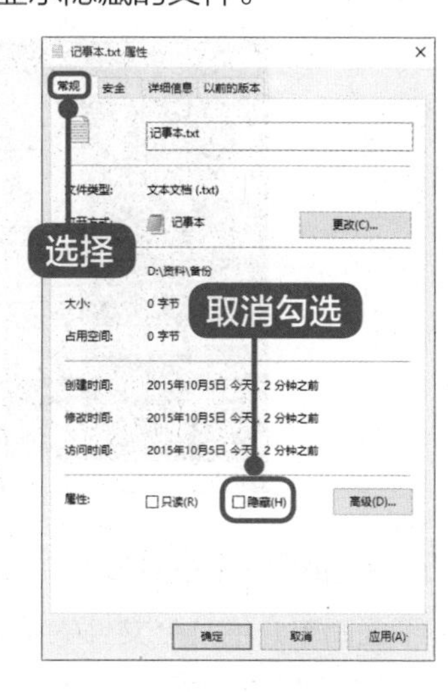

高手私房菜

技巧1 ● 添加常用文件夹到"开始"屏幕

在Windows 10中，用户可以自定义"开始"屏幕显示的内容，如可以把常用文件夹（如文档、图片、音乐、视频、下载等常用文件夹）添加到"开始"屏幕上。

1 打开【设置】窗口

按【Windows+I】组合键，打开【设置】窗口，单击【个性化】➤【开始】➤【选择那些文件夹显示在开始屏幕】选项。

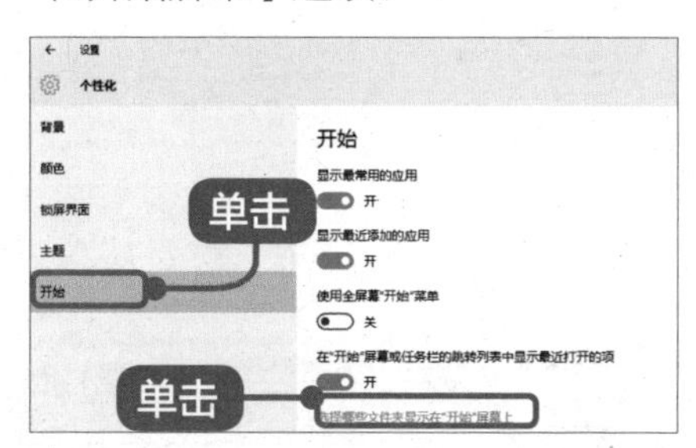

2 进行设置

在弹出的窗口中选择要加到"开始"屏幕上的文件夹，这里以【文档】为例，将【文档】按钮设置为"开"。

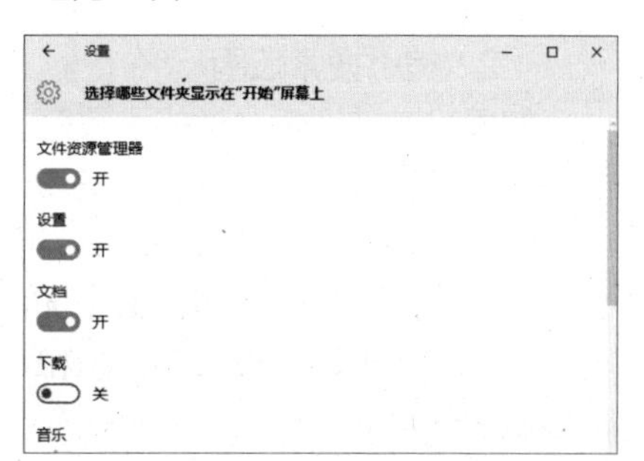

3 看到添加的文件夹

关闭【设置】对话框，按【Windows】键，打开“开始”屏幕，即可看到添加的文件夹。

技巧 2 ● 如何快速查找文件

下面简单介绍几个文件的搜索技巧。

（1）关键词搜索

利用关键词可以精准地搜索到某个文件，可以从以下元素入手，进行搜索。

① 文档搜索——文档的标题、创建时间、关键词、作者、摘要、内容、大小。

② 音乐搜索——音乐文件的标题、艺术家、唱片集、流派。

③ 图片搜索——图片的标题、日期、类型、备注。

因此，在创建文件或文件夹时，建议尽可能地完善属性信息，方便查找。

（2）缩小搜索范围

如果知道被搜索文件的大致范围，应尽量缩小搜索范围。如在 J 盘，可打开 J 盘，按【Ctrl+F】组合键，单击【搜索】标签页，在【优化】组中设置日期、类型、大小和其他属性信息。

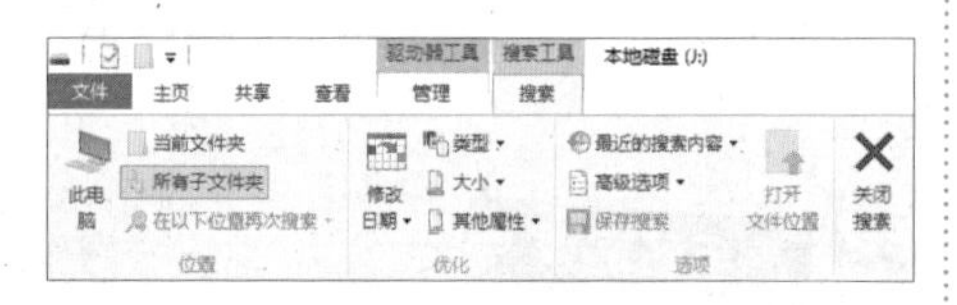

（3）添加索引

在 Windows 10 系统文件资源管理器窗口中，可以通过【选项】组中的【高级选择】使用索引，根据提示确认对此位置进行索引。这样可以快速搜索到需要查找的文件。

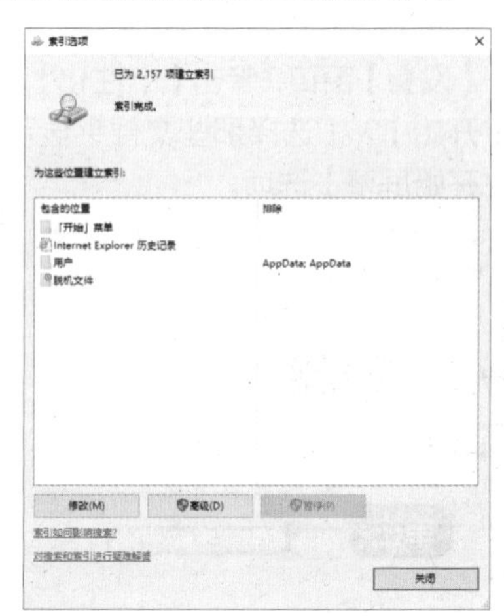

第 5 章

轻松学会打字

本章视频教学时间 / 48 分钟

重点导读

学会输入汉字和英文是使用电脑的第一步。对于英文，只要按键盘上的字符键就可以输入了。而汉字却不能像英文那样直接输入到电脑中，需要使用英文字母和数字对汉字进行编码，然后通过输入编码得到所需汉字，这就是汉字输入法。本章主要讲述输入法的管理以及拼音打字和五笔打字的方法。

学习效果图

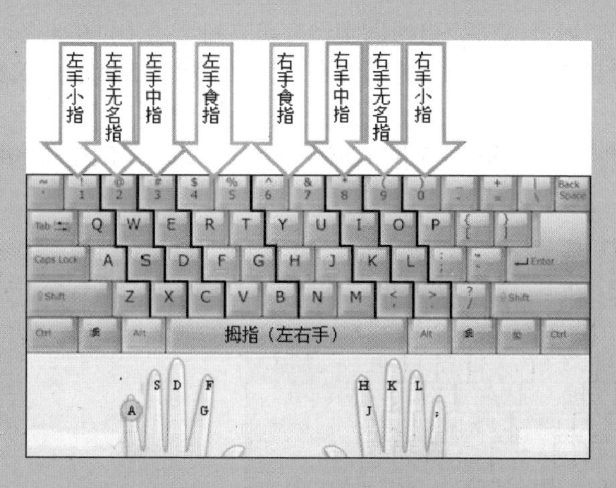

5.1 实例 1——正确的指法操作

本节视频教学时间 / 6 分钟

如果准备在电脑中输入文字或输入操作命令，通常需要使用键盘进行输入。使用键盘时，为了防止由于坐姿不对造成身体疲劳，以及指法不对造成手臂疲劳的现象发生，用户一定要有正确的坐姿并掌握击键要领，劳逸结合，尽量减小使用电脑过程中造成身体疲劳的程度。本节介绍使用键盘的基本方法。

5.1.1 手指的基准键位

为了保证指法的出击迅速，在没有击键时，十指可放在键盘的中央位置，也就是基准键位上，这样无论是敲击上方的按键还是下方的按键，都可以快速进行击键并返回。

键盘中有 8 个按键被规定为基准键位，基准键位位于主键盘区，是打字时确定其他键位置的标准，从左到右依次为：【A】、【S】、【D】、【F】、【J】、【K】、【L】和【；】，如下图所示。在敲击按键前，将手指放在基准键位时，手指要虚放在按键上，注意不要按下按键。

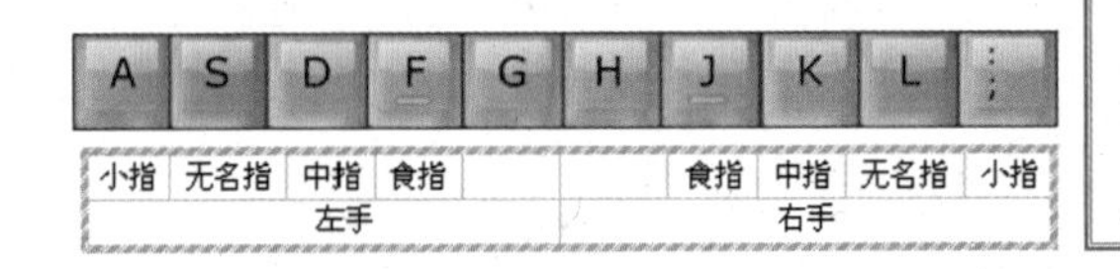

> **提示**
> 基准键共有 8 个，其中【F】键和【J】键上都有一个凸起的小横杠，用于盲打时手指通过触觉定位。另外，两手的大姆指要放在空格键上。

5.1.2 手指的正确分工

指法就是指按键的手指分工。键盘的排列是根据字母在英文打字中出现的频率而精心设计的，正确的指法可以提高手指击键的速度，提高输入的准确率，同时也可以减少手指疲劳。

在敲击按键时，每个手指要负责所对应的基准键周围的按键，左右手所负责的按键具体分配情况如下图所示。

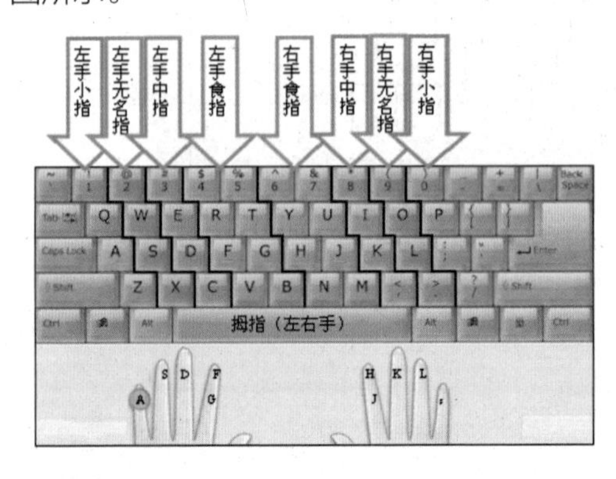

图中用不同颜色和线条区分了双手十指具体负责的键位，具体说明如下。

（1）左手

食指负责的键位有4、5、R、T、F、G、V、B八个键；中指负责3、E、D、C四个键；无名指负责2、W、S、X四个键；小指负责1、Q、A、Z及其左边的所有键位。

（2）右手

食指负责6、7、Y、U、H、J、N、M八个键；中指负责8、I、K、“，”4个键，无名指负责9、O、L、“。”4个键；小指负责0、P、“；”、“/”及其右边的所有键位。

（3）拇指

双手的拇指用来控制空格键。

> **提示**
> 在敲击按键时，手指应该放在基准键位上，迅速出击，快速返回。一直保持手指在基准键位上，才能达到快速输入的效果。

5.1.3 正确的打字姿势

在使用键盘进行编辑操作时，正确的坐姿可以帮助用户提高打字速度，减少疲劳。正确的打字姿势如下图所示，具体要求如下。

（1）座椅高度合适，坐姿端正自然，两脚平放，全身放松，上身挺直并稍微前倾。

（2）眼睛距显示器的距离为30～40cm，并让视线与显示器保持15°～20°的角度。

（3）两肘贴近身体，下臂和腕向上倾斜，与键盘保持相同的斜度；手指略弯曲，指尖轻放在基准键位上，左右手的大拇指轻轻放在空格键上。

（4）大腿自然平直，与小脚之间的角度为90°，双脚平放于地面上。

（5）按键时，手抬起，伸出要按键的手指按键，按键要轻巧，用力要均匀。

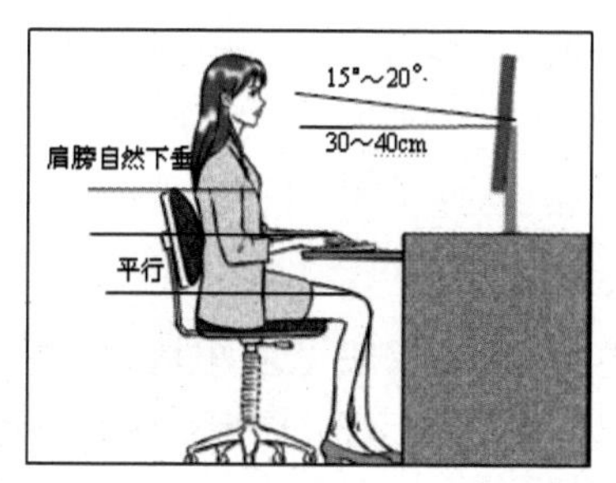

> **提示**
> 使用电脑过程中要适当休息，连续坐了2小时后，就要让眼睛休息一下，防止眼睛疲劳，以保护视力。

5.1.4 按键的敲打要领

了解指法规则及打字姿势后即可进行输入操作。击键时要按照指法规则，十个手指各司其职，采用正确的击键方法。

（1）击键前，除拇指外的 8 个手指要放置在基准键位上，指关节自然弯曲，手指的第一关节与键面垂直，手腕要平直，手臂保持不动。

（2）击键时，用各手指的第一指腹击键。以与指尖垂直的方向，向键位瞬间爆发冲击力，并立即反弹，力量要适中。做到稳、准、快，不拖拉犹豫。

（3）击键后，手指立即回到基准键位上，为下一次击键做好准备。

（4）不击键的手指不要离开基本键位。

（5）需要同时击两个键时，若两个键分别位于左右手区，则由左右手各击相对应的键。

（6）击键时，喜欢单手操作是初学者的习惯，在打字初期一定要克服这个毛病，进行双手操作。

5.2 实例 2——输入法的管理

本节视频教学时间 / 9 分钟

本节主要介绍输入法的基本概念、输入法的安装和删除方法以及如何设置默认的输入法。

5.2.1 输入法的种类

输入法是指为了将各种符号输入计算机或其他设备而采用的编码方法。汉字输入的编码方法基本上都是将音、形、义与特定的键相联系，再根据不同汉字进行组合来完成汉字的输入。

目前，键盘输入的解决方案有区位码、拼音、表形码和五笔字型等。在这几种输入方案中，又以拼音输入法和五笔字型输入法为主。

拼音输入是常见的一种输入方法，用户最初的输入形式基本都是从拼音开始的。拼音输入法是按照拼音规定来输入汉字的，不需要特殊记忆，符合人的思维习惯，只要会拼音就可以输入汉字。

而五笔字型输入法（简称五笔）是依据笔画和字形特征对汉字进行编码，是典型的形码输入法。五笔是目前常用的汉字输入法之一。五笔相对于拼音输入法具有重码率低的特点，熟练后可快速输入汉字。

5.2.2 挑选合适的输入法

随着网络的快速发展，各类输入法软件也如雨后春笋般飞速涌现，面对如此多的输入法软件，很多人都觉得很迷茫，不知道应该选择哪一种。这里，作者将从不同的角度出发，告诉您如何挑选一款适合自己的输入法。

1. 根据自己的实际情况

不懂拼音的用户，适合使用笔画类输入法，如五笔输入法等；相反，如果对于拆分汉字很难上手，则最好选择拼音输入法。

2. 根据输入法的性能

功能上更胜一筹的输入法软件，显然可以更好地满足需求。那么，如何去了解各输入法的性能呢？我们可以访问该输入法的官方网站，对以下几方面加以了解。

（1）对于输入法的基本操作，有些软件在操作上比较人性化，有些则相对有所欠缺，选择时要注意。

（2）在功能上，可以根据各输入法软件的官方介绍，联系自己的实际需要，对比它们各自不同的功能。

（3）看输入法的其他设计是否符合个人需要，比如皮肤、字数统计等功能。

3. 根据有无特殊需求选择

有些人选择输入法，是有着一些特殊的需求的。例如，很多朋友选择 QQ 输入法，因为他们本身就是腾讯的用户，而且登录使用 QQ 输入法可以加速 QQ 升级。有不少人是因为类似的特殊需要才会选择某种输入法的。

选择到一种适合自己的输入法，可以使工作和社交变得更加开心和方便。

5.2.3 安装与删除输入法

Windows 10 操作系统虽然自带了微软拼音输入法，但不一定能满足用户的需求。用户可以自行安装其他输入法。安装输入法前，用户需要先从网上下载输入法程序。

下面以 QQ 拼音输入法的安装为例，讲述安装输入法的一般方法。

1 启动安装向导

双击下载的安装文件，即可启动 QQ 拼音输入法安装向导。单击选中【已阅读和同意用户使用协议】复选框，单击【自定义安装】按钮。

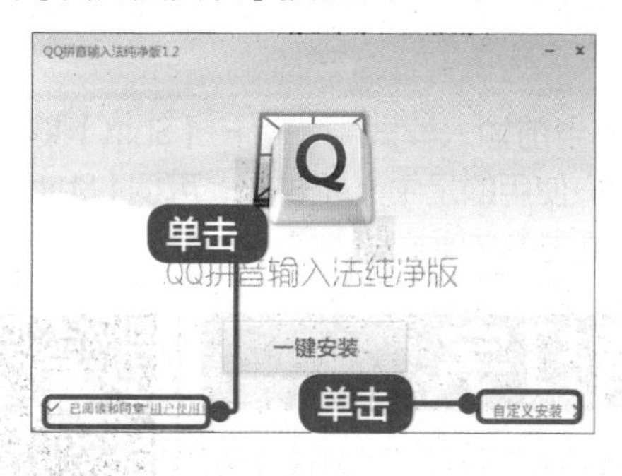

> **提示**
>
> 如果不需要更改设置，可直接单击【一键安装】按钮。

2 选择安装位置

在打开的界面中的【安装目录】文本框中输入安装目录，也可以单击【更改目录】按钮选择安装位置。设置完成，单击【立即安装】按钮。

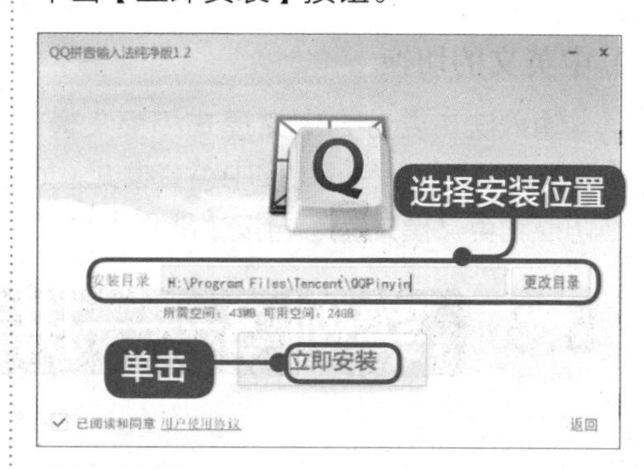

3 开始安装

系统自动开始安装。

4 安装完成

安装完成，在弹出的界面中单击【完成】按钮即可。

5.2.4 输入法的切换

在文本输入过程中，会经常用到中英文切换输入，或者由一种输入法快速切换到需要使用的另一种输入法，下面就来介绍具体的切换方法。

1. 输入法的切换

按【Windows+ 空格】组合键，可以快速切换输入法。另外，单击桌面右下角通知区域的输入法图标M，在弹出的输入法列表中，单击进行选择，即可完成切换。

2. 中英文的切换

输入法主要分为中文模式和英文模式，在当前输入模式中，可按【Shift】键或【Ctrl+ 空格】组合键切换中英文模式。如果用户使用的是中文模式中，可按【Shift】键切换到英文模式英，再按【Shift】键又会恢复成中文模式中。

5.3 实例 3——拼音打字

本节视频教学时间 / 14 分钟

拼音输入法是最为常用的输入法，本节主要以搜狗输入法为例介绍拼音打字的方法。

5.3.1 使用简拼、全拼混合输入

使用简拼和全拼的混合输入可以使打字更加顺畅。

例如要输入“计算机”，在全拼模式下需要从键盘中输入“jisuanji”，如下图所示。

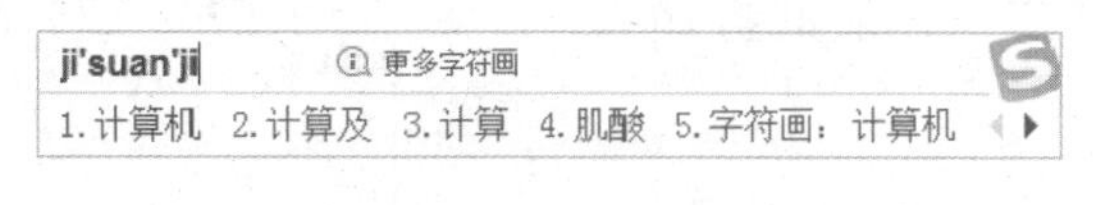

而使用简拼只需要输入“jsj”即可，如下图所示。

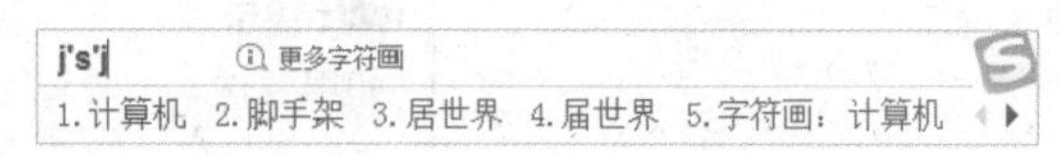

但是，简拼候选词过多，使用全拼又需要输入较多的字符。开启双拼模式后，就可以采用简拼和全拼混用的模式，这样能够兼顾最少输入字母和输入效率。例如，想输入“龙马精神”，从键盘输入“longmajs”“lmjings”“lmjshen“lmajs”等都是可以的。打字熟练的人会经常使用全拼和简拼混用的方式。

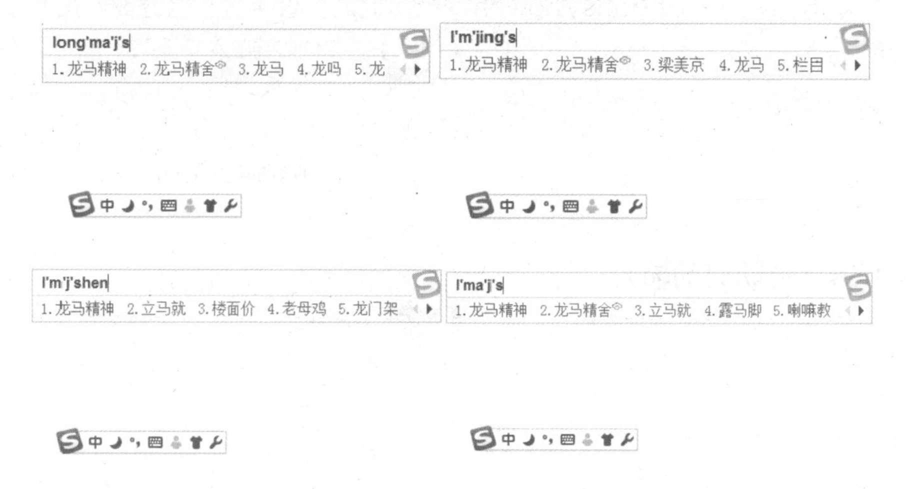

5.3.2 中英文混合输入

搜狗拼音中自带了中英文混合输入功能，便于用户快速地在中文输入状态下输入英文。

1. 通过按【Enter】键输入拼音

在中文输入状态下，如果要输入拼音，可以在输入拼音的全拼后，直接按【Enter】键输入。下面以输入“搜狗”的拼音“sougou”为例进行介绍。

1 输入“sougou”

在中文输入状态下，从键盘输入“sougou”。

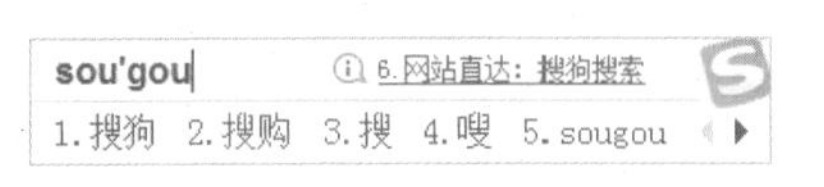

2 输入英文字符

直接按【Enter】即可输入英文字符。

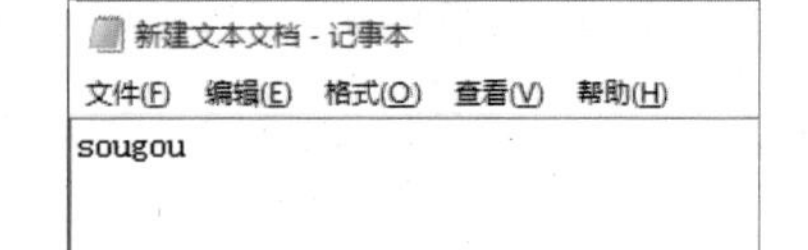

> **提示**
>
> 如果要输入一些常用的包含字母和数字的验证码，如“q8g7”，也可以直接输入“q8g7”，然后按【Enter】键。

2. 中英文混合输入

在输入中文字符的过程中，如果要在中间输入英文，例如，要输入“你好的英文是 hello”的具体操作步骤如下。

1 输入内容

在键盘中输入“nihaodeyingwenshihello”。

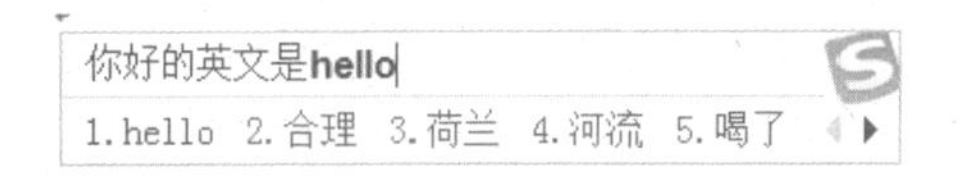

2 输入完成

此时，直接按空格键或者按数字键【1】，即可输入“你好的英文是 hello”。

你好的英文是 hello

5.3.3 拆字辅助码的输入

使用搜狗拼音的拆字辅助码可以快速定位到一个单字，常在候选字较多，并且要输入的汉字比较靠后时使用。下面介绍使用拆字辅助码输入汉字“娴”的具体操作步骤。

1 输入拼音

从键盘中输入“娴”字的汉语拼音“xian”。此时看不到候选字中包含有“娴”字。

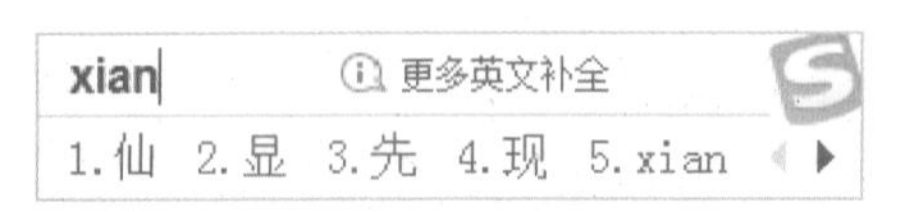

2 按【Tab】键

按【Tab】键，依然看不到“娴”字。

3 输入首字母

再输入“娴”的两部分【女】和【闲】的首字母“nx”，就可以看到“娴”字了。

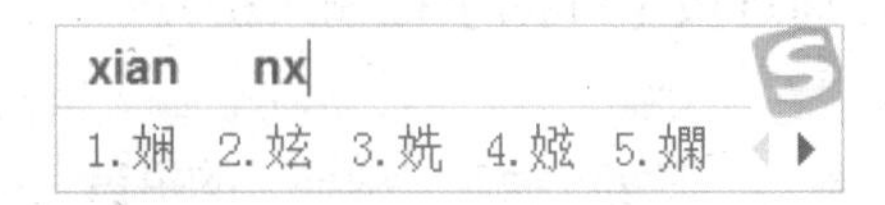

4 完成输入

按空格键即可完成输入。

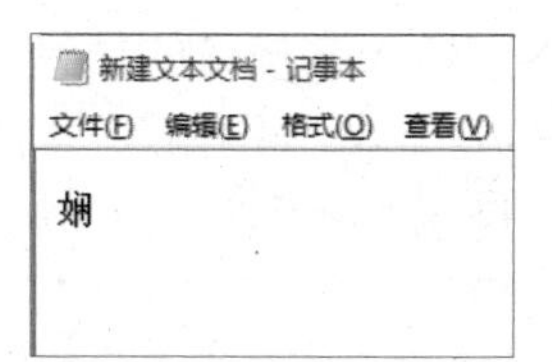

> **提示**
>
> 独体字由于不能被拆成两部分，所以独体字是没有拆字辅助码的。

5.3.4 快速插入当前日期时间

使用搜狗拼音输入法即可快速插入当前的日期时间，具体的操作步骤如下。

1 输入日期简拼

直接从键盘输入日期的简拼“rq”，即按【R】和【Q】键，即可在候选字中看到当前的日期。

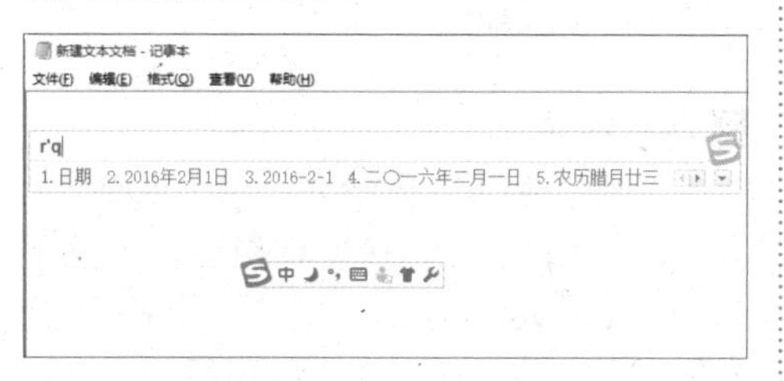

2 完成日期的插入

直接单击要插入的日期，即可完成日期的插入。

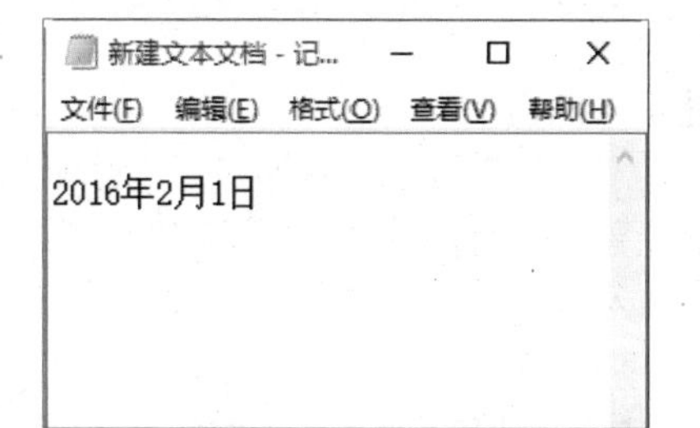

3 输入时间简拼

使用同样的方法，输入时间的简拼“sj”，可快速插入当前时间。

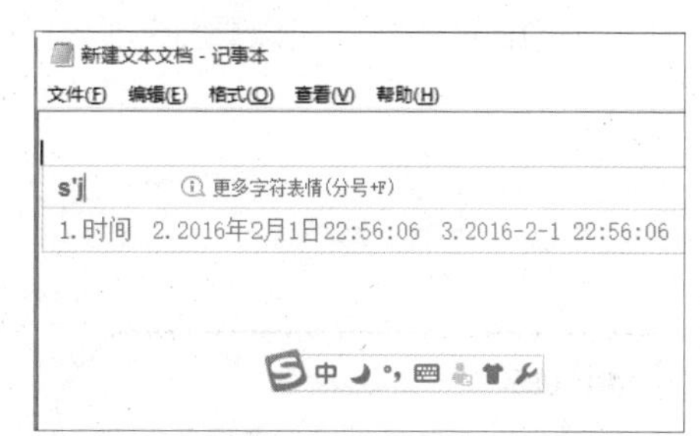

4 输入当前星期

使用同样方法还可以快速输入当前星期。

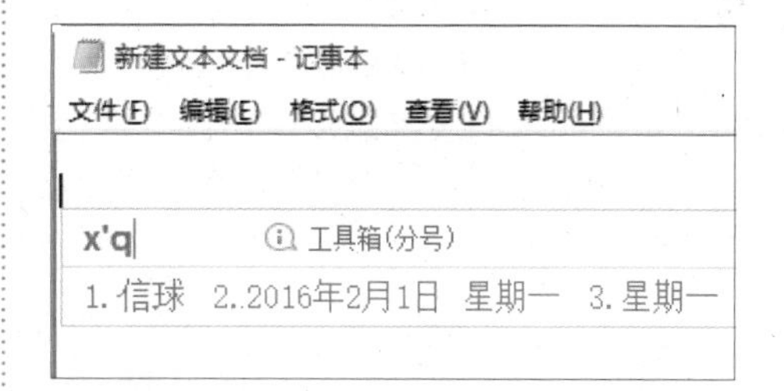

5.4 实例 4——陌生字的输入方法

本节视频教学时间 / 2 分钟

在输入汉字的时候，经常会遇到不知道读音的陌生汉字，此时可以使用输入法的 U 模式通过笔画、拆分的方式来输入。以搜狗拼音输入法为例，使用搜狗拼音输入法也可以通过启动 U 模式来输入陌生汉字。在搜狗输入法状态下，输入字母“U”，即可打开 U 模式。

> **提示**
> 在双拼模式下可按【Shift+U】组合键启动 U 模式。

（1）笔画输入

常用的汉字均可通过笔画输入的方法输入，如输入“囧”的具体操作步骤如下。

1 启动 U 模式

在搜狗拼音输入法状态下，按字母“U”，启动 U 模式，可以看到笔画对应的按键。

u　一h　丨s　丿p　丶n　乙z　打开手写输入
u'hspn(木)　u'mu'mu(林)　更多例子...

> **提示**
> 按键【H】代表横或提，按键【S】代表竖或竖钩，按键【P】代表撇，按键【N】代表点或捺，按键【Z】代表折。

2 依次输入“szpnsz”

据“囧”的笔画依次输入“szpnsz”，即可看到显示的汉字以及其正确的读音。按空格键，即可将“囧”字插入到鼠标光标所在位置。

u'szpnsz　一h　丨s　丿p　丶n　乙z　打开手写输入
1.囧(jiǒng)　2.沓(qī)　3.冋(jiōng)　4.沓(tà,ta,dá)　5.

> **提示**
> 需要注意的是“忄”的笔画是点点竖（dds），而不是竖点点（sdd）、点竖点（dsd）。

（2）拆分输入

将一个汉字拆分成多个组成部分，U 模式下分别输入各部分的拼音即可得到对应的汉字。例如分别输入“犇”“肫”和“滰”的方法如下。

1 输入内容

“犇”字可以拆分为 3 个“牛(niu)”，因此在搜狗拼音输入法下输入“u’niu’niu’niu”（“’”符号起分割作用，不用输入），即可显示“犇”字及其汉语拼音，按空格键即可输入。

u'niu'niu'niu
犇(bēn)

2 输入内容

“肫”字可以拆分为“月（yue）”和“屯（tun）”，在搜狗拼音输入法下输入“u’yue’tun”（“’”符号起分割作用，不用输入），即可显示“肫”字及其汉语拼音，按空格键即可输入。

u'yue'tun
1.肫(zhūn,chún)　2.脏(zāng,zang,zàng)

3 输入内容

“滰”字可以拆分为“氵（shui）”和“亮（liang）”，在搜狗拼音输入法下输入“u’shui’liang”（“’”符号起分割作用，不用输入），即可显示“滰”字及其汉语拼音，按数字键“2”即可输入。

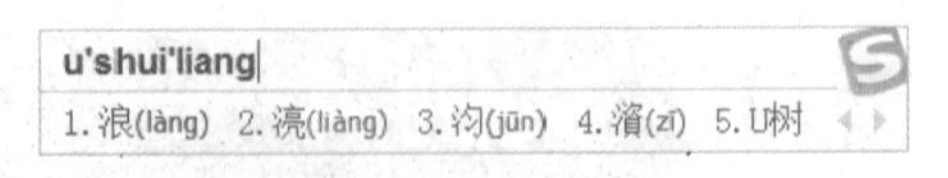

> **提示**
> 在搜狗拼音输入法中，将常见的偏旁都定义了拼音，如下图所示。

偏旁部首	输入	偏旁部首	输入
阝	fu	忄	xin
卩	jie	钅	jin
讠	yan	礻	shi
辶	chuo	廴	yin
冫	bing	氵	shui
宀	mian	冖	mi
扌	shou	犭	quan
纟	si	幺	yao
灬	huo	罒	wang

（3）笔画拆分混输

除了使用笔画和拆分的方法输入陌生汉字外，还可以使用笔画拆分混输的方法输入。例如，输入“绎”字的具体操作步骤如下。

1 输入“u' si”

“绎”字左侧可以拆分为“纟（si）”，输入“u' si”（“'”符号起分割作用，不用输入）。

usi　更多英文补全
1.using 2.允(yǔn) 3.勾(gōu,gòu) 4.厸(lín,miǎo) 5.√

2 输入“znhhs”

“绎”右侧部分可按照笔画顺序，输入“znhhs”，即可看到要输入的陌生汉字以及其正确读音，按空格键即可输入。

u'si'znhhs
绎(yì)

5.5 实例5——五笔打字

本节视频教学时间 / 12分钟

通常所说的五笔输入法是以王码公司开发的王码五笔输入法为主，到目前为止，王码五笔输入法经过了3次的改版升级，分为86版五笔输入法、98版五笔输入法和18030版五笔输入法。其中，86版五笔输入法的使用率占五笔输入法的85%以上。不同版本的五笔字形输入法除了字根的分布不同外，拆字和使用方法是一样的。除了王码五笔输入法外，也有其他的五笔输入法，但它们的用法与王码五笔输入法完全兼容甚至一样。常见的第三方五笔输入法有万能五笔、智能陈桥五笔、极品五笔、海峰五笔和超级五笔等。

5.5.1 五笔字根在键盘上的分布

五笔字型输入法的原理是从汉字中选出150多种常见的字根作为输入汉字的基本单位，例如把“别”字拆分为口、力、刂，并分配到键盘上的K、L、J按键上，输入“别”字时，把“别”字拆分的字根按照书写顺序输入即可。

学习五笔字型，需要掌握键盘上的编码字根，字根的定义以及英文字母键是五笔字型输入法的核心，这是学习五笔输入法的关键。

1．字根简介

由不同的笔画交叉连接而成的结构就叫做字根。字根可以是汉字的偏旁（如彳、冫、凵、廴、火），也可以是部首的一部分（如𠂇、勹、厶），甚至是笔画（如一、丨、丿、丶、乛）。

五笔字根在键盘上的分布是有规律的，所以记忆字根并不是很难的事情。

2．字根在键盘上的分布

用键盘输入汉字是通过手指击键来完成的，然而由于每个汉字或字根的使用频率不同，而十个手指在键盘上的用力及灵活性又有很大区别，因此，五笔字型的字根键盘分配，将各个键位的使用频度和手指的灵活性结合起来，把字根代号从键盘中央向两侧依大小顺序排列，将使用频度高的字根集中在各区的中间位置，便于灵活性强的食指和中指操作。这样，键位更容易掌握，击键效率也会提高。

五笔字根的分布按照首笔笔画分为 5 类，各对应英文键盘上的一个区，每个区又分作 5 个位，位号从键盘中部向两端排列，共 25 个键位。其中【Z】键不用于定义字根，而是用于五笔字型的学习。各键位的代码，既可以用区位号表示，也可以用英文字母表示，五笔字型中优选了 130 多种基本字根，分五大区，每区又分 5 个位，其分区情况如下图所示。

3区（撇起笔字根）←					4区（点、捺起笔字根）→				
金 35 Q	人 34 W	月 33 E	白 32 R	禾 31 T	言 41 Y	立 42 U	水 43 I	火 44 O	之 45 P
1区（横起笔字根）←					2区（竖起笔字根）→				
工 15 A	木 14 S	大 13 D	土 12 F	王 11 G	目 21H	日 22 J	口 23 K	田 24 L	： ；
	5区（折起笔字根）←								
Z	纟 55 X	又 54 C	女 53 V	子 52 B	已 51 N	山 25 M	< ,	> .	? /

①区：横起笔类，分王（G）、土（F）、大（D）、木（S）、工（A）5 个位。

②区：竖起笔类，分目（H）、日（J）、口（K）、田（L）、山（M）5 个位。

③区：撇起笔类，分禾（T）、白（R）、月（E）、人（W）、金（Q）5 个位。

④区：捺起笔类，分言（Y）、立（U）、水（I）、火（O）、之（P）5 个位。

⑤区：折起笔类，分已（N）、子（B）、女（V）、又（C）、纟（X）5 个位。

上面 5 个区中，没有给出每个键位对应的所有字根，是只给出了键名字根，下图所示是 86 版五笔字型键盘字根键位分布。

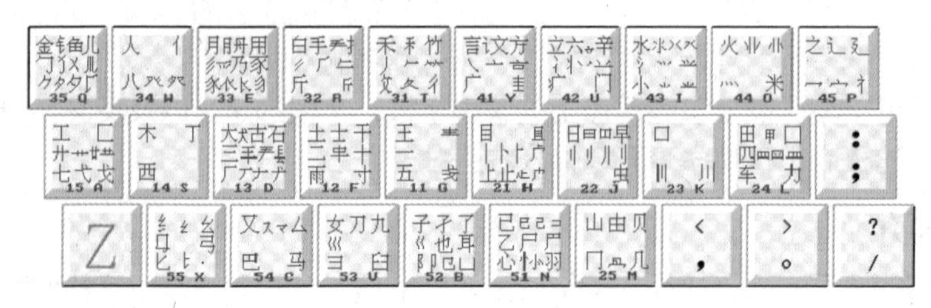

在五笔字根分布图的各个键面上，有不同的符号，如下图所示。现以第1区的A键为例介绍如下。

（1）键名字。每个键的左上角的那个主码元，都是构字能力很强，或者是有代表性的汉字、这个汉字就叫做键名字，简称“键名”。

（2）字根。字根是各键上代表某种汉字结构“特征”的笔画结构，如戈、七、艹等。

（3）同位字根。同位字根也称为辅助字根，它与其主字根是“一家人”，或者是不太常用的笔画结构。

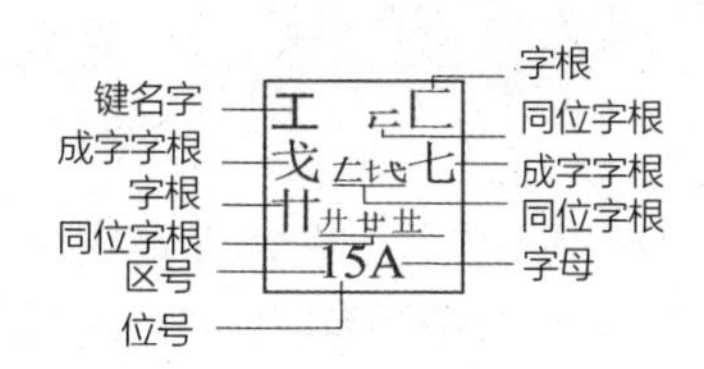

5.5.2 巧记五笔字根

5.5.1节中的五笔字型键盘字根键位分布图中给出了86版每个字母所对应的笔画、键名和基本字根。为了方便用户记忆，王码公司为每一区的码元编写了一首“助记词”，其中，括号内的为注释内容。不过，记忆字根时不必死记硬背，最好是通过理解来记住字根。

11 王旁青头戋（兼）五一（兼、戋同音）

12 土士二干十寸雨

13 大犬三𡗗（羊）古石厂

14 木丁西

15 工戈草头右框（匚）七

21 目具上止卜虎皮（“具上”指“且”）

22 日早两竖与虫依

23 口与川，字根稀

24 田甲方框四车力（“方框”即“口”）

25 山由贝，下框几

31 禾竹一撇双人立（“双人立”即“彳”），反文条头共三一（“条头”即“夂”）

32 白手看头三二斤（“看头”即“龵”）

33 月彡（衫）乃用家衣底（即“豕、𧘇”）

34 人和八，三四里（在34区）

35 金（钅）勺缺点（勹）无尾鱼（鱼），犬旁留叉儿（乂）一点夕（指“夕ク”），氏无七（妻）（“氏”去掉“七”为“𠂂”）

41 言文方广在四一，高头一捺谁人去（高头“亠”，“谁”去“亻”即是“讠主”）

42 立辛两点六门疒

43 水旁兴头小倒立
44 火业头（⺌），四点（灬）米
45 之字军盖建道底（即“之、宀、冖、廴、辶”），摘礻（示）衤（衣）彳
51 已半巳满不出己，左框折尸心和羽（“左框”即“コ”）
52 子耳了也框向上（“框向上”即“凵”）
53 女刀九臼山朝西（“山朝西”即“彐”）
54 又巴马，丢矢矣（“矣”去“矢”为“厶”）
55 慈母无心弓和匕（“母无心”即“毌”），幼无力（“幼”去“力”为“幺”）

5.5.3 灵活输入汉字

五笔字型最大的优点就是重码少，但并非没有重码。重码是指在五笔字型输入法中有许多编码相同的汉字。另外，在五笔字型中，还有用来对键盘字根不熟悉的用户提供帮助的万能【Z】键。下面将介绍重码与万能键的使用方法。

1. 输入重码汉字

在五笔字型输入法中，不可避免地有许多汉字或词组的编码相同，输入时就需要进行特殊选择。在输入汉字的过程中，若出现了重码字，五笔输入法软件就会自动报警，发出“嘟”的声音，提醒用户出现了重码字。

五笔字型对重码字按其使用频率进行了分级处理，输入重码字的编码时，重码字同时显示在提示行中，较常用的字一般排在前面。

如果所需要的字排在第一位，按空格键后，这个字就会自动显示到编辑位置，输入时就像没有重码一样，输入速度完全不受影响；如果第一个字不是所需要的，则根据它的位置号按数字键，使它显示到编辑位置。

例如，“去”“云”和“支”等字，输入五笔编码“FCU”都可以显示，按其常用顺序排列，如果需要输入“去”字按空格后只管输入下文；如果需要“云”和“支”等字时，则根据其前面的位置号按相应的数字键即可，如下图所示。

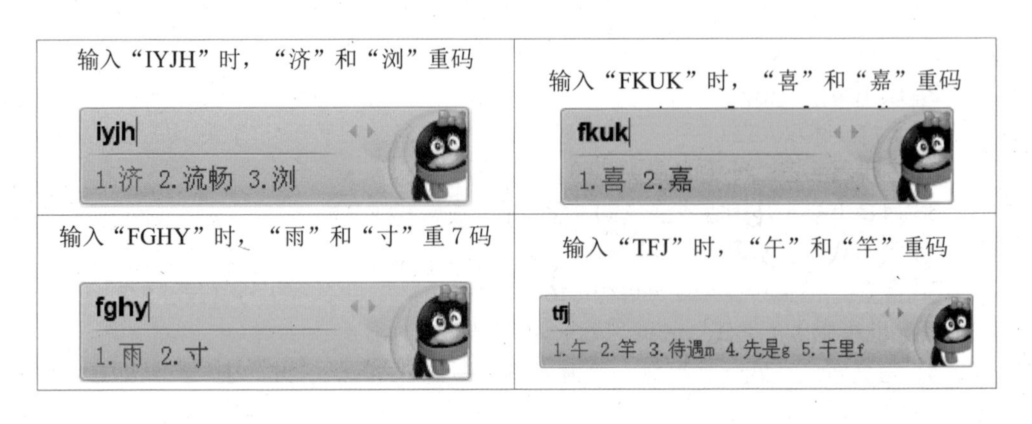

2. 万能【Z】键的妙用

在使用五笔字型输入法输入汉字时，如果忘记某个字根所在键或不知道汉字的末笔识别码，可用万能键【Z】来代替，它可以代替任何一个按键。

为了便于理解，下面以举例的方式说明万能【Z】键的使用方法。

例如，“虽”字，输入完字根“口”之后，不记得“虫”的键位是哪个，就可以直接按【Z】键，如下图所示。

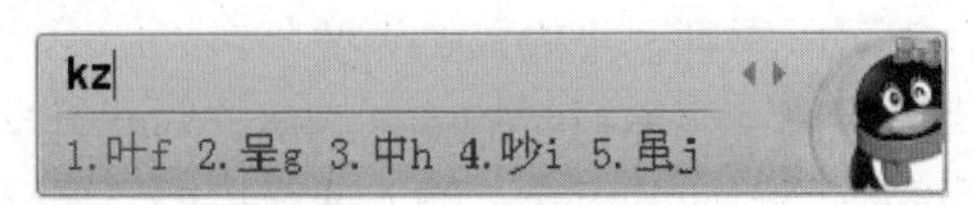

在其备选字列表中，可以看到“虽”字的字根“虫”在【J】键上，根据列表序号按相应的数字键，即可输入该字。

接着按照正确的编码再次进行输入，加深记忆，如下图所示。

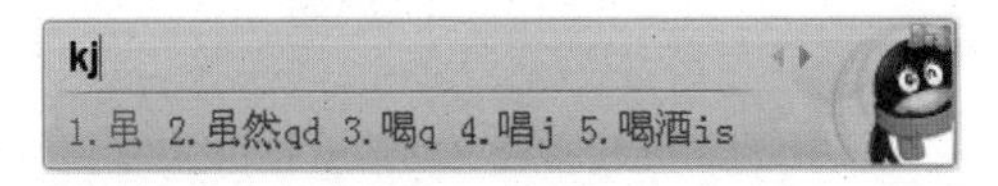

> **提示**
>
> 在使用万能【Z】键时，如果在候选列表中未找到准备输入的汉字时，就可以在键盘上按【+】键或【Page Down】键向后翻页，按【-】键或【Page Up】键向前翻页进行查找。由于使用【Z】键输入的重码率高，影响打字的速度，所以用户尽量不要依赖【Z】键。

5.5.4 简码的输入

为了充分利用键盘资源，提高汉字输入速度，五笔字根表还将一些最常用的汉字设为简码，只要击一键、两键或三键，再加一个空格键就可以将简码输入。

1. 一级简码的输入

顾名思义，一级简码就是只需敲打一次键码就能出现的汉字。

在五笔键盘中根据每一个键位的特征，在5个区的25个键位（Z为学习键）上分别安排了一个使用频率最高的汉字，称为一级简码，即高频字，如下图所示。

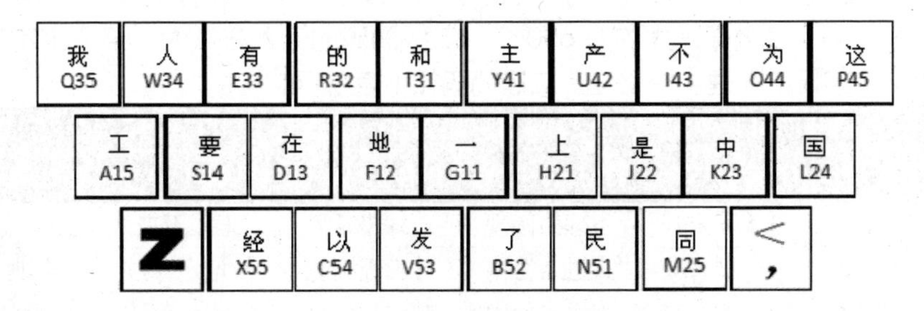

一级简码的输入方法：简码汉字所在键＋空格键。

例如，当输入“要”字时，只需要按一次简码所在键“S”，即可在输入法的备选框中看到要输入的“要”字，如下图所示。

接着按下空格键，就可以看到已经输入的“要”字。

一级简码的出现大大提高了五笔打字的输入速度，对五笔学习初期也有极大的帮助。如果没有熟记一级简码所对应的汉字，输入速度将相当缓慢。

提示

当某些词中含有一级简码时，输入一级简码的方法为：一级简码＝首笔字根＋次笔字根，例如：地＝土（F）＋也（B）；和＝禾（T）＋口（K）；要＝西（S）＋女（V）；中＝口（K）＋丨（H）等。

2. 二级简码的输入

二级简码就是只需敲击两次键码就能出现的汉字。它是由前两个字根的键码作为该字的编码，输入时只要取前两个字根，再按空格键即可。但是，并不是所有的汉字都能用二级简码来输入，五笔字型将一些使用频率较高的汉字作为二级简码。例如：

如＝女（V）＋口（K）＋空格键，输入前两个字根，再按空格键即可输入，如下图所示。

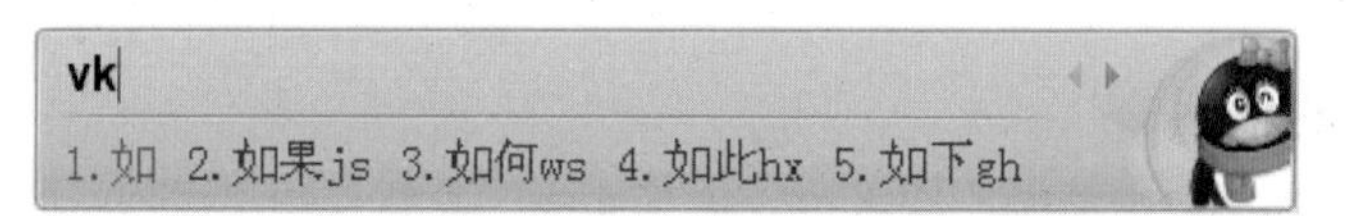

同样的，暗＝日（J）＋立（U）＋空格键；

果＝日（J）＋木(S)＋空格键；

炽＝火（O）＋口（K）＋空格键；

蝗＝虫（J）＋白（R）＋空格键；

……

二级简码是由25个键位（Z为学习键）代码排列组合而成的，共25×25=625个，去掉一些空字，二级简码大约有600个。二级简码的输入方法为：第1个字根所在键＋第2个字根所在键＋空格键。二级简码如下表所示。

位号 \ 区号		11～15	21～25	31～35	41～45	51～55
		GFDSA	HJKLM	TREWQ	YUIOP	NBVCX
11	G	五于天末开	下理事画现	玫珠表珍列	玉平不来	与屯妻到互
12	F	二寺城霜载	直进吉协南	才垢圾夫无	坟增示赤过	志地雪支
13	D	三夺大厅左	丰百右历面	帮原胡春克	太磁砂灰达	成顾肆友龙

续表

位号 \ 区号		11 ~ 15	21 ~ 25	31 ~ 35	41 ~ 45	51 ~ 55
		G F D S A	H J K L M	T R E W Q	Y U I O P	N B V C X
14	S	本村枯林械	相查可楞机	格析极检构	术样档杰棕	杨李要权楷
15	A	七革基苛式	牙划或功贡	攻匠菜共区	芳燕东 芝	世节切芭药
21	H	睛睦睚盯虎	止旧占卤贞	睡睥肯具餐	眩瞳步眯瞎	卢 眼皮此
22	J	量时晨果虹	早昌蝇曙遇	昨蝗明蛤晚	景暗晃显晕	电最归紧昆
23	K	呈叶顺呆呀	中虽吕另员	呼听吸只史	嘛啼吵噗喧	叫啊哪吧哟
24	L	车轩因困轼	四辊加男轴	力斩胃办罗	罚较 辚边	思团轨轻累
25	M	同财央朵曲	由则 崭册	几贩骨内风	凡赠峭赕迪	岂邮 凤嶷
31	T	生行知条长	处得各务向	笔物秀答称	入科秒秋管	秘季委么第
32	R	后持拓打找	年提扣押抽	手白扔失换	扩拉朱搂近	所报扫反批
33	E	且肝须采肛	胩胆肿肋肌	用遥朋脸胸	及胶膛膦爱	甩服妥肥脂
34	W	全会估休代	个介保佃仙	作伯仍从你	信们偿伙	亿他分公化
35	Q	钱针然钉氏	外旬名甸负	儿铁角欠多	久匀乐炙锭	包凶争色
41	Y	主计庆订度	让刘训为高	放诉衣认义	方说就变这	记离良充率
42	U	闰半关亲并	站间部曾商	产瓣前闪交	六立冰普帝	决闻妆冯北
43	I	汪法尖洒江	小浊澡渐没	少泊肖兴光	注洋水淡学	沁池当汉涨
44	O	业灶类灯煤	粘烛炽烟灿	烽煌粗粉炮	米料炒炎迷	断籽娄烃糨
45	P	定守害宁宽	寂审宫军宙	客宾家空宛	社实宵灾之	官字安 它
51	N	怀导居 民	收慢避惭届	必怕 愉懈	心习悄屡忱	忆敢恨怪尼
52	B	卫际承阿陈	耻阳职阵出	降孤阴队隐	防联孙耿辽	也了限取陛
53	V	姨寻姑杂毁	叟旭如舅妯	九 奶 婚	妨嫌录灵巡	刀好妇妈姆
54	C	骊对参骠戏	骒台劝观	矣牟能难允	驻 驼	马邓艰双
55	X	线结顷 红	引旨强细纲	张绵级给约	纺弱纱继综	纪弛绿经比

提示

虽然一级简码速度快，但毕竟只有25个，真正提高五笔打字输入速度的是这600多个二级简码的汉字。二级简码数量较大，想要一下记住并不容易，只能在平时多加留意与练习，日积月累慢慢就会记住二级简码汉字，从而大大提高输入速度。

3. 三级简码的输入

三级简码是以单字全码中的前三个字根作为该字的编码。

在五笔字根表所有的简码中，三级简码汉字字数多，输入三级简码字也只需击键四次（含一个空格键）。三个简码字母与全码的前三者相同，但用空格键代替了末字根或末笔识别码，即三级简码汉字的输入方法为：第1个字根所在键 + 第2个字根所在键 + 第3个字根所在键 + 空格键。由于省略了最后一个字根的判定和末笔识别码的判定，可显著提高输入速度。

三级简码汉字数量众多，大约有 4400 个，故在此就不再一一列举。下面只举几个小例子说明三级简码汉字的输入方法，以帮助读者学习。例如：

模 = 木（S）+ 艹（A）+ 日（J）+ 空格键，输入前三个字根，再输入空格键即可输入，如下图所示。

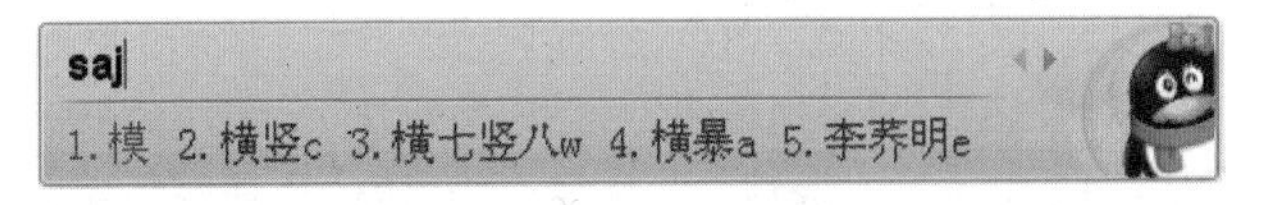

同样的，隔 = 阝（B）+ 一（G）+ 口（K）+ 空格键；

输 = 车（L）+ 人（W）+ 一（G）+ 空格键；

蓉 = 艹（A）+ 宀（P）+ 八（W）+ 空格键；

措 = 扌（R）+ 龷（A）+ 日（J）+ 空格键；

修 = 亻（W）+ 丨（H）+ 夂（T）+ 空格键。

5.5.5 输入词组

五笔输入法中不仅可以输入单个汉字，而且还提供大规模词组数据库，使输入更加快速。用好词组输入是提高五笔输入速度的关键。

五笔字根表中词组输入法按词组字数分为二字词组、三字词组、四字词组和多字词组 4 种，但不论哪一种词组，其编码构成数目都为四码。因此，采用词组的方式输入汉字会比单个输入汉字的速度快得多。本节就来介绍五笔输入法中词组的编码规则。

1. 输入二字词组

二字词组输入法为：分别取单字的前两个字根代码，即第 1 个汉字的第 1 个字根所在键 + 第 1 个汉字的第 2 个字根所在键 + 第 2 个汉字的第 1 个字根所在键 + 第 2 个汉字的第 2 个字根所在键。下面举例说明二字词组的编码规则。例如：

汉字 = 氵（I）+ 又（C）+ 宀（P）+ 子（B），如下图所示。

当输入“B”时，二字词组“汉字”即可输入。

下表所示的都是二字词组的编码规则。

词组	第 1 个字根	第 2 个字根	第 3 个字根	第 4 个字根	编码
	第 1 个汉字的第 1 个字根	第 1 个汉字的第 2 个字根	第 2 个汉字的第 1 个字根	第 2 个汉字的第 2 个字根	
词组	讠	乙	纟	月	YNXE
机器	木	几	口	口	SMKK
代码	亻	弋	石	马	WADC

续表

词组	第1个字根	第2个字根	第3个字根	第4个字根	编码
	第1个汉字的第1个字根	第1个汉字的第2个字根	第2个汉字的第1个字根	第2个汉字的第2个字根	
输入	车	人	丿	丶	LWTY
多少	夕	夕	小	丿	QQIT
方法	方	丶	氵	土	YYIF
字根	宀	子	木	彐	PBSV
编码	纟	丶	石	马	XYDC
中国	口	丨	囗	王	KHLG
你好	亻	勹	女	子	WQVB
家庭	宀	豕	广	丿	PEYT
帮助	三	丿	月	一	DTEG

提示

在拆分二字词组时，如果词组中包含有一级简码的独体字或键名字，只需连续按两次该汉字所在键位即可；如果一级简码非独体字，则按照键外字的拆分方法进行拆分即可；如果包含成字字根，则按照成字字根的拆分方法进行拆分即可。

二字词组在汉语词汇中占有的比重较大，熟练掌握其输入方法可有效提高五笔打字速度。

2．输入三字词组

所谓三字词组就是构成词组的汉字个数有3个。三字词组的取码规则为：前两字各取第一码，后一字取前两码，即第1个汉字的第1个字根+第2个汉字的第1个字根+第3个汉字的第1个字根+第3个汉字的第2个字根。下面举例说明三字词组的编码规则。例如：

计算机=讠（Y）+⺮（T）+木（S）+几（M），如下图所示。

yts

1.计算机m 2.放松w 3.许可k 4.旗杆f 5.放权c

当输入“M”时，“计算机”三字即可输入。

下表所示的都是三字词组的编码规则。

词组	第 1 个字根	第 2 个字根	第 3 个字根	第 4 个字根	编码
	第 1 个汉字的第 1 个字根	第 2 个汉字的第 1 个字根	第 3 个汉字的第 1 个字根	第 3 个汉字的第 2 个字根	
瞧不起	目	一	土		HGFH
奥运会	丿	二	人	二	TFWF
平均值	一	土	亻	十	GFWF
运动员	二	二	口	贝	FFKM
共产党	艹	立	⺌	冖	AUIP
飞行员	乙	彳	口	贝	NTKM
电视机	日	礻	木	几	JPSM
动物园	二	丿	口	二	FTLF
摄影师	扌	日	刂	一	RJJG
董事长	艹	一	丿	七	AGTA
联合国	耳	人	口	王	BWLG
操作员	扌	亻	口	贝	RWKM

提示

在拆分三字词组时，词组中包含有一级简码或键名字，如果该汉字在词组中，只需选取该字所在键位即可；如果该汉字在词组末尾又是独体字，则按其所在的键位两次作为该词的第三码和第四码；如果包含成字字根，则按照成字字根的拆分方法拆分即可。

三字词组在汉语词汇中占有的比重也很大，其输入速度大约为普通汉字输入速度的 3 倍，因此可以有效地提高输入速度。

3．输入四字词组

四字词组在汉语词汇中也占有一定的比重，其输入速度约为普通汉字的 4 倍，因而熟练掌握四字词组的编码也可以有效地提高输入速度。

四字词组的编码规则为取每个单字的第一码，即第 1 个汉字的第 1 个字根 + 第 2 个汉字的第 1 个字根 + 第 3 个汉字的第 1 个字根 + 第 4 个汉字的第 1 个字根。下面举例说明四字词组的编码规则。例如：

前程似锦 = 䒑（U）+ 禾（T）+ 亻（W）+ 钅（Q），如下图所示。

当输入“Q”时，“前程似锦”四字即可输入。

下表所示的都是四字词组的编码规则。

词组	第1个字根	第2个字根	第3个字根	第4个字根	编码
	第1个汉字的第1个字根	第2个汉字的第1个字根	第3个汉字的第1个字根	第4个汉字的第1个字根	
青山绿水		山	纟	水	GMXI
势如破竹	扌	女	石	竹	RVDT
天涯海角	一	氵	氵		GIIQ
三心二意	三	心	二	立	DNFU
熟能生巧	亠	厶	丿	工	YCTA
釜底抽薪	八	广	扌	艹	WYRA
刻舟求剑	亠	丿	十	人	YTFW
万事如意		一	女	立	DGVU
当机立断	䒑	木	立	米	ISUO
明知故犯	日	𠂉	古	犭	JTDQ
惊天动地	忄	一	二	土	NGFF
高瞻远瞩	亠	目	二	目	YHFH

提示

在拆分四字词组时，词组中如果包含有一级简码的独体字或键名字，只需选取该字所在键位即可；如果一级简码非独体字，则按照键外字的拆分方法拆分即可；如果包含成字字根，则按照成字字根的拆分方法拆分即可。

4. 输入多字词组

多字词组是指4个字以上的词组，能通过五笔输入法输入的多字词组并不多见，一般在使用率特别高的情况下，才能够完成输入，其输入速度非常之快。

多字词组的输入同样也是取四码，其规则为取第一、二、三及末字的第一码，即第1个汉字的第1个字根+第2个汉字的第1个字根+第3个汉字的第1个字根+末尾汉字的第1个字根。下面举例来说明多字词组的编码规则。例如：

中华人民共和国=口（K）+亻（W）+人（W）+囗（L）

当输入“L”时，“中华人民共和国”七字即可输入。

下表所示的都是多字词组的编码规则。

词组	第1个字根	第2个字根	第3个字根	第4个字根	编码
	第1个汉字的第1个字根	第2个汉字的第1个字根	第3个汉字的第1个字根	第末个汉字的第1个字根	
中国人民解放军	口	囗	人	冖	KLWP
百闻不如一见		门	一	冂	DUGM
中央人民广播电台	口	冂	人	厶	KMWC

续表

词组	第 1 个字根 第 1 个汉字的第 1 个字根	第 2 个字根 第 2 个汉字的第 1 个字根	第 3 个字根 第 3 个汉字的第 1 个字根	第 4 个字根 第末个汉字的第 1 个字根	编码
不识庐山真面目	一	讠	广	目	GYYH
但愿人长久	亻	厂	人		WDWQ
心有灵犀一点通	心		彐		NDVC
广西壮族自治区	广	西	丬	匚	YSUA
天涯何处无芳草	一	氵	亻	艹	GIWA
唯恐天下不乱	口	工	一	丿	KADT
不管三七二十一	一	⺮	三	一	GTDG

提示

在拆分多字词组时，词组中如果包含有一级简码的独体字或键名字，只需选取该字所在键位即可；如果一级简码非独体字，则按照键外字的拆分方法拆分即可；如果包含成字字根，则按照成字字根的拆分方法拆分即可。

5．手工造词

五笔输入法词库中，只添加了最常用的一些词组，如果用户要经常用到某个词组，那么用户可以把词组添加到词库中。

例如，用户要把“床前明月光”添加到词库中，那么可以先复制这 5 个字，然后右击五笔输入法的状态条，在弹出的菜单中选择【手工造词】命令，打开【手工造词】对话框，然后把“床前明月光”粘贴到【词语】文本框中，此时【外码】文本框中就会自动填上相应的编码。单击【添加】按钮后，再单击【关闭】按钮退出【手工造词】对话框即可。

技巧 1 ● 单字的五笔字根编码歌诀技巧

通过前面的介绍，五笔打字已经学得差不多了，相信读者也会有不少心得。本书总结了如下的单字的五笔字根编码歌诀。

五笔字型均直观，依照笔顺把码编；
键名汉字打 4 下，基本字根请照搬；
一二三末取四码，顺序拆分大优先；
不足四码要注意，交叉识别补后边。

此歌诀中不仅包含了五笔打字的拆分原则，还包含了五笔打字的输入规则。

（1）“依照笔顺把码编”说明取码顺序要依照从左到右、从上到下、从外到内的书写顺序。

（2）“键名汉字打4下”说明25个“键名汉字”的输入规则。

（3）“一二三末取四码”说明字根数为4个或大于4个时，按一、二、三、末字根顺序取四码。

（4）“不足四码要注意，交叉识别补后边”说明不足4个字根时，打完字根识别码后，补交叉识别码于尾部。此种情况下，码长为3个或4个。

（5）“基本字根请照搬”和“顺序拆分大优先”是拆分原则，就是说，在拆分中以基本字根为单位，并且在拆分时“取大优先”，尽可能先拆出笔画最多的字根，或者说拆分出的字根数要尽量少。

总之，在拆分汉字时，一般情况下，应当保证每次拆出最大的基本字根；如果拆出字根的数目相同时，“散”比“连”优先，“连”比“交”优先。

技巧2 ● 造词

造词工具用于管理和维护自造词词典以及自学习词表，用户可以对自造词的词条进行编辑、删除，设置快捷键，导入或导出到文本文件等，下次输入时可以轻松完成。在QQ拼音输入法中定义用户词和自定义短语的具体操作步骤如下。

1 启动i模式

在QQ拼音输入法下按【I】键，启动i模式，并按功能键区的数字键【7】。

2 输入该词

弹出【QQ拼音造词工具】对话框，选择【用户词】选项卡。如果经常使用“扇淀”这个词，可以在【新词】文本框中输入该词，并单击【保存】按钮。

3 输入拼音

在此，在输入法中输入拼音“shandian”，即可看到在第2个位置上显示设置的新词“扇淀”。

4 设置缩写

切换到【自定义短语】选项卡，

在【自定义短语】文本框中输入“吃葡萄不吐葡萄皮”，在【缩写】文本框中设置缩写，例如输入“cpb”，单击【保存】按钮。

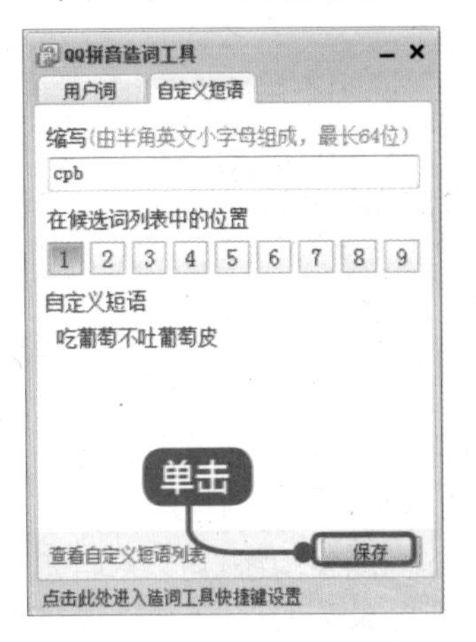

5 输入拼音

在输入法中输入拼音“cpb”，即可看到在第1个位置上显示设置的新短语。

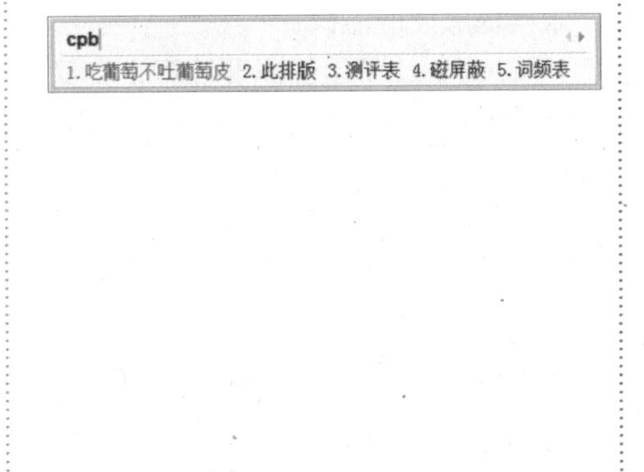

第 6 章

电脑网络的连接

本章视频教学时间 / 41 分钟

重点导读

网络给人们的生活和工作提供了很多便利，例如，通过上网，我们可以和万里之外的人交流信息。而上网的方式也是多种多样的，如拨号上网、ADSL 宽带上网、小区宽带上网、无线上网等，而其效果也是有差异的，用户可以根据自己的实际情况来选择不同的上网方式。

学习效果图

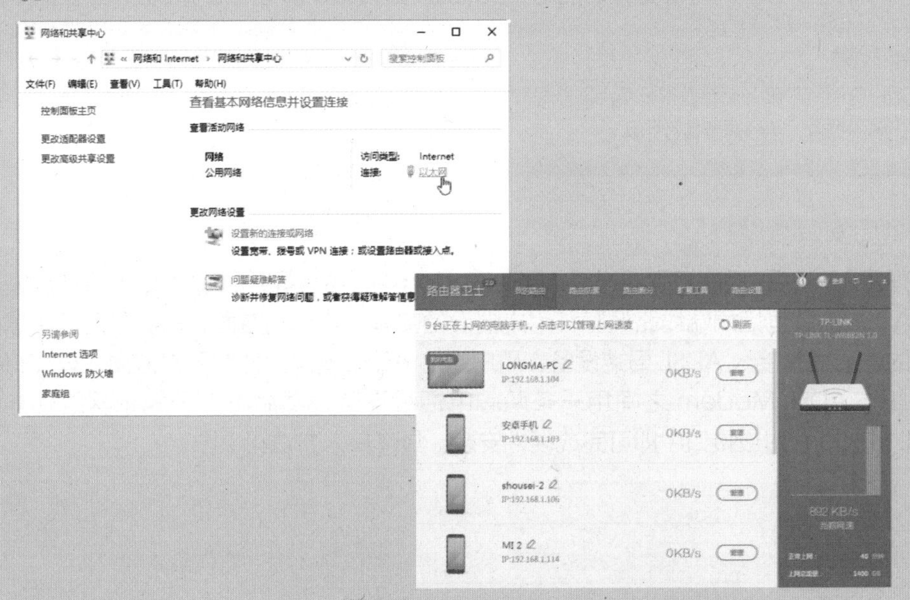

6.1 实例 1——电脑连接上网的方式及配置

本节视频教学时间 / 7 分钟

目前，上网的方式主要有 ADSL 宽带上网、小区宽带上网、PLC 上网等，不同的上网方式所带来的网络体验也不尽相同，本节主要讲述有线网络的设置方法。

6.1.1 ADSL 宽带上网

ADSL 是一种数据传输方式，它采用频分复用技术把普通的电话线分成了电话、上行和下行 3 个相对独立的信道，从而避免了相互之间的干扰。即使边打电话边上网，也不会发生上网速率和通话质量下降的情况。通常 ADSL 在不影响正常电话通信的情况下，可以提供最高 3.5Mbit/s 的上行速度和最高 24Mbit/s 的下行速度，ADSL 的速率比 N-ISDN、Cable Modem 的速率要快得多。

1. 开通业务

常见的 ADSL 宽带服务商为电信和联通，申请开通宽带上网一般可以通过两条途径实现。一种是携带有效证件（个人用户携带电话机主身份证，单位用户携带公章）直接到受理 ADSL 业务的当地电信局申请；另一种是登录当地电信局推出的办理 ADSL 业务的网站进行在线申请。申请 ADSL 服务后，当地服务提供商的员工会主动上门安装 ADSL Modem 并做好上网设置，进而安装网络拨号程序，并设置上网客户端。ADSL 的拨号软件有很多，但使用最多的还是 Windows 系统自带的拨号程序。

> **提示**
> 用户申请宽带服务后会获得一组上网账号和密码。有的宽带服务商会提供 ADSL Modem，有的则不提供，用户需要自行购买。

2. 设备的安装与设置

开通 ADSL 后，用户还需要连接 ADSL Modem，需要准备一根电话线和一根网线。

ADSL 安装包括局端线路调整和用户端设备安装。在局端方面，由服务商将用户原有的电话线串接入 ADSL 局端设备。用户端的 ADSL 安装也非常简易方便，只要将电话线与 ADSL Modem 之间用一条两芯电话线连上，然后将电源线和网线插入 ADSL Modem 对应接口中即可完成硬件安装，具体接入方法见下图。

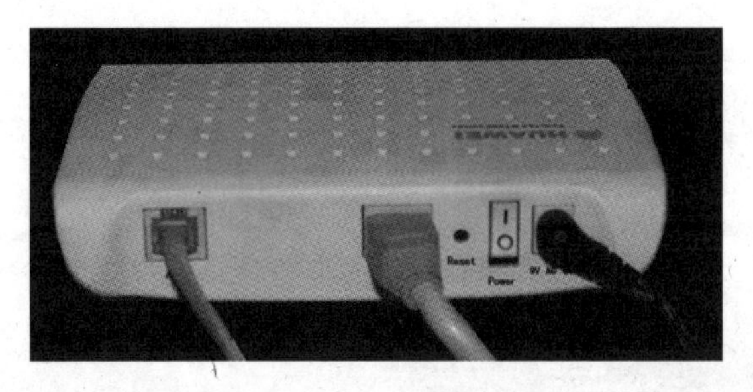

① 将 ADSL Modem 的电源线插入上图右侧的接口中，另一端插到电源插座上。

② 取一根电话线，将其一端插入上图左侧的插口中，另一端与室内端口相连。

③ 将网线的一端插入 ADSL Modem 中间的接口中，另一端与主机的网卡接口相连。

> **提示**
>
> 在电源插座通电情况下，按下 ADSL Modem 的电源开关，如果开关旁边的指示灯亮，表示 ADSL Modem 可以正常工作。

3. 电脑端配置

电脑中的设置步骤如下。

1 选择【宽带连接】选项

单击状态栏的【网络】图标，在弹出的界面中选择【宽带连接】选项。

2 单击【连接】按钮

弹出【网络和 INTERNET】设置窗口，选择【拨号】选项，在右侧区域中选择【宽带连接】选项，并单击【连接】按钮。

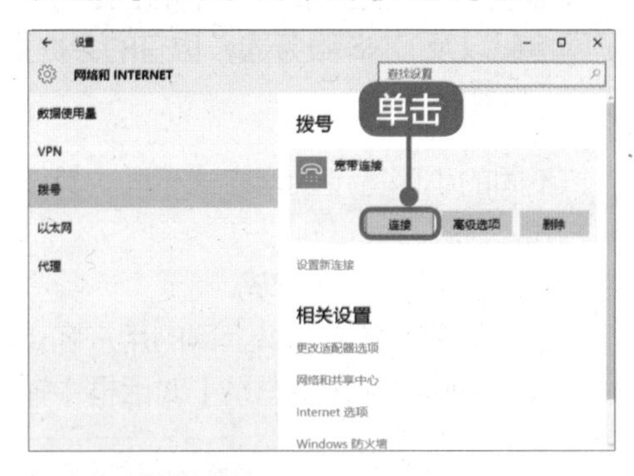

3 输入用户名和密码

弹出【登录】对话框，在【用户名】和【密码】文本框中输入服务商提供的用户名和密码，单击【确定】按钮。

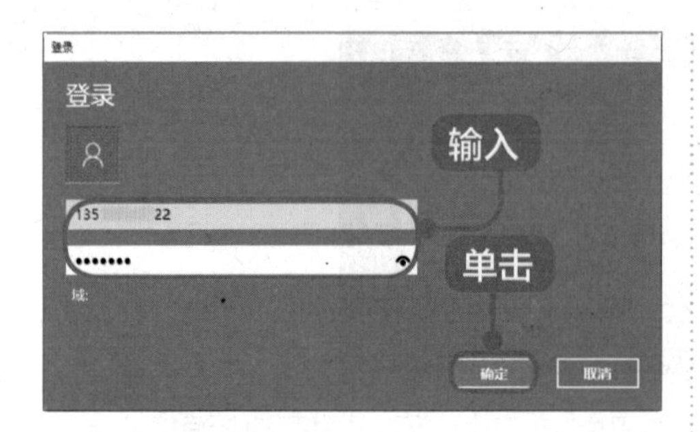

4 正在连接

网络自动连接，连接完成即可看到已连接的状态。

6.1.2 小区宽带上网

小区宽带一般指的是光纤到小区，也就是 LAN 宽带，整个小区共享一根光纤，使用大型交换机分配网线给各户，不需要使用 ADSL Modem 设备，配有网卡的电脑即可连接上网。在用户不多的时候，此方法连网速度非常快。这是大中城市目前较普遍的一种宽带接入方式，有多家公司提供此类宽带接入方式，如联通、电信和长城宽带等。

1. 开通业务

小区宽带上网的申请比较简单，用户只需携带自己的有效证件和本机的物理地址到负责小区宽带的服务商处申请即可。

2. 设备的安装与设置

小区宽带申请开通业务后，服务商会安排工作人员上门安装。另外，不同的服务商会提供不同的上网信息，如有的会提供上网的账号和密码；有的会提供 IP 地址、子网掩码以及 DNS 服务器；也有的会提供 MAC 地址。

3. 电脑端配置

不同的小区宽带上网方式不同，其设置也不尽相同。下面讲述常用的小区宽带上网方式。

（1）使用账户和密码

如果宽带服务商提供上网的用户名（账户）和密码，用户只需将服务商接入的网线连接到电脑上，在【登录】对话框中输入用户名和密码，即可连接上网。

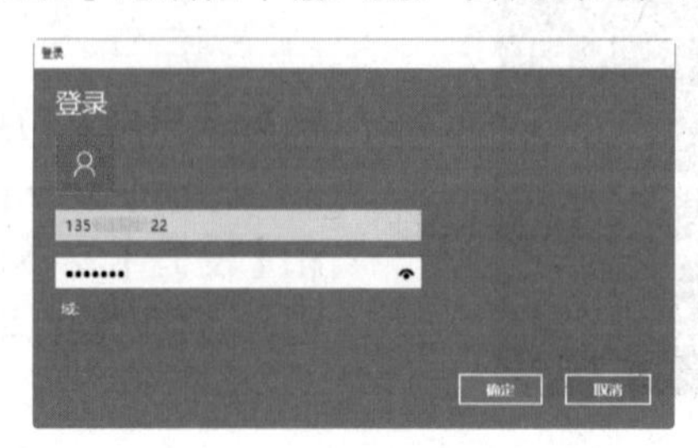

（2）使用 IP 地址上网

如果宽网服务商提供 IP 地址、子网掩码以及 DNS 服务器地址，用户需要在本地连接中设置 Internet（TCP/IP）协议，具体步骤如下。

1 单击【以太网】超链接

用网线将电脑的以太网接口和小区的网络接口连接起来，然后在状态栏中【网络】图标上单击鼠标右键，在弹出的快捷菜单中选择【属性】命令，打开【网络和共享中心】窗口，单击【以太网】超链接。

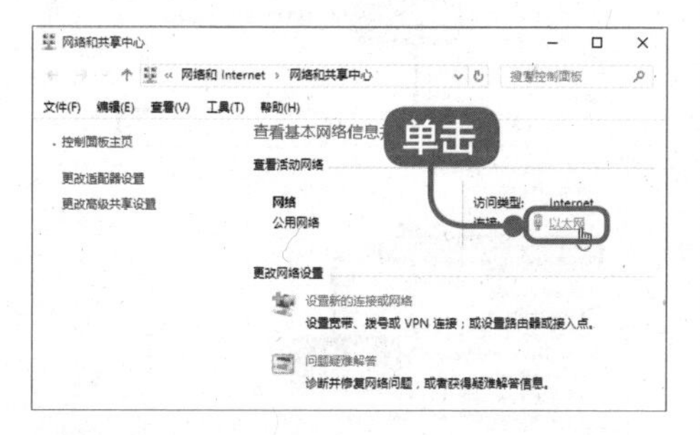

2 单击【属性】按钮

弹出【以太网 状态】对话框，单击【属性】按钮。

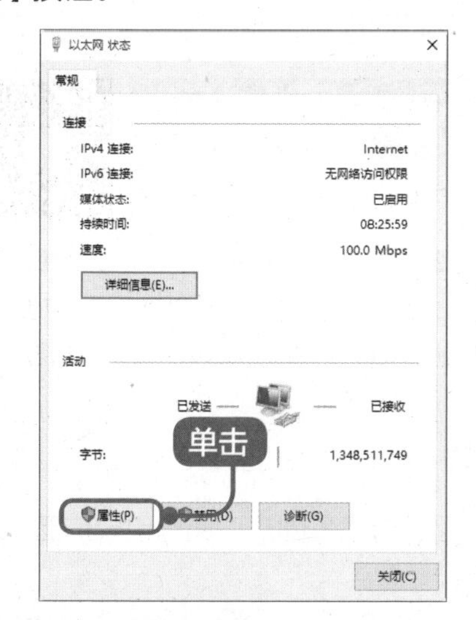

3 单击【属性】按钮

选择【Internet 协议版本 4（TCP/IPv4）】复选框，单击【属性】按钮。

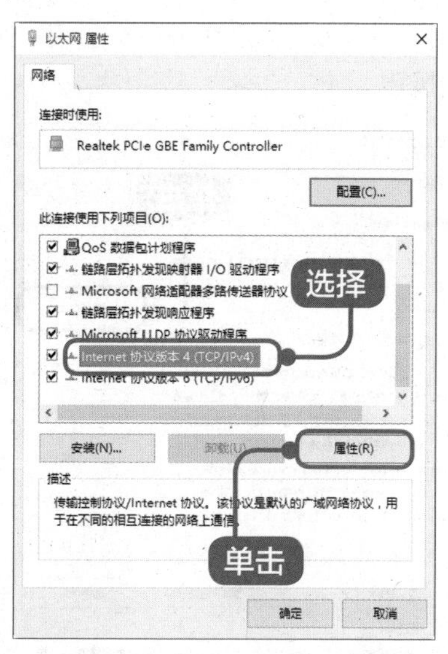

4 填写信息

在弹出的属性对话框中，选择【使用下面的 IP 地址】单选项，然后在其下面的文本框中填写服务商提供的 IP 地址和 DNS 服务器地址，然后单击【确定】按钮即可连接网络。

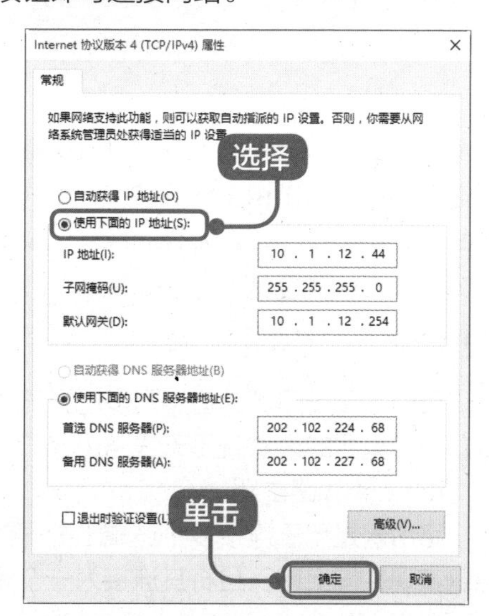

（3）使用 MAC 地址

如果宽带服务商提供 MAC 地址，用户可以按照以下步骤进行设置。

1 单击【配置】按钮

打开【以太网 属性】对话框，单击【配置】按钮。

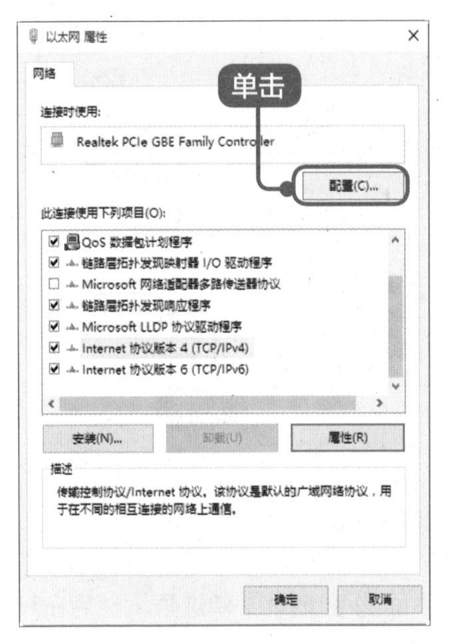

2 输入 MAC 地址

弹出属性对话框，单击【高级】选项卡，在属性列表中选择【Network Address】选项，在右侧【值】文本框中输入 12 位 MAC 地址，单击【确定】按钮即可连接网络。

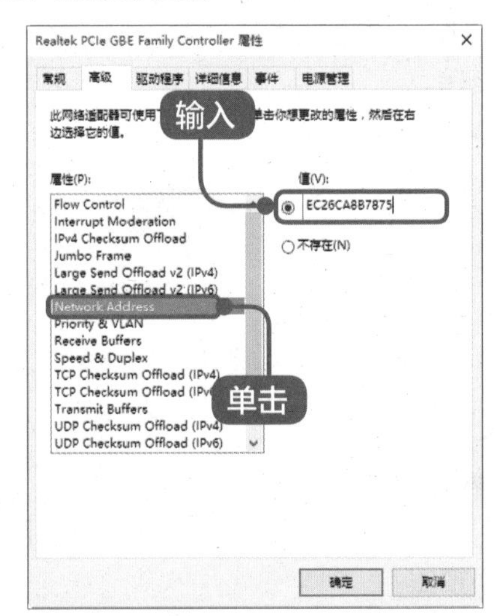

6.2 实例 2——组建无线局域网

本节视频教学时间 / 9 分钟

随着笔记本电脑、手机、平板电脑等便携式电子设备的普及和发展，有线连接已不能满足用户工作和生活的需要。无线局域网因运而生，其不需要布置网线就可以将几台设备连接在一起。无线局域网以其高速的传输能力、方便性及灵活性，得到广泛应用。

6.2.1 准备工作

目前，无线局域网应用最多的是无线电波传播，覆盖范围广，应用也较广泛。在组建中最重要的设备就是无线路由器和无线网卡。

（1）无线路由器

路由器是用于连接多个逻辑上分开的网络的设备，简单来说，就是用来连接多个电脑实现共同上网，且将其连接为一个局域网的设备。

而无线路由器是指带有无线覆盖功能的路由器，主要应用于无线上网，也可将宽带网络信号转发给周围的无线设备使用，如笔记本电脑、手机、平板电脑等。

无线路由器的背面由若干端口构成，通常包括 1 个电源接口、1 个 WAN 口、4 个 LAN 口、1 个电源接口和 1 个 RESET（重置）键，如下图所示。

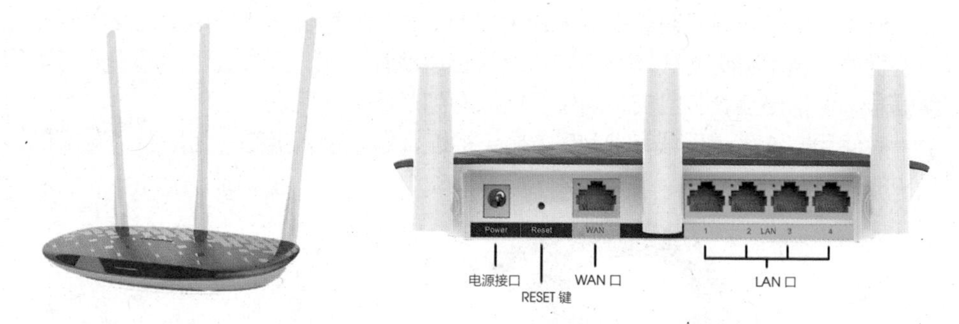

电源接口是路由器连接电源的插口。

RESET 键又称为重置键，如需将路由器重置为出厂设置，可长按该键恢复。

WAN 口是外部网线的接入口，将从 ADSL Modem 连出的网线直接插入该端口，小区宽带用户也可直接将网线插入该端口。

LAN 口为连接局域网的端口，使用网线将该端口与电脑网络端口互联，实现电脑上网。

（2）无线网卡

无线网卡的作用、功能和普通电脑网卡一样，但它不采用有线连接，而是采用无线信号连接到局域网上的信号收发装备。在无线局域网搭建时，采用无线网卡就是为了保证台式电脑可以接收无线路由器发送的无线信号，如果电脑自带有无线网卡（如笔记本电脑），则不需要再添置无线网卡。

目前，无线网卡较为常用的是 PCI 接口和 USB 接口两种，如下图所示。

PCI 接口无线网卡主要适用于台式电脑，将该网卡插入主板上的网卡槽内即可。PCI 接口的网卡信号接收和传输范围广、传输速度快、使用寿命长、稳定性好。

USB 接口无线网卡适用于台式电脑和笔记本电脑，即插即用，使用方便，价格便宜。

在选择上，如果考虑到便捷性，可以选择 USB 接口的无线网卡；如果考虑到使用效果，稳定性和使用寿命等，建议选择 PCI 接口无线网卡。

（3）网线

网线是连接局域网的重要传输媒体，在局域网中常见的网线有双绞线、同轴电缆、光缆 3 种，而使用最为广泛的就是双绞线。

双绞线是由一对或多对绝缘铜导线组成的，为了减少信号传输中串扰及电磁干扰影响的程度，通常将这些线按一定的密度互相缠绕在一起，双绞线可传输模拟信号和数字信号，价格便宜，并且安装简单，所以得到广泛的使用。

一般使用方法就是网线和 RJ45 水晶头相连，然后接入电脑、路由器、交换机等设备中的 RJ45 接口。

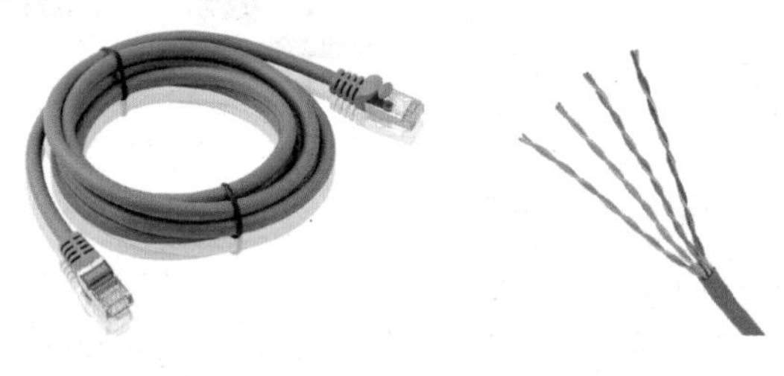

提示

RJ45 接口也就是我们说的网卡接口，常见的 RJ45 接口有两类：用于以太网网卡、路由器以太网接口等的 DTE 类型，还有用于交换机等的 DCE 类型。DTE 可以称做“数据终端设备”，DCE 可以称做“数据通信设备”。从某种意义来说，DTE 设备称为“主动通信设备”，DCE 设备称为“被动通信设备”。

通常，判定双绞线是否通路，主要使用万用表和网线测试仪测试，而网线测试仪是使用最方便、最普遍的方法。

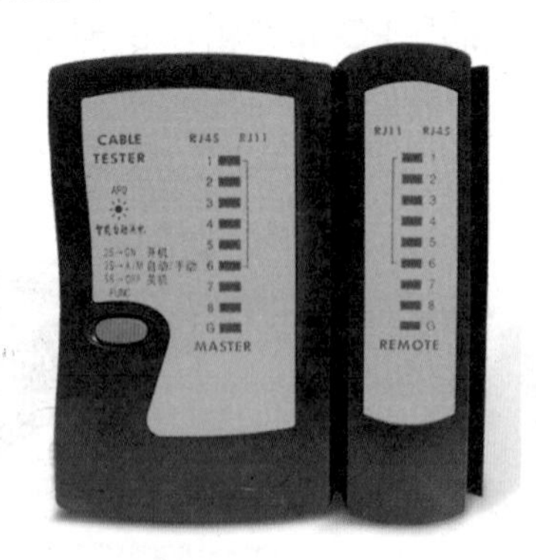

双绞线的测试方法是将网线两端的水晶头分别插入主机和分机的 RJ45 接口，然后将开关调制到“ON”位置（“ON”为快速测试，“S”为慢速测试，一般使用快速测试即可），此时观察亮灯的顺序，如果主机和分机的指示灯 1~8 逐一对应闪亮，则表明网线正常。

主机

远程分机

提示

下图所示为双绞线对应的位置和颜色，双绞线一端是按 T568A 标准制作，另一端按 T568B 标准制作。

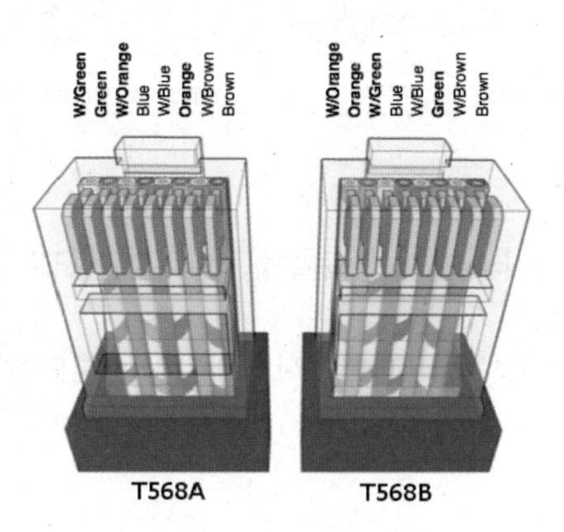

引脚	T568A 定义的色线位置	T568B 定义的色线位置
1	绿白（W-G）	橙白（W-O）
2	绿（G）	橙（O）
3	橙白（W-O）	绿白（W-G）
4	蓝（BL）	蓝（BL）
5	蓝白（W-BL）	蓝白（W-BL）
6	橙（O）	绿（G）
7	棕白（W-BR）	棕白（W-BR）
8	棕（BR）	棕（BR）

6.2.2 组建无线局域网

组建无线局域网的具体操作步骤如下。

1. 硬件搭建

在组建无线局域网之前，要将硬件设备搭建好。

首先，通过网线将电脑与路由器相连接，将网线一端接入电脑主机后的网孔内，另一端接入路由器的任意一个 LAN 口内。

其次，通过网线将 ADSL Modem 与路由器相连接，将网线一端接入 ADSL Modem 的 LAN 口，另一端接入路由器的 WAN 口内。

最后，将路由器自带的电源插头连接电源，此时即完成了硬件搭建工作。

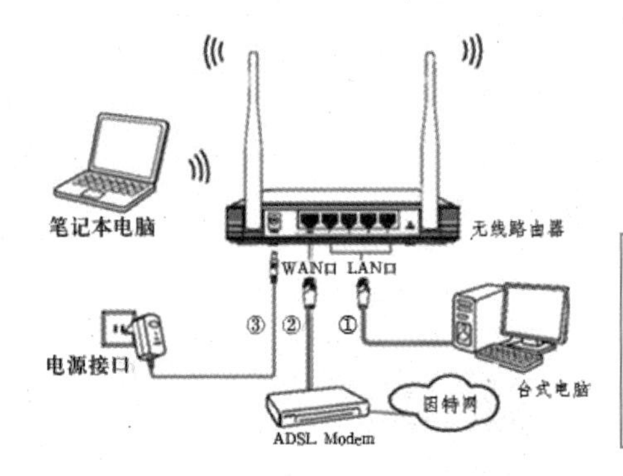

> **提示**
> 如果台式电脑要接入无线网，可安装无线网卡，然后将随机光盘中的驱动程序安装在电脑上即可。

2. 路由器设置

路由器设置主要指在电脑或便携设备端，为路由器配置上网账号、设置无线网络名称、密码等信息。

下面以台式电脑为例，使用的是 TP-LINK 品牌的路由器，型号为 WR882N，在 Windows 10 操作系统、Microsoft Edge 浏览器的软件环境下进行无线局域网连接，具体的步骤如下。

1 输入密码

完成硬件搭建后，启动任意一台电脑，打开 IE 浏览器，在地址栏中输入“192.168.1.1”，按【Enter】键，进入路由器管理页面。初次使用时，需要设置管理员密码，在文本框中输入密码和确认密码，然后按【确认】按钮完成设置。

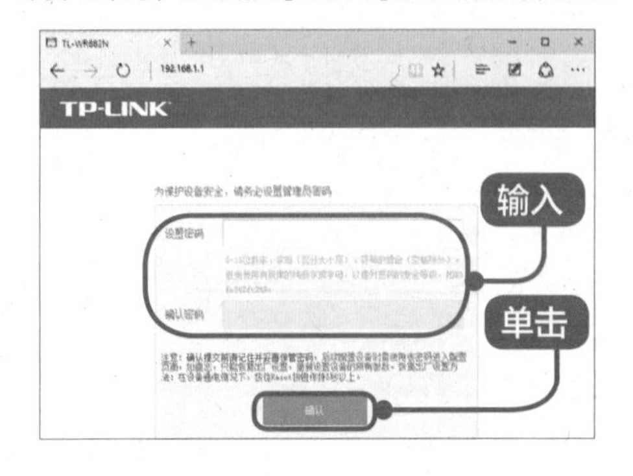

> **提示**
> 不同路由器的配置地址不同，可以在路由器的背面或说明书中找到对应的配置地址。绝大部分路由器，输入配置地址后，会弹出对话框，要求输入用户名和密码，此时，可以在路由器的背面或说明书中找到，输入即可。

另外，用户名和密码可以在路由器设置界面的【系统工具】➤【修改登录口令】中设置。如果遗忘，可以在路由器开启的状态下，长按【RESET】键恢复出厂设置，登录账户名和密码恢复为原始密码。

2 单击【下一步】按钮

进入设置界面，选择左侧的【设置向导】选项，在右侧【设置向导】中单击【下一步】按钮。

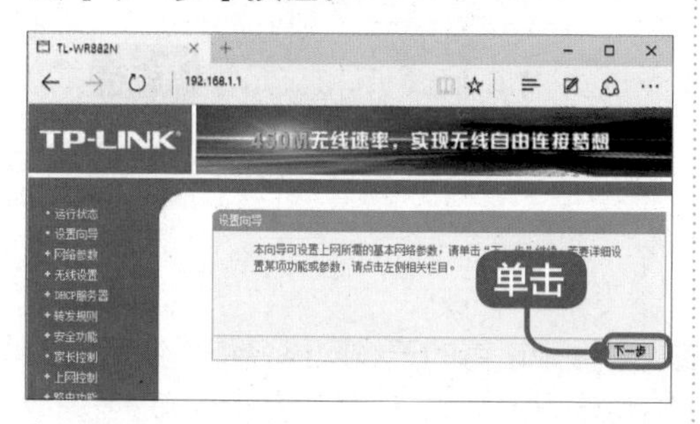

3 选择连接类型

打开【设置向导-上网方式】对话框，选择连接类型，这里选择【让路由器自动选择上网方式】单选项，单击【下一步】按钮。

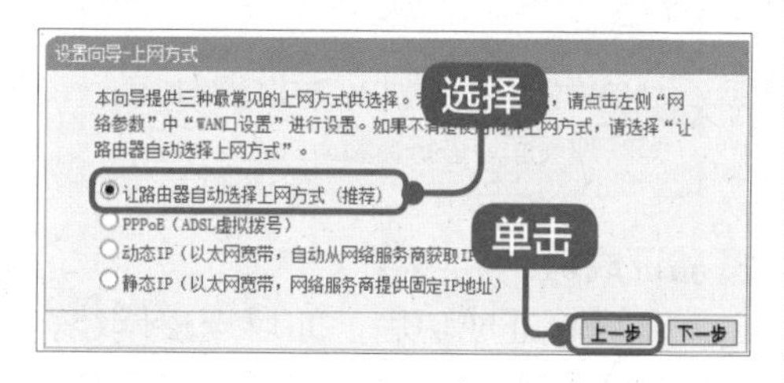

> **提示**
> PPPoE 是一种协议，适用于拨号上网；而动态 IP 每连接一次网络，就会自动分配一个 IP 地址；静态 IP 是运营商给的固定的 IP 地址。

4 输入 IP 地址

如果检测为拨号上网，则需要输入上网账号和上网口令；如果检测为静态 IP，则需输入 IP 地址和子网掩码，然后单击【下一步】按钮；如果检测为动态 IP，则无需输入任何内容，直接跳转到下一步操作。

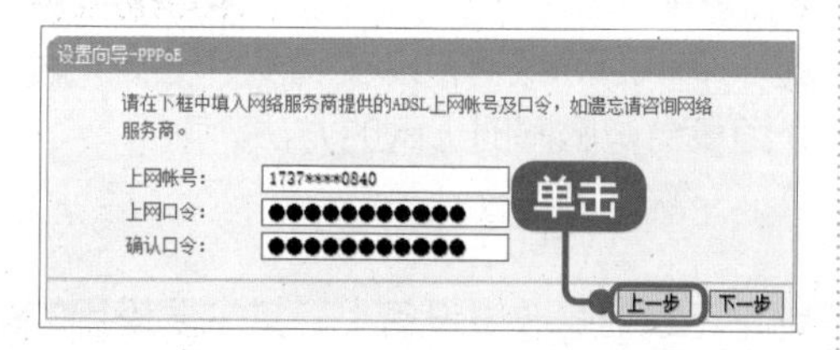

> **提示**
> 此处的上网账号和上网口令是指在开通网络时，运营商提供的用户名和密码。如果账号和密码遗忘或需要修改密码，可联系网络运营商找回或修改密码。若选用静态 IP，所需的 IP 地址、子网掩码等都由运营商提供。

5 设置基本参数

在【设置向导-无线设置】对话框设置路由器无线网络的基本参数，选择【WPA-PSK/WPA2-PSK】单选项，在【PSK 密码】文本框中设置 PSK 密码，单击【下一步】按钮。

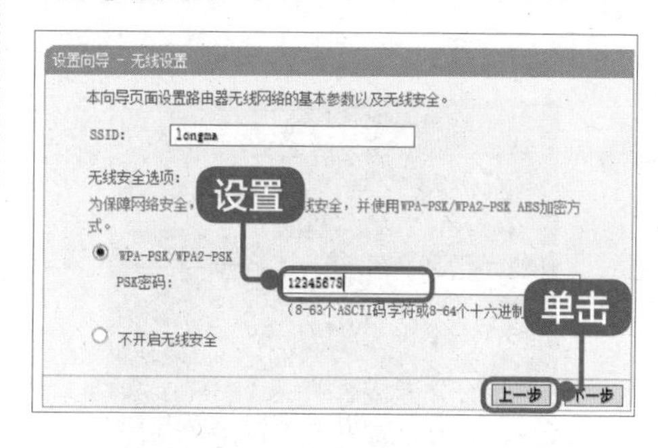

> **提示**
> 用户也可以在路由器管理界面，单击【无线设置】选项进行设置。

SSID：无线网络的名称，用户通过 SSID 号识别网络并登录。

WPA-PSK/WPA2-PSK：基于共享密钥的 WPA 模式，使用安全级别较高的加密模式。在设置无线网络密码时，建议优先选择该模式，不选择 WPA/WPA2 和 WEP 这两种模式。

6 重启路由器

在弹出的对话框中单击【重启】按钮，如果弹出“此站点提示”对话框，提示是否重启路由器，单击【确定】按钮，即可重启路由器，完成设置。

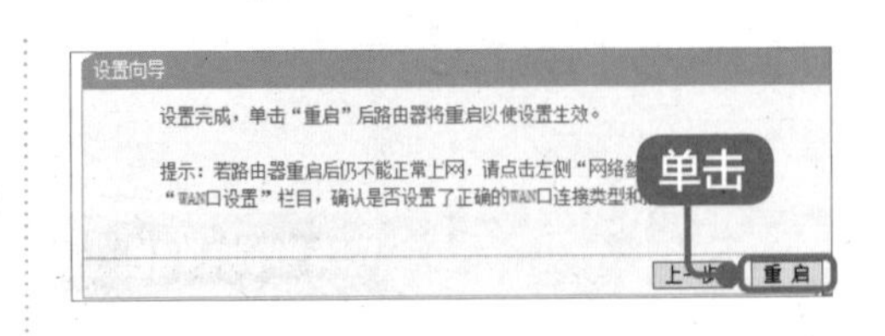

3. 连接上网

无线网络开启并设置成功后，其他电脑需要搜索设置的无线网络名称，然后输入密码，连接该网络即可。具体的操作步骤如下所示。

1 单击【连接】按钮

单击电脑任务栏中的无线网络图标，在弹出的对话框中会显示无线网络的列表，单击需要连接的网络名称，在展开项中，勾选【自动连接】复选框，方便网络连接，然后单击【连接】按钮。

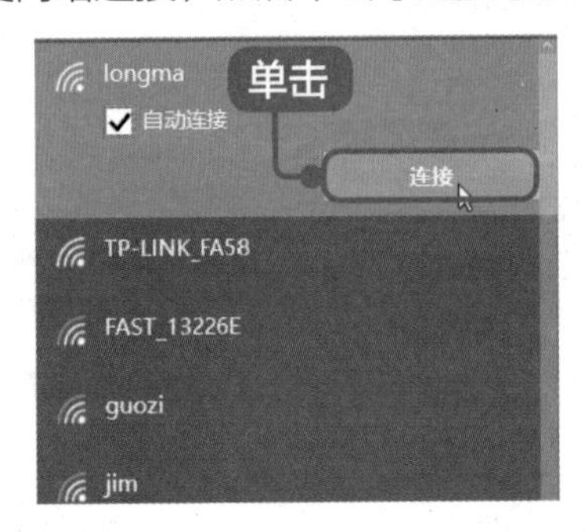

2 输入密码

弹出对话框，在【输入网络安全密钥】文本框中，输入在路由器中设置的无线网络密码，单击【下一步】按钮即可。

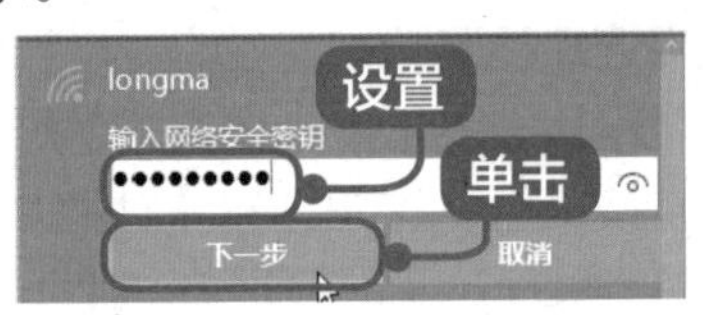

提示

如果忘记无线网密码，可以登录路由器管理页面，进行查看。

3 验证成功

密钥验证成功后，即可连接网络，该网络名称下会显示“已连接”字样，任务栏中的网络图标也显示为已连接样式。

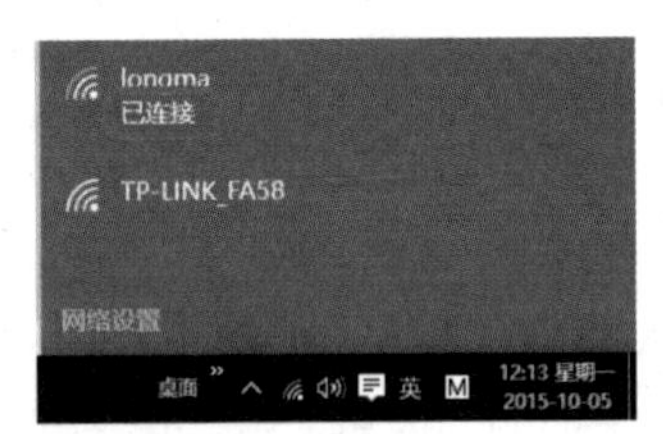

6.3 实例 3——组建有线局域网

本节视频教学时间 / 7 分钟

将多个电脑和路由器连接起来，可以组建一个小的局域网，以实现多台电脑同时共享上网。本节中以组建有线局域网为例，介绍多台电脑同时上网的方法。

6.3.1 准备工作

组建有线局域网和无线局域网最大的差别是无线信号收发设备上，其主要使用的设备是交换机或路由器。下面介绍组建有线局域网所需的设备。

（1）交换机

交换机是用于电信号转发的设备，可以简单地理解为把若干台电脑连接在一起组成一个局域网。一般在家庭、办公室，常用的交换机属于局域网交换机，而小区、一整幢大楼等，使用的多为企业级的以太网交换机。

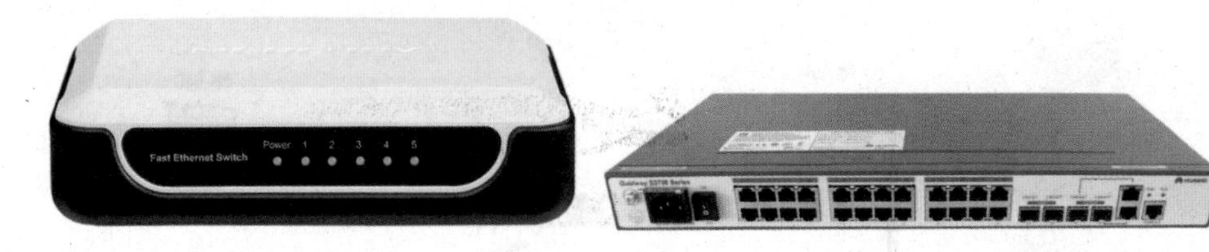

如上图所示，交换机和路由器外观并无太大差异，路由器上有单独 1 个 WAN 口，而交换机上全部是 LAN 口。另外，路由器一般只有 4 个 LAN 口，而交换机上有 4 ~ 32 个 LAN 口，其实这只是外观的对比，二者在本质上有明显的区别。

① 交换机是通过一根网线上网，如果几台电脑同时上网，是分别拨号，各自使用自己的带宽，互不影响。而路由器自带了虚拟拨号功能，是几台电脑通过一个路由器、一个宽带账号上网，几台电脑之间相互影响。

② 交换机是在中继层（数据链路层）工作，利用 MAC 地址寻找转发数据的目的地址， MAC 地址是硬件自带的，是不可更改的，工作原理相对比较简单；而路由器是在网络层（第三层）工作，利用 IP 地址寻找转发数据的目的地址，可以获取更多的协议信息，以做出更多的转发决策。通俗地讲，交换机的工作方式相当于要找一个人，知道这个人的电话号码（类似于 MAC 地址），于是通过拨打电话和这个人建立连接；而路由器的工作方式是，知道这个人的具体住址 ×× 省 ×× 市 ×× 区 ×× 街道 ×× 号 ×× 单元 ×× 户（类似于 IP 地址），然后根据这个地址确定最佳的到达路径，然后到这个地方，找到这个人。

③ 交换机负责配送网络，而路由器负责入网。交换机可以使连接它的多台电脑组建成局域网，但是不能自动识别数据包发送和到达地址的功能；而路由器则为这些数据包发送和到达的地址指明方向和进行分配。简单地说就是交换机负责开门，路由器给用户找路上网。

④ 路由器具有防火墙功能，不传送不支持路由协议的数据包和未知目标网络的数据包，仅支持转发特定地址的数据包，防止了网络风暴。

⑤ 路由器也是交换机，如果要使用路由器的交换机功能，需把宽带线插到 LAN 口上，把 WAN 空置起来就可以。

（2）路由器

组建有线局域网时，可不必要求有无线路由器，一般路由器即可使用，主要差别就是无线路由器带有无线信号收发功能，但价格较贵。

6.3.2 组建有线局域网

目前，组建有线局域网的常用方法是使用路由器搭建和交换机搭建，也可以使用双网卡网络共享的方法搭建。本节主要介绍使用路由器组建有线局域网的方法。

使用路由器组建有线局域网，其中硬件搭建和路由器设置与组件无线局域网基本一致，如果电脑比较多的话，可以接入交换机，连接方式如下图所示。

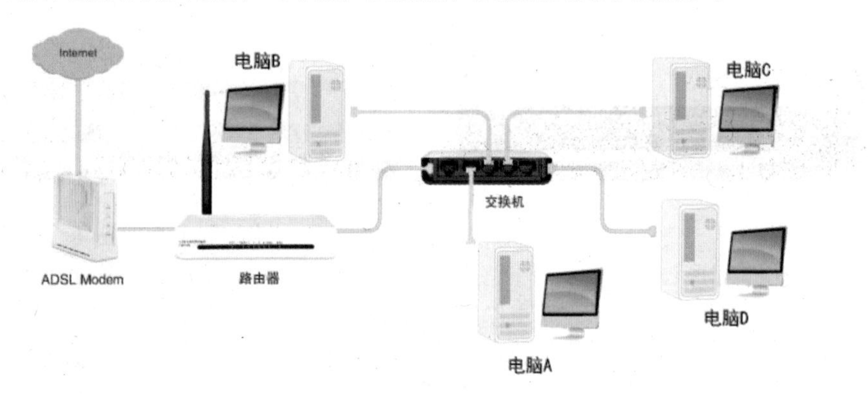

如果一台交换机和路由器的接口还不能够满足所有电脑的使用，可以在交换机中接出一根线，连接到第二台交换机，利用第二台交换机的其余接口，连接其他电脑接口。以此类推，根据电脑数量增加交换机的布控。

路由器端的设置和无线网的设置方法一样，这里就不再赘述，为了避免所有电脑不在一个 IP 区域段中，可以执行下面操作，确保所有电脑之间的连接，具体操作步骤如下。

1 单击【以太网】超链接

在状态栏中【网络】图标上单击鼠标右键，在弹出的快捷菜单中选择【打开网络和共享中心】命令，打开【网络和共享中心】窗口，单击【以太网】超链接。

2 进行属性选择

弹出【以太网状态】对话框，单击【属性】按钮，在弹出的对话框列表中选择【Internet 协议版本 4（TCP/IPv4）】选项，单击【属性】按钮。在弹出的对话框中，选择【自动获取 IP 地址】和【自动获取 DNS 服务器地址】单选项，然后单击【确定】按钮即可。

6.4 实例 4——管理你的无线网

本节视频教学时间 / 5 分钟

局域网搭建完成后，如网速情况、无线网密码和名称、带宽控制等都可能需要进行管理，本节主要介绍一些常用的局域网管理内容。

6.4.1 网速测试

网速的快慢一直是用户较为关心的，在日常使用中，可以自行对带宽进行测试。本节主要介绍如何使用“360 宽带测速器”测试网速。

1 打开 360 安全卫士

打开 360 安全卫士，单击其主界面上的【宽带测速器】图标。

> **提示**
> 如果软件主界面上无该图标，可单击【更多】超链接，进入【全部工具】界面下载。

2 进行宽带测速

打开【360 宽带测速器】工具，软件自动进行宽带测速，如下图所示。

3 显示网络接入速度

测试完毕后，软件会显示网络的接入速度。用户还可以依次测试长途网络速度、网页打开速度等。

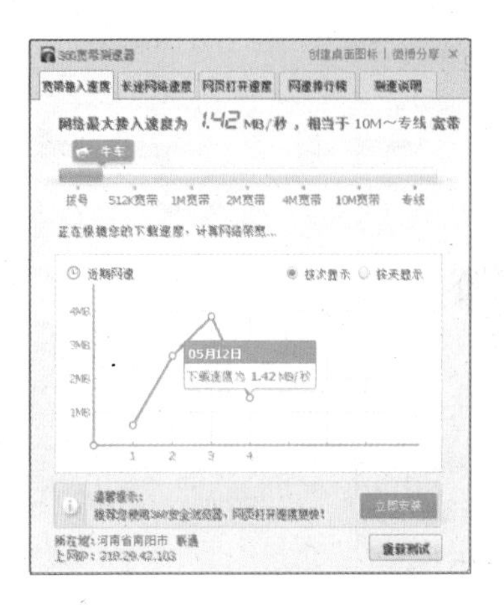

> **提示**
> 如果个别宽带服务商采用域名劫持、下载缓存等技术方法，测试值可能高于实际网速。

6.4.2 修改无线网络名称和密码

经常更换无线网的名称密码有助于保护用户的无线网络安全，防止别人蹭网。下面以 TP-Link 路由器为例，介绍修改无线网名称和密码的方法。

1 输入管理员密码

打开浏览器，在地址栏中输入路由器的管理地址，如 http://192.168.1.1，按【Enter】键，进入路由器登录界面，输入管理员密码，单击【确认】按钮。

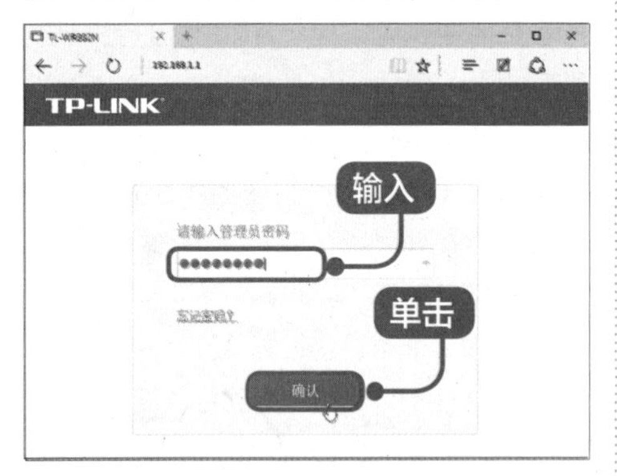

2 输入新的网络名称

单击【无线设置】➤【基本设置】选项，进入无线网络基本设置界面，在 SSID 号文本框中输入新的网络名称，单击【保存】按钮。

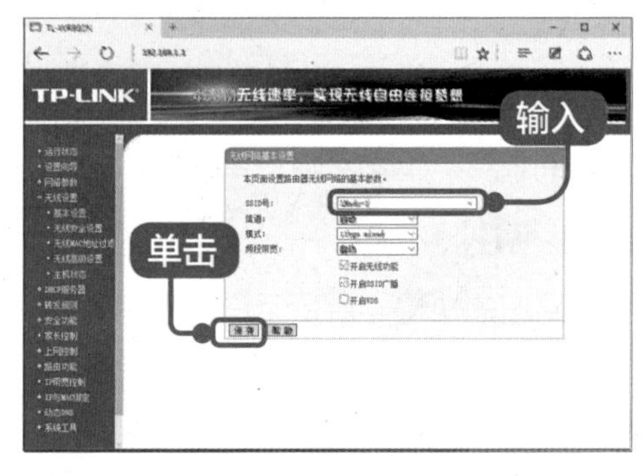

> **提示**
> 如果仅修改网络名称，单击【保存】按钮后，根据提示重启路由器即可。

3 输入新密码

单击左侧的【无线安全设置】超链接，进入无线网络安全设置界面，在“WPA-PSK/WPA2-PSK”下面的【PSK 密码】文本框中输入新密码，单击【保存】按钮，然后单击按钮上方出现的【重启】超链接。

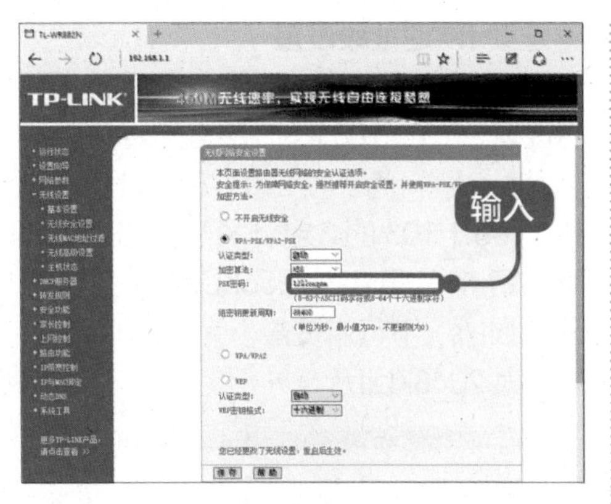

4 重启路由器

进入【重启路由器】界面，单击【重启路由器】按钮，将路由器重启即可。

6.4.3 IP 的带宽控制

在局域网中，如果希望限制其他 IP 的网速，除了使用 P2P 工具外，还可以使用路由器的 IP 流量控制功能来管控。

1 单击【添加新条目】按钮

打开浏览器，进入路由器后台管理界面，单击左侧的【IP 带宽控制】超链接，再单击【添加新条目】按钮。

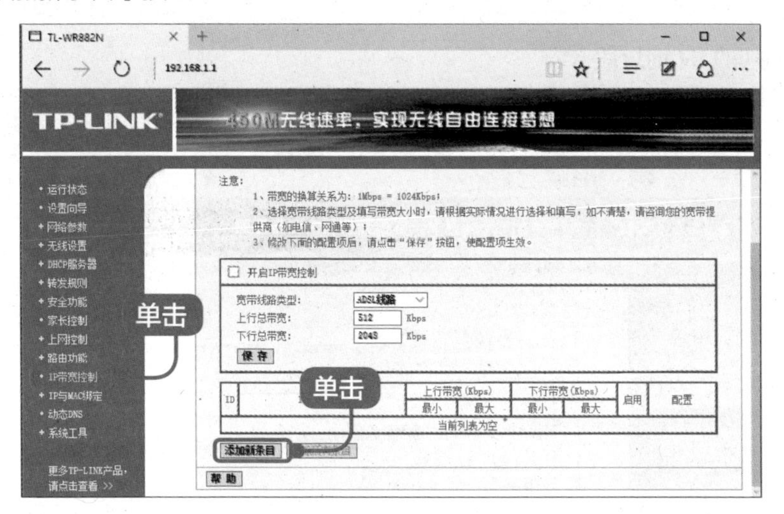

> **提示**
>
> 在 IP 带宽控制界面，勾选【开启 IP 带宽控制】复选框，然后设置宽带线路类型、上行总带宽和下行总带宽。

对于宽带线路类型，如果上网方式为 ADSL 宽带上网，选择【ADSL 线路】即可，否则选择【其他线路】。下行总带宽是通过 WAN 口可以提供的下载速度。上行总带宽是通过 WAN 口可以提供的上传速度。

2 条目规则设置

进入【条目规则配置】界面，在 IP 地址范围中设置 IP 地址段、上行带宽和下行带宽。下图所示的设置表示分配给局域网内 IP 地址为 192.168.1.100 的计算机的上行带宽最小为 128Kbit/s、最大为 256Kbit/s，下行带宽最小为 512Kbit/s、最大为 1024Kbit/s。设置完毕后，单击【保存】按钮。

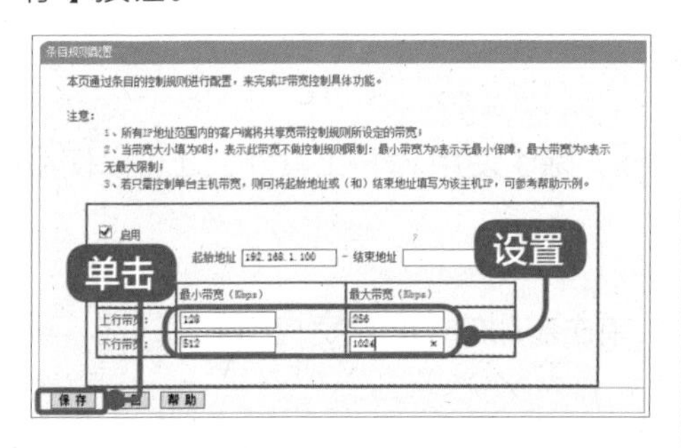

3 连续 IP 地址段设置

如果要设置连续 IP 地址段，如下图的设置，101~103 的 IP 段表示局域网内 IP 地址为 192.168.1.101 到 192.168.1.103 的 3 台计算机的带宽总和为上行带宽最小为 256Kbit/s、最大为 512Kbit/s，下行带宽最小为 1024Kbit/s、最大为 2048Kbit/s。

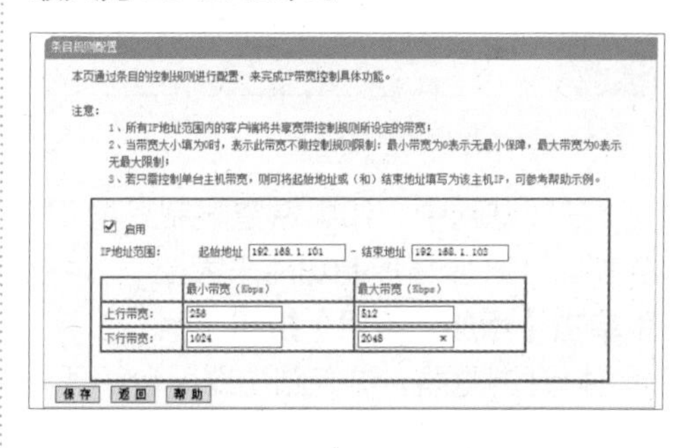

4 查看添加的 IP 地址段

返回 IP 宽带控制界面，即可看到添加的 IP 地址段。

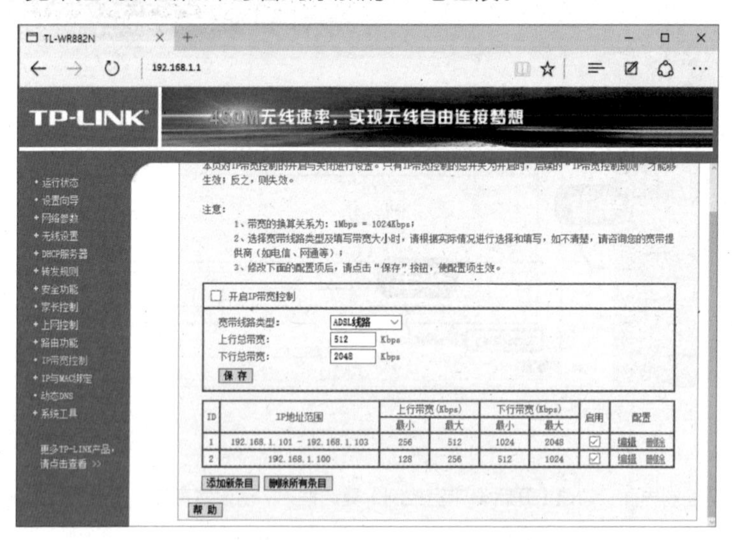

6.4.4 关闭路由器无线广播

关闭路由器的无线广播，可防止其他用户搜索到无线网络名称，从根本上杜绝别人蹭网。

打开浏览器，输入路由器的管理地址，登录路由器后台管理页面，单击【无线设置】➤【基本设置】超链接，进入【无线网络基本设置】页面，撤销勾选【开启 SSID 广播】复选框，单击【保存】按钮，重启路由器即可。

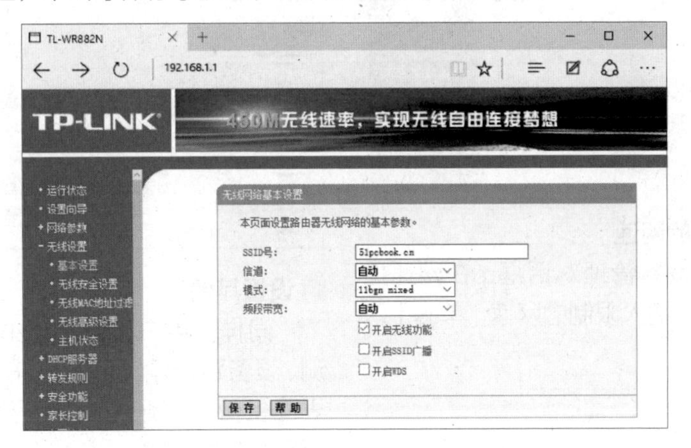

6.4.5 实现路由器的智能管理

智能路由器以其简单、智能的优点，成为路由器市场上的新宠。如果用户现在使用的不是智能路由器，也可以借助一些软件实现路由器的智能化管理。本节介绍的 360 路由器卫士可以让用户简单且方便地管理网络。

1 进入路由器卫士主页

进入 360 路由器卫士主页，单击【电脑版下载】超链接。

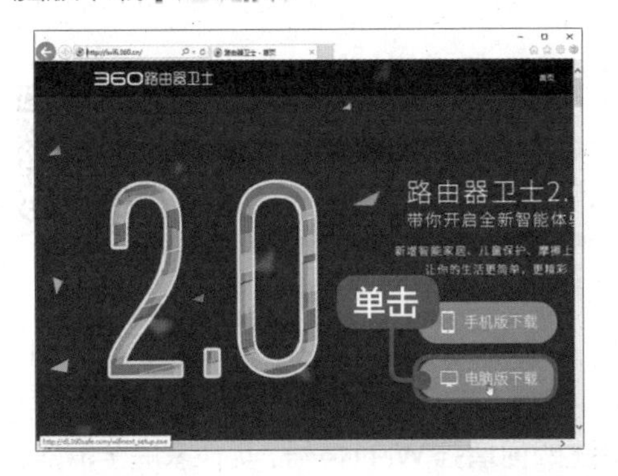

> **提示**
> 如果使用的是最新版本 360 安全卫士，会集成该工具，在【全部工具】界面中可以找到，不需要单独下载并安装。

2 输入账号和密码

打开路由器卫士，首次登录时，会提示输入路由器账号和密码。输入后，单击【下一步】按钮。

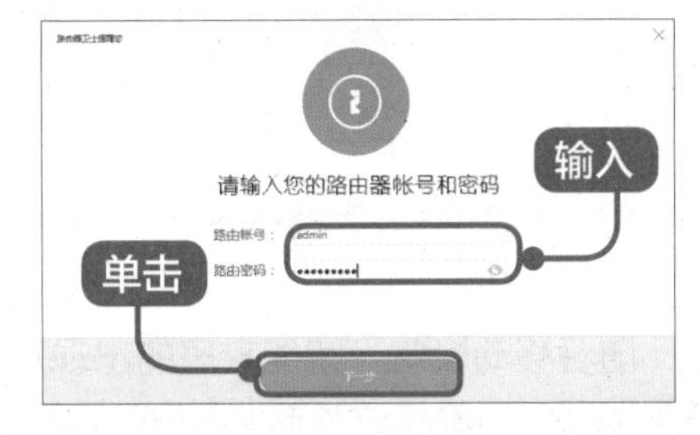

3 单击【管理】按钮

此时，即可进到【我的路由】界面。用户可以看到接入该路由器的所有连网设备及当前网速。如果需要对某个 IP 进行带宽控制，在对应的设备后面单击【管理】按钮。

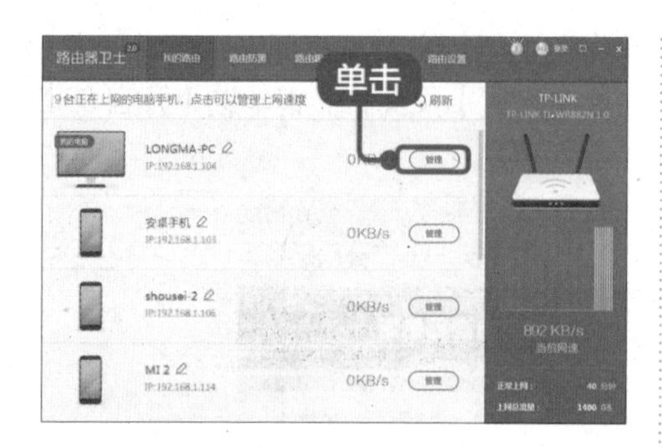

■4 **输入限制的网速**

打开该设备管理对话框，在网速控制文本框中，输入限制的网速，单击【确定】按钮。

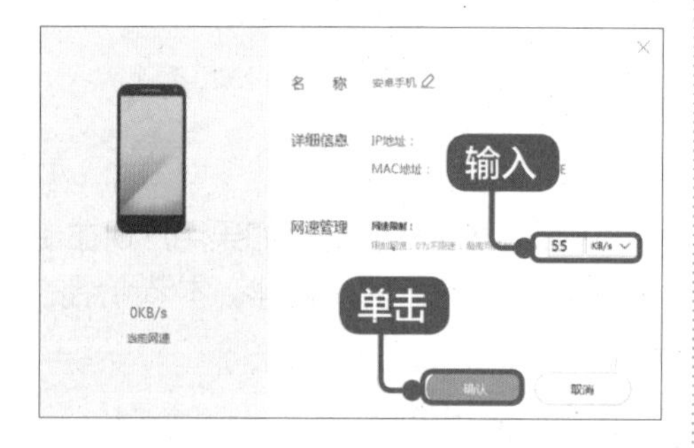

■5 **设置完成**

返回【我的路由】界面，即可看到列表中该设备上显示【已限速】提示。

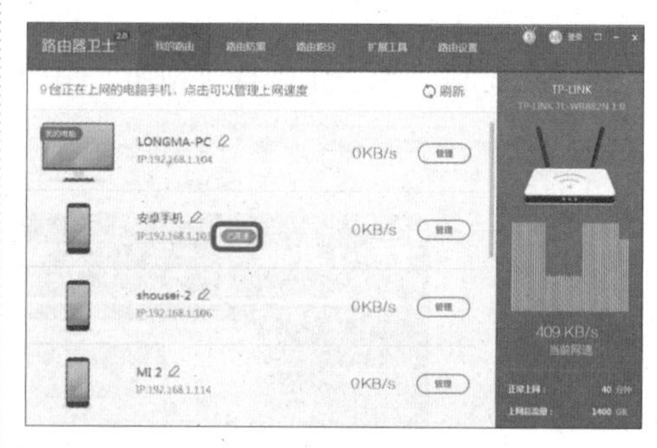

■6 **设置其他**

同样，用户可以对路由器做防黑检测、设备跑分等。用户可以在【路由设置】界面备份上网账号、快速设置无线网及重启路由器功能。

6.5 实例 5——实现 Wi-Fi 信号家庭全覆盖

本节视频教学时间 / 8 分钟

随着移动设备、智能家居的出现及普及，无线 Wi-Fi 网络已不可或缺，而 Wi-Fi 信号能否全面覆盖成了不少用户关心的话题，因为在家里存在着很多网络死角和信号弱等问题，不能获得良好的上网体验。本节讲述如何增强 Wi-Fi 信号，实现家庭全覆盖。

6.5.1 家庭网络信号不能全覆盖的原因

无线网络传输是一个信号发射端发送无线网络信号，然后被无线设备接收端接收的过程。对于一般家庭网络布局，主要是由网络运营商接入互联网，家中配备一个路由器实现有线和无线的小型局域网络布局。在这个信号传输过程中，会由于名称因素，导致信号变弱，下面简单分析下几个最为常见的因素。

（1）物体阻隔

家庭环境不比办公环境，格局更为复杂，墙体、家具、电器等都会对无线信号产生阻隔，尤其是自建房、跃层、大房间等，有着混凝土墙的阻隔，无线网络信号会逐渐递减，以致接收不到。

（2）传播距离

无线网络信号的传播距离有限，如果接收端距离无线路由器过长，则会影响其接收效果。

（3）信号干扰

家庭中有很多家用电器，它们在使用过程中都会产生向外发射的电磁辐射，如冰箱、洗衣机、空调、微波炉等，都会对无线信号产生干扰。

另外，如果周围处于同一信道的无线路由器过多，也会相互干扰，影响 Wi-Fi 的传播效果。

（4）天线角度

天线的摆放角度也会影响 Wi-Fi 的传播。大多数路由器配备的是标准偶极天线，在垂直方向上无线覆盖更广，但在其上方或下方，覆盖就极为薄弱。因此，当无线路由器的天线以垂直方向摆放时，如果无线接收端处在天线的上方或下方，就会得不到好的接收效果。

（5）设备老旧

早期的无线路由器都是单根天线，增益过低，而目前市场上主流路由器最少是 2 根天线，普遍为 3 根、4 根，或者更多。当然，天线数量多少，并不是衡量一个路由器信号强度和覆盖面的唯一标准，但在同等条件下，天线数量多的表现更为优越些。

另外，路由器的发射功率较低，也会影响无线信号的覆盖质量。

6.5.2 解决方案

了解了影响无线网络覆盖的因素后，我们就需要对应地找到解决方案。虽然家庭的格局环境是不可逆的，但是可以通过其他的布局调整，提高 Wi-Fi 信号的强度和覆盖面。

1. 合理摆放路由器

合理摆放路由器，可以减少信号阻隔、缩短传输距离等。在摆放路由器时，切勿放在角落处或靠墙的地方，应该放在宽敞的位置，比如客厅或几个房间的交汇处，如下图所示的二室一厅中，圆心位置就是路由器摆放的最佳位置，即在几个房间的交汇处。

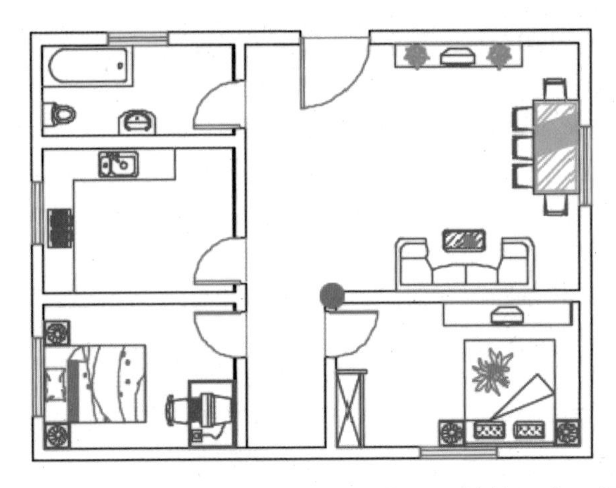

关于信号角度，建议将路由器摆放在较高的位置，使信号向下辐射，减少阻碍物的阻拦，减少信号盲区，例如，可以在沙发上方置物架上摆放无线路由器。

另外，尽量将路由器摆放在远离其他无线设备和家用电器的位置，减少相互干扰。

2. 改变路由器信道

信号的干扰是影响无线网络接收效果的因素之一，而除了家用电器发射的电磁波影响外，网络信号扎堆同一信道段，也是信号干扰的主要问题，因此，用户应尽量选择干扰较少的信道，以获得更好的信号接收效果。用户可以使用类似 Network Stumbler 或 Wi-Fi 分析工具等，查看附近存在的无线信号及其使用的信道。下面介绍如何修改无线网络信道，具体的操作步骤如下。

1 打开浏览器

打开浏览器，进入路由器后台管理界面，单击【无线设置】>【基本设置】超链接，进入【无线网络基本设置】界面。

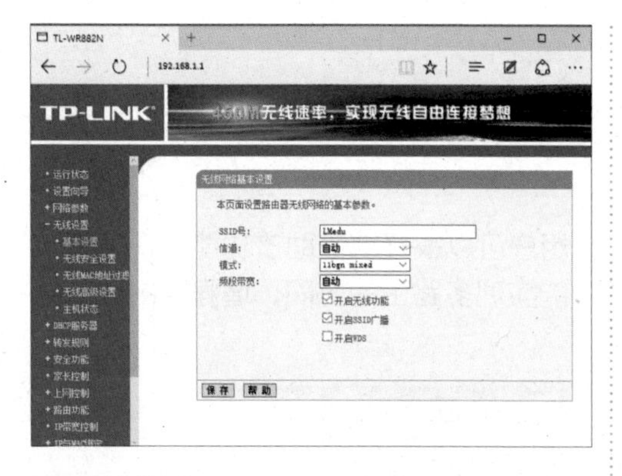

2 修改信道

单击信道后面的☑按钮，打开信道列表，选择要修改的信道。

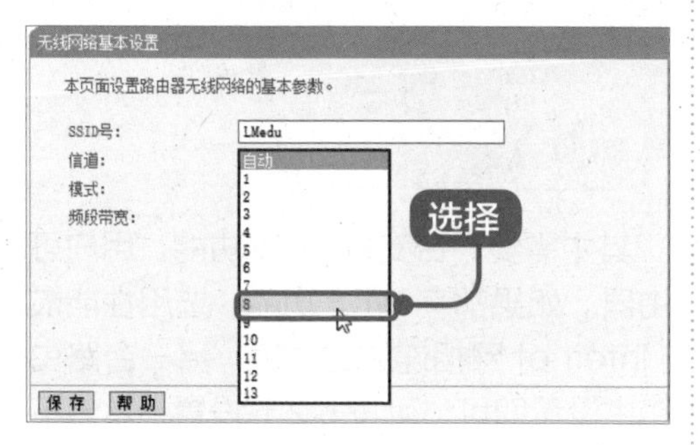

3 单击【保存】按钮

如这里将信道由【自动】改为【8】，单击【保存】按钮，并重启路由器即可。

如果路由器支持双频，建议开启5GHz频段，如今使用11ac的用户较少，5GHz频段干扰小，信号传输也较为稳定。

3. 扩展天线，增强 Wi-Fi 信号

目前，网络流行的一种易拉罐增强Wi-Fi信号的方法，确实屡试不爽，可以较好地加强无线Wi-Fi信号，它主要是将信号集中起来，套上易拉罐后把最初的360°球面波向180°集中，改道向另一方向传播，改道后方向的信号就会比较强。如下图就是一个易拉罐Wi-Fi信号放大器。

4. 使用最新的 Wi-Fi 硬件设备

Wi-Fi硬件设备作为无线网的源头，其质量的好坏也影响着无线信号的覆盖面。使用最新的Wi-Fi硬件设备可以得到最新的技术支持，能够最直接、最快地提升上网体验，尤其是现在有各种大功率路由器，即使穿过墙面信号受到削弱，也可以表现出较好的信号强度。有条件的用户可以采用最新的Wi-Fi硬件设备。一般用户建议使用前3种方法，减少信号的削弱，加强信号强度即可。如果用户有多个路由器，可以尝试WDS桥接功能，增强路由的覆盖区域。

6.5.3 使用 WDS 桥接扩大路由覆盖区域

WDS是Wireless Distribution System的英文缩写，译为无线分布系统，最初运用在无线基站和基站之间的联系通信系统。随着技术的发展，WDS开始在家庭和办公方面充当无线网络的中继器，让无线AP或者无线路由器之间通过无线进行桥接（中继），延伸扩展无线信号，从而覆盖更广、更大的范围。

> **提示**
> 目前流行的无线路由器放大器，就是将路由器的信号源放大，增强无线信号，其原理和 WDS 桥接差不多，作为一个无线中继器。

目前，大多数路由器都支持 WDS 功能，用户可以很好地借助该功能实现家庭网络覆盖布局。本节主要讲述如何使用 WDS 功能实现多路由的协同，增强路由器信号的覆盖区域。

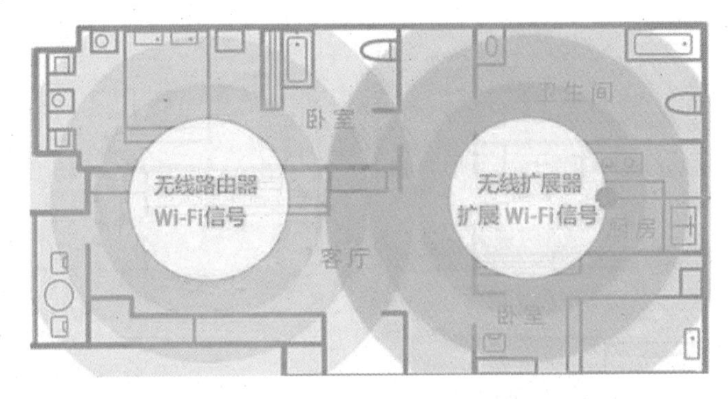

在设置之前，需要准备两台无线路由器，其中需要一台支持 WDS 功能，用户可以将无 WDS 功能的路由器作为中心无线路由器。如果都有 WDS 功能，选用性能最好的路由器作中心无线路由器 A，也就是与 Internet 网相连的路由器，另一台路由器作为桥接路由器 B。A 路由器按照日常的路由设置即可，可按 6.2 节设置，本节不再赘述。主要是 B 路由器，需满足两点：一是与中心无线路由器信道相同；二是关闭 DHCP 功能即可。具体设置步骤如下。

1 连接 A 路由器

使用电脑连接 A 路由器，按照 6.2 节进行无线网设置，但需将其信道设置为固定数，如这里将其设置为“1”，勾选【开启无线功能】和【开启 SSID 广播】复选框，不勾选【开启 WDS】复选框，如下图所示。

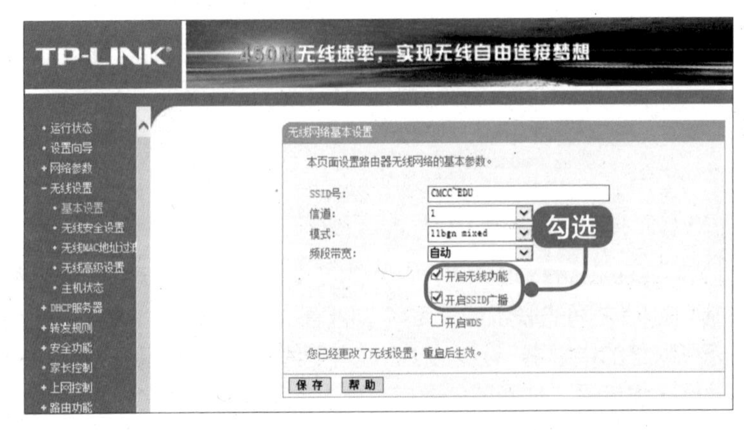

2 单击【保存】按钮

A 路由器设置完毕后，将桥接路由器选择好要覆盖的位置，连接电源，然后通过电脑连接 B 路由器，如果电脑不支持无线，可以使用手机连接，比起有线连接更为方便。连接后，打开电脑或手机端的浏览器，登录 B 路由器后台管理页面，单击【网络参数】➢【LAN 口设置】超链接，进入【LAN 口设置】页面，将 IP 地址修改为与 A 路由器不同的地址，如 A 路由器 IP 地址为 192.168.1.1，这里将 B 路由器 IP 地址修改为 192.168.1.2，避免 IP 冲突，然后将【DHCP 服务器】设置为【不启用】即可。最后单击【保存】按钮，重启路由器即可。

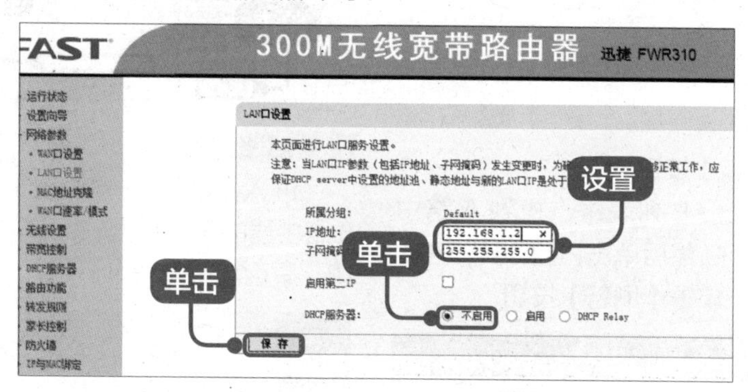

> **提示**
>
> 开启路由器的 DHCP 服务器功能，可以让 DHCP 服务器自动替用户配置局域网中各计算机的 TCP/IP 协议。B 路由器关闭 DHCP 功能主要是已有 A 路由器分配 IP。另外，如果【LAN 口设置】页面没有 DHCP 服务器选项，可在【DHCP 服务器】页面中关闭 DHCP 功能。

3 勾选【开启 WDS】复选框

重启路由器后，登录 B 路由器管理页面，此时 B 路由器的配置地址变为：192.168.1.2，登录后，单击【无线设置】➢【基本设置】超链接，进入【无线基本设置】页面，将信道设置为与 A 路由器的相同的信道，然后勾选【开启 WDS】复选框。

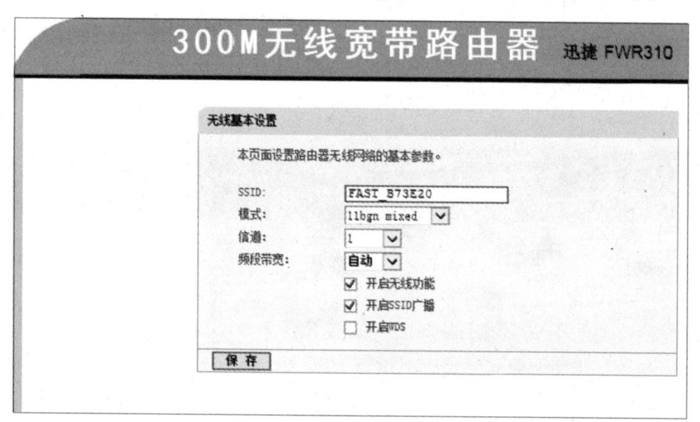

4 单击【扫描】按钮

单击弹出的【扫描】按钮。

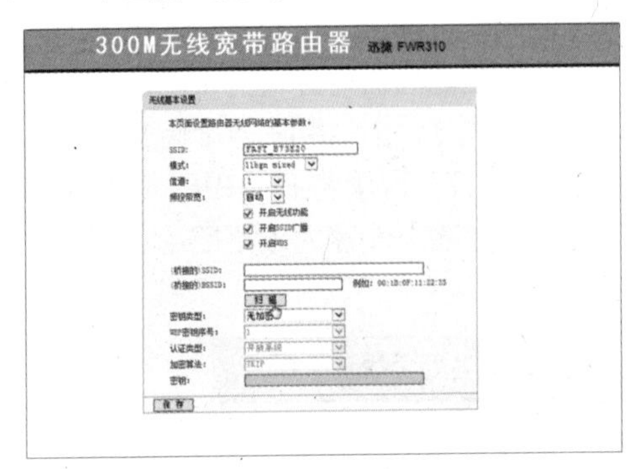

5 单击【刷新】按钮

在扫描的 AP 列表中，找到 A 路由器的 SSID 名称，然后单击【连接】超链接。如果未找到，单击【刷新】按钮。

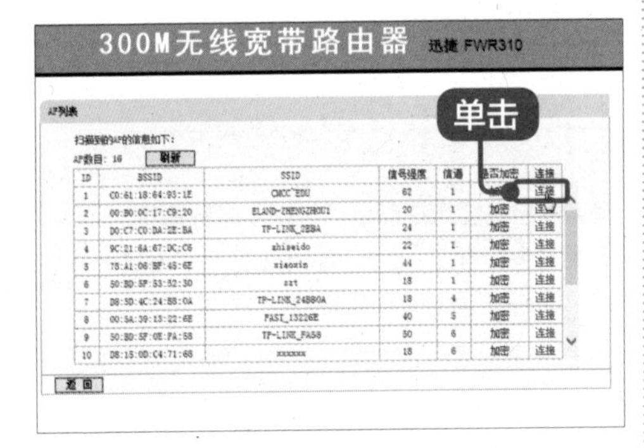

6 单击【保存】按钮

返回【无线基本设置】页面，将【密钥类型】设置为与 A 路由器一致的加密方式，这里选择【WPA2-PSK】，并在【密钥】文本框中输入 A 路由器的无线网络密码，单击【保存】按钮。

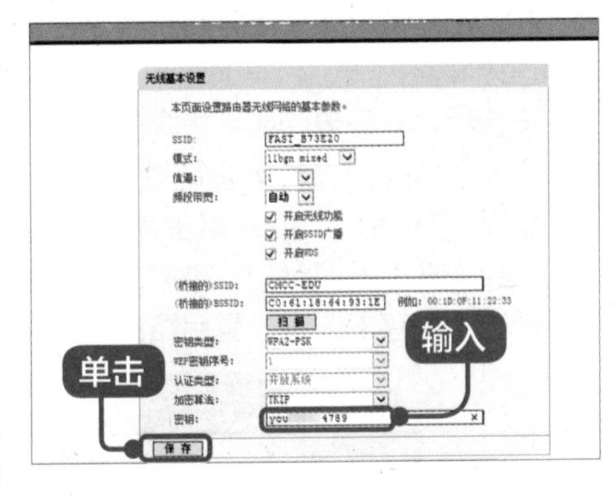

7 重启路由器

进入【WDS 安全设置】页面，设置 B 路由器的无线网密码，单击【保存】按钮，重启路由器即可。

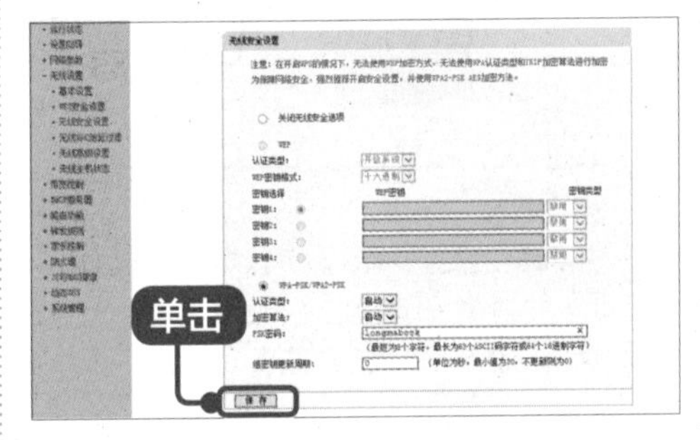

此时，两台路由器的桥接完成，用户可以连接 B 路由器上网了，同样用户还可以连接更多从路由器，进行无线网络布局，增强 Wi-Fi 信号。其实，对于上面的操作可以总结为下表内容，方便读者理解。

设置	WAN 口设置	LAN 口设置	DHCP	无线设置	
				信道	WDS
A（主）路由器	服务商	192.168.1.1（默认）	启用	信道一致即可	不勾选
B（从）路由器	无	192.168.1.X（$1 < X \leq 255$）	不启用		勾选

技巧1 • 安全使用免费 Wi-Fi

黑客可以利用虚假 Wi-Fi 盗取手机中的自拍照片、邮箱账号、支付密码等各类隐私数据，因此，在使用免费 Wi-Fi 时，建议注意以下几点。

（1）在公共场所使用免费 Wi-Fi 时，不要进行网购、银行支付等操作，若必须进行此类操作，应尽量使用手机流量。

（2）警惕同一地方出现多个相同的 Wi-Fi，这很有可能是诱骗用户信息的钓鱼 Wi-Fi。

（3）在网购、进行网上银行支付时，应尽量使用安全键盘，不要使用网页之类的界面。

（4）在上网时，如果弹出不明网页，让输入个人私密信息时，需谨慎，此时建议及时关闭 WLAN 功能。

技巧2 • 将电脑转变为无线路由器

如果电脑可以上网，即使没有无线路由器，也可以通过简单的设置将电脑的有线网络转为无线网络，但前提是台式电脑必须装有无线网卡，笔记本电脑自带有无线网卡。准备好后，可以参照以下操作创建 Wi-Fi，实现网络共享。

1 打开 360 安全卫士

打开 360 安全卫士主界面，然后单击【更多】超链接。

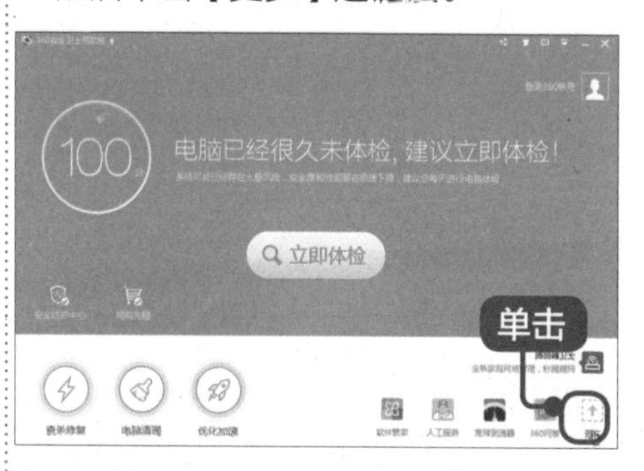

2 添加工具

在打开的界面中，单击【360 免费 Wi-Fi】图标按钮，进行工具添加。

3 设置 WiFi 名称和密码

添加完毕后，弹出【360 免费 Wi-Fi】对话框，用户可以根据需要设置 Wi-Fi 名称和密码。

4 查看设备

单击【已连接的手机】可以看到连接的无线设备，如下图所示。

第 7 章

管理电脑中的软件

本章视频教学时间 / 53 分钟

重点导读

文件和文件夹是电脑数据管理的重要部分，而软硬件是电脑运行的重要组成部分。本章主要介绍软硬件的管理方法。

学习效果图

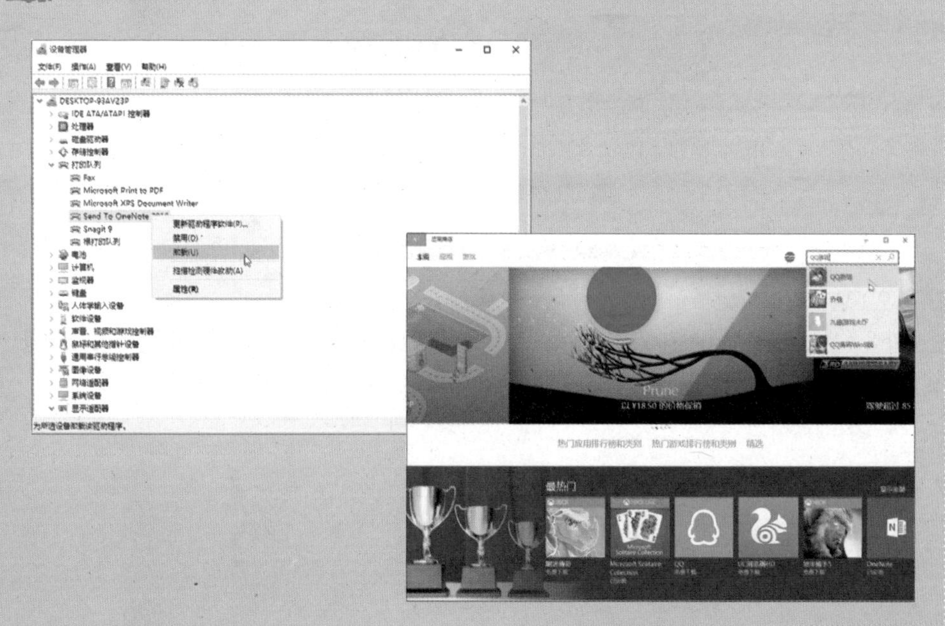

7.1 认识常用软件

本节视频教学时间 / 9 分钟

软件是多种多样的，覆盖了各个领域，分类也极为丰富，文件视频音乐、聊天互动、游戏娱乐、系统工具、安全防护、办公软件、教育学习图形图像、编程开发、手机数码等，下面主要介绍几款常用的软件。

1. 文件处理类软件

电脑办公离不开文件的处理。常见的文件处理软件有 Office、WPS、Adobe Acrobat 等。

（1）Office 电脑办公软件

Office 是最常用的办公软件之一，使用人群较广。Office 办公软件包含 Word、Excel、PowerPoint、Outlook、Access、Publisher、Infopath 和 OneNote 等组件。Office 中最常用的 4 大办公组件是：Word、Excel、PowerPoint 和 Outlook。

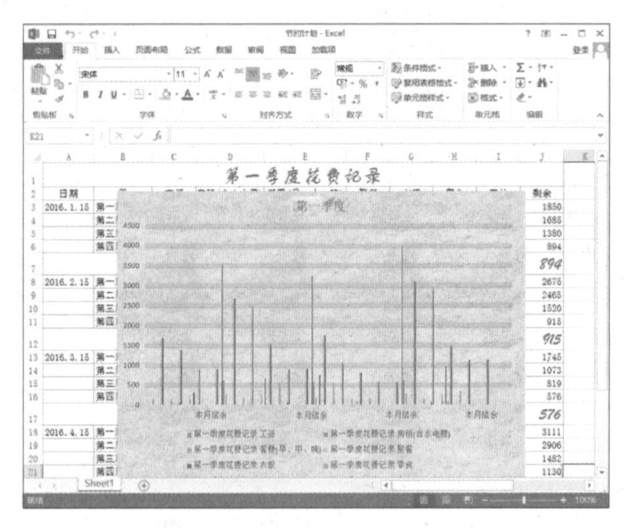

（2）WPS Office

WPS（Word Processing System，文字编辑系统）是金山软件公司开发的一款办公软件，可以实现文字、表格、演示等多种功能，而且软件完全免费。

2. **文字输入类软件**

文字输入类软件有搜狗拼音输入法、QQ 拼音输入法、微软拼音输入法、智能拼音输入法、全拼输入法、五笔字型输入法等多种。下面介绍两种常用的输入法软件。

（1）搜狗拼音输入法

搜狗拼音输入法是国内主流的汉字拼音输入之一，其最大特点是实现了输入法和互联网的结合。搜狗拼音输入法是基于搜索引擎技术的输入法产品，用户可以通过互联网备份自己的个性化词库和配置信息。下图所示为搜狗拼音输入法的状态栏。

（2）QQ 拼音输入法

QQ 拼音输入法是腾讯旗下的一款拼音输入法软件，与大多数拼音输入法一样，QQ 拼音输入法支持全拼、简拼、双拼 3 种基本的拼音输入模式。在输入方式上，QQ 拼音输入法支持单字、词组、整句的输入方式。目前，QQ 拼音输入法由搜狗公司提供客户端软件，因此，与搜狗输入法无太大区别。下图所示为 QQ 拼音输入法的状态栏。

3. **沟通交流类软件**

目前，常用于沟通交流的软件有：飞鸽、QQ、微信等。

（1）飞鸽传书

飞鸽传书（FreeEIM）是一款优秀的企业即时通信工具。它具有体积小、速度快、运行稳定、半自动化等特点，被公认为是目前企业即时通信软件中比较优秀的一款软件。

（2）QQ

腾讯 QQ 有在线聊天、视频电话、点对点续传文件、共享文件等多种功能，是在办公中使用率较高的一款软件。

（3）微信

微信是腾讯公司推出的一款即时聊天工具，可以通过网络发送语音、视频、图片和文字等，其在手机中使用最为普遍。

4. 网络应用类软件

在办公中，有时需要查找资料或下载资料，使用网络应用软件可快速完成这些工作。常见的网络应用软件有：浏览器、下载工具等。

浏览器是指可以显示网页服务器或者文件系统的 HTML 文件内容，并让用户与这些文件交互的一种软件。常见的浏览器有 Microsoft Edge 浏览器、搜狗浏览器、360 安全浏览器等。

5. 安全防护类软件

在电脑办公的过程中，有时电脑会出现死机、黑屏、重新启动以及反应速度慢，或者中毒的现象，使工作成果丢失。为防止这些现象发生，电脑的防护措施一定要做好。常用的免费安全防护类软件有 360 安全卫士、腾讯电脑管家等。

360 安全卫士是一款由奇虎 360 推出的功能强、效果好、受用户欢迎的上网安全软件。360 安全卫士拥有查杀木马、清理插件、修复漏洞、电脑体检、保护隐私等多种功能，并独创了“木马防火墙”功能。360 安全卫士使用极其方便，用户口碑极佳，用户较多。

电脑管家是腾讯公司出品的一款免费专业安全软件，集合“专业病毒查杀、智能软件管理、系统安全防护”于一身，同时还融合了清理垃圾、电脑加速、修复漏洞、软件管理、电脑诊所等一系列辅助电脑管理功能，满足用户杀毒防护和安全管理的双重需求。

6. 影音图像类软件

在办公中，有时需要作图或播放影音文件等，这时就需要使用影音图像工具。常见的影音图像工具有 Adobe Photoshop、暴风影音、会声会影等。

Adobe Photoshop 简称 PS，主要处理像素构成的数字图像。使用其众多的编辑与绘图工具，可以有效地进行图片编辑工作。PS 是一款比较专业的图形处理软件，使用难度较大。

会声会影是一个功能强大的“视频编辑” 软件，具有图像抓取和编修功能，可以抓取并提供 100 多种编制功能与效果，可导出多种常见的视频格式，甚至可以直接制作成 DVD 和 VCD 光盘。支持各类编码，包括音频和视频编码，是目前最简单好用的 DV、HDV 影片剪辑软件之一。

7.2 软件的获取方法

本节视频教学时间 / 7 分钟

安装软件的前提是要有软件安装程序，一般是 EXE 程序文件。软件安装程序基本上都是以 setup.exe 命名的，还有不常用的 MSI 格式的大型安装文件和 RAR、ZIP 格式的绿色软件，而这些文件的获取方法也是多种多样的，主要有以下几种途径。

7.2.1 安装光盘

日常购买的电脑、打印机、扫描仪等设备都会有一张随机光盘，里面包含了相关的驱动程序，用户可以将光盘放入电脑光驱中读取里面的驱动安装程序，并进行安装。

另外，也可以购买安装光盘，市面上普遍销售的是一些杀毒软件、常用工具软件的合集光盘，用户可以根据需要购买。

7.2.2 从官网下载

官方网站是指一些公司或个人建立的最具权威、最有公信力或唯一指定的网站，以达到介绍和宣传产品的目的。下面以美图秀秀软件为例，介绍从软件官网下载软件安装程序的方法。

1 下载软件

进入美图秀秀官方网站，单击【立即下载】按钮下载该软件。

2 单击【保存】按钮

页面底部将弹出操作框，提示“运行”还是“保存”，这里单击【保存】按钮的下拉按钮，在弹出的下拉列表中选择【另存为】选项。

> **提示**
> 选择【保存】选项，将会自动保存至默认的文件夹中。
> 选择【另存为】选项，可以自定义软件保存位置。
> 选择【保存并运行】选项，在软件下载完成之后将自动运行安装文件。

3 选择文件存储位置

弹出【另存为】对话框，选择文件存储的位置。

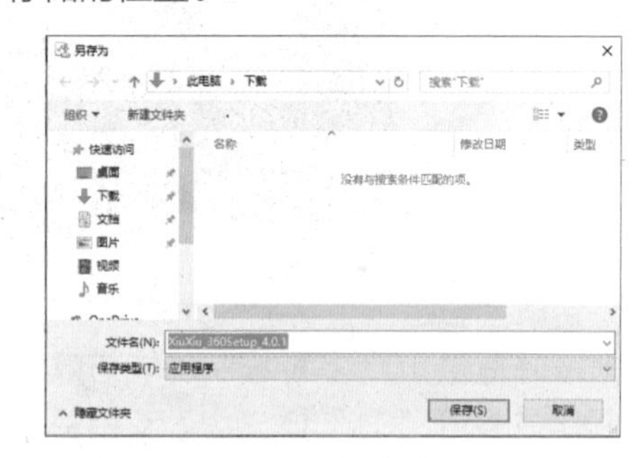

4 单击【运行】按钮

单击【保存】按钮，即可开始下载软件。提示下载完成后，单击【运行】按钮，可打开该软件的安装界面；单击【打开文件夹】按钮，可以打开保存软件的文件夹。

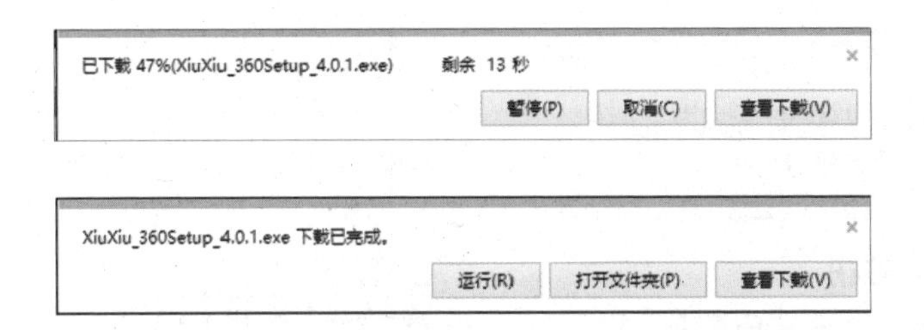

7.2.3 通过电脑管理软件下载

使用电脑管理软件，或者自带的软件管理工具也可以下载和安装软件的安装程序，如常用的有 360 安全卫士、电脑管家等。

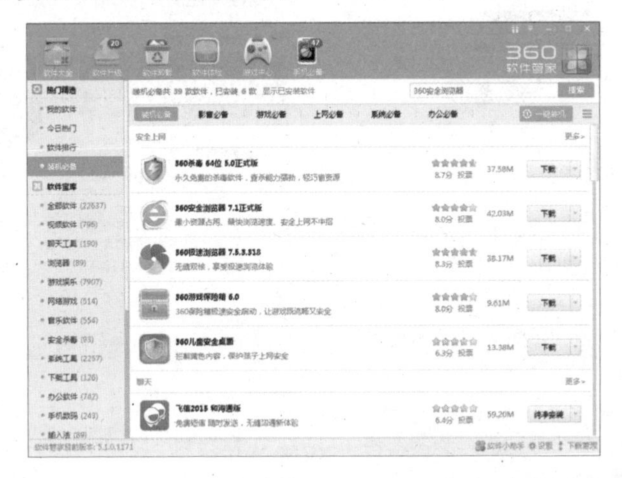

7.3 实例 1——软件的安装方法

本节视频教学时间 / 2 分钟

使用安装光盘或者从软件官网下载软件后，需要使用安装文件的 EXE 文件进行安装；而在电脑管理软件中选择要安装的软件后，系统会自动进行下载安装。下面以安装下载的美图秀秀软件为例介绍安装软件的具体操作步骤。

1 查看下载软件

打开上一节下载美图秀秀软件时保存的文件夹，即可看到下载后的美图秀秀安装文件。双击名称为“XiuXiu_360Setup_4.0.1.exe”的文件。

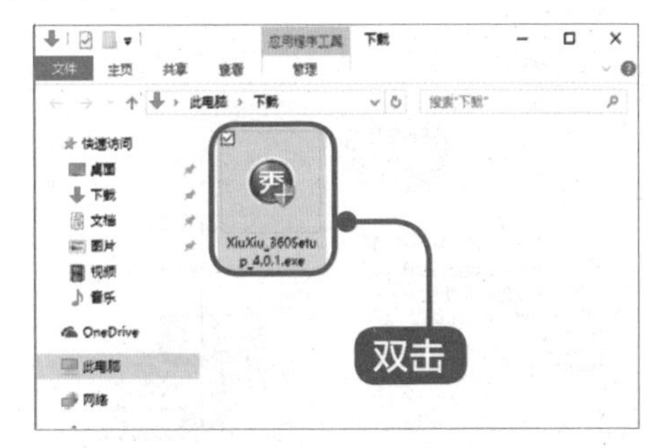

> **提示**
> 可以看到安装文件的扩展名为".exe"，说明该文件为可执行文件。

2 单击【是】按钮

系统弹出【用户账户控制】对话框，单击【是】按钮。

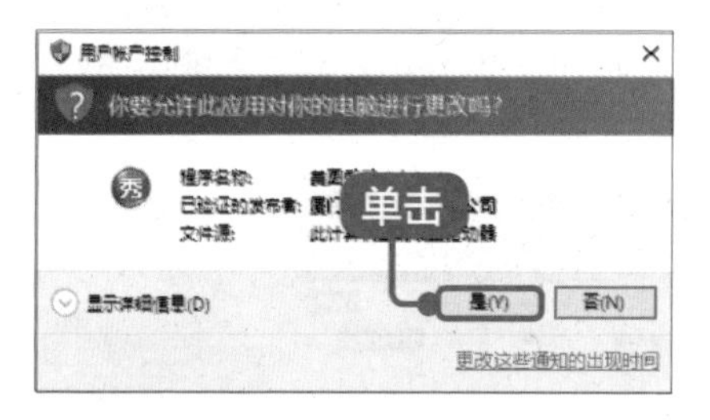

3 安装软件

弹出美图秀秀的安装界面，单击【立即安装美图秀秀】按钮。

4 选择安装选项

在安装选项界面，选择安装选项，这里选择【自定义安装】单选项，单击【下一步】按钮。

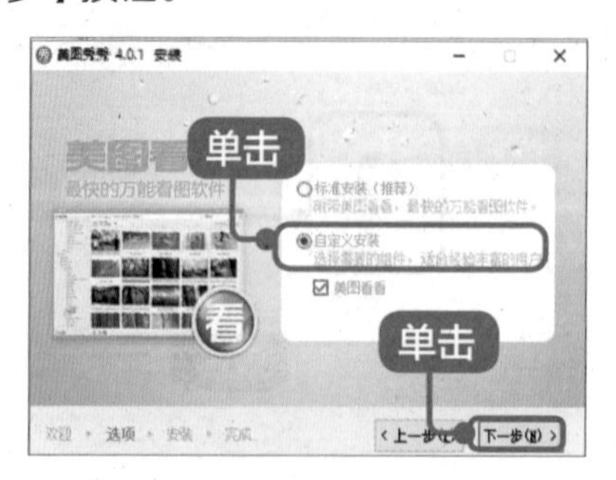

> **提示**
> 如果选择标准安装，则软件不可自定义安装位置，会默认安装附带的其他推广软件等，因此建议用户选择自定义安装。

5 单击【安装】按钮

在自定义安装界面，单击【浏览】按钮可选择软件的安装位置，撤销选中软件和网页推广复选框，单击【安装】按钮。

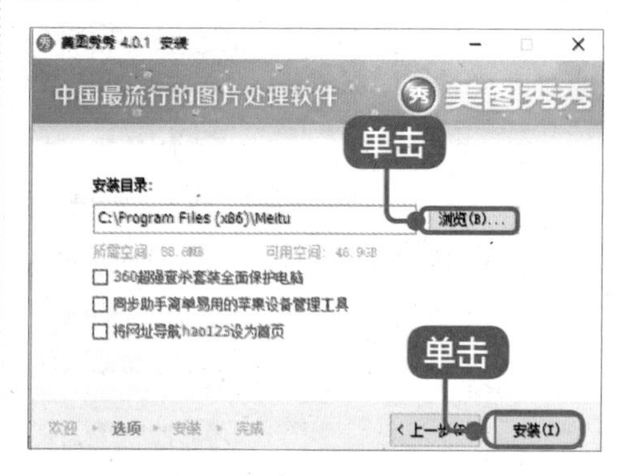

6 安装效果图

软件即可开始安装，如下图所示。

7 运行软件

当提示安装完成时，单击【完成】按钮，即可运行该软件。如果不需要运行该软件，撤销选中【立即运行美图秀秀 4.0.1】复选框即可。

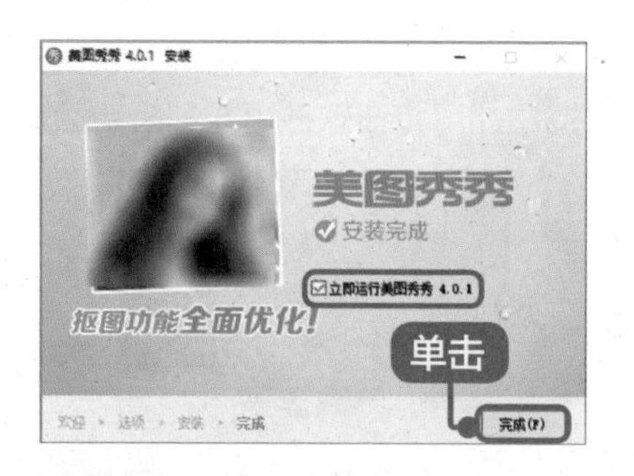

8 打开软件

此时，即可打开该软件，如右图所示。

7.4 实例 2——软件的更新 / 升级

本节视频教学时间 / 4 分钟

软件不是一成不变的，而是一直处于升级和更新状态，特别是杀毒软件的病毒库，必须不断升级。软件升级主要分为自动检测升级和使用第三方软件升级两种方法。

7.4.1 自动检测升级

这里以“360 安全卫士”为例介绍软件自动检测升级的方法。

1 选择【程序升级】命令

右键单击电脑桌面右下角的“360 安全卫士”图标，在弹出的界面中选择【升级】➤【程序升级】命令。

2 获取新版本

弹出【获取新版本中】对话框。

3 发现新版本

获取完毕后弹出【发现新版本】对话框，选择要升级的版本选项，单击【确定】按钮。

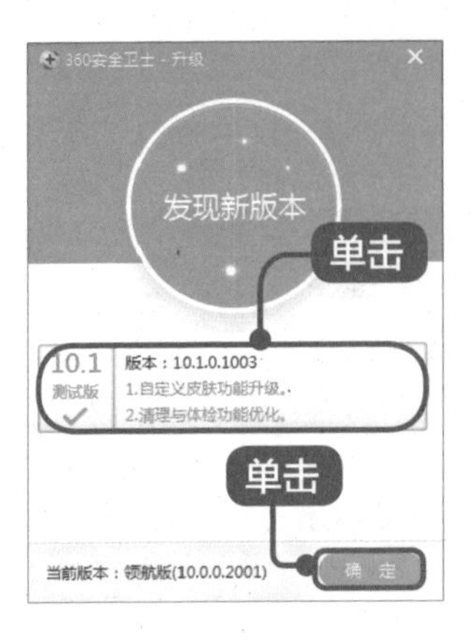

4 更新软件

弹出【正在下载新版本件】对话框，并显示下载的进度。下载完成后，单击【安装】按钮即可将该软件更新到最新版本。

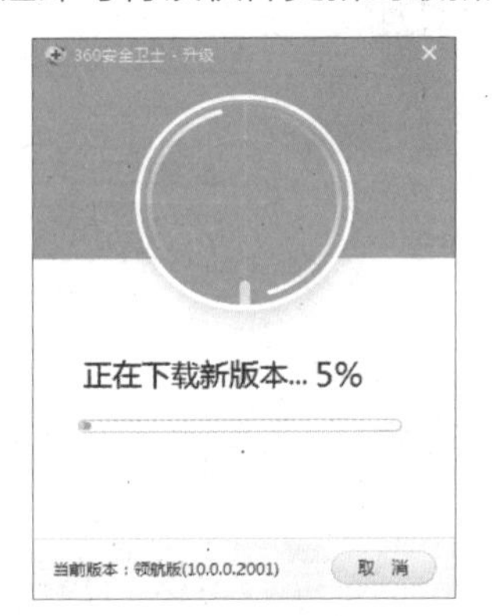

7.4.2 使用第三方软件升级

用户可以通过第三方软件升级软件，如 360 安全卫士和 QQ 电脑管家等。下面以 360 软件管家为例简单介绍如何利用第三方软件升级软件。

打开 360 软件管家界面，选择【软件升级】选项卡，在界面中即可显示可以升级的软件，单击【升级】按钮或【一键升级】按钮即可。

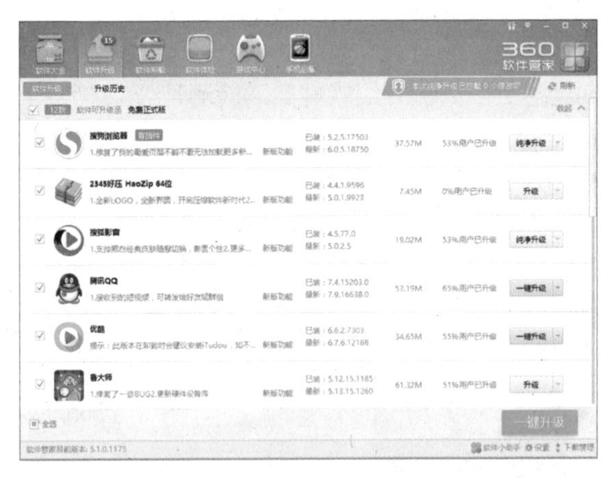

7.5 实例 3——软件的卸载

本节视频教学时间 / 8 分钟

软件的卸载主要有以下 4 种方法。

7.5.1 使用自带的卸载组件

当软件安装完成后，会自动添加在【开始】菜单中，如果需要卸载软件，可以在

【开始】菜单中查看其是否自带有卸载组件，下面以卸载“QQ旋风4.8”软件为例进行讲解。

1 选择【卸载】命令

打开“开始”菜单，在常用程序列表或所有应用列表中，选择要卸载的软件，单击鼠标右键，在弹出的菜单中选择【卸载】命令。

2 单击【卸载/更改】按钮

弹出【程序和功能】窗口，选择需要卸载的程序，然后单击【卸载/更改】按钮。

> **提示**
>
> 此外，按【Win+X】组合键，在打开的菜单中选择【控制面板】命令，打开【控制面板】窗口，单击【卸载程序】超链接，也可以进入【程序和功能】窗口。

3 单击【卸载】按钮

弹出软件卸载对话框，单击【卸载】按钮。

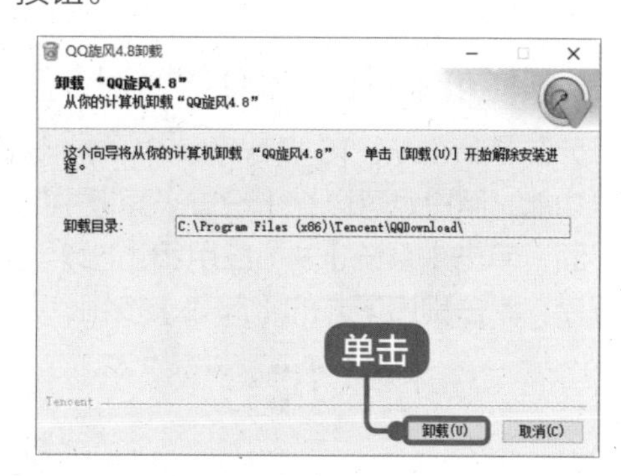

4 进入卸载过程

软件即会进入卸载过程，如下图所示。

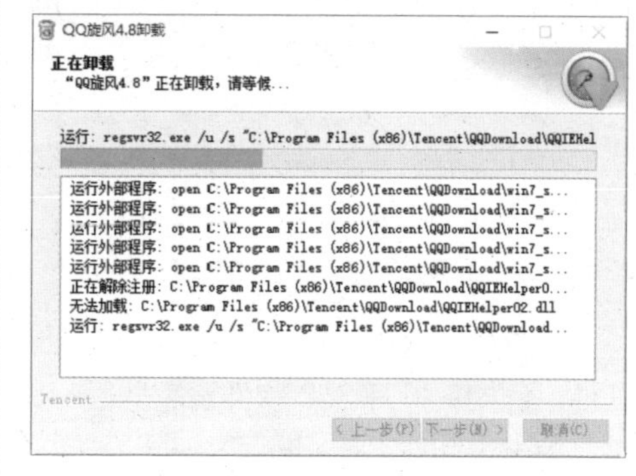

5 卸载完成

卸载完成后，单击【关闭】按钮。

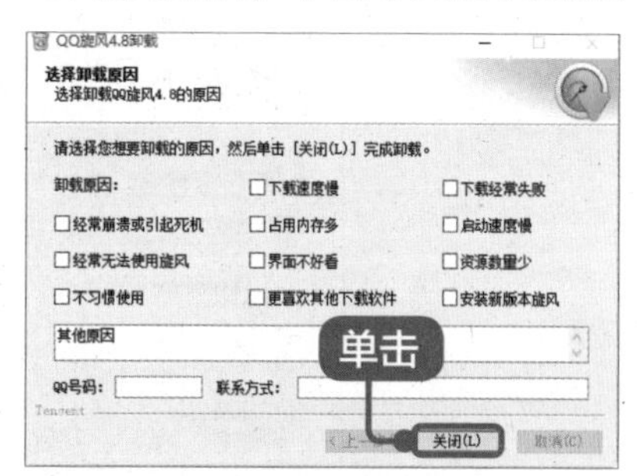

6 单击【确定】按钮

弹出提示框，提示软件已从电脑中移除，单击【确定】按钮，即可完成软件的卸载。

7.5.2 使用【设置】面板卸载程序

在 Windows 10 操作系统中，推出了【设置】面板，其中集成可控制面板的主要功能，用户也可以在【设置】面板中卸载软件。按【Win+i】组合键，打开【设置】界面，单击【系统】➢【应用和功能】选项，即可看到所有应用列表。选择要卸载的程序，单击程序下方的【卸载】按钮，根据提示卸载即可。

7.5.3 使用第三方软件卸载

用户还可以使用第三方软件，如 360 软件管家、QQ 电脑管家等来卸载不需要的软件。例如，打开 360 软件管家界面，单击【软件卸载】选项卡，选择需要卸载的软件，单击【卸载】按钮即可。

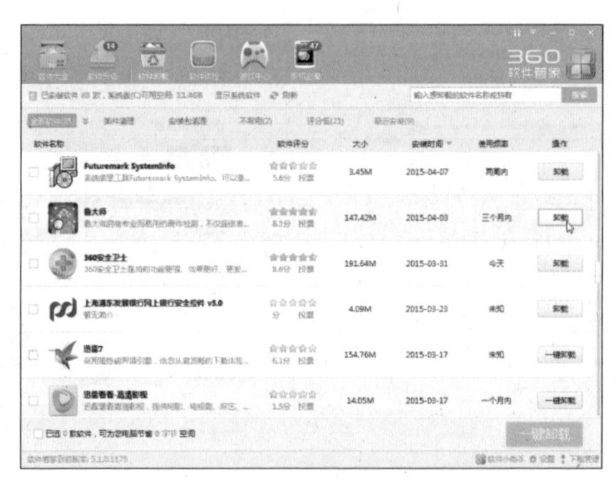

7.5.4 使用【设置】面板

在 Windows 10 操作系统中，推出了【设置】面板，其中集成可控制面板的主要功能，用户也可以在【设置】面板中卸载软件。

1 打开【设置】界面

按【Win+I】组合键，打开【设置】面板，单击【系统】选项。

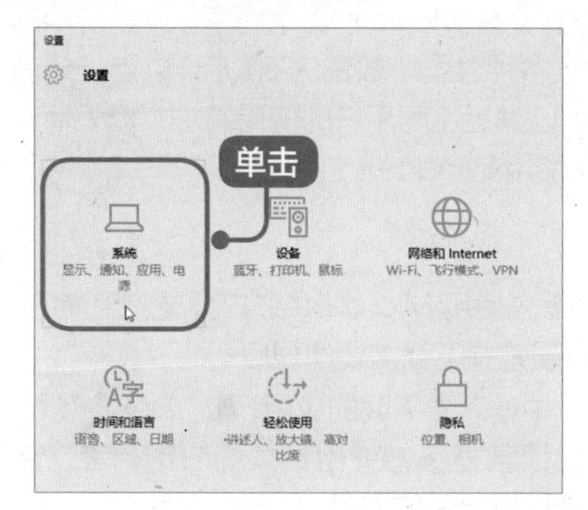

2 进入【系统】界面

进入【系统】界面，选择【应用和功能】选项，即可看到所有应用列表。

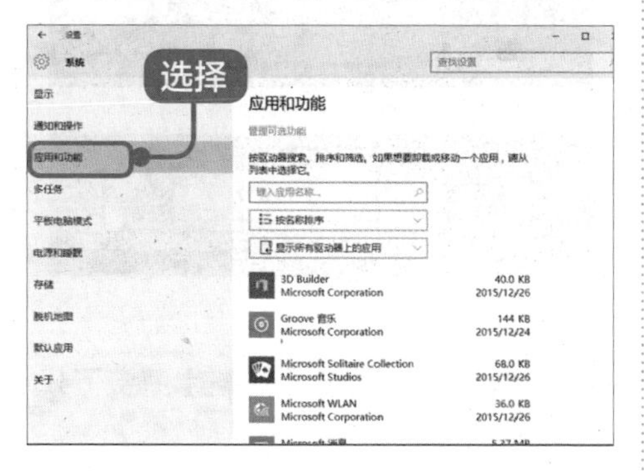

3 选择卸载程序

在应用列表中，选择要卸载的程序，单击程序下方的【卸载】按钮。

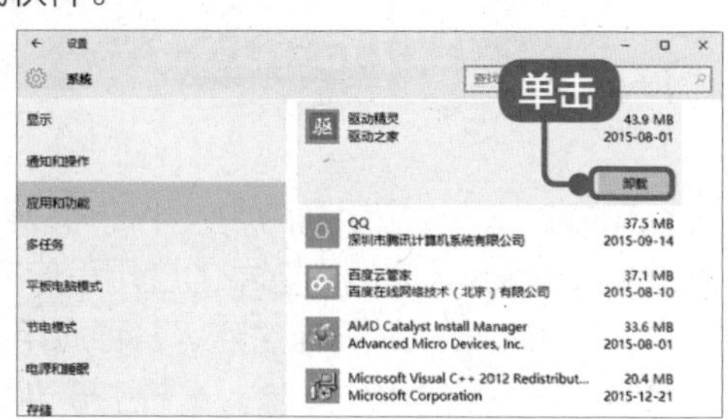

4 单击【卸载】按钮

在弹出的提示框中，单击【卸载】按钮。

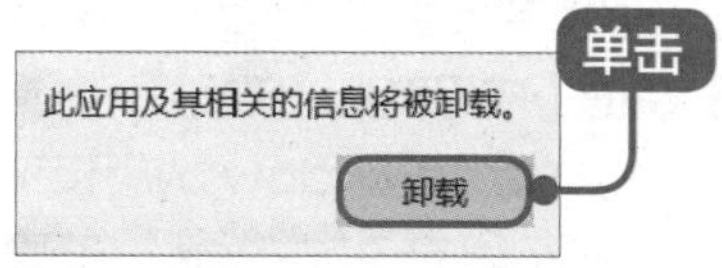

5 单击【是】按钮

弹出【用户账户控制】对话框，单击【是】按钮。

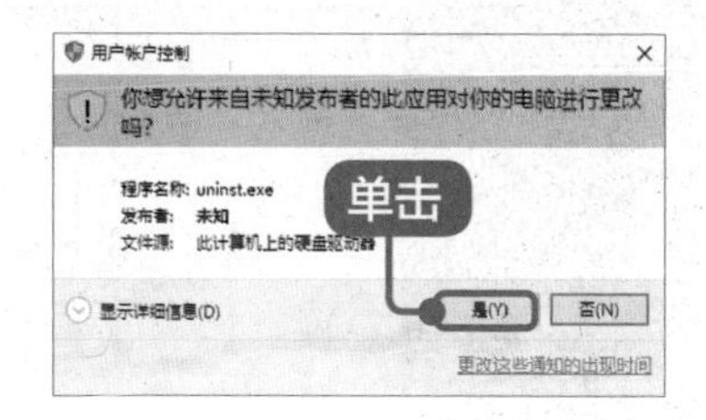

6 卸载软件

弹出软件卸载对话框，用户根据提示卸载软件即可。

7.6 实例 4——使用 Windows 应用商店

本节视频教学时间 / 7 分钟

在 Windows 应用商店中，用户可以获取并安装 Modern 应用程序。经过多年的发展，Windows 应用商店中的应用程序有 20 多种分类，数量达 60 万个以上，如商务办公、影音娱乐、日常生活等各种应用，可以满足不同用户的使用需求，极大地丰富了 Windows 的用户体验。本节主要讲如何使用 Windows 应用商店。

7.6.1 搜索并下载应用

在使用 Windows 应用商店之前，用户必需先使用 Microsoft 账户登录应用商店，并确保账号配置无问题后，才可进入应用商店搜索并下载需要的程序。

1 单击【应用商店】磁贴

初次使用 Windows 应用商店时，其启动图标固定在“开始”屏幕中，按【Windows】键，弹出“开始”菜单，单击【应用商店】磁贴。

2 单击【应用】选项

打开应用商店程序，在应用商店中包括主页、应用和游戏 3 个页面选项，系统默认打开【主页】页面，单击【应用】选项，显示热门应用和详细的应用类别；单击【游戏】选项，则显示热门的游戏应用和详细的游戏分类。在右侧的搜索框中输入要下载的应用，如“QQ 游戏”，在搜索框下方弹出相关的应用列表，从中选择合适的应用。

3 单击【免费下载】按钮

进入相关应用界面，单击【免费下载】按钮即可下载。

提示

付费的应用会显示程序的付费金额按钮。

4 单击【下一步】按钮

由于部分应用有年龄段分级限制，所以首次使用账号购买应用，会弹出如下对话框，要求填写出生日期，填写完成后单击【下一步】按钮。

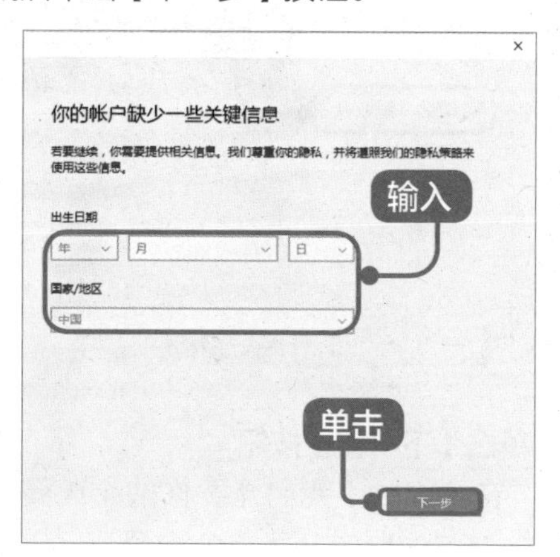

5 应用商店

应用商店即会自动下载该应用，并显示下载的进度。

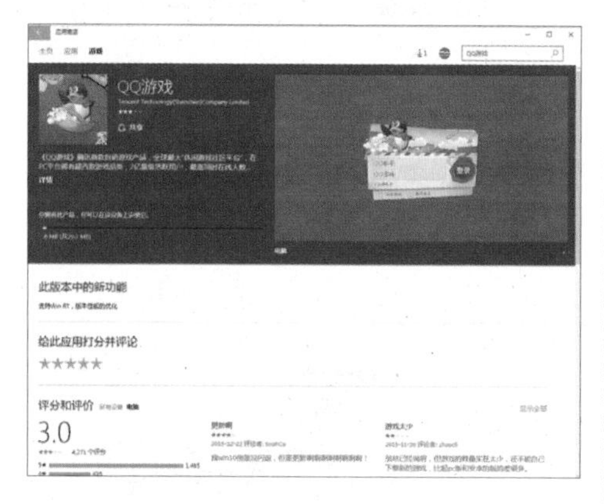

6 运行应用程序

下载完毕后即会显示【打开】按钮，单击该按钮即可运行该应用程序。

7 固定应用软件

下图即为该应用的主界面。用户可以在所有程序列表中找到下载的应用，还可以将其固定到“开始”屏幕，以方便使用。

8 多种下载方式

另外，微软公司也推出了基于 Web 的新版 Windows 通用商店，用户可以在浏览器中浏览并转向应用商店进行下载，这种下载方式也是极其方便的。

7.6.2 购买付费应用

在 Windows 应用商店中，有一部分应用是收费的，需要用户支付并购买，以人民币为结算单位，默认支付方式为支付宝，购买付费应用的具体步骤如下。

1 单击付费金额按钮

选择要下载的付费应用，单击付费金额按钮，如这里单击【￥12.50】按钮。

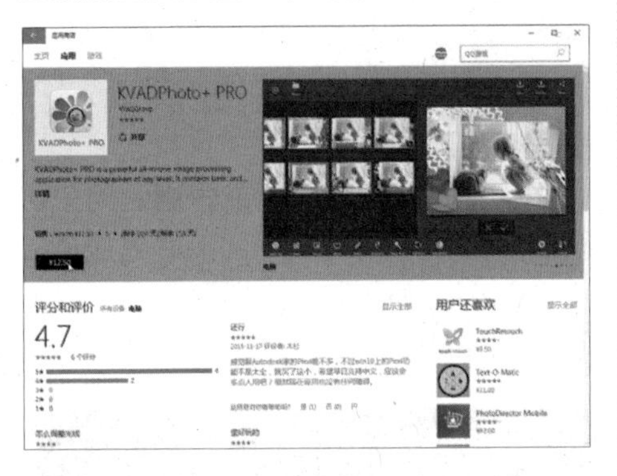

2 单击【登录】按钮

首次购买付费应用，会弹出【请重新输入应用商店的密码】对话框，在密码文本框中输入账号密码，单击【登录】按钮。

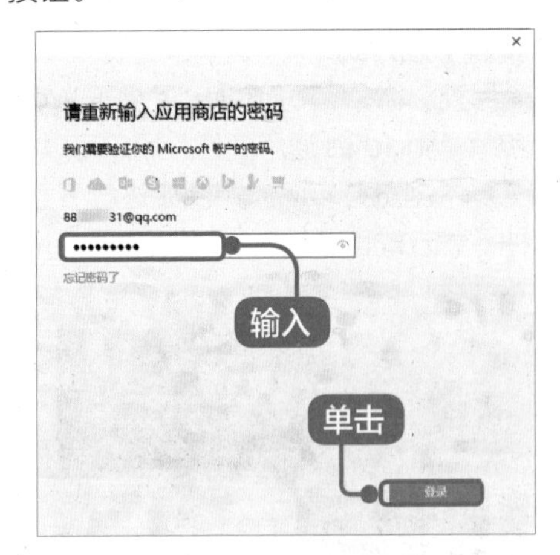

3 添加个人资料

弹出【购买应用】对话框，如下图所示。如果账号中没有个人资料地址，则需要补充，然后单击【添加个人资料地址】超链接。

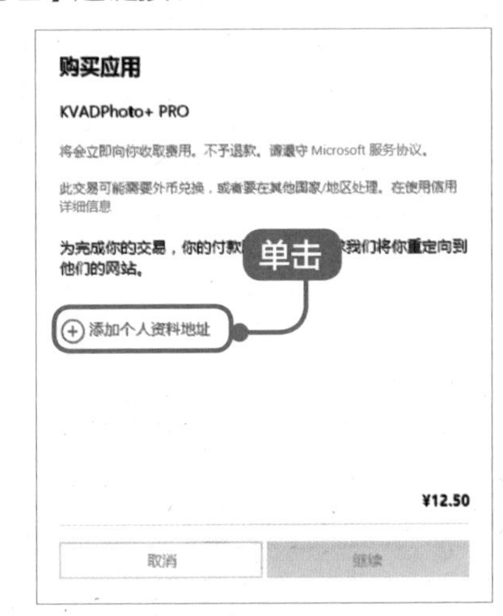

4 单击【下一步】按钮

在弹出的【我们需要你的个人资料地址】对话框中，完善个人资料，并单击【下一步】按钮。

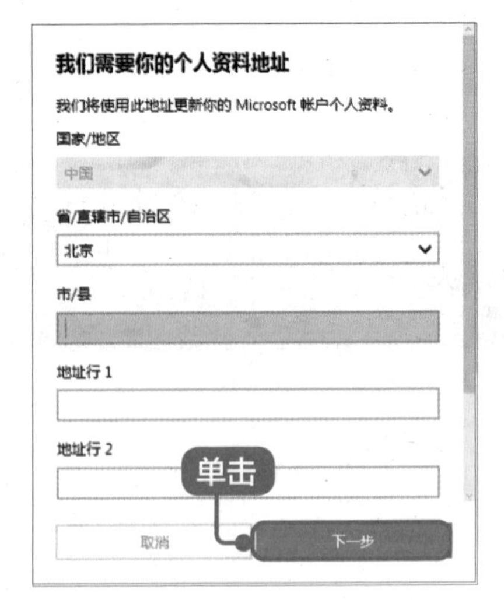

5 单击【保存】按钮

转向【检查你的信息】对话框，确认地址信息，然后单击【保存】按钮。

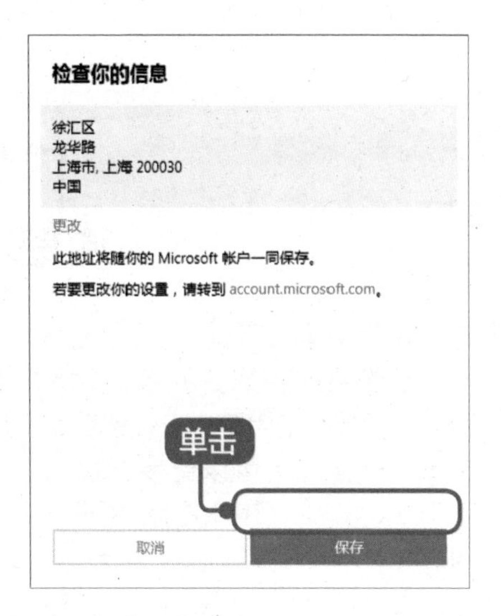

6 单击【继续】按钮

返回【购买应用】界面，默认支付方式为支付宝，如需更改支付方式，则单击【更改】超链接，添加新的付款方式。确定支付方式后，单击【继续】按钮。

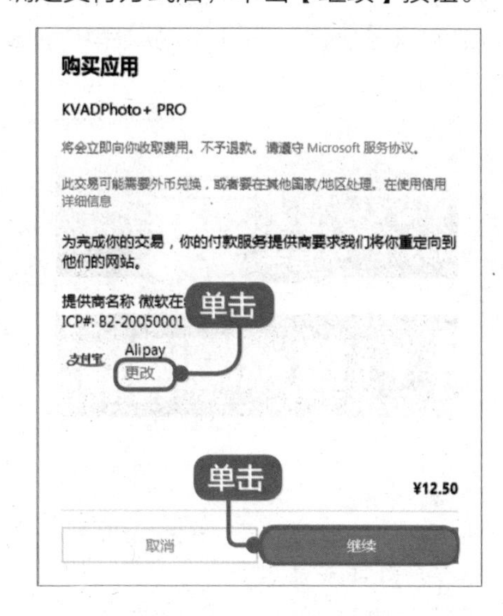

7 打开【支付宝】页面

打开【支付宝】页面，用户可以登录支付宝账户付款，也可以使用手机上的支付宝应用扫描二维码付款。

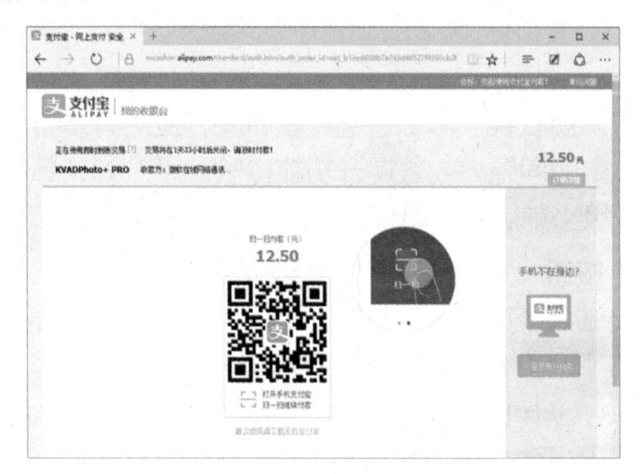

8 购买成功

支付成功后，返回应用商店即可看到提示购买成功的对话框，则转向程序下载。

7.6.3 查看已购买应用

不管是收费的应用程序还是免费的应用程序，在应用商中都可以查看使用当前 Microsoft 账号购买的所有应用，也包括 Windows 8 中购买的应用，具体的查看步骤如下。

1 单击【我的库】命令

打开 Windows 10 应用商店，单击顶部的账号头像，在弹出的菜单中单击【我的库】命令。

> **提示**
> 单击【已购买】命令，可转向浏览器查看购买的记录。

2 进入【我的库】界面

进入【我的库】界面，即可看到该账户购买的所有应用。

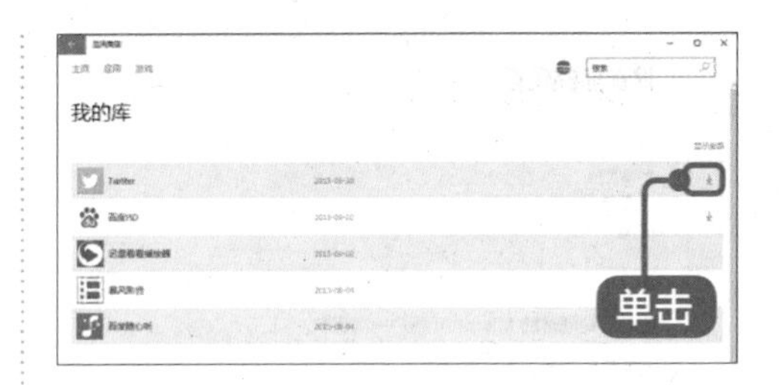

3 单击【下载】按钮

在已购买应用的右侧若有【下载】按钮，则表示当前电脑未安装该应用（单击【下载】按钮，可以直接下载，如下图所示），否则，表示电脑中已安装该应用。

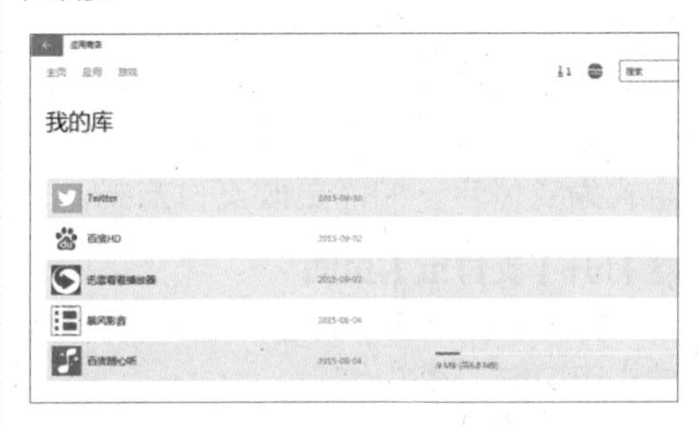

7.6.4 更新应用

Modern 应用和常规软件一样，每隔一段时间，应用开发者会对应用进行版本升级，以修补前期版本中的问题，或着提升功能体验。用户如果希望获得最新版本，可以通过查看更新来升级当前版本，具体的操作步骤如下。

1 单击【查找更新】按钮

在 Windows 10 应用商店中，单击顶部的账号头像，在弹出的菜单中单击【下载和更新】命令，即可进入【下载并更新】界面，在此界面中可以看到正在下载的应用队列和进度。如果要查找更新，单击【查找更新】按钮。

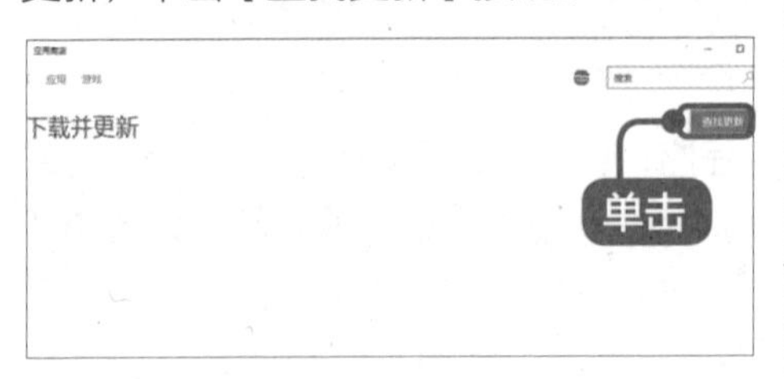

2 下载、更新应用

应用商店即会搜索并下载可更新的应用，如下图所示。

7.7 实例 5——硬件设备的管理

本节视频教学时间 / 9 分钟

硬件是软件运行的基础，本节主要讲述计算机中硬件的管理方法。

7.7.1 查看硬件的型号

查看硬件设置属性的方法主要有 3 种。最简单的方法，每个硬件的说明书上都有硬件型号，直接查看即可。此外，用户还可以在设备管理器中查看型号，具体的操作步骤如下。

1 打开【系统】对话框

按【Windows+Break】组合键，打开【系统】对话框，单击【设备管理器】超链接。

2 选择【属性】菜单命令

弹出【设备管理器】窗口，其中显示计算机的所有硬件配置信息，单击【显示适配器】选项，在弹出的型号上单击右键，在弹出的快捷菜单中选择【属性】菜单命令。

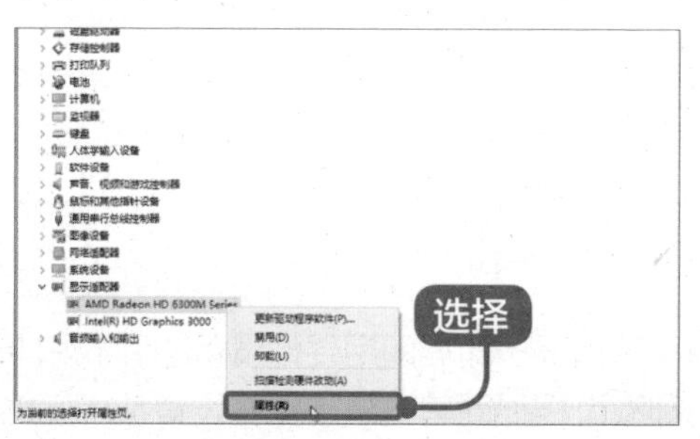

3 查看设备类型、制造商

弹出【AMD Radeon HD 6300M Series 属性】对话框，从中用户可以查看设备的类型、制造商等信息。

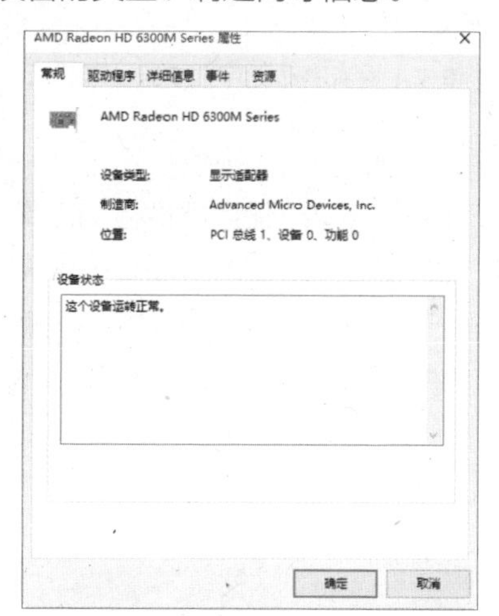

> **提示**
> 对话框的名称由电脑适配器的具体型号确定。不同的适配器型号，弹出的对话框名也不同。

4 选择【驱动程序】选项

选择【驱动程序】选项卡，可以查看驱动程序的提供商、日期、版本和数字签名等信息，单击【驱动程序详细信息】按钮。

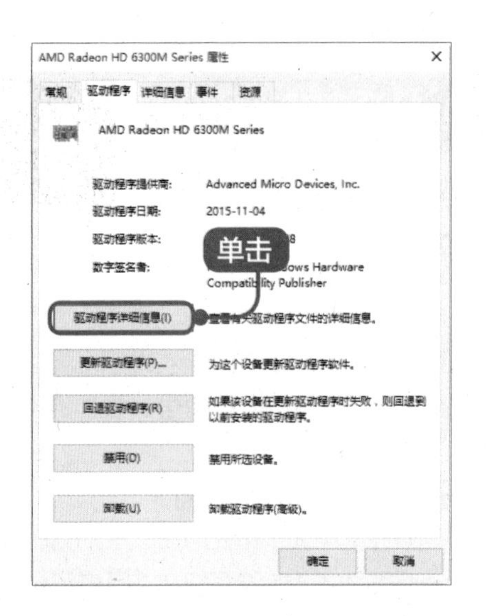

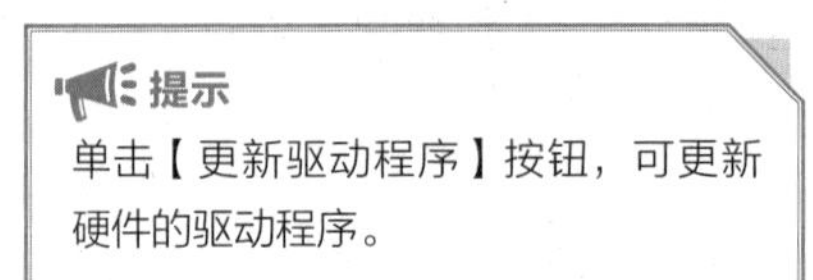

5 查看驱动程序信息

弹出【驱动程序文件详细信息】对话框，从中用户可以查看驱动程序的详细信息和安装路径。

此外，还可以使用硬件检测工具，如 360、鲁大师、腾讯电脑管家等检查当前设备的硬件信息。下图所示即为使用鲁大师检测出的当前硬件的信息。

7.7.2 更新和卸载硬件的驱动程序

根据硬件对象的不同，硬件的卸载分为两种情况：即插即用硬件设备的卸载和非即插即用硬件设备的卸载。即插即用设备的卸载过程很简单，只需要将设备从电脑的

USB 接口或 PS/2 接口中拔掉即可。下面以卸载 U 盘为例，介绍卸载即插即用设备的方法。

1 单击识别图标

单击状态栏通知区域中识别的图标，在弹出的列表中选择【弹出 DataTraveler 3.0】选项。

2 安全移除硬件

即会弹出【安全地移除硬件】通知框，此时 U 盘已经成功移除，然后将 U 盘从 USB 口中拔出即可。

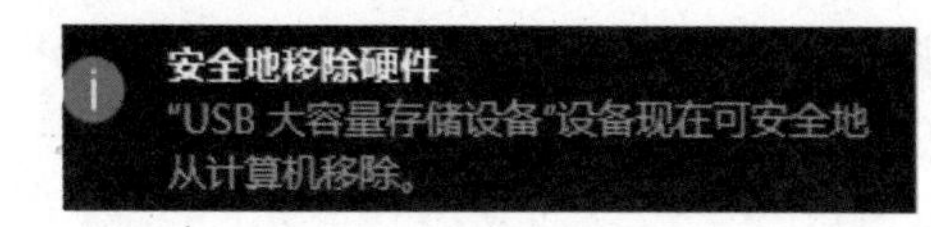

提示

如果用户不执行上述操作而直接将 U 盘从 USB 接口中拔出，很可能造成数据的丢失，严重时会损坏 U 盘。

非即插即用硬件设备的卸载比较复杂，首先需要先卸载驱动程序，然后将硬件从电脑的接口移除。卸载驱动程序可以在设备管理器中进行，也可以使用驱动管理软件进行卸载和更新，如鲁大师、驱动人生、驱动精灵等。

1. 通过设备管理器卸载驱动

通过设备管理器可以升级或更新驱动。反之，通过设备管理器也可以卸载驱动程序。这里以卸载打印机驱动程序为例，介绍通过设备管理器卸载驱动的具体操作步骤。

1 单击【卸载】命令

打开【设备管理器】窗口，单击【打印队列】选项，展开设备信息列表，选择需要卸载的驱动程序并单击右键，在弹出的快捷菜单中单击【卸载】菜单命令。

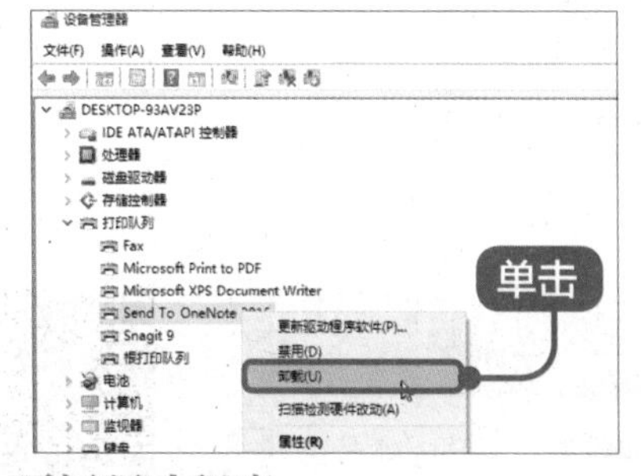

2 开始卸载设备

弹出【确认设备卸载】对话框，单击【确定】按钮，即可开始卸载设备。

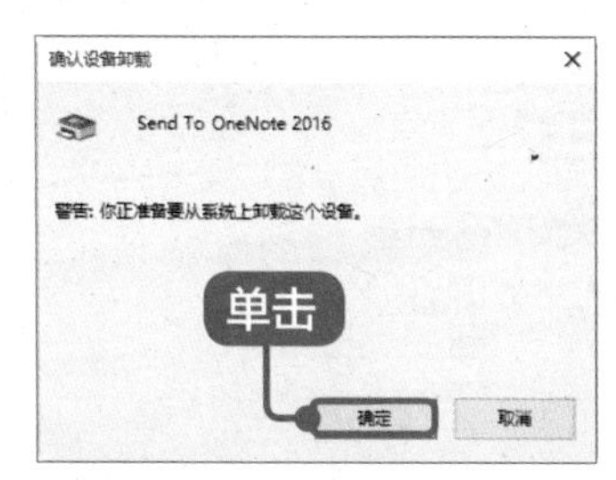

卸载完成后，设备管理器中将不显示已卸载的驱动程序。

2. 更新驱动程序

更新驱动程序不仅可以解决硬件的兼容问题，而且还可以增加硬件的功能。一般较为方便的更新方法是使用驱动管理软件进行更新，下面以更新驱动精灵程序为例进行讲解，其具体的操作步骤如下。

1 单击【一键安装】按钮

下载并安装驱动精灵程序，进入程序界面后，单击【驱动程序】选项，程序会自动检查驱动程序并显示需要安装或更新的驱动，勾选要安装的驱动，单击【一键安装】按钮。

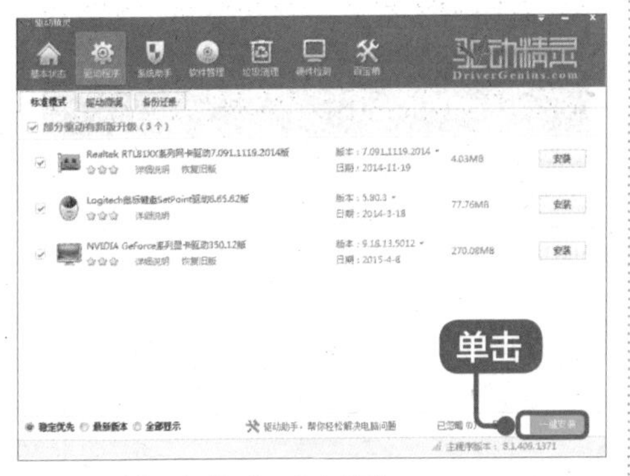

2 安装完毕

系统会自动进入“下载与安装”界面，待安装完毕后，会提示“本机驱动均已安装完成”，驱动安装后关闭软件界面即可。

7.7.3 禁用或启动硬件

用户可以根据需要禁用或者启动硬件。打开【设备管理器】窗口后，在需要禁用的硬件上右键单击，在弹出的快捷菜单中选择【禁用】命令，则可以禁用该硬件。在已禁用的硬件上右键单击，在弹出的快捷菜单中选择【启用】命令，则可以启用该硬件。

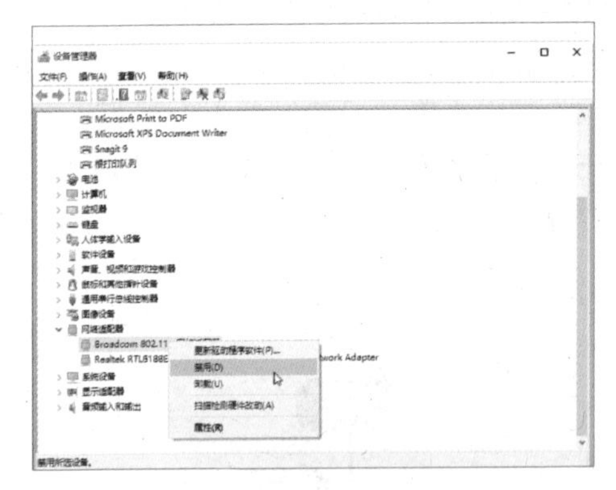

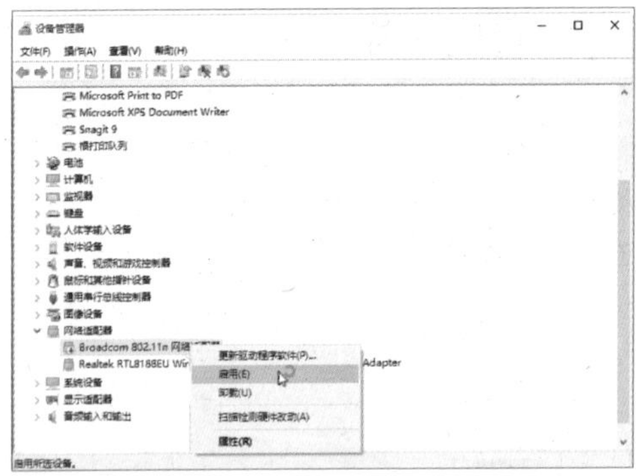

7.8 实例 6——设置默认打开程序

本节视频教学时间 / 4 分钟

一个应用可能有多种打开方式，有时希望使用默认的应用来打开特定的文件，就可以设置其为默认打开程序，具体有以下 3 种方法供用户使用。

1. 通过默认程序窗口进行设置

通过默认程序窗口，设置默认打开程序的具体操作步骤如下。

1 选择【默认程序】命令

单击【开始】按钮，在弹出的【开始】界面中选择【所有应用】➤【Windows 系统】➤【默认程序】命令。

2 设置默认程序

弹出【默认程序】对话框，单击【设置默认程序】选项。

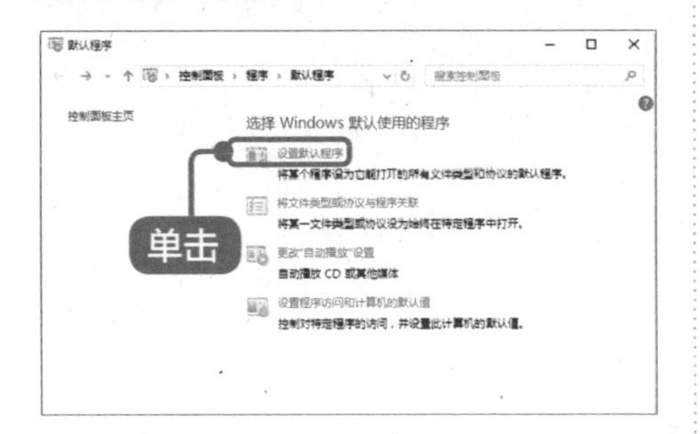

3 查看已安装程序

打开【设置默认程序】对话框，在左侧的列表中可以看到已经安装的程序。

4 将此程序设置为默认值

如果要把 360 安全浏览器设置为默认浏览器，在【程序】列表框中选择【360 安全浏览器】选项，并在右侧单击【将此程序设置为默认值】即可。

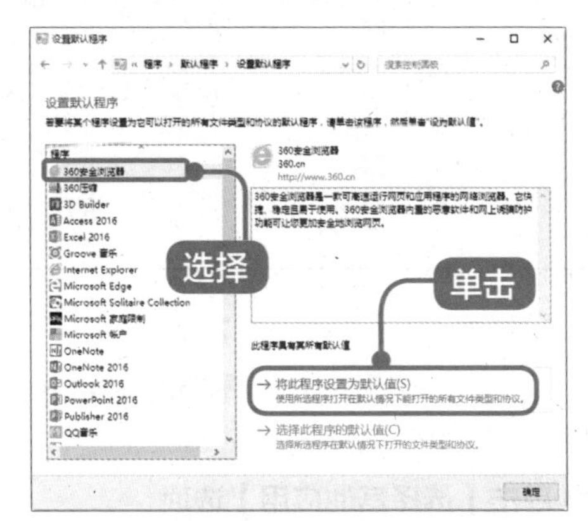

2. 通过【设置】面板进行设置

【设置】面板是 Windows 10 新增的设置功能面板，包含了系统的主要设置，在该面板中同样可以设置默认应用，具体的操作步骤如下。

1 打开【设置】面板

按【Windows+I】组合键，打开【设置】面板，单击【系统】图标选项。

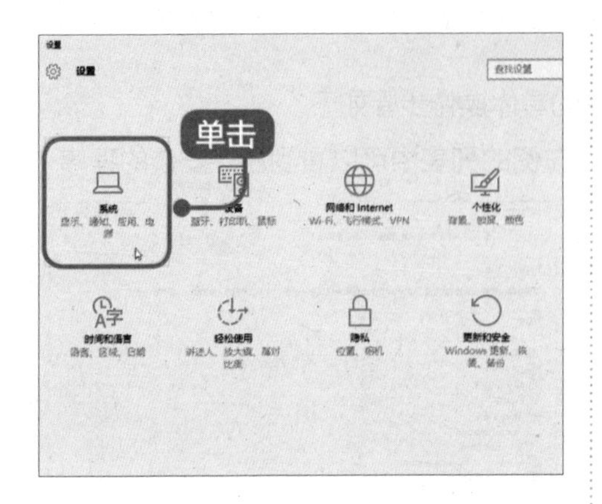

2 查看应用

单击【系统】界面左侧的【默认应用】选项，即可看到电子邮件、地图、音乐播放器、视频播放器等默认打开的应用，如下图所示。

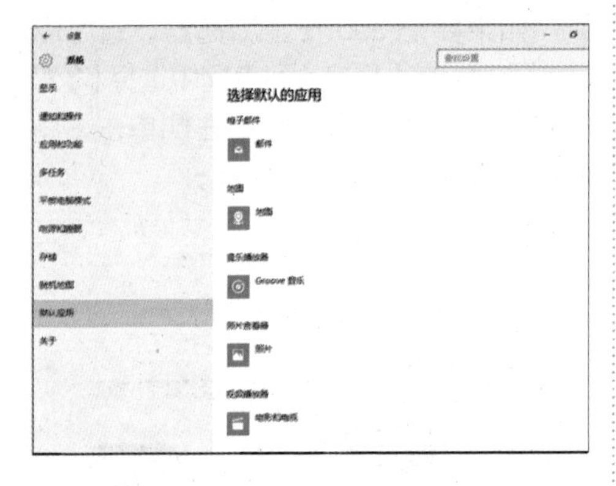

3 设置打开程序

在要改变默认打开应用的图标上单击，弹出【选择应用】列表，选择要使用的应用程序，即可进行更改，如这里将音乐播放器的打开程序设置为“QQMusic”。

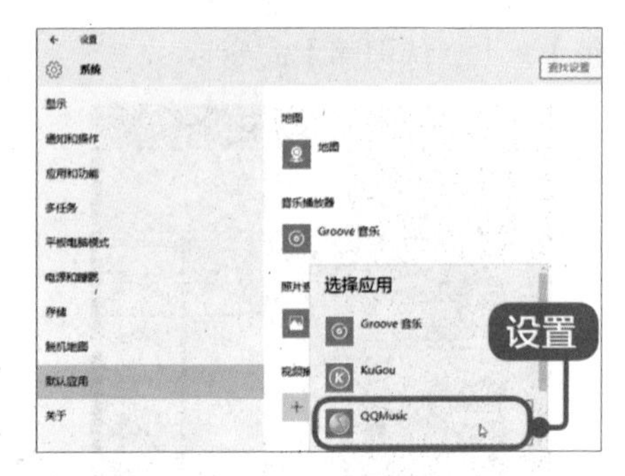

4 图标改变

在对应的文件中，如歌曲类型的文件，则变为QQ音乐的图标，如下图所示。

3. 通过打开方式进行设置

除了提前设置好外，还可以在打开该文件时，对默认打开程序进行设置，具体的操作步骤如下。

1 单击【选择其他应用】选项

把鼠标指针放在要打开的文件上，右键单击，在弹出的快捷菜单中单击【打开方式】选项，在弹出的【打开方式】快捷菜单中单击【选择其他应用】选项。

2 快速设置默认应用

弹出【你要如何打开这个文件？】对话框，勾选【始终使用此应用打开 .PNG 文件】复选框，单击【确定】按钮，即可快速设置默认应用。

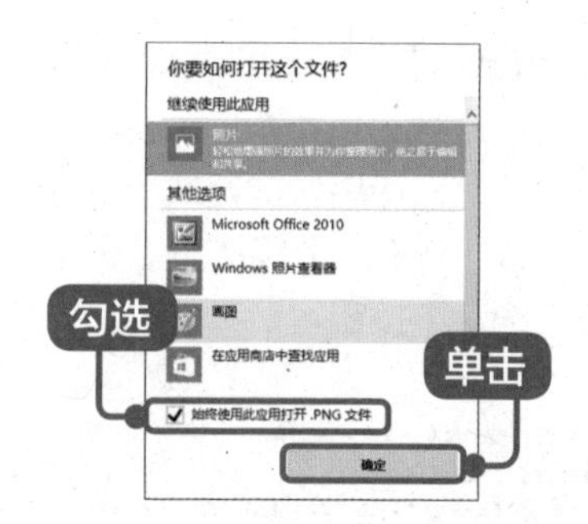

高手私房菜

技巧 1 ● 安装更多字体

除了 Windows 10 系统中自带的字体外，用户还可以自行安装字体。字体安装的方法主要有 3 种。

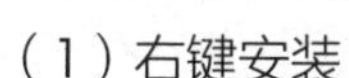

（1）右键安装

选择要安装的字体，单击鼠标右键，在弹出的快捷菜单中选择【安装】选项，即可进行安装，如下图所示。

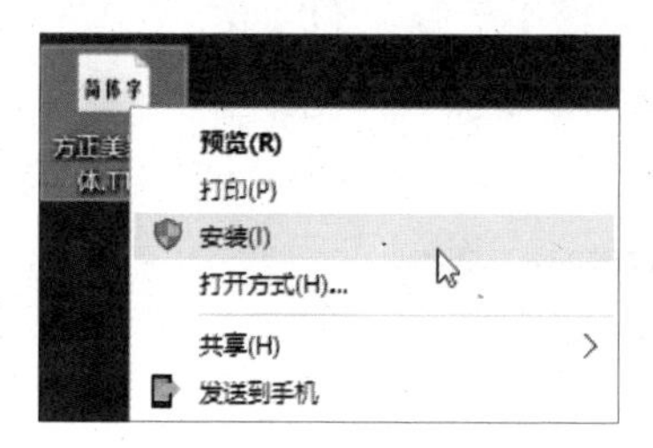

（2）复制字体到系统字体文件夹中

复制要安装的字体，打开【此电脑】窗口，在地址栏中输入“C:/WINDOWS/Fonts”，按【Enter】键，进入 Windows 字体文件夹，将要安装的字体粘贴到该文件夹中即可，如右图所示。

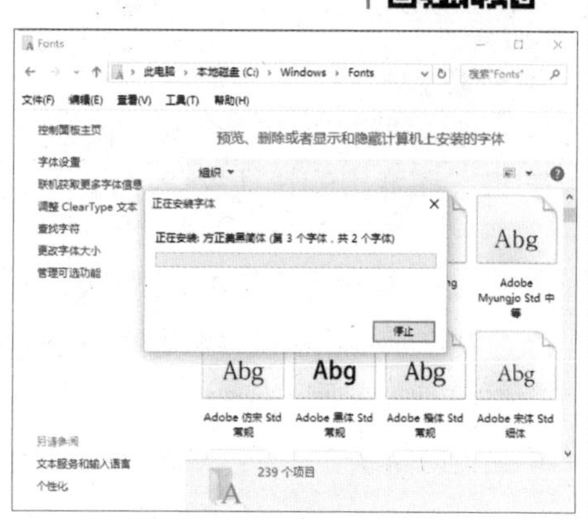

（3）右键作为快捷方式安装

1 单击【字体设置】链接

打开【此电脑】窗口，在地址栏中输入“C:/WINDOWS/Fonts”，按【Enter】键，进入 Windows 字体文件夹，单击左侧的【字体设置】链接。

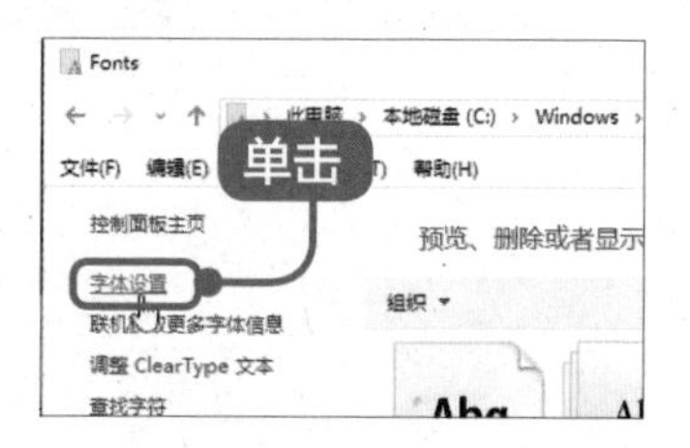

2 单击【确定】按钮

在打开的【字体设置】窗口中，勾选【允许使用快捷方式安装字体（高级）（A）】复选框，然后单击【确定】按钮。

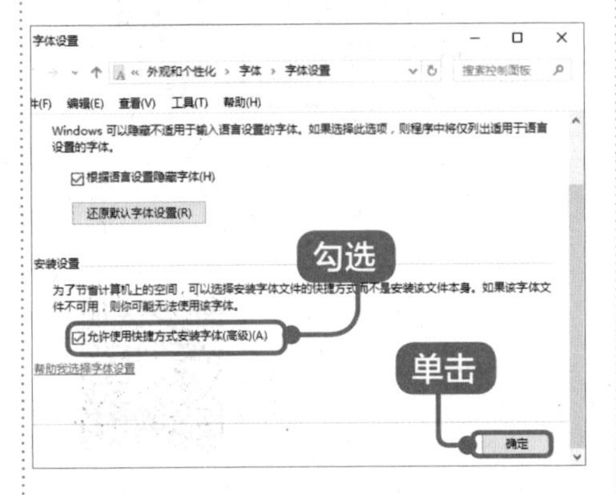

3 安装字体

选择要安装的字体，单击鼠标右键，在弹出的快捷菜单中选择【作为快捷方式安装】菜单命令，即可安装该字体。

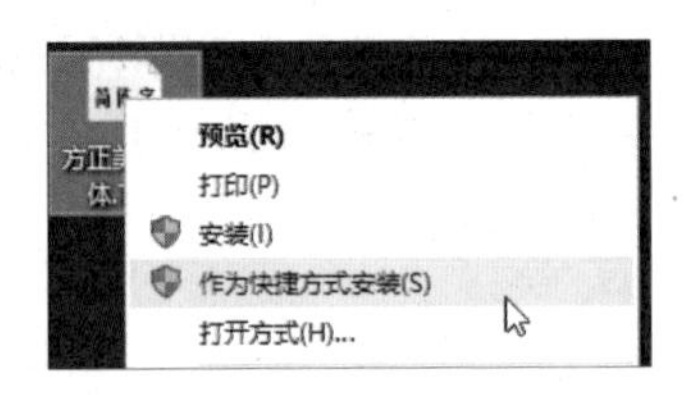

> **提示**
>
> 第 1 种和第 2 种方法是将字体直接安装到 Windows 字体文件夹中，这样会占用系统内存，并影响开机速度，建议如果是少量的字体安装，可使用这两种方法。而使用快捷方式安装的字体，只是将字体的快捷方式保存到 Windows 字体文件夹中，这样可以达到节省系统空间的目的，但是不能删除安装字体或改变位置，否则无法使用。

技巧 2 • 解决安装输入法软件时提示“扩展属性不一致”的问题

在 Windows 10 中安装输入法软件时，偶尔会提示“扩展属性不一致”，其解决方法如下。

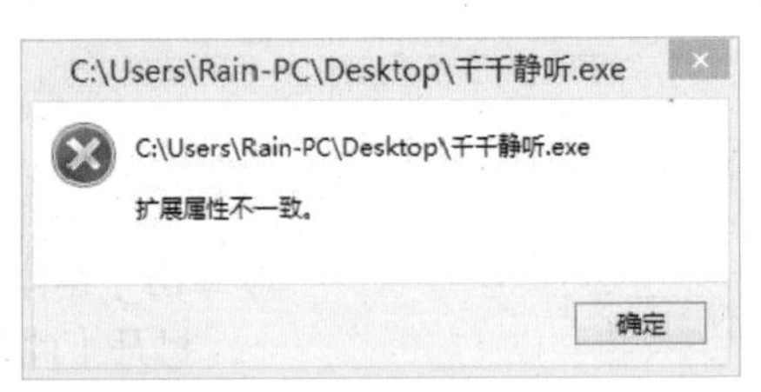

（1）出现提示“扩展属性不一致”信息的原因，一是输入法不是微软的输入法，二是使用了搜狗输入法或其他第三方输入法，这时只要按【Win】键＋空格键切换回系统默认的输入法就可以了。

（2）安装后可以把第三方输入法软件更新到最新版本，就可以解决兼容问题了。

第 8 章

多媒体娱乐

本章视频教学时间 / 24 分钟

重点导读

Windows 10 操作系统中提供了功能强大的多媒体娱乐功能，使用此功能，用户可以浏览图片、听音乐、看电影、玩游戏等。本章主要介绍如何使用 Windows 10 中的多媒体娱乐功能。

学习效果图

8.1 实例 1——浏览和编辑图片

本节视频教学时间 / 5 分钟

Windows 系统自带的看图工具可以很方便地进行图片的查看与管理，除此之外，还可以使用美图秀秀和 Photoshop 等软件美化处理图片。本节以“照片”应用为例，介绍如何浏览和编辑图片。

8.1.1 查看图片

在 Windows 10 操作系统中，默认的看图工具是“照片”应用，其使用方法如下。

1 双击图片

在 Windows 10 操作系统中，双击图片文件即可打开图片

2 切换图片

单击【照片】应用窗口中的【下一张】按钮，可查看下一张图片；单击【上一张】按钮，可查看上一张图片。

提示

按住【Alt】键的同时，向上或向下滚动鼠标滑轮，可以向上或向下切换图片。

3 放映幻灯片

单击【照片】应用窗口中的【放映幻灯片】按钮或按【F5】键，可以以幻灯片的形式查看图片。图片上无任何按钮，且自动切换并播放该文件夹内的所有图片。

4 放大或缩小图片

单击【Esc】键可以结束幻灯片的放映，回到【照片】应用窗口，单击图片界面右下角的【放大】按钮，可以放大显示照片，每单击一次可放大一次，单击【缩小】按钮，可以将放大的图片缩小；也可单击【适应窗口】按钮，将图片恢复为适应窗口的大小。

> **提示**
> 按住【Ctrl】键的同时，向上或向下滚动鼠标滑轮，可以放大或缩小图片；双击鼠标左键，也可以放大或缩小图片。按【Ctrl+1】组合键，以实际大小显示图片；按【Ctrl+0】组合键，以适应窗口大小显示图片。

8.1.2 旋转图片

图像的旋转就是对图像进行旋转操作，以纠正图片中主体颠倒的问题，具体的操作步骤如下。

1 旋转图片

打开要编辑的图片，单击【照片】应用窗口顶端的【旋转】按钮或按【Ctrl+R】组合键。

2 再次旋转

图片即会向右逆时针旋转 90°，再次单击则再次旋转 90°，直至旋转为合适的方向即可，如下图所示。

8.1.3 裁剪图片

在编辑图片时，为了突出图片主体，可以将多余的图片留白进行裁剪。裁剪图片的具体步骤如下。

1 单击【编辑】按钮

打开要编辑的图片，单击【照片】应用窗口顶端的【编辑】按钮或按【Ctrl+E】组合键。

2 单击【裁剪】按钮

进入编辑界面，单击【基本修复】按钮，在弹出的子菜单中单击【裁剪】按钮。

3 创建裁剪区域

图像中自动创建裁剪区域，将鼠标指针移至定界框的控制点上，单击并拖动鼠标指针调整定界框的大小。

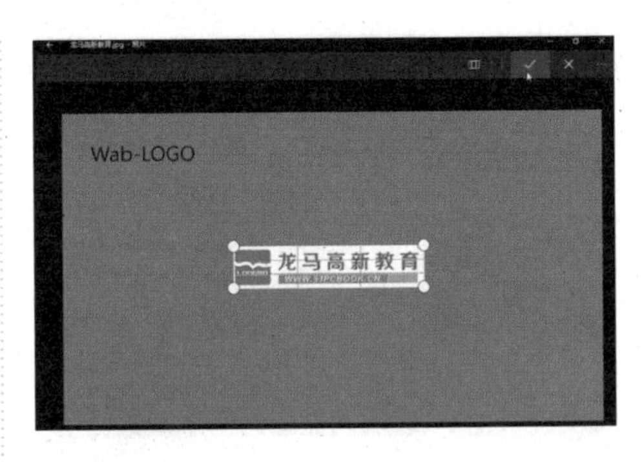

4 完成裁剪

确定裁剪区域后，单击【应用】按钮，即可完成裁剪。单击【保存】按钮或【保存副本】按钮即可保存图片。

8.1.4 使用滤镜

滤镜主要用来实现图像的各种特殊效果，在图片编辑中是一个较为常用的方式，如减少图像杂色，提高清晰度等。在【照片】应用中，有 6 个滤镜可供用户选择，使用方法如下。

1 滤镜效果预览

打开要编辑的图片，进入编辑界面，单击【滤镜】按钮，右侧即会显示 6 种滤镜效果预览图，单击即可应用并查看该效果。

2 以黑白效果显示

如选择第 6 种滤镜，即可以黑白效果显示，如下图所示。

8.1.5 修改图片光线

通过修改图片光线，可以调整图片的色彩显示效果，具体的操作步骤如下。

1 进入编辑界面

打开要编辑的图片，进入编辑界面，单击【光线】按钮，其右侧弹出亮度、对比图、突出显示和阴影 4 个按钮，如下图所示。

2 调整图片亮度值

单击【亮度】按钮，然后滚动鼠标滑轮或拖动白色圆球旋转，可调整图片的亮度值。

同样，根据图片显示效果，确定是否调整对比度、突出显示和阴影，左侧可同步显示其调整效果。

调整完毕后，单击【比较】按钮，按住鼠标左键不动是没编辑前的原图片效果，松开之后可看到编辑后的图片效果，连续单击鼠标可查看图片编辑前和编辑后的效果区别。

8.2 实例 2——听音乐

Windows 10 操作系统给用户带来了更好的音乐体验，本节主要介绍 Groove 音乐播放器的设置与使用方法。

8.2.1 Groove 音乐播放器的设置与使用

Groove 音乐播放器是 Windows 10 操作系统中自带的一个音乐播放器，其简单干净的界面，继承了 Windows Media Player 的优点，但对于初次接触的用户，多少会有些陌生，本节就介绍如何使用 Groove 音乐播放器。

1. 播放选取的歌曲

如果电脑中没有安装其他音乐播放器，则默认 Groove 音乐播放器为打开软件，双击歌曲文件即可播放。如果选取多首歌曲，则需右键单击歌曲文件，在弹出的快捷菜单中，单击【打开】命令进行播放。

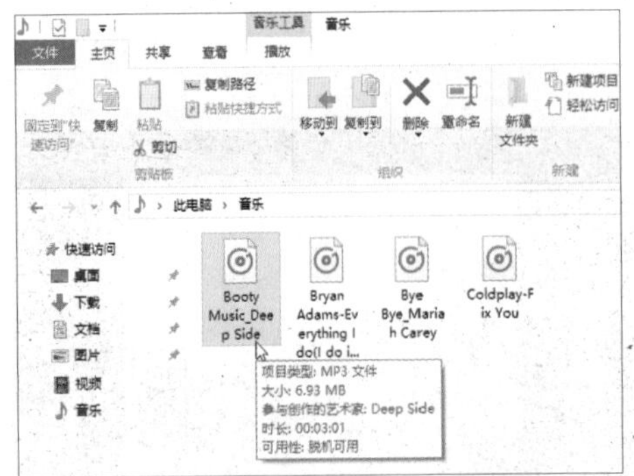

如果电脑中安装多个音乐播放器，若想使用 Groove 音乐播放器，则可以右键单击歌曲文件，在弹出的快捷菜单中，单击【打开方式】➢【Groove 音乐】菜单命令，即可播放所选的歌曲。

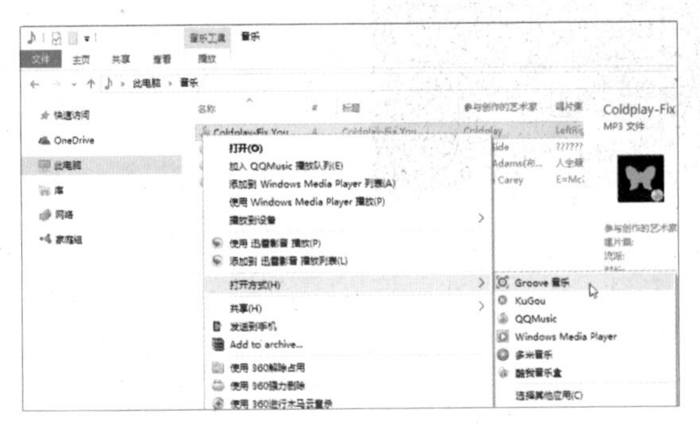

2. 在 Groove 音乐播放器中添加歌曲

用户可以在 Groove 音乐播放器中添加包含歌曲的文件夹，以便播放器可以快速识别并将歌曲添加到应用中，具体的操作步骤如下。

1 新建文件夹

新建文件夹，将歌曲文件放在文件夹下，如下图所示。

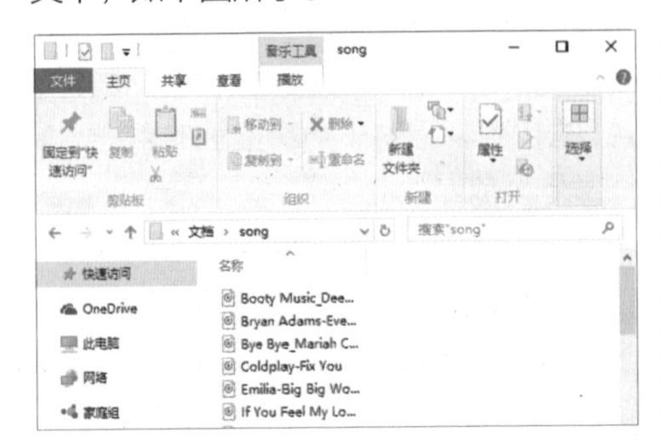

2 单击【Groove 音乐】磁贴

按【Windows】键，在弹出的“开始”界面中，单击【Groove 音乐】磁贴。

3 打开 Groove 音乐播放器

打开 Groove 音乐播放器，单击【专辑】页面下的【选择查找音乐的位置】选项。

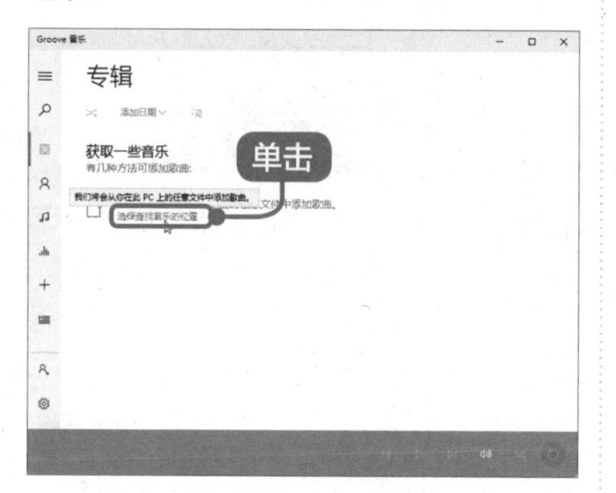

提示

如果专辑页面无【选择查找音乐的位置】选项，可以单击【设置】按钮⚙，在打开的【设置】页面中进行选择。

4 添加文件夹

在弹出的【从你的本地音乐文件里创建你的收藏】对话框中，单击【添加文件夹】按钮。

5 选择文件夹

在弹出的【选择文件夹】对话框中，选择电脑中的歌曲文件夹，然后单击【将此文件夹添加到音乐】按钮。

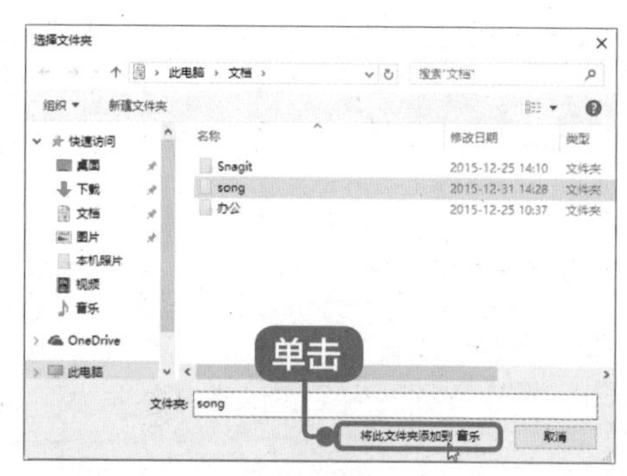

6 单击【完成】按钮

返回【从你的本地音乐文件里创建你的收藏】对话框，单击【完成】按钮。

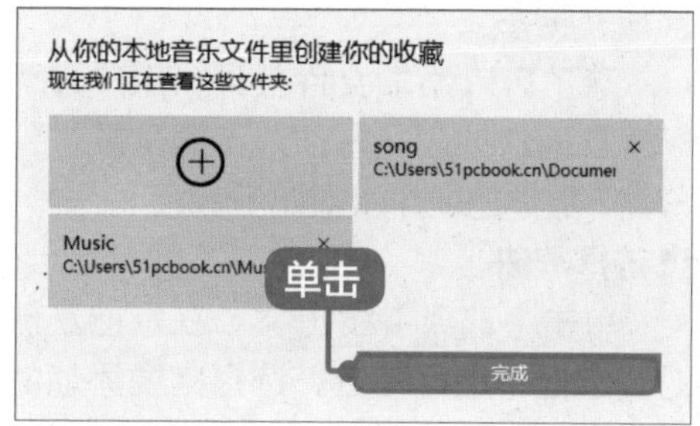

7 添加音乐文件

播放器即会扫描并添加音乐文件，如下图所示。

8 播放所有歌曲

单击左侧菜单区域中的按钮，可以以专辑、歌手、歌曲等分类显示添加的歌曲，如下图即为以“歌曲”列表显示的效果。单击【全部随机播放】按钮即可播放所有歌曲。

3. 建立播放列表

除了可以添加文件夹外，用户还可以建立播放列表，方便对不同歌曲进行分类，具体的操作步骤如下。

1 选择歌曲

单击【选择】按钮 ，在歌曲左侧的复选框中进行勾选，选择完要添加的歌曲后，单击【添加到】按钮。

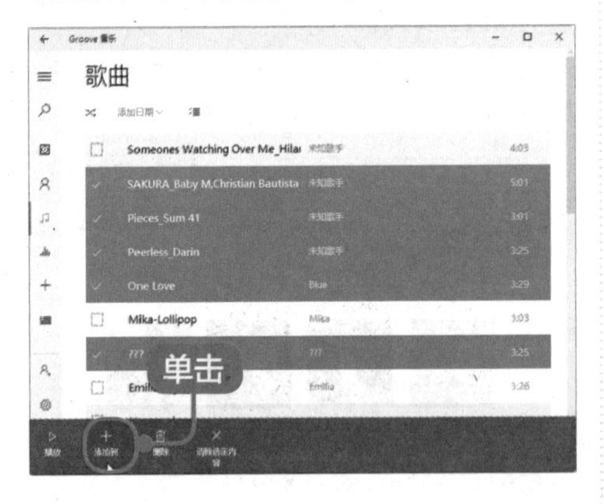

2 选择【新的播放列表】命令

在弹出的快捷菜单中，选择【新的播放列表】命令。

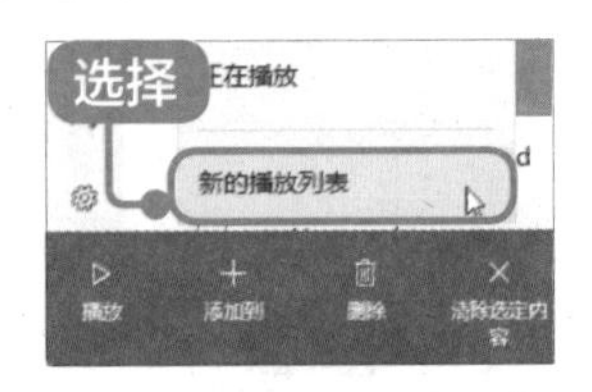

3 输入名称

弹出【命名此播放列表】对话框，在文本框中输入播放列表名称，单击【保存】按钮。

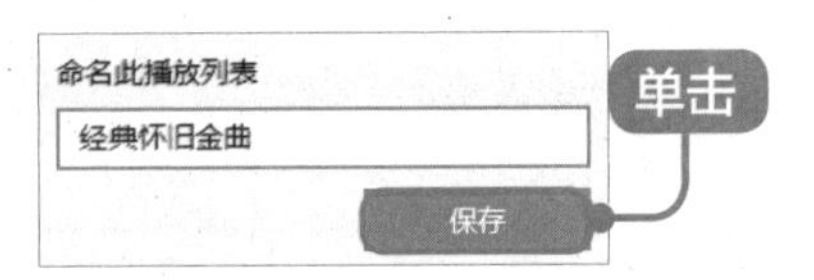

4 显示播放列表

单击【显示菜单】按钮，即可看到创建的播放列表名称，单击该名称，即可显示该播放列表页面，单击【播放】按钮，即可播放音乐。

8.2.2 在线听歌

除了收听电脑上的音频文件，还可以直接在线收听网上的音乐。用户可以直接在搜索引擎中查找并播放想听的音乐，也可以使用音乐播放软件在线听歌，如酷我音乐盒、酷狗音乐、QQ 音乐、多米音乐等。下面以酷我音乐盒为例，介绍如何在线听歌。

1 启动软件

下载并安装“酷我音乐盒”软件，安装完成后启动软件，进入酷我音乐盒的播放主界面。

2 选择【排行】菜单

在“酷我音乐盒”界面左侧，可选择【推荐】、【电台】、【MV】、【分类】、【歌手】、【排行】、【我的电台】等菜单。这里选择【排行】菜单。

3 同步显示歌词

选择要播放的音乐，如这里打开【酷我热歌榜】音乐列表，单击歌曲后面的【播放歌曲】按钮 即可播放，单击【打开歌词 /MV】按钮，即可同步显示歌词。

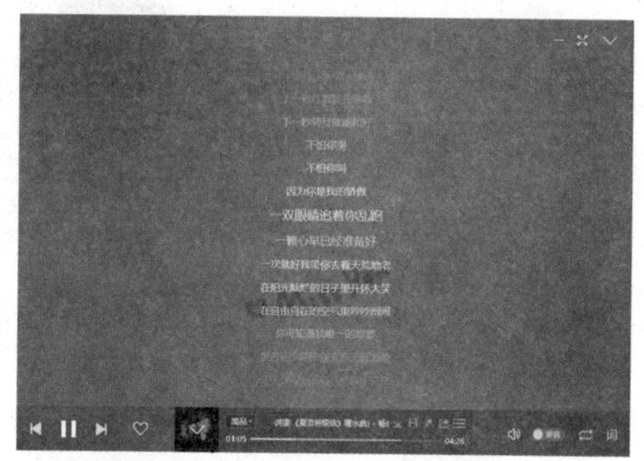

4 观看歌曲 MV

单击左侧的【观看 MV】按钮，可观看歌曲的 MV。

8.2.3 下载音乐

下载音乐主要可以在网站和音乐客户端下载，而在客户端下载更为方便和快捷，下面以搜狗音乐软件为例，讲述如何下载音乐。

1 启动软件

下载并安装搜狗音乐软件，启动该软件，进入软件主界面。在顶部搜索框中输入要下载的歌曲，按【Enter】键进行搜索，然后在搜索到的相关歌曲中，选择要下载的歌曲，单击该歌曲对应的【下载】按钮。如果要下载多首歌曲，可勾选歌曲名前面的复选框，单击【下载】按钮 下载 ，进行批量下载。

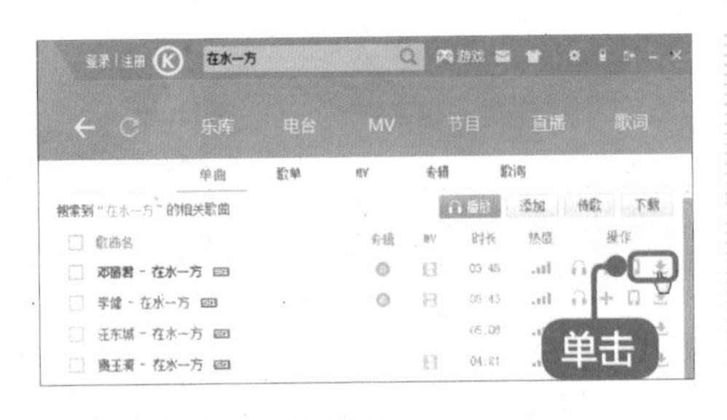

2 选择音质下载地址

弹出【下载窗口】对话框，选择歌曲的音质并设置下载地址。

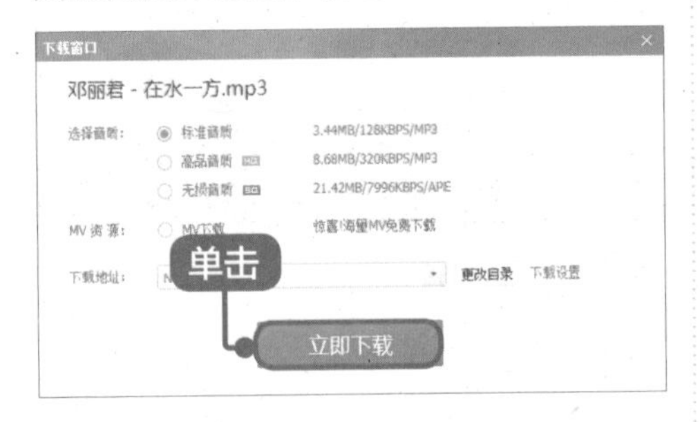

3 显示下载进度

单击【立即下载】按钮，即可下载该歌曲，在左侧【我的下载】列表中显示下载的进度。

4 下载完毕

下载完毕后，单击【已下载】选项，即可看到下载的歌曲。单击歌曲名既可以播放，也可以将其传到手机或添加到播放列表中。

8.3 实例 3——看电影

本节视频教学时间 / 4 分钟

随着电脑及网络的普及，越来越多的人开始在电脑上观看电影视频，本节主要讲述如何在电脑中看视频、在线看电影、下载电影等。

8.3.1 使用【电影和电视】应用

【电影和电视】应用是 Windows 10 中默认的视频播放应用，其以简洁的界面、简单的操作，给用户带来了不错的体验。

【电影和电视】应用和 Groove 音乐播放器的使用方法相似，下面简单介绍如下。

1 单击【电影和电视】磁贴

按【Windows】键，在弹出的“开始”界面中，单击【电影和电视】磁贴。

2 打开应用

打开电影和电视应用的主界面，如下图所示。如果要添加视频，可单击【更改查找位置】选项。

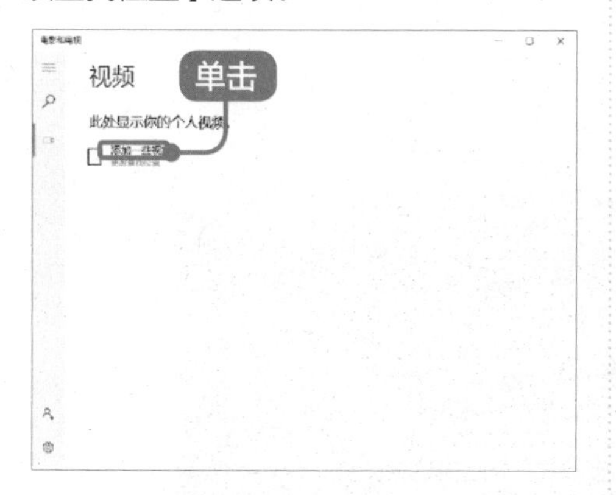

3 添加文件夹

在弹出的界面中，添加视频所在的文件夹，单击【完成】按钮。

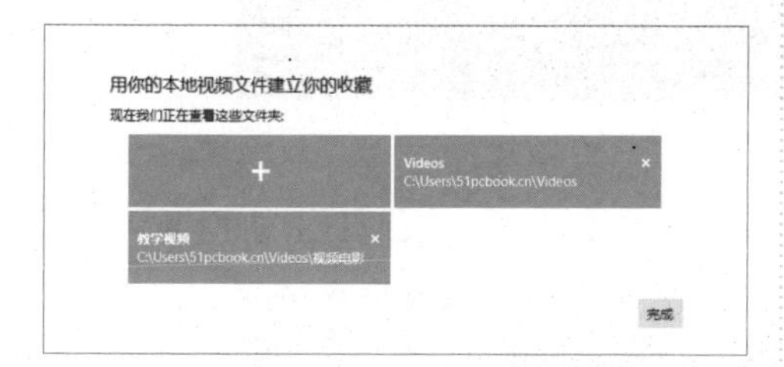

4 返回【视频】界面

返回【视频】界面，即可看到添加的文件夹。

5 查看电影缩略图

单击文件夹图标，即可看到文件夹内的电影缩略图。

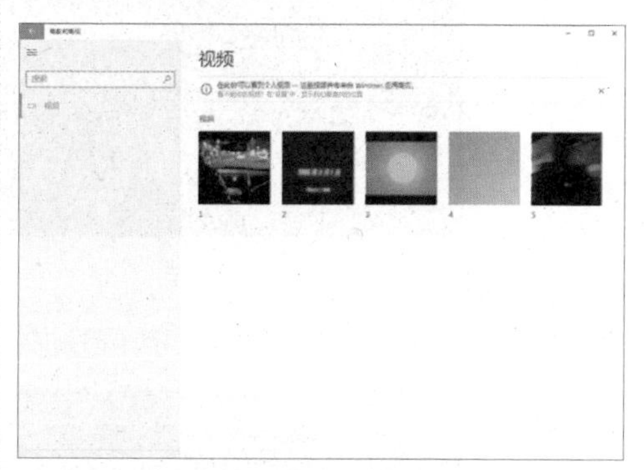

6 播放视频

单击要播放的视频缩略图，即可播放该视频，如下图所示。

8.3.2 在线看电影

由于【电影和电视】应用支持的视频格式有限，其主要支持 mp4 格式视频文件，如果不支持 avi、rmvb、rm、mkv 等格式，建议使用系统自带的 Windows Media Player 播放器播放，或者下载迅雷看看、暴风影音等播放工具播放视频。

1 查看分类

启动已下载的迅雷影音视频播放器，在其右侧的【在线视频】列表中，可以看到各种分类，包括电影、电视剧、综艺、动漫等各类型节目。

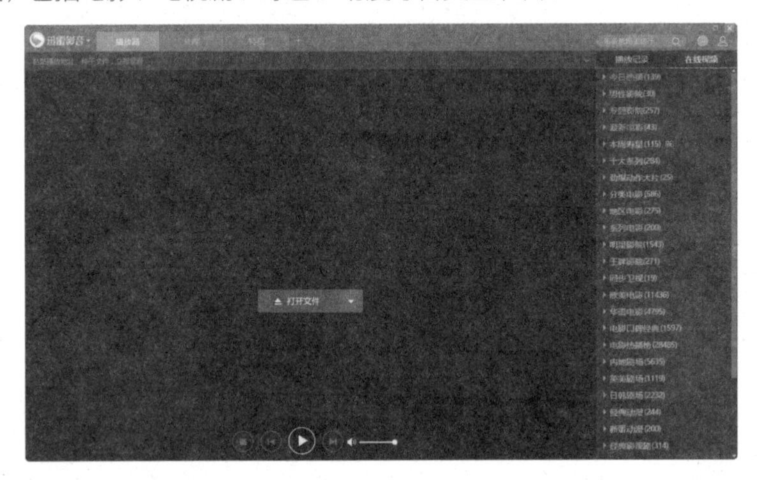

2 展开详细分类

如单击【纪录片】分类，即可展开详细的子分类和具体的节目名称，如下图所示。

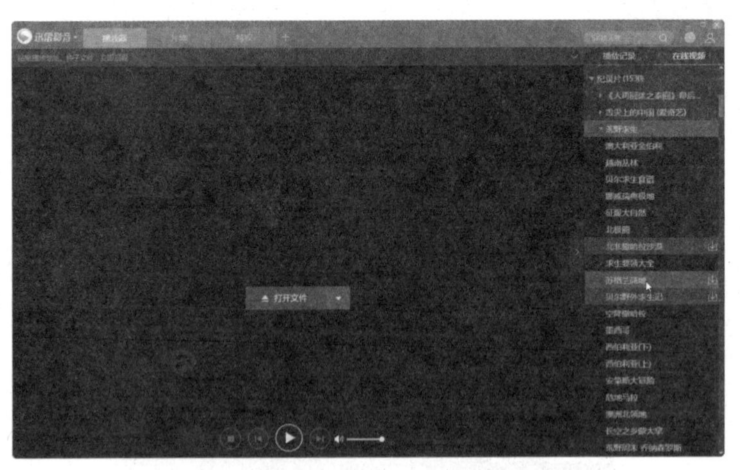

3 播放视频

单击选择要播放的视频，播放器加载后即可播放该视频。

8.3.3 下载电影

将电影下载到电脑中，可以方便自己随时观看影片。而下载电影的方法也有多种，可以使用软件下载电影，也可以使用影视客户端离线下载。下面以乐视客户端为例，讲述如何离线下载电影。

1 选择视频

打开乐视客户端，进入主界面，在其顶部的搜索框中输入想看的节目名称，这里输入“舌尖上的中国 2”，单击【搜索】按钮 ，在搜索的结果中选择要缓存下载的视频。

2 单击【下载】按钮

此时，所选视频会开始播放，单击播放页面右上角的【下载】按钮。

3 进行注册

系统弹出【乐视账号登录】对话框，在文本框中输入账号和密码，单击【登录】按钮；如果没有注册账号，可单击左下角的【注册】超链接，根据提示进行注册即可。

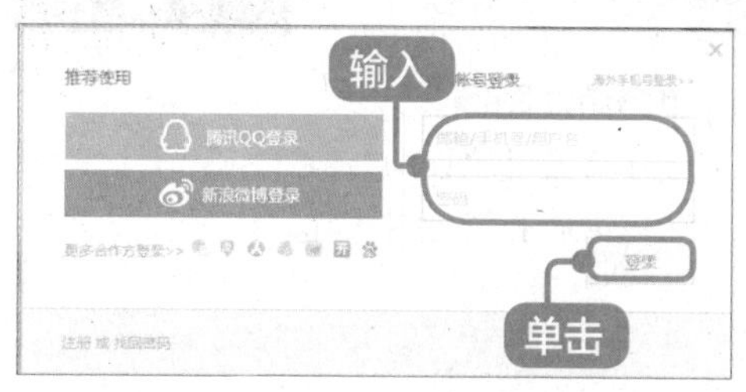

4 查看下载详情

此时，播放界面会弹出【添加下载成功】提示信息，单击右上角的【我的下载】按钮 ，即可查看下载详情。

8.4 实例4——玩游戏

本节视频教学时间 / 4 分钟

在 Windows 10 操作系统中附带了可供用户娱乐的小游戏，玩家可以在应用商店中下载很多好玩的游戏。

8.4.1 单机游戏——纸牌游戏

Windows 10 系统自带了多种纸牌游戏，每种玩法中又分为简单、困难等几个级别，可以给用户带来不同的休闲娱乐体验。下面简单介绍 Windows 10 系统中自带的纸牌游戏玩法。

1 打开“开始”菜单

按【Windows】键，打开“开始”菜单，选择【所有应用】➢【Microsoft Solitaire Collection】菜单命令。

2 单击游戏图标

打开【Microsoft Solitaire Collection】游戏主界面，在主界面中单击【Klondike】游戏图标。

3 进入游戏主界面

进入【Klondike】游戏的主界面，如下图所示。

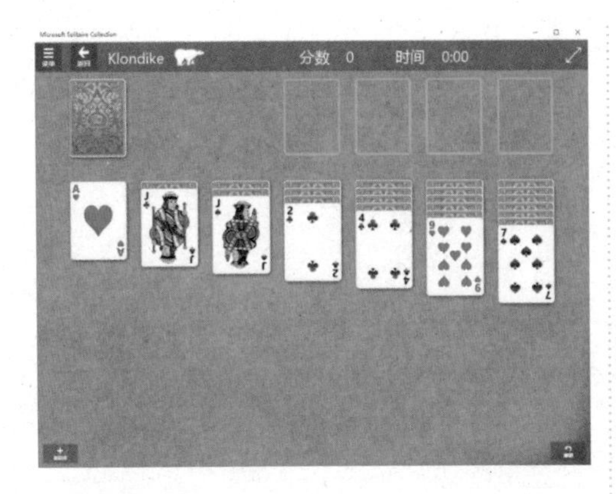

4 游戏规则

Klondike 纸牌的玩法是在右上角构建 4 组从小到大顺序排列的牌，每组只能包含一个花色。4 组牌必须从 A 开始，以 K 结束。下方各列中的牌可以移动，但必须从大到小排列，并且两张相邻的牌必须黑红交替。将底牌翻开之后，根据顺序再将下面罗列好的牌放到上面的空白处。

5 进行设置

单击左上角的【菜单】按钮，可以对游戏进行设置。

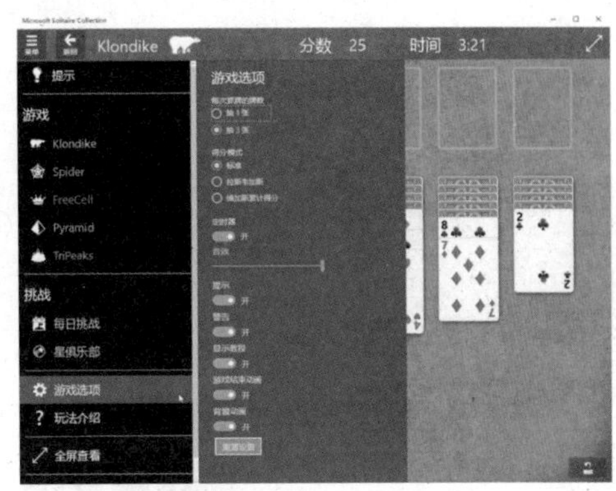

6 重新开始游戏

如果全部纸牌罗列完成，则可开始玩新的一局。游戏过程中单击左下角的【新游戏】按钮，也可以重新开始新一轮游戏。

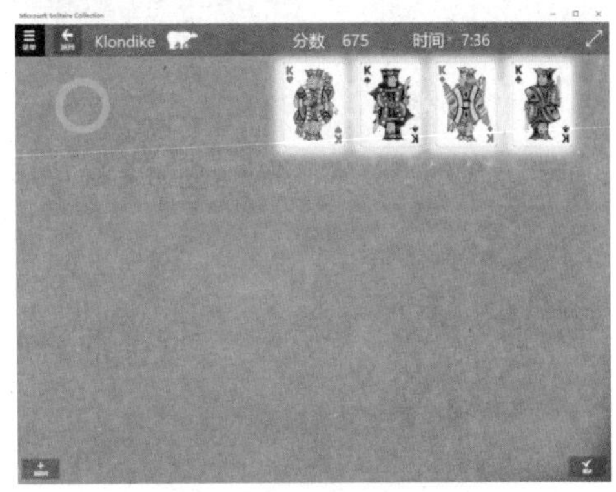

8.4.2 联机游戏——Xbox

Xbox 是微软公司所开发的一款家用游戏机。在 Windows 10 系统中，微软将旗下各个平台的设备通过 Microsoft 账户进行统一，同时也推出了 Windows 10 版 Xbox One 应用程序，将 Xbox 游戏体验融入到 Windows 10 中，用户可以通过本地 Wi-Fi 将 Xbox 游戏传到 Windows 10 设备，如台式机、笔记本电脑或平板电脑中，也可以同步储存用户的游戏记录、好友列表、成就额点数等信息。

1. 登录 Xbox 应用

用户使用 Microsoft 账户即可登录 Xbox 应用，具体的操作步骤如下。

1 单击【Xbox】应用磁贴

按【Windows】键，在弹出的“开始”菜单中，单击【Xbox】应用磁贴。

2 弹出登录界面

弹出 Xbox 登录界面，单击【登录】按钮。

3 选择登录账号

弹出【选择账户】对话框，选择要登录的账号。

4 登录成功

登录成功后，即可弹出以下界面。

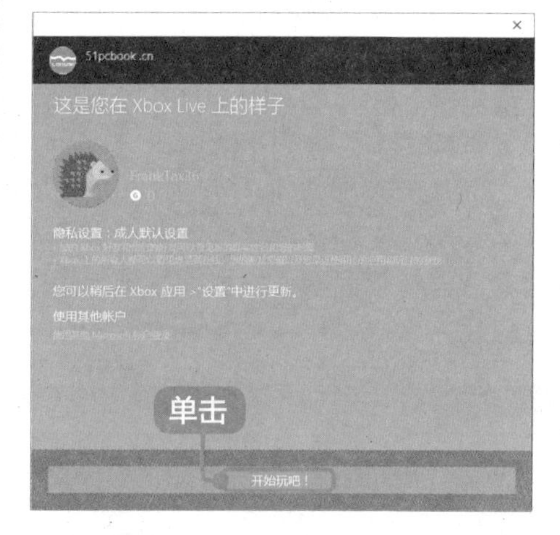

5 开始连接

单击【开始玩吧】按钮，即可开始连接 Xbox 应用。

6 进入 Xbox 界面

连接成功后，即可进入 Xbox 界面，如下图所示。

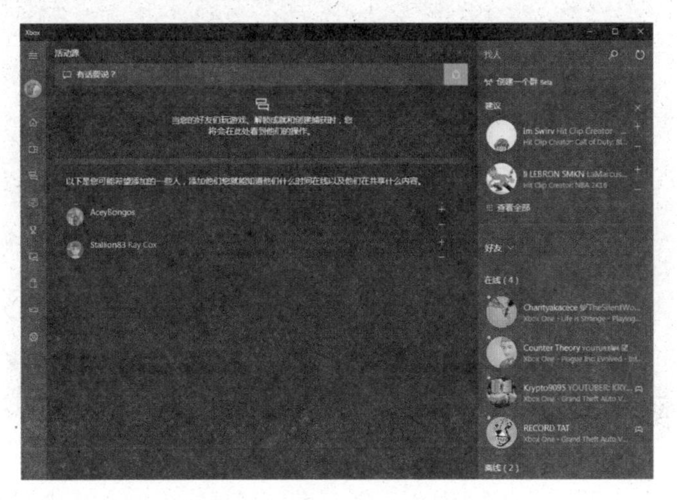

2. 添加游戏

用户可以将游戏添加到 Xbox 应用中，这样可以储存游戏记录、记录游戏成就以及分享游戏片段等。

在 Xbox 应用中，单击【我的游戏】按钮，即可看到电脑中的游戏列表。用户从应用商店中下载的游戏都会显示在该列表中。也可以单击【从您的电脑添加游戏】按钮，添加电脑中的游戏。

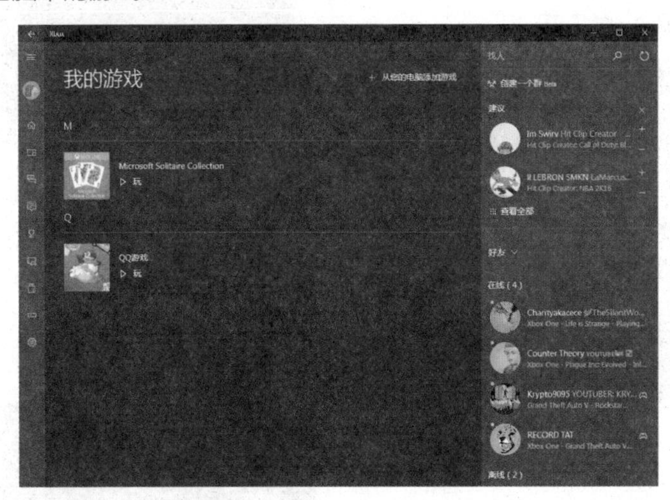

另外，单击【商店】按钮，可以进入 Xbox 商店，从 Windows 10 应用商店或 Xbox One 中可获取更多应用。

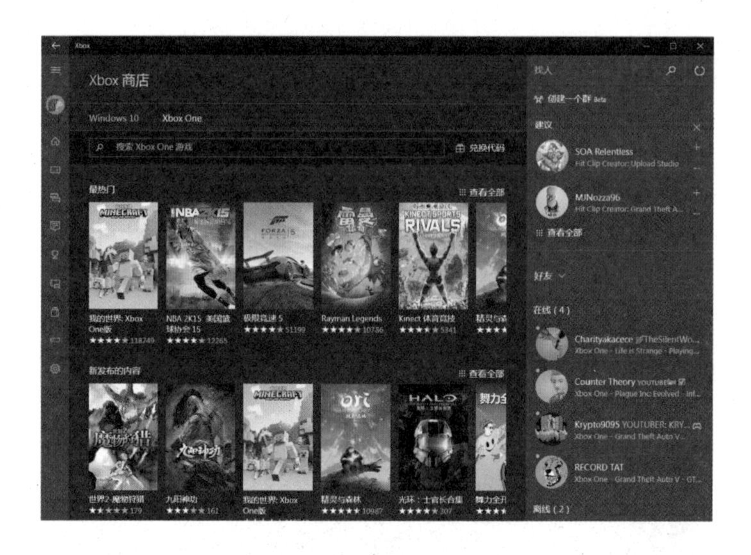

3. 流式传输游戏

Windows 10 扩展了 Xbox 游戏的体验方式，用户可以通过台式机、笔记本电脑或者平板电脑上利用本地 Wi-Fi 将 Xbox One 中的游戏流式传输到设备中；具体的操作步骤如下。

1 添加一个设备

在 Xbox 界面中，单击【连接】按钮，进入【连接您的 Xbox One】界面，单击【添加一个设备】按钮。

2 选择设备

弹出【添加一个设备】对话框，选择要添加的设备，如果未检测到 Xbox 游戏主机，可以在文本框中输入 IP 地址，然后单击【连接】按钮。

3 单击【流式传输】按钮

返回【连接您的 Xbox One】界面，单击【流式传输】按钮。

4 连接成功

系统开始连接Xbox游戏主机，连接成功后，即可使用控制器操纵屏幕，开始游戏。

高手私房菜

技巧1 • 将喜欢的图片设置为照片磁贴

用户可以将自己喜欢的图片设置为照片应用的磁贴，使“开始”菜单更加个性，具体的操作步骤如下。

1 打开图片

打开要设置为照片磁贴的图片，单击【查看更多】按钮▪▪▪，在弹出的菜单中单击【设置为】➤【设置为照片磁贴】菜单命令。

2 查看效果

打开“开始”菜单，即可看到应用照片后的效果，如下图所示。

技巧2 • 创建照片相册

在【照片】应用中，用户可以创建照片相册，将同一主题或同一时间段的照片添加到同一个相册中，并为其设置封面。创建照片相册的具体操作步骤如下。

1 **新建相册**

打开【照片】应用，在左侧的菜单中，单击【相册】按钮，进入相册界面，单击【新建相册】按钮 + 。

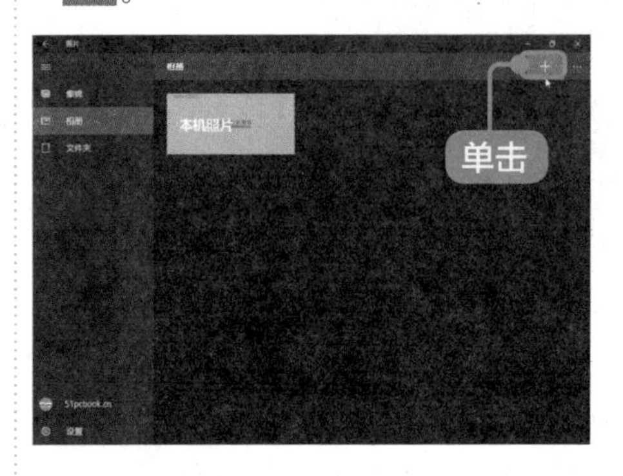

2 **选择照片**

进入【选择此相册的照片】界面，拖曳鼠标指针浏览并选择要添加到相册的照片，然后单击【已完成】按钮 ✓ 进行确认。

3 **编辑相册标题**

进入相册编辑界面，用户可以在标题文本框中编辑相册标题、设置相册封面以及添加或删除照片。

4 **保存相册**

编辑完成后，单击【保存】按钮，保存该相册。

第 9 章

使用电脑上网

本章视频教学时间 / 20 分钟

重点导读

上网已成为人们学习和工作的一种方式，可以网上查看信息、下载需要的资源、网上购物等，给人们的生活带来了极大的便利。

学习效果图

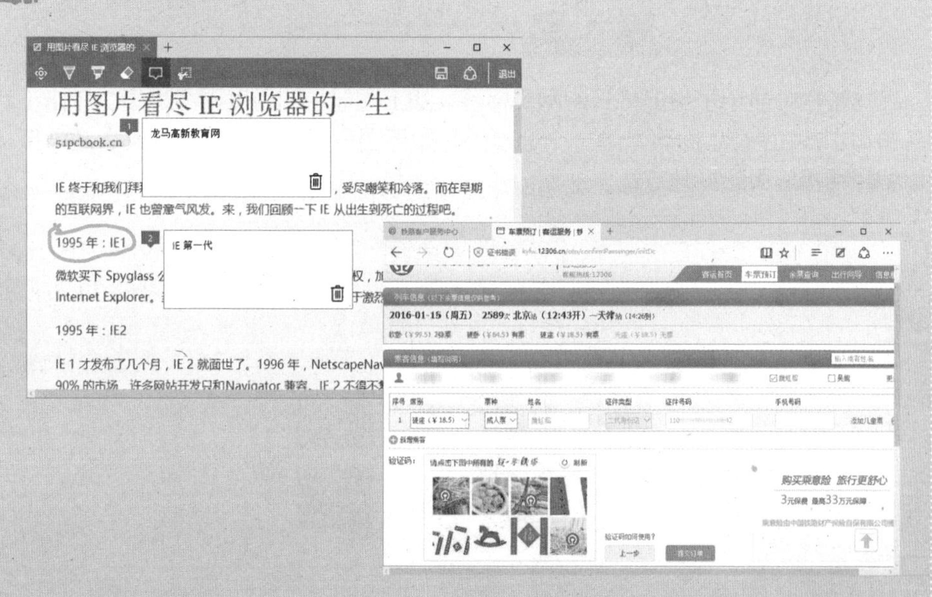

9.1 实例 1——使用 Microsoft Edge 浏览器

本节视频教学时间 / 5 分钟

Microsoft Edge 浏览器是微软公司推出的一款全新、轻量级的浏览器，是 Windows 10 操作系统的默认浏览器。与 IE 浏览器相比，其在媒体播放、扩展性和安全性上都有很大提升，又集成了 Cortana、Web 笔记和阅读视图等众多新功能，是浏览网页的不错选择。

9.1.1 Microsoft Edge 的功能与设置

Microsoft Edge 浏览器采用了简单整洁的界面设计风格，使其更具现代感。下图所示即为 Microsoft Edge 的主界面，其主要由标签栏、功能栏和浏览区 3 部分组成。

在标签栏中显示了当前打开的网页标签，如上图显示的百度网页标签。单击【新建标签页】按钮 + ，即可新建一个标签页，如下图所示。单击【自定义】超链接，可以编辑新标签页的打开方式。

在功能栏中包含了【前进】、【后退】、【刷新】、【主页】、【地址栏】、【阅读视图】、【收藏】、【中心】、【做Web笔记】、【共享Web笔记】和【更多操作】等按钮。单击【更多操作】按钮…，即可打开其他功能选项菜单，如下图所示。

提示

【主页】按钮是默认不显示的，如果要启用可单击【更多操作】➤【设置】➤【查看高级设置】菜单命令，开启显示主页按钮。

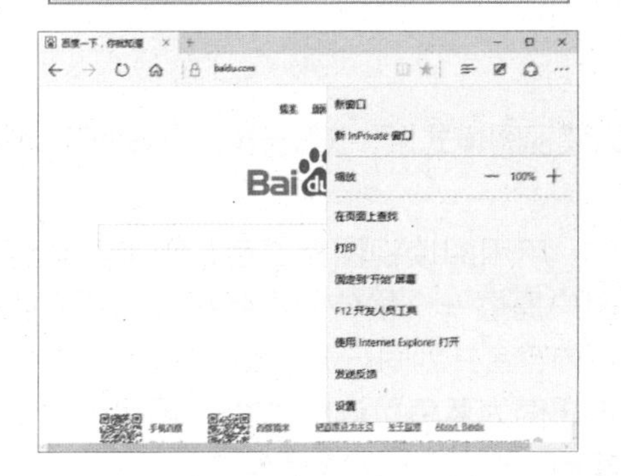

单击【设置】命令，可以打开Microsoft Edge浏览器的设置菜单，用户可以设置浏览器的主题、显示收藏夹栏、默认主页、清除浏览数据、阅读视图风格以及进行更高级的设置等。下面介绍几个常用的设置。

1. 主页的设置

用户可以根据需求设置启动Microsoft Edge浏览器后，显示的网页主页面。单击【设置】命令，打开Microsoft Edge浏览器的设置菜单，在【打开方式】列表中选择【特殊页】单选项，在【输入网址】文本框中输入要设置的主页网址，然后单击【添加】按钮，即可将其设置为默认主页。

2. 设置地址栏搜索方式

在Microsoft Edge浏览器地址栏中可以输入并访问网址，也可以输入要搜索的关键词或内容进行搜索。默认搜索引擎为必应，也提供百度搜索引擎，用户可以根据需要对其修改。

在【设置】菜单中，单击【查看高级设置】按钮，进入【高级设置】菜单，在【地址栏搜索方式】区域下，单击【更改】按钮，在【选择一项】列表中选择“百度”，单击【设为默认值】按钮即可。

按【Esc】键，退出【设置】菜单，在地址栏中输入关键词，按【Enter】键，即可显示搜索的结果，如下图所示。

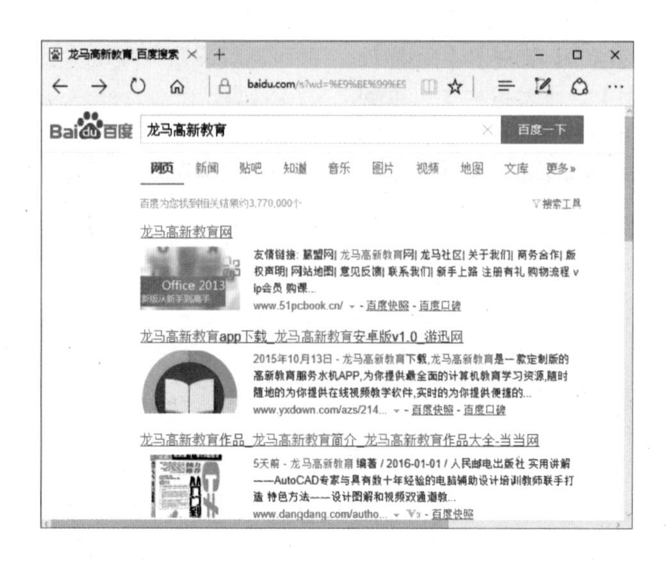

9.1.2 无干扰阅读——阅读视图

阅读视图是一种特殊的查看方式，开启阅读视图模式后，浏览器可以自动识别和屏蔽与网页无关的内容的干扰，如广告等。

开启阅读视图模式的操作很简单，只要网页符合阅读视图模式，按下Microsoft Edge浏览器地址栏右侧的【阅读视图】按钮（显示为可选状态，否则显示为灰色不可选状态，再单击【阅读视图】按钮，即可开启阅读视图模式。

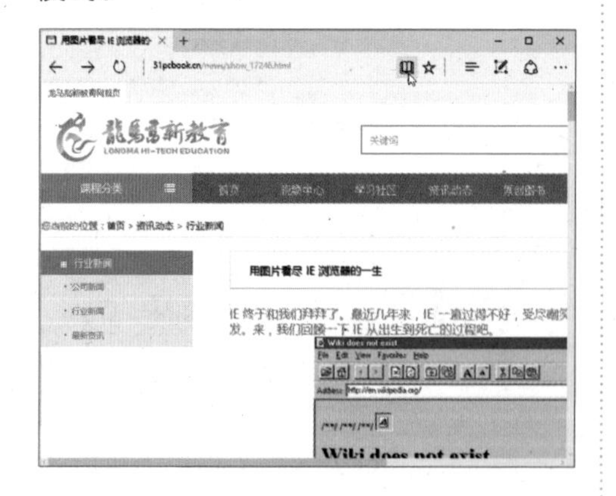

启用阅读视图模式后，浏览器会给用户提供一个最佳的排版视图，并将多页内容合并到同一页。此时，【阅读视图】按钮变为蓝色可选状态，再次单击该按钮，则退出阅读视图模式。

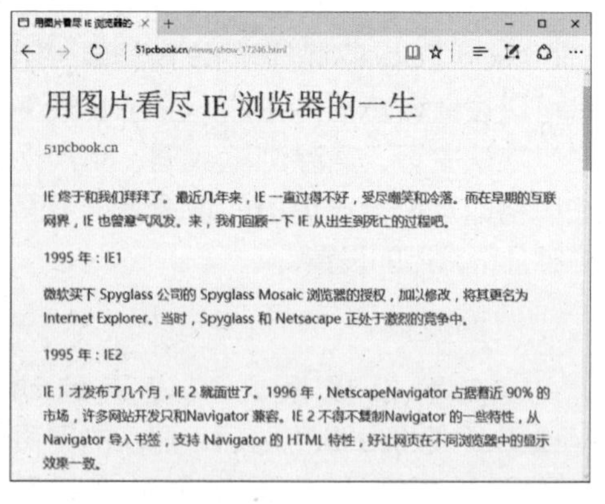

另外，用户还可以在【设置】菜单中设置阅读视图的显示风格和字号。

9.1.3 在 Web 上书写——做 Web 笔记

Web 笔记是 Microsoft Edge 浏览器自带的一个功能，用户可以使用该功能对任何网页进行标注，还可以将其保存至收藏夹或阅读列表，或者通过邮件或 OneNote 将其分享给其他用户查看。

在要编辑的网页中，单击 Microsoft Edge 浏览器右上角的【做 Web 笔记】按钮，即可启动笔记模式，网页上方及标签都变为紫色，如下图所示。

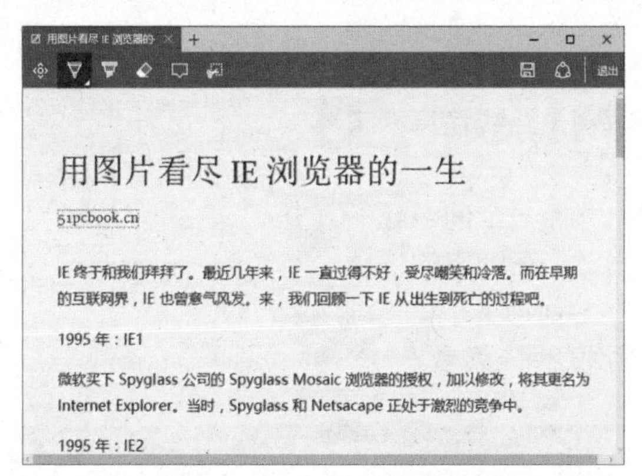

在功能栏中，从左至右依次为【平移】、【笔】、【荧光笔】、【橡皮擦】、【添加键入的笔记】、【剪辑】、【保存 Web 笔记】、【共享 Web 笔记】和【退出】按钮。

单击【平移】按钮，可以将当前整个网页页面以图片的形式复制到桌面或其他文档中。

单击【笔】按钮或【荧光笔】按钮，可以结合鼠标或触摸屏在页面中进行标记。再次单击该按钮，可以设置笔的颜色和尺寸。单击【橡皮擦】按钮，可以清除涂写的墨迹，也可以清除页面中所有的墨迹。单击【添加键入的笔记】按钮，可以为文本添加注释或评论等，如下图所示。

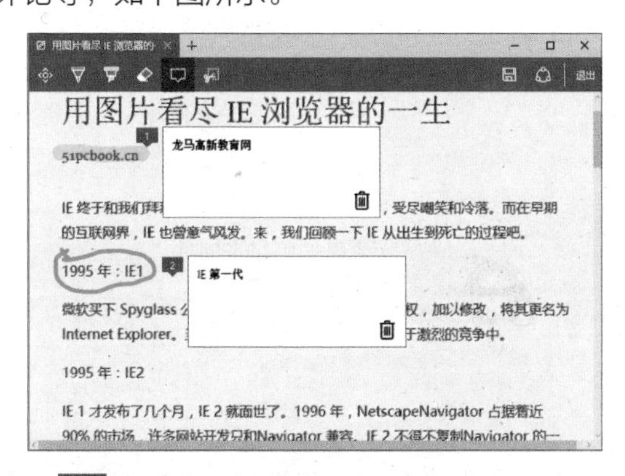

单击【剪辑】按钮，可以拖曳鼠标指针选择裁剪区域，并以图片的形式截取复制。用户可以将其粘贴到文档中，如 Windows 日记、Word、邮件等。

Web 笔记完成后，单击【保存 Web 笔记】按钮，可以将其保存到收藏夹或阅读列表中，单击【共享 Web 笔记】按钮，将其以邮件或 OneNote 形式分享给朋友。

单击【退出】按钮，则退出笔记模式。

9.1.4 在浏览器中使用 Cortana

在 Microsoft Edge 浏览器中，集成了私人助理 Cortana，可以在浏览网页时，随时询问 Cortana，以获取更多的相关信息，如相关解释、路线信息、来源信息、天气信息等。

在当前网页中，选择一个词组或一段文字，单击鼠标右键，在弹出的快捷菜单中选择【询问 Cortana】命令，浏览器右侧即会显示搜索的相关信息。

9.2 实例 2——使用 Internet Explorer 11 浏览器

本节视频教学时间 / 1 分钟

虽然 Microsoft Edge 浏览器有很强的兼容性，但是为了兼容旧版网页，Internet Explorer 11 浏览器（简称 IE 11 浏览器）也被集成于 Windows 10 中。如在使用 Microsoft Edge 浏览器访问各大银行的网银支付网站，则会被提示“此网站需要 Internet Explorer”提示，用户可以单击【使用 Internet Explorer 打开】链接，即打开 IE 浏览器。如果单击【在 Microsoft Edge 中继续进行】超链接，也可浏览，但可能会因为兼容性问题，影响浏览器的正常使用。

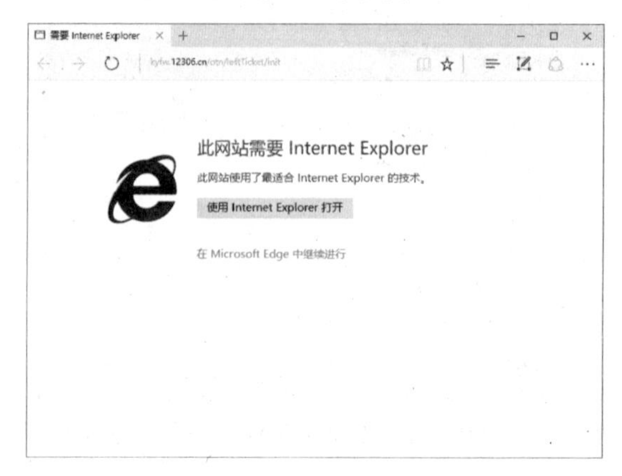

另外，用户可以在 Microsoft Edge 浏览器中，单击【更多操作】按钮，在打开的菜单列表中，单击【使用 Internet Explorer 打开】命令，打开 IE 浏览器。也可以按【Windows】键，打开“开始”菜单，单击【所有应用】➤【Windows 附件】➤【Internet Explorer】选项，打开 IE 浏览器。

9.3 实例 3——查看天气

本节视频教学时间 / 1 分钟

天气关系着人们的生活，尤其是在出差或旅游时，一定要知道所到地当天的天气如何，这样才能有的放矢地准备自己的衣物。Windows 10 操作系统中集成了天气应用，可以方便地查看各地的天气情况。

1 单击【天气】磁贴图标

按【Windows】键，在弹出的“开始”菜单中，单击【天气】磁贴图标。

2 单击【搜索】按钮

打开【天气】对话框，在【请选择您的默认位置】搜索框中输入所在城市的名称，单击【搜索】按钮。

3 查看天气情况

进入【预报】界面即可看到当前城市的天气情况，拖曳窗口右侧的滑块，可以查看每小时、降水及温度的天气情况。单击【历史天气】按钮，可以查看该城市的历史天气情况；单击【地点】按钮，可以添加其他地方和启动位置。

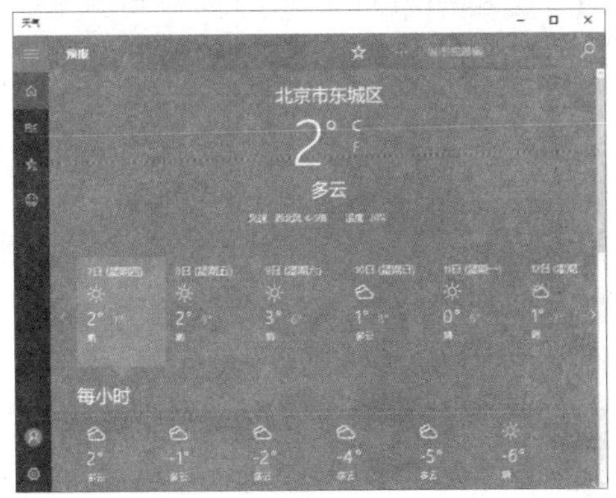

4 设置为“动态磁贴”

将【天气】应用设置为“动态磁贴”后，再次打开“开始”菜单，即可看到天气情况。

另外，用户也可以在 Cortana 中搜索天气情况，或者在 Cortana 的【笔记】中添加城市关注，还可以在 Cortana 主页中快速查看天气信息。

9.4 实例 4——查询地图

本节视频教学时间 / 4 分钟

地图在人们的日常生活中是必不可少的，尤其是在出差、旅游时。那么如何在网上查询地图呢？下面以【地图】应用为例，介绍如何查询地图。

1 定位当前位置

按【Windows】键，打开“开始”菜单，依次选择【所有应用】➢【地图】选项，打开【地图】应用。在【地图】界面中，可以看到当前城市的地图信息，单击界面右侧的【显示我的位置】按钮 ◎，即可定位当前所在位置，如图中“圆点”，即为“我的位置”。

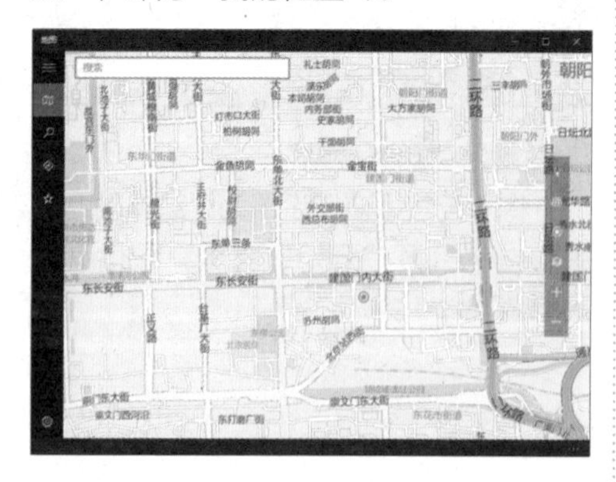

2 查询地址信息

在搜索文本框中，输入要搜索的地址信息，按【Enter】键，即可查询相关的地址信息，地图中的红色圆点即为搜索的相关地点。

3 获取路线

在搜索的列表中，选择希望要查看的地址即可在地图上查看。单击【路线】链接，即可进入【路线】界面，在起点

A 中输入起点位置，并选择出行方式，按【Enter】键即可获取路线，如下图所示。

4 下载离线地图

另外，单击【设置】⚙按钮，进入【设置】页面，单击【下载或更新地图】按钮，即可打开【设置】对话框的【地图】界面；单击【下载地图】按钮，可以下载离线地图。

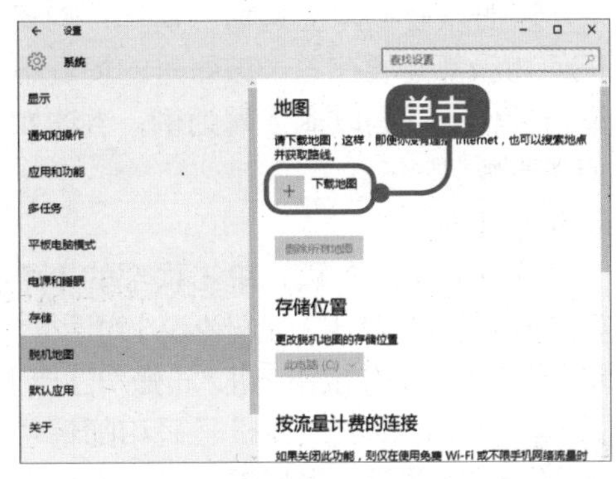

9.5 实例 5——网上购物

本节视频教学时间 / 3 分钟

网上购买手机、订购车票、团购酒店等，都属于网上购物的范畴，用户可以通过电脑、手机、平板电脑等联网设备，到电子商务网站搜索并购买喜欢的商品。可通过网上银行、担保交易（如支付宝、财付通、快钱等）、货到付款等支付方式购买，网购以其购买方便、无区域限制、价格便宜等优点，深受用户喜爱。

9.5.1 网上购物的流程

网上购物并不同于传统购物，只要掌握了它的购物流程，就可以快速完成购物。不管在哪家购物平台购买商品，其操作流程基本一致。

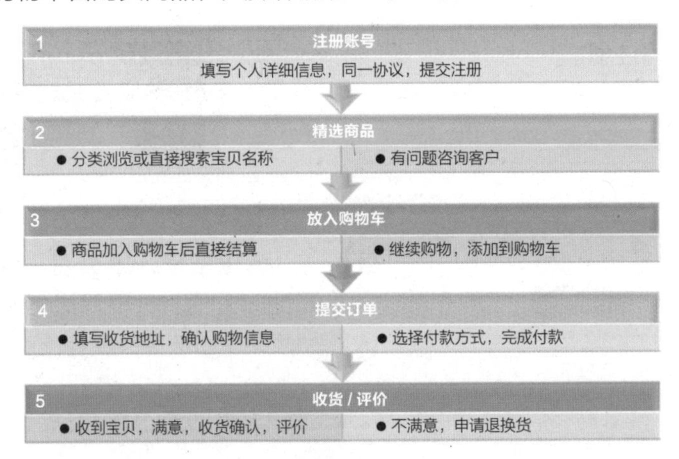

9.5.2 网上购物的方法

了解了购物流程后，本节将详细介绍如何在网上购物，具体的操作步骤如下。

1. 注册账号

注册账号是网上购物的前提，购买任何物品都需要在登录该账号的情况下进行操作。下面以淘宝网为例，讲述如何注册淘宝账户。

1 进行注册

打开淘宝网主页，单击顶部的【免费注册】链接，弹出【注册协议】对话框，单击【同意协议】按钮，进入【账户注册】页面，可以选择使用手机号码和邮箱两种方式进行注册，根据提示在文本框中输入对应的信息即可。

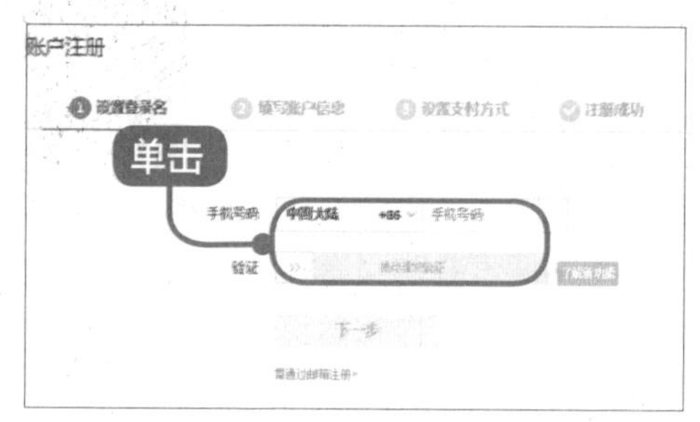

2 完成账号注册

进入【验证手机】页面，在【验证码】文本框中输入手机短信中获取的6位数字验证码，单击【确定】按钮，即可根据提示完成账号注册。

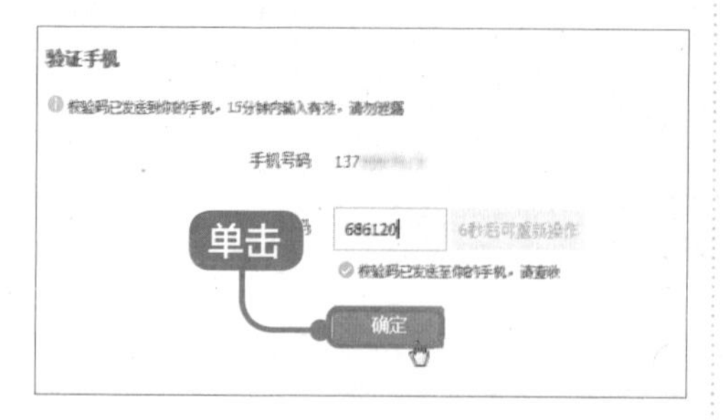

> **提示**
>
> 如果没有注册成功，其原因主要有以下3种。
>
> （1）已注册过的邮箱或手机不能重复注册；
>
> （2）注意将输入法切换在半角状态，内容输入完毕后不要留空格；
>
> （3）如果注册的会员名已被使用，需更换其他名称，因为会员名具有唯一性。

2. 挑选商品

成功注册购物网站的账号后，用户就可以登录该账号，在这个网站上挑选并购买自己喜欢的商品。下面以淘宝网平台为例介绍挑选商品的操作步骤。

1 输入商品名称及信息

打开淘宝网的主页面，在搜索文本框中输入搜索商品的名称及信息，这里输入“无线路由器”，单击【搜索】按钮。

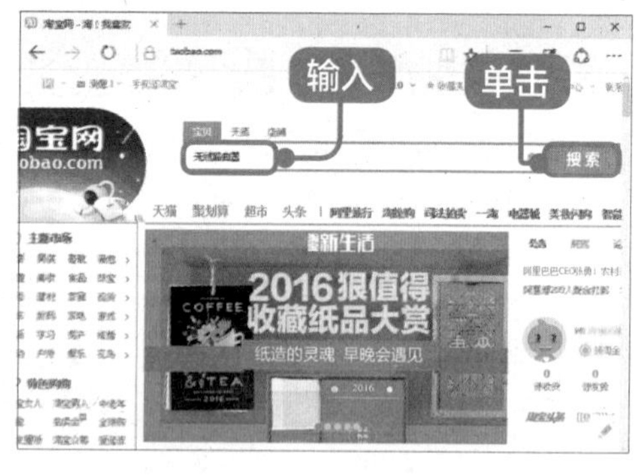

2 选择产品

弹出搜索结果页面，可以按产品的属性、人气、价格等进行筛选，然后在列表中单击选择并查看喜欢的产品。

3. 放入购物车

产品选择好后，就可以加入购物车，具体的操作步骤如下。

1 加入购物车

在宝贝详情页中，选择要购买的产品的属性和数量，然后单击【加入购物车】按钮。

> **提示**
>
> 在购买商品前，建议联系客服咨询产品的情况、运费及优惠信息等。例如在淘宝网使用旺旺联系客服。
>
> 如果仅购买一件产品，在淘宝网、拍拍网等平台，可单击【立即购买】按钮直接下订单，而京东商城、1 号店超市等平台则需要先添加到购物车，然后才可以提交订单。

2 继续添加商品

此时，即会提示【添加成功】的信息。如需继续购买商品，可关闭该页面，继续将要买的商品添加至购物车；如购买完毕，单击顶部的【购物车】超链接查看购买的商品并进行结算。

4. 提交订单

选择好要购买的商品后，即可提交订单并进行结算。

1 单击【结算】按钮

商品挑选完毕后，单击顶部的【购物车】超链接，进入【购物车】页面，勾选要结算的商品，如果需要删除该商品，可以单击商品右侧的【删除】按钮，确定无误后，单击【结算】按钮。

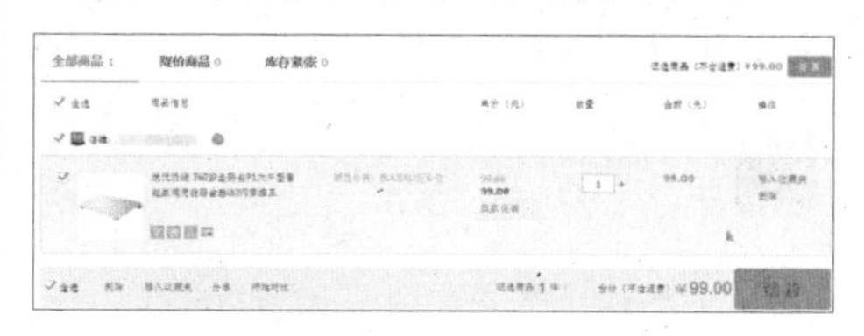

2 填写收货信息

如果没有设置过收货地址，首次购物时，会弹出【使用新地址】对话框，在文本框中填写收货地址信息，然后单击【保存】按钮。

3 提交订单

确认购买及收货信息无误后，单击【提交订单】按钮。

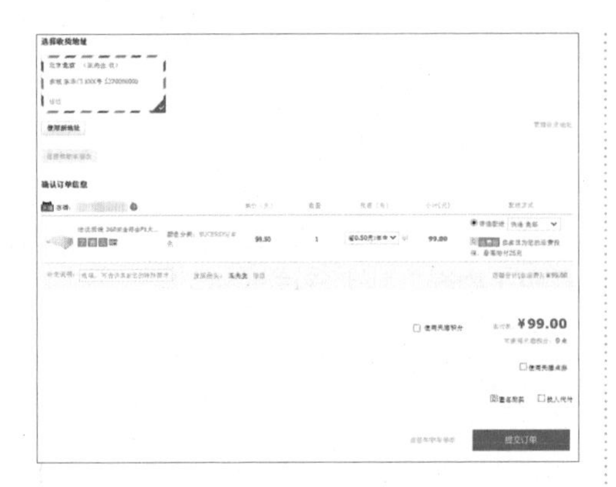

4 输入支付密码

转到支付宝付款界面，在页面中选择付款的方式，如果选用账号余额支付，在密码输入框中输入支付密码，单击【确定付款】按钮即可。如果选用其他储蓄卡或信用卡方式支付，可单击 + 银行卡 按钮，根据提示添加银行卡即可。

> **提示**
>
> 不管使用支付宝余额还是银行卡支付，都需要提前开通支付宝业务。支付宝业务可使用邮箱或手机号进行注册并与淘宝账号绑定，它是第三方支付平台，使用方便快捷，购买淘宝网商品都需要它担保交易，保障消费者的权益。如果收到货物没问题，支付宝会将交易款项打给卖家。如果有问题，买家可以和卖家协商退换货，或者使用消费维权。另外，与此相似的还有拍拍网的财付通等。

5 成功支付

如果填写的支付密码无误，成功支付后，系统会提示成功付款信息。单击【查看已买到宝贝】超链接，可查看已购买的商品的信息。

6 退款/退货

在【已买到的宝贝】页面，可以看到显示的已付款的宝贝信息，此时即可等待买家发货。如果对于购买的宝贝不满意或不想要了，可单击【退款/退货】超链接。

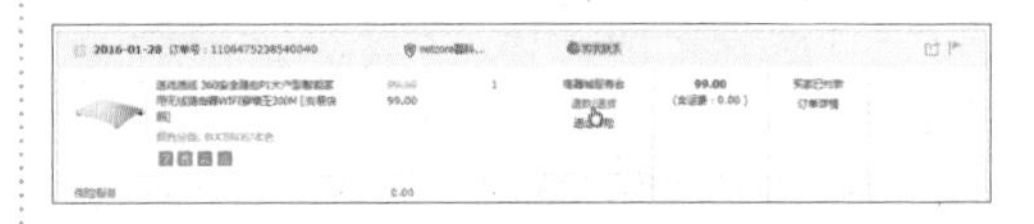

> **提示**
>
> 单击网页顶部的【我的淘宝】超链接，在弹出的菜单中选择【已买到的宝贝】超链接，也可以进入该页面。

7 提交退款申请

进入申请退款页面，在【退款原因】项中，单击下拉按钮，选择退款原因，在退款说明上可选择性地填写退款说明，然后单击【提交退款申请】按钮。

8 等待卖家处理

提交退款申请后，系统提示等待卖家处理。此时，可以联系卖家旺旺告之退款理由，以便卖家快速退款。

等待商家处理退款申请

- 如果商家同意，退款申请将达成并退款至您的支付宝帐号或银行卡中。
- 如果商家发货，此退款申请将会关闭；如果您仍需退款，可以再次发起退款申请。
- 如果 1天23时54分35秒 内商家未处理，退款申请将达成并退款至您的支付宝帐号或银行卡中。

5. 收货 / 评价

确认收货是在确认商品没问题后，同意把交易款项支付给卖家。如果没有收到货物或货物有问题，请不要进行此操作。下面以淘宝网为例，介绍如何确认收货及进行商品评价。

1 确认收货

如果收到卖家的商品，并且平台确认没有问题，可登录淘宝网，单击顶部的【我的淘宝】➤【已买到的宝贝】超链接，进入确认收货页面。在需要确定收货的商品右侧，单击【确认收货】按钮。

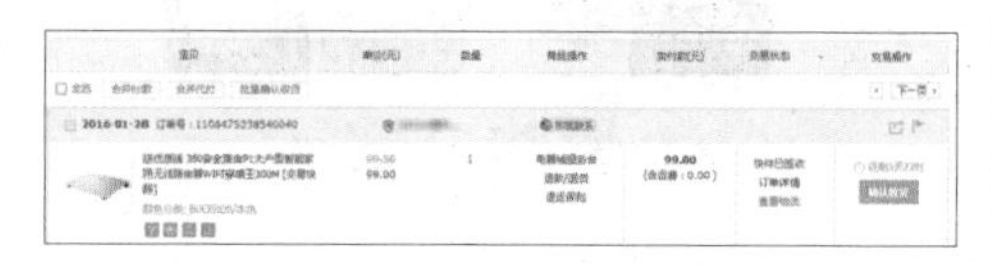

2 输入支付密码

跳转至付款页面，在该页面中输入支付密码，单击【确认】按钮。

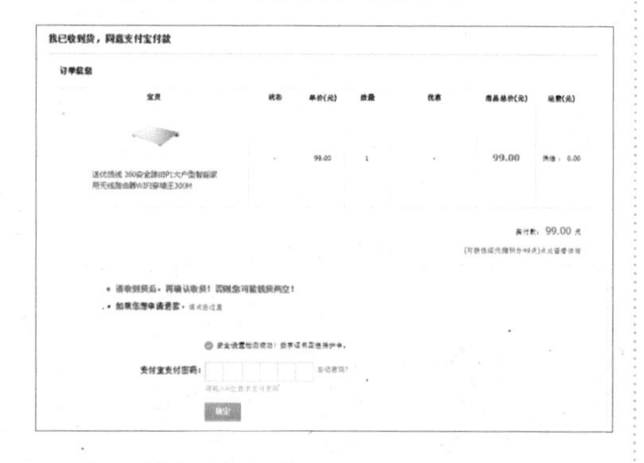

3 交易款打给卖家

在弹出的【来自网页的消息】对话框中，单击【确定】按钮，淘宝网即会将交易款项打给卖家。如果不确定，可单击【取消】按钮。

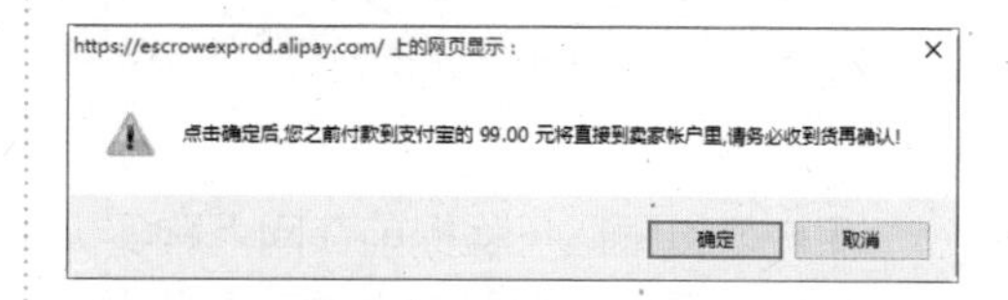

4 进行评价

交易成功后，可发起对卖家的评价。在交易成功页面，单击右侧的下拉滑块，拖曳鼠标指针到页面底部，即可对产品进行评价。用户可以根据自己的购买体验对卖家提出中肯的评价。

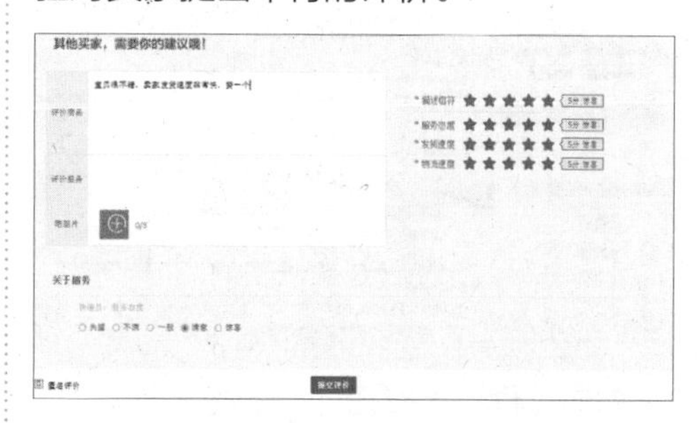

> **提示**
>
> 在网上购买商品，如果客户对产品不满意，在不影响销售的情况下，卖家是不得以任何理由拒绝买家退换货的。最新消费者权益保护法规定，网上购物同样享有 7 天无条件退款服务，如果遇到不能退换货的情况，买家可向网购平台投诉该卖家。
>
> 商品交易都有固定的交易时长，如果买家在交易时间内未对交易作出任何操作，交易超时后，淘宝网会将款项自动打给卖家。例如，淘宝虚拟交易时间为 3 天，实物交易时间为 10 天，其他网站各不相同，这些信息可在交易详情页面查看。如果需要退换货，可自行延长收货时间或联系卖家延长时间，以保护自己的权益。
>
> 如果买家在规定时间内未对卖家做出评价，系统将默认好评。淘宝网评论时间为确认交易后 15 天。

9.6 实例 6——网上购买火车票

本节视频教学时间 / 3 分钟

用户可以根据行程提前在网上购买火车票，这样可以减少排队购买的时间。购买火车票后可凭借身份证或取票密码到火车站的购票窗口、自助取票机等，取得纸质车票。本节讲述如何在网上购买火车票。

1 进入网站

进入中国铁路客户服务中心网站，单击页面左侧的【购票】超链接。

2 单击【预订】按钮

进入【车票预订】页面，设置【出发地】、【目的地】和【出发日】等信息，按【车次类型】、【发车时间】和【出发车站】等条件筛选车次，单击需要购买车次后面的【预订】按钮。

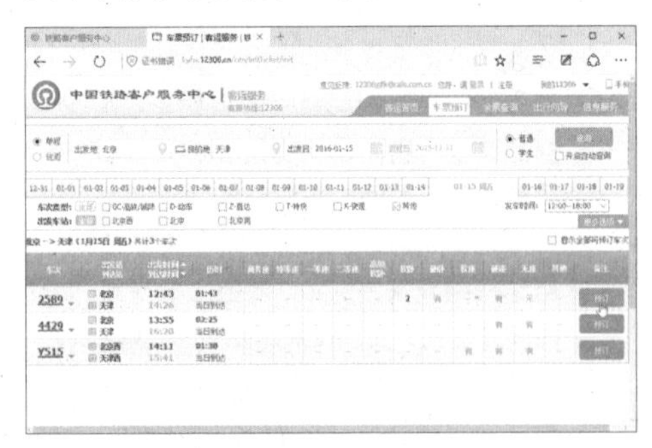

3 输入登录名和密码

弹出【请登录】对话框，输入登录名和密码，单击图片中的验证码，再单击【登录】按钮。

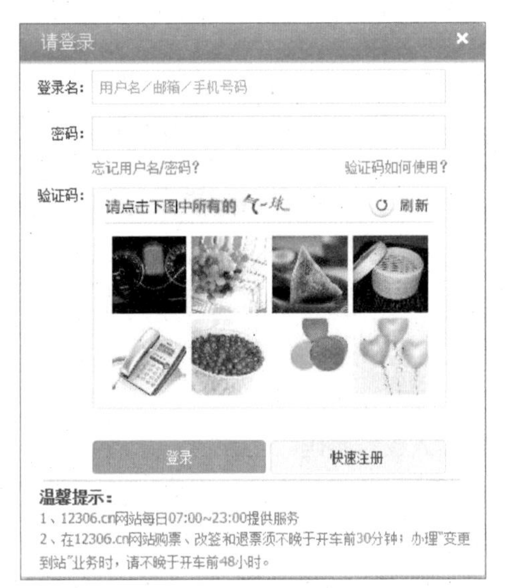

> **提示**
>
> 如无该网站账户，可单击【快速注册】超链接，注册购票账号。

4 提交订单

选择乘客信息和席别，并根据验证码提示单击对应的图片，然后单击【提交订单】按钮。

> **提示**
> 如果要添加新联系人（乘车人），可单击【新增乘客】超链接，在弹出的【新增乘客】对话框中增加常用联系人。

5 确认车次信息

弹出【请核对以下信息】对话框，确认车次信息无误后，单击【确认】按钮。

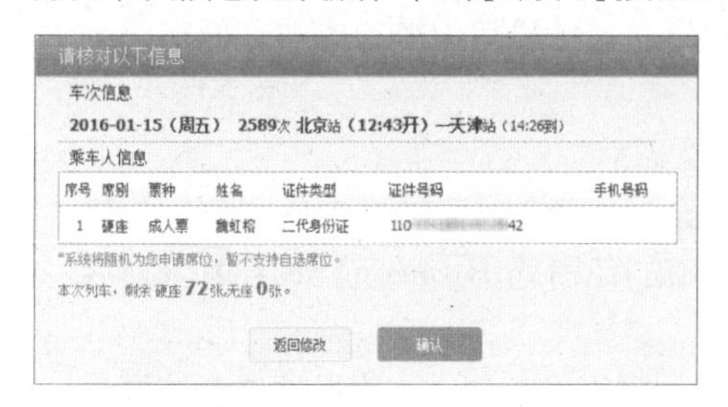

6 选择支付方式

进入【订单信息】页面，即可看到车厢和座位信息，确定无误后，单击【网上支付】按钮，然后选择支付方式进行支付即可。

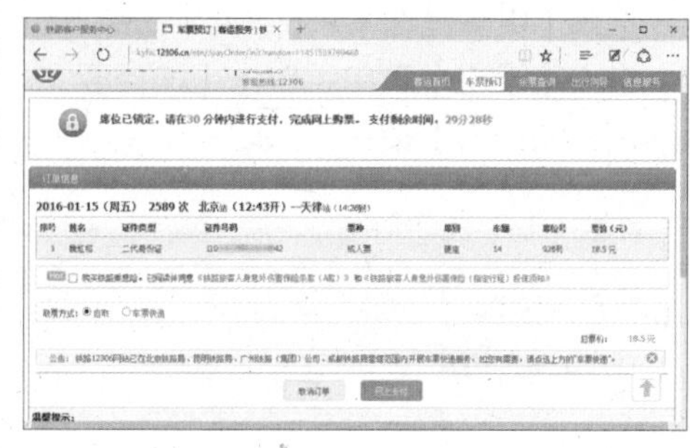

> **提示**
> 需要在30分钟内完成支付，否则订单将被取消。

7 交易成功

支付完成后，会提示“交易已成功”，用户届时即可拿着身份证去换取纸质车票。另外，单击【查看车票详情】按钮，可查看已完成的订单，也可对未出行订单进行改签、变更到站和退票等操作。

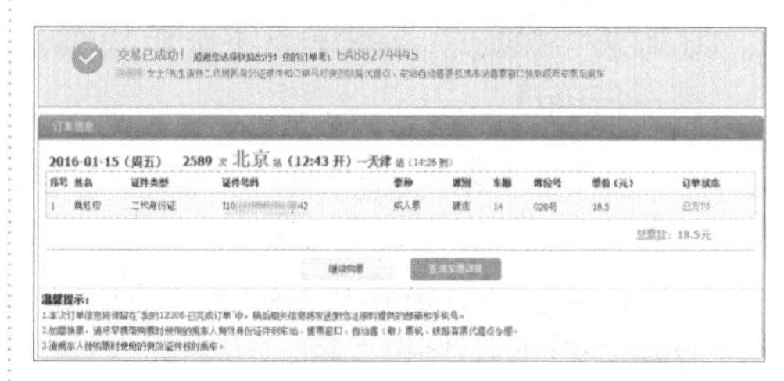

高手私房菜

技巧1 ● 删除上网记录

在上网过程中，浏览器中会保存很多的上网记录，这些上网记录不但随着时间的增加越来越多，而且还有可能泄露用户的隐私信息。如果不想让别人看见自己的上网记录，则可以把上网记录删除。具体的操作步骤如下。

1 进入设置菜单

打开Microsoft Edge浏览器，选择【更多操作】➢【设置】命令，进入【设置】菜单，单击【选择要清除的内容】按钮。

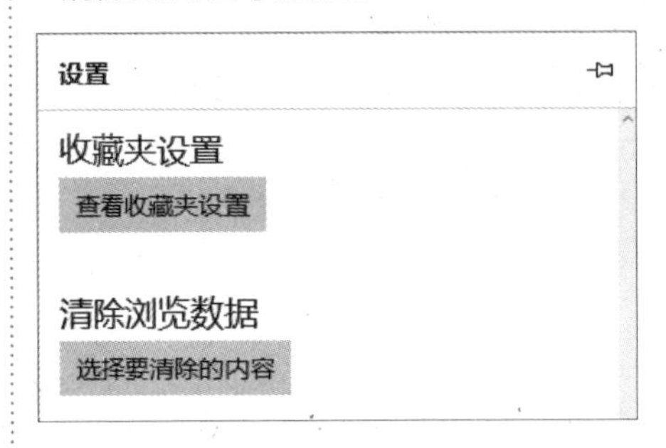

2 删除历史记录

弹出【清除浏览数据】对话框，勾选想要删除的内容的复选框，单击【清除】按钮，即可删除浏览的历史记录。

技巧 2 ● 识别网购交易中的卖家骗术

随着网络交易的增多，网络诈骗频频发生。骗子卖家利用买家喜欢物美价廉的商品的心理，发布一些价格特别低的商品，比较常见的有虚拟充值卡、手机和数码相机等。

骗子卖家常会采用以下几种手段欺骗买家。

（1）等到买家拍下商品并付款后，骗子卖家会以各种理由使买家尽快确认收货。此时，买家千万不能听信骗子卖家的花言巧语，一定要等到收到货后再进行确认。

（2）骗子卖家以各种手段引诱买家使用银行卡支付。这里需要注意的是，买家一定要使用支付宝交易，以防上当。

（3）骗子卖家声称支持支付宝，引诱买家使用支付宝即时到账功能进行支付。对不认识的卖家，买家应谨慎使用这种功能。

第 10 章

网络聊天交友

本章视频教学时间 / 34 分钟

重点导读

当前，网络已成为人们交流的主要方式之一。无论是工作、学习还是生活，利用聊天软件，都可以简单、高效地实现信息传递。

学习效果图

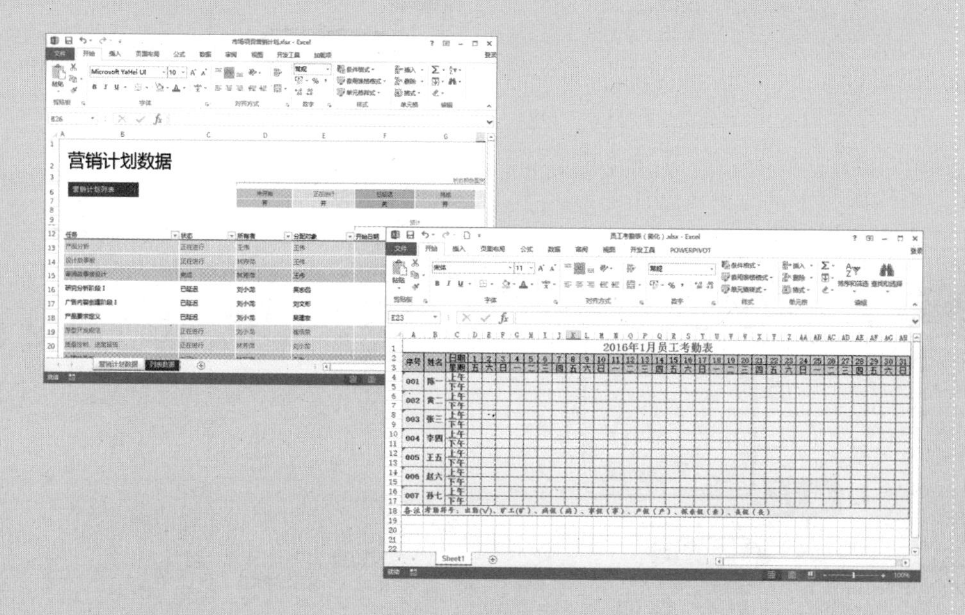

10.1 实例 1——聊 QQ

本节视频教学时间 / 16 分钟

腾讯 QQ 软件不仅有显示朋友在线信息、即时传送信息、即时交谈、即时传输文件等功能，还具有发送离线文件、超级文件、聊天室、共享文件、QQ 邮箱、游戏、网络收藏夹和发送贺卡等功能。

10.1.1 申请 QQ 账号

在使用 QQ 聊天之前，需要注册 QQ 账号。

1 下载并安装 QQ

下载 QQ 程序，安装完成后，双击桌面上的 QQ 快捷图标，打开【腾讯 QQ】登录界面，单击【注册账号】超链接。

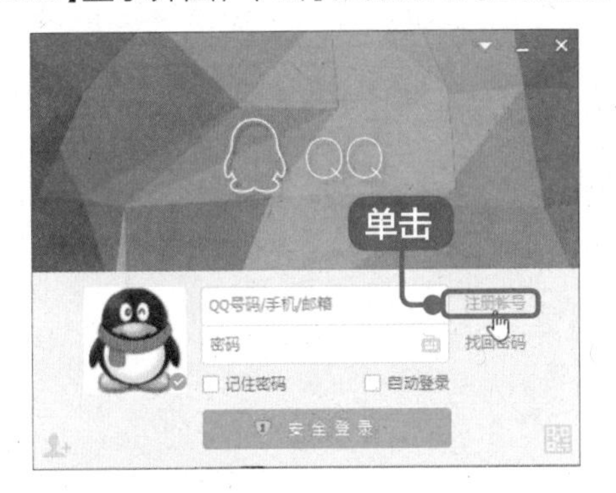

2 注册 QQ

系统自动打开 IE 浏览器，并进入“QQ 注册”页面，选择【QQ 账号】选项，在右侧的窗格中输入相关的信息，单击【立即注册】按钮。

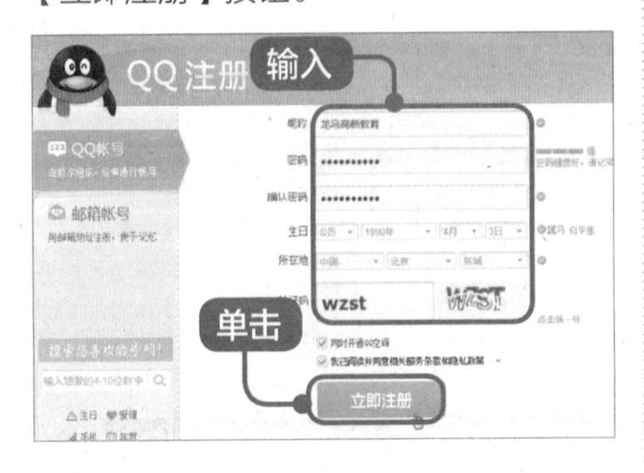

3 获取免费验证码

在【手机号码】文本框中输入手机号，并单击【获取免费验证码】按钮，将收到的验证码输入【验证码】文本框中，单击【提交验证码】按钮。

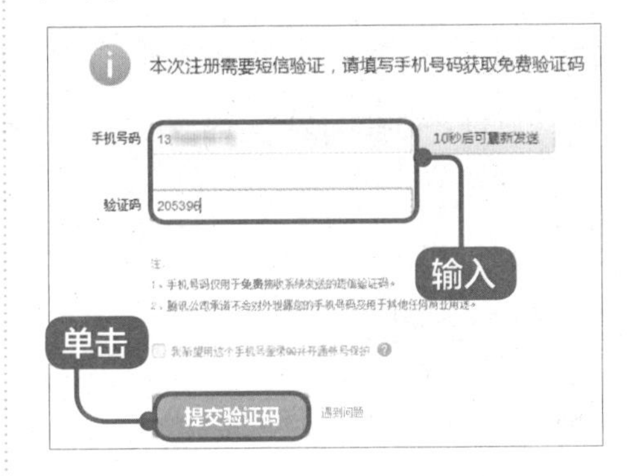

4 申请成功

申请成功后，即可得到一个 QQ 号码，如下图所示。

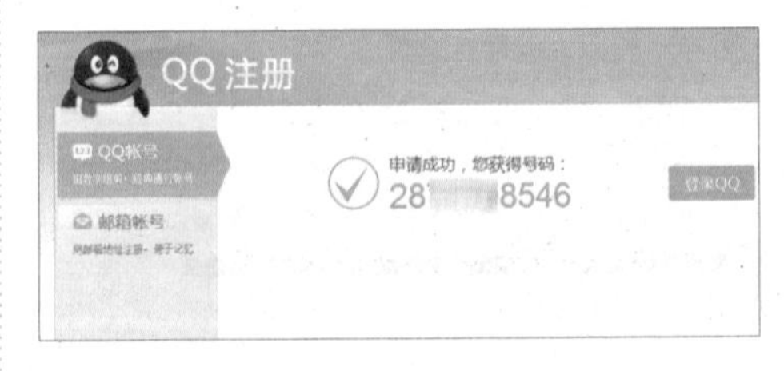

10.1.2 登录 QQ

成功申请 QQ 账号后，用户即可使用该账号登录 QQ。

1 输入 QQ 账号及密码

打开 QQ 登录界面，输入已申请到的 QQ 账号及密码，单击【安全登录】按钮。

> **提示**
> 勾选【记住密码】复选框，在下次登录 QQ 时就不需要输入密码，不过不建议在陌生人电脑或公共场所中勾选该选项。勾选【自动登录】复选框，在下次启动 QQ 软件时，会自动登录这个 QQ 账号。

2 登录 QQ

信息验证成功后，即可登录到 QQ 的主界面。

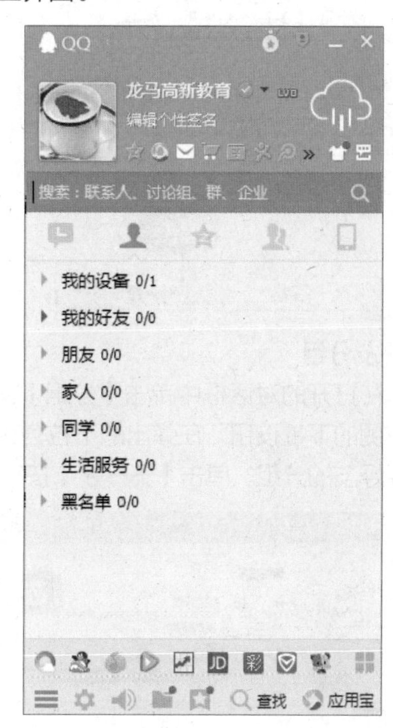

10.1.3 添加 QQ 好友

首次登录的 QQ 号是没有好友的，需要添加好友并且得到对方同意之后，才可以与好友交流。

1 单击【查找】按钮

在 QQ 的主界面中，单击【查找】按钮 查找 。

2 添加好友

弹出【查找】对话框，选择【找人】项，在搜索文本框中输入账号或昵称，单击【查找】按钮，在【查找联系人】下方将显示查询结果，单击右侧的【添加好友】按钮 + 好友 。

3 单击【下一步】按钮

弹出添加好友对话框，输入验证信息，单击【下一步】按钮。

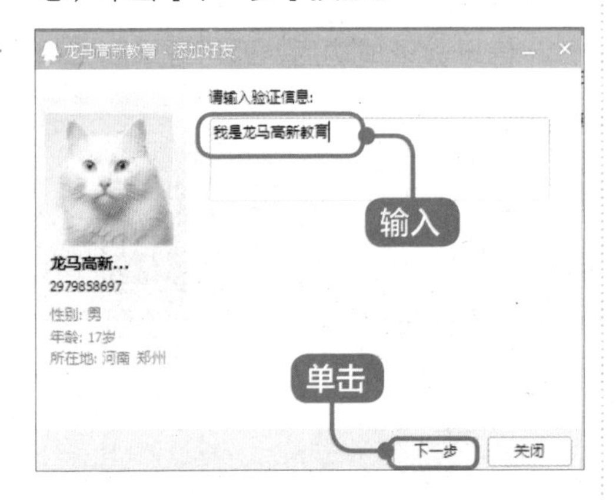

4 好友分组

在打开的对话框中单击【分组】文本框右侧的下拉按钮，在弹出的下拉列表中选择好友的分组，单击【下一步】按钮。

5 单击【完成】按钮

好友添加请求将会自动发送，单击【完成】按钮。

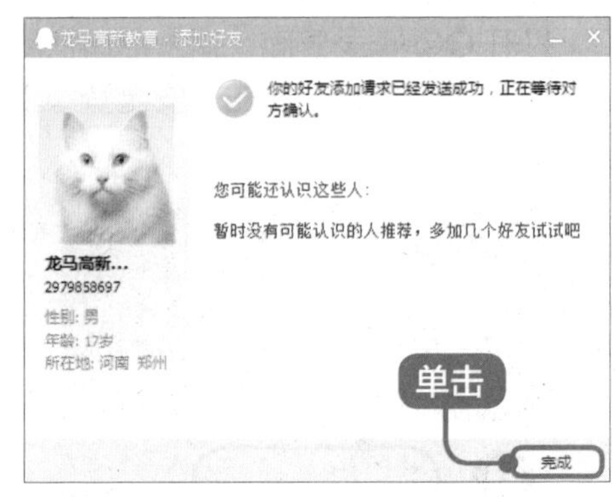

6 打开聊天界面

好友接受请求后系统将会给出提示，打开聊天界面，此时即可发送消息与好友聊天了。

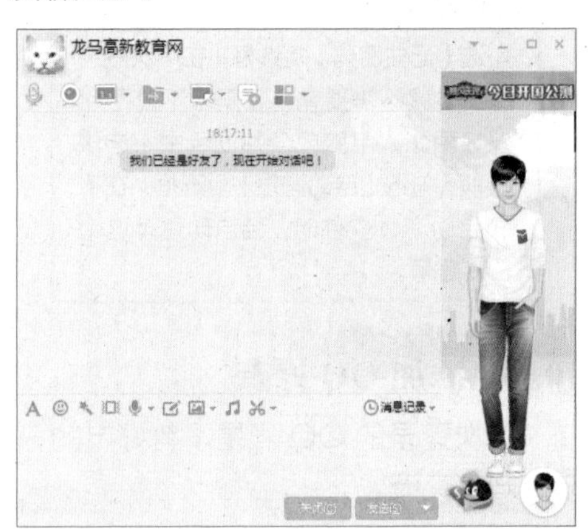

10.1.4 与好友聊天

好友添加完成后，即可与之聊天。

1. 发送文字消息

收 / 发信息是 QQ 最常用且最重要的功能，实现信息收 / 发的前提是用户拥有一个自己的 QQ 号和至少一个发送对象（即 QQ 好友）。

双击好友头像，打开即时聊天窗口，输入要发送的信息，单击【发送】按钮即可。

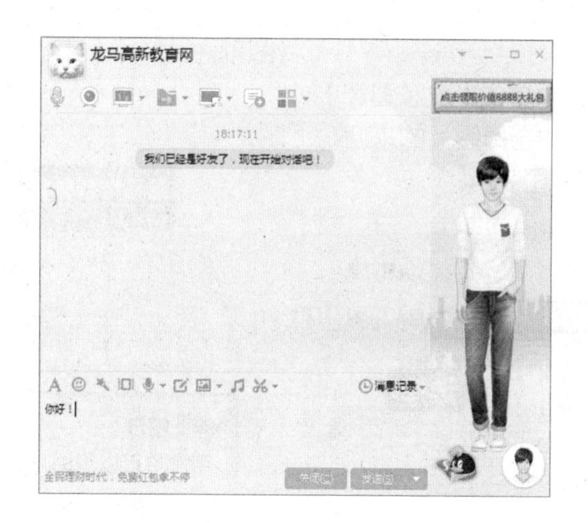

2. 发送表情

发送表情的操作步骤如下。

1 选择表情

在即时聊天窗口中单击【选择表情】按钮，弹出系统默认的表情库，单击选择需要发送的表情，如下图所示的微笑图标。

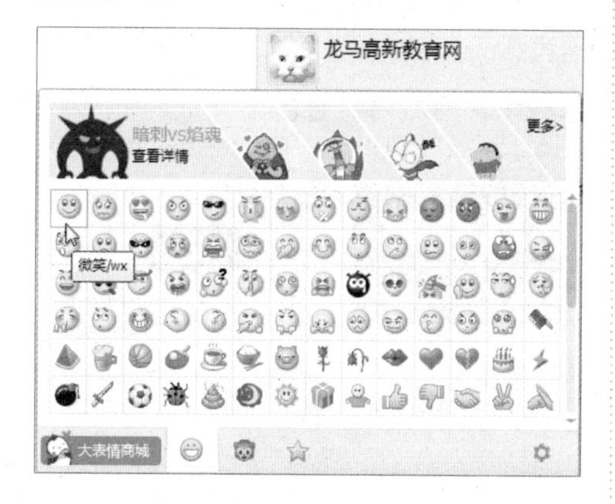

2 发送表情

单击【发送】按钮，即可发送表情。

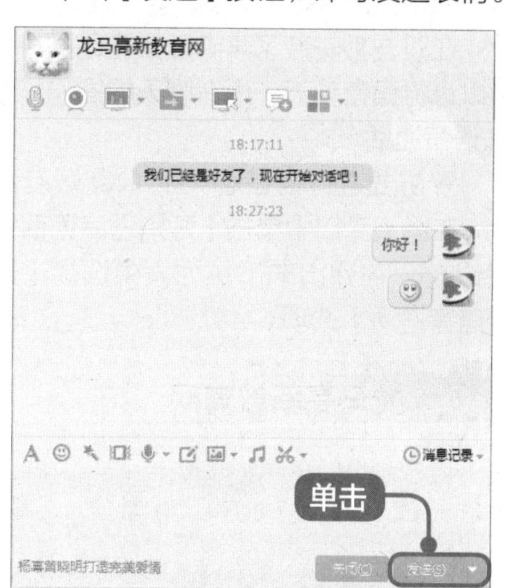

3. 发送图片

在 QQ 上，我们可以将电脑或相册中的图片分享给好友，发送图片的操作步骤如下。

1 发送图片

在即时聊天窗口中单击【发送图片】按钮，在弹出的菜单中选择图片的来源，这里选择【发送本地图片】。

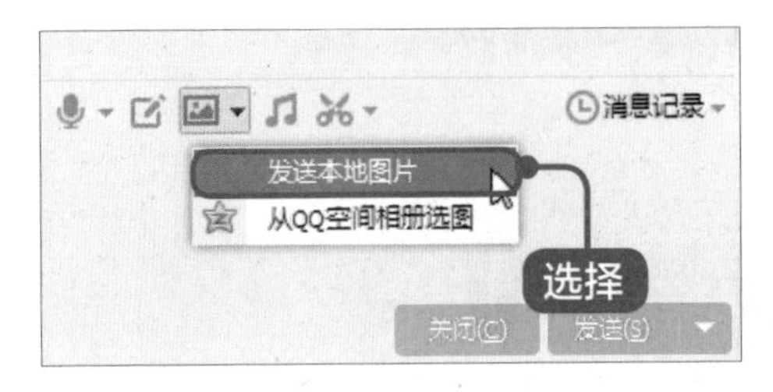

2 单击【发送】按钮

选择好图片后，单击【发送】按钮即可。

> **提示**
> 用户也可以将图片或文字复制并粘贴到信息输入框中，进行发送。

10.1.5 语音和视频聊天

QQ 软件不仅支持用户通过手动输入文字和图像的方式与好友进行交流，还支持语音与视频的聊天方式。

在双方都安装了声卡及其驱动程序，并配备音箱或者耳机、麦克风的前提下，才可以进行语音聊天。语音聊天的操作步骤如下。

1 语音通话

双击要进行语音聊天的 QQ 好友头像，在聊天窗口中单击【开始语音通话】按钮，在弹出的下拉列表中选择【开始语音通话】选项。

2 结束语音聊天

QQ 软件即可向对方发送语音聊天请求。如果对方同意语音聊天，系统将提示已经和对方建立了连接，此时用户可以调整麦克风和扬声器的音量大小，并进行通话。单击【挂断】按钮可结束语音聊天。

如果双方好友都安装了摄像头，则可以进行视频聊天。视频聊天的操作步骤如下。

1 视频会话

双击要进行视频聊天的 QQ 好友头像，在打开的聊天窗口中单击【开始视频通话】按钮，在弹出的下拉列表中选择【开始视频会话】选项。

2 进行聊天

QQ 软件即可向对方发送视频聊天请求。如果对方同意视频聊天，系统会提示已经和对方建立了连接，并显示对方的头像。如果没有安装摄像头，则不会显示任何信息，但可以进行语音聊天。

10.1.6 使用 QQ 发送文件

使用 QQ 可以给对方传送文件，文件可以使用在线传送，也可以使用离线传送。

1. 在线发送文件

在线发送文件指在双方好友都在线的情况下，对文件进行实时发送和接收。

1 打开聊天对话框

打开聊天对话框，将要发送的文件拖曳到信息输入框中。

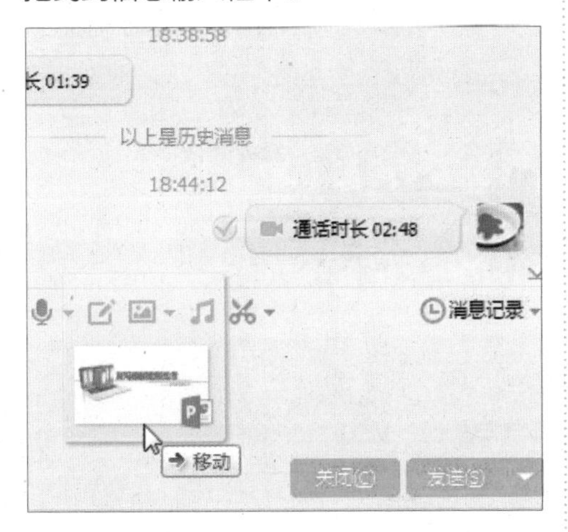

2 发送文件

即可看到文件显示在发送列表中，等待对方的接收。

2. 离线发送文件

离线发送文件指通过服务器中转的方式将文件发送给好友。不管对方是否在线，系统都可以完成文件的发送，并且提高了上传和下载速度。发送离线文件的方法主要有两种。

方法 1：在线传送时，单击【转离线发送】链接。

方法 2：选择【传送文件】列表中的【发送离线文件】选项，即可发送离线文件。

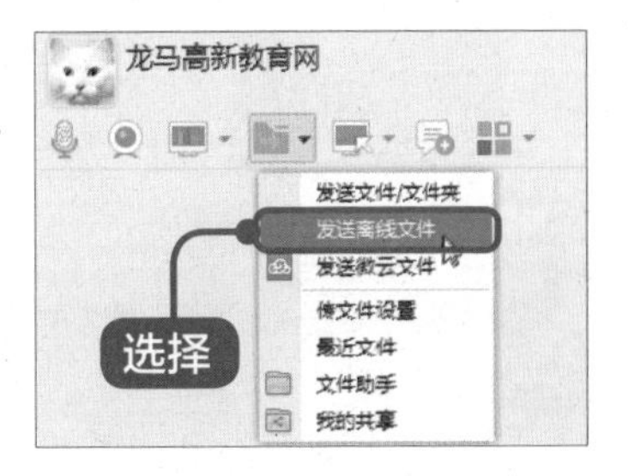

10.1.7 创建讨论组

如果用户需要跟多个好友共同讨论问题或是一起聊天，可以使用 QQ 软件的讨论组功能。讨论组是一个人数上限为 20 人的临时性对话组。用户可以将多个好友集合在一个讨论组中一起聊天。创建讨论组的操作步骤如下。

1 创建讨论组

在【聊天】对话框中单击【创建讨论组】按钮。

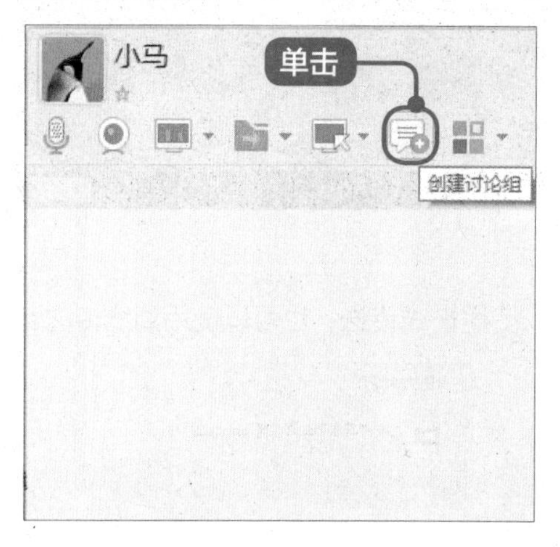

2 添加成员

弹出【创建讨论组】对话框，单击要添加的成员，然后单击【确定】按钮。

3 进行多人聊天

弹出新建的讨论组窗口，在输入框中输入文字或表情，单击【发送】按钮，即可在讨论组中进行聊天。在讨论组中的每位好友都可以发送聊天内容，所有在讨论组中的好友都能看到讨论组内发送的聊天内容。

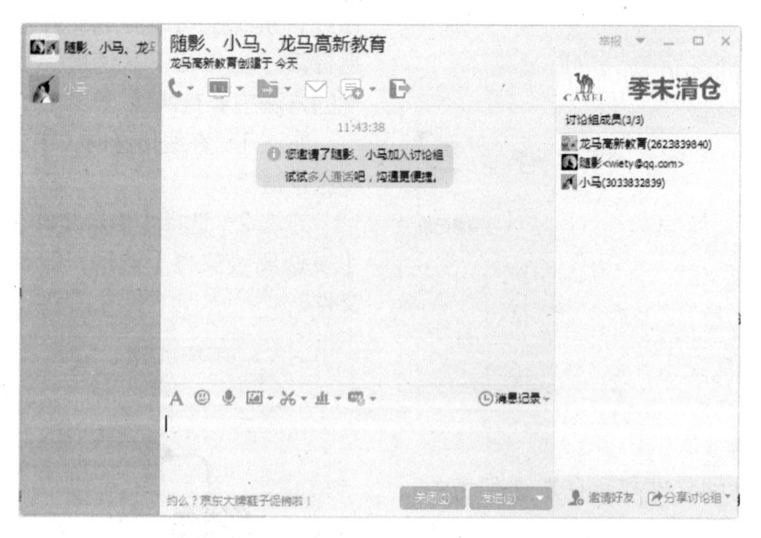

10.1.8 管理 QQ 好友

在 QQ 的使用过程中，我们都会管理软件内的好友，如添加分组、移动好友 、删除好友等操作，下面主要介绍如何管理 QQ 好友。

1. 分组管理

除了可以添加软件自带的分组外，用户还可以自定义分组。自定义分组的操作步骤如下。

1 打开 QQ 主界面

打开 QQ 主界面，在自带分组的名称上单击鼠标右键，在弹出的快捷菜单中选择【添加分组】命令。

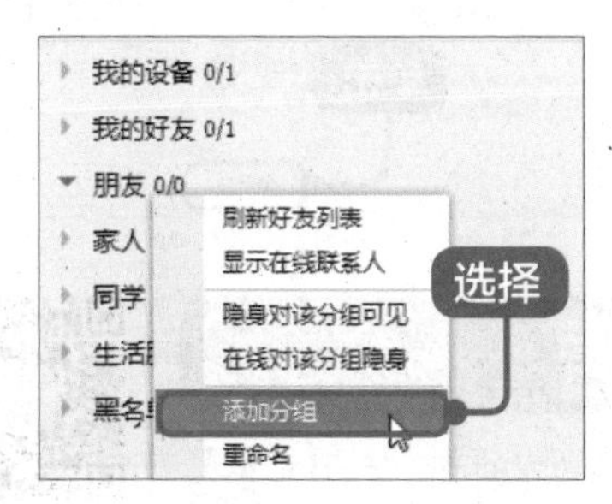

2 输入分组名称

在弹出的文本框中输入分组的名称，这里输入“同事”，按【Enter】键确认。

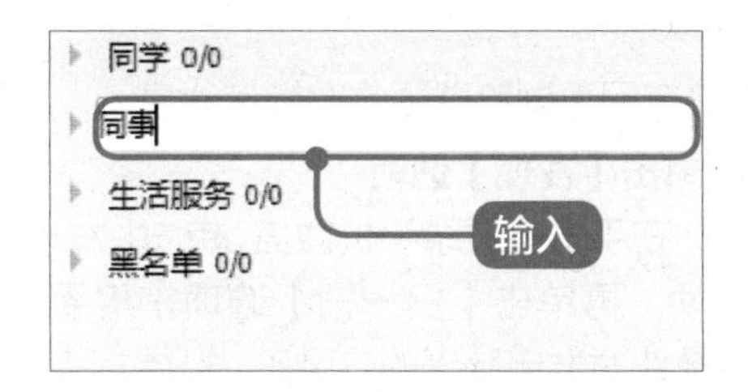

2. 移动好友

将好友从一个分组移动到另一个分组的具体操作步骤如下。

1 选择好友

选择要移动的好友，将其拖曳至新建分组中。也可以用鼠标右键单击需要分组的好友，在弹出的快捷菜单中选择【移动联系人至】➢【同事】命令。

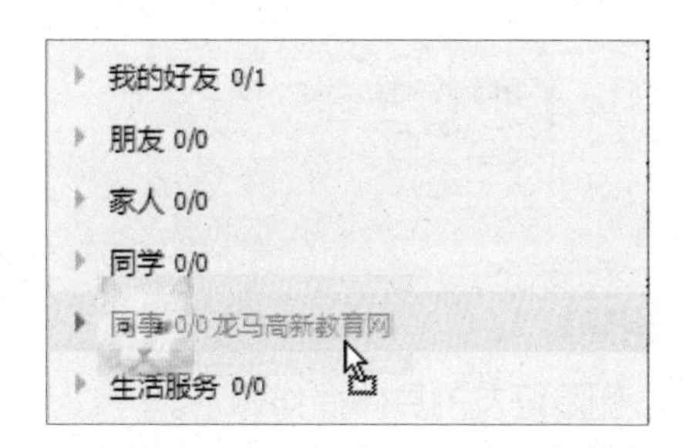

2 选择【同事】分组

选择的好友被添加到【同事】分组中。

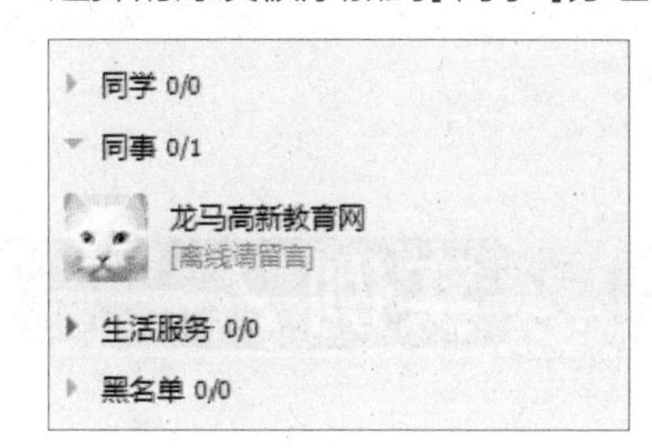

3. 生成桌面快捷方式

可以将好友图标发送到桌面，以便以后快速发起与该好友的聊天。

1 选择【好友管理】选项

选择好友并单击鼠标右键，在弹出的快捷菜单中选择【好友管理】➢【生成桌面快捷方式】命令。

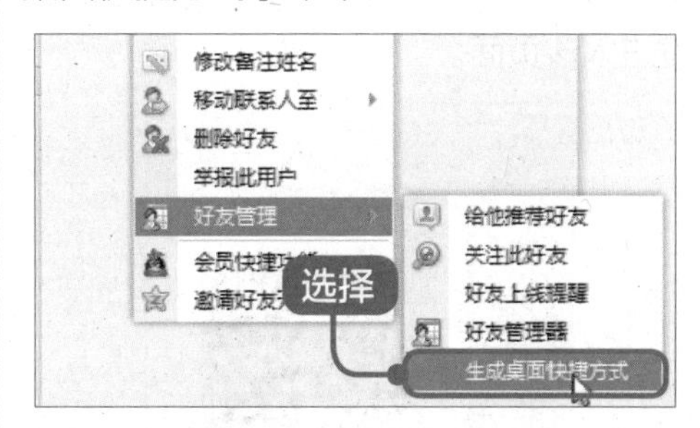

2 发送到桌面

即可将好友图标发送到桌面上，生

成快捷方式，双击该图标，即可打开聊天对话框。

4. 删除好友

删除好友的具体操作如下。

1 选择【删除好友】命令

选择需要删除的好友，单击鼠标右键，在弹出的快捷菜单中选择【删除好友】命令。

2 单击【确定】按钮

弹出【删除好友】对话框，单击【确定】按钮。

10.2 实例 2—— 玩微信

微信是腾讯公司推出的一款即时聊天工具，可以通过网络发送语音、视频、图片和文字等。除了在手机上玩微信外，也可以通过微信网页版和微信电脑版玩微信。

10.2.1 微信网页版

微信网页版主要是在网页上登录微信，直接在网页浏览器中收发微信消息。

1 打开浏览器

打开浏览器，在地址栏中输入微信网页版网址“wx.qq.com”，按【Enter】键进入该页面。

2 单击【发现】选项

在手机上登录手机微信，单击【发现】选项，再单击【扫一扫】选项，将手机摄像头对准电脑上的二维码，开始扫描。

3 登录确认

扫描识别后，微信会弹出【网页版微信登录确认】字样，如下图所示。

4 登录网页版微信

单击【登录】按钮即可登录网页版微信，下图所示即为网页版微信主界面。

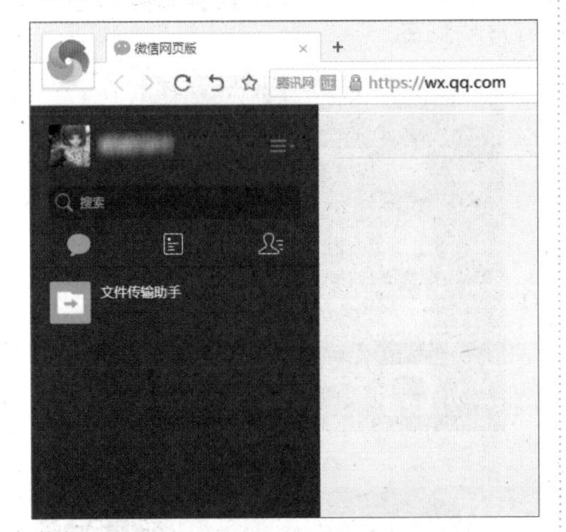

5 跟好友聊天

单击【通讯录】按钮，在联系人列表中单击好友昵称，在网页版微信的右侧会显示好友的信息，单击【发消息】按钮即可跟好友聊天。

6 发送消息

此时网页会切换到与该好友聊天的界面，在右下角的文本输入窗口中输入聊天内容，按【Enter】键或单击【发送】按钮即可发送消息。

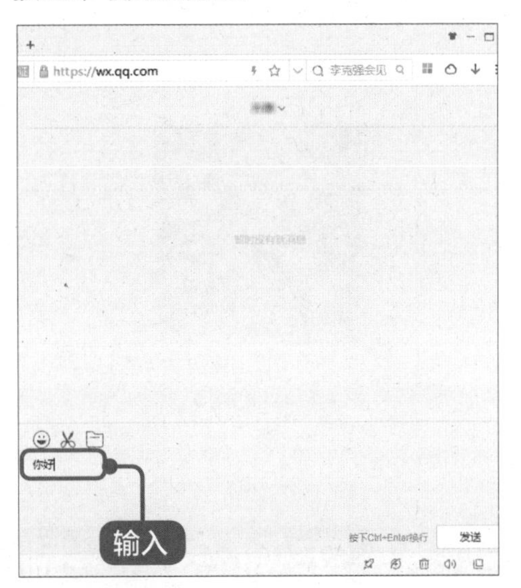

7 退出登录

如果要退出微信，单击左上角的【菜单】选项，从弹出的菜单中选择【退出】命令即可。

> **提示**
> 用户也可以打开手机版微信，单击【退出网页微信】按钮退出。

10.2.2 微信电脑版

微信电脑版和网页版功能基本相同，只不过一个是在客户端中登录，另一个是在网页浏览器中登录，下面就来看一下微信电脑版的使用方法。

1 打开微信网站

打开微信网站，下载并安装Windows客户端，然后运行该软件，显示二维码验证界面。

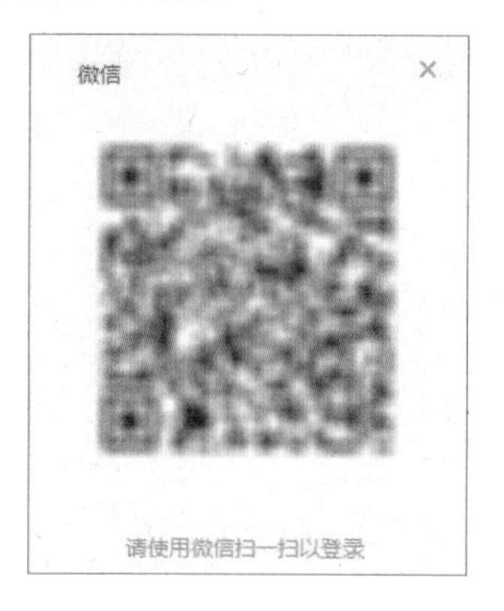

2 单击【通讯录】按钮

用户可以参照网页版验证方式，登录Windows电脑版微信，进入其聊天界面。此时即可查看公众账号推送的消息，或者和单击【通讯录】按钮，发起和好友的聊天。

10.3 实例3——刷微博

本节视频教学时间 / 7 分钟

如果说博客相当于人们的日记本，那么微博就相当于人们的便利贴。用户可以通过Web、WAP及各种客户端组件编辑140字以内的文字来发表日常信息。常用的微博有腾讯微博、新浪微博、网易微博等。利用微博，用户可以随时随地地记录生活，分享新鲜事。

10.3.1 发布微博

微博开通之后，就可以在微博中发表微博言论了。在新浪微博中发表自己的言论的操作步骤如下。

1 登录微博页面

登录自己的微博页面，在【有什么新鲜事想告诉大家？】文本框中输入自己的新鲜事，如最近的心情、遇到的好笑的事情等，然后单击【发布】按钮。

2 发布言论

在【我的微博】主页下方显示已发布的言论。

提示

也可以按键盘上的【N】键，弹出【发布】对话框，在【有什么新鲜事想告诉大家？】文本框中输入想要说的话，单击【发布】按钮，即可发布微博。

10.3.2 添加关注

在微博开通之后，可以添加自己想要关注的人，具体的操作步骤如下。

1 单击【搜索】按钮

打开新浪微博首页，单击顶部的【搜索】按钮。

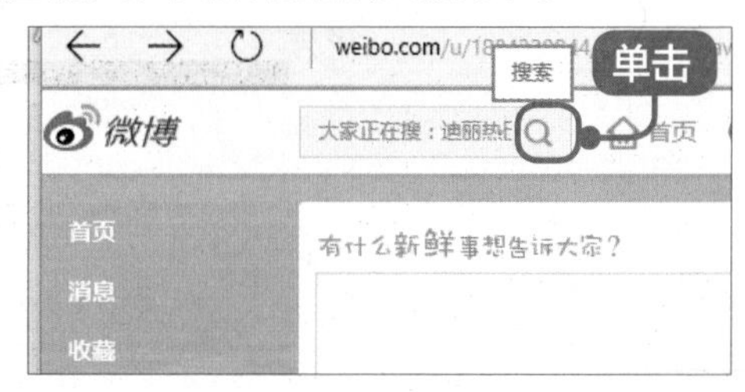

2 单击【找人】链接

在打开的搜索页面中，将要添加为关注的人的昵称或微博账号输入到文本框中。这里输入“龙马数码”，然后单击【找人】链接。在搜索的列表中，在需要关注的账号后面，单击【加关注】按钮即可。

10.3.3 转发并评论

用户可以对自己感兴趣的微博发表评论或者进行转发，具体的操作步骤如下。

1 选择要转发的微博

选择要转发的微博，单击微博内容下面的【转发】超链接。

2 单击【转发】按钮

弹出【转发微博】对话框，在文本框中输入要评论的内容，然后单击【转发】按钮。

3 微博内容

此时即可看到微博首页中所转发的微博内容。

10.3.4 发起话题

用户也可以在微博中发起话题并与好友一起讨论，具体的操作步骤如下。

1 单击【话题】超链接

登录自己的微博页面，单击【有什么新鲜事想告诉大家？】文本框下面的【话题】超链接。

2 单击【插入话题】按钮

在弹出的信息框中单击【插入话题】按钮。

3 单击【发布】按钮

在【有什么新鲜事想告诉大家？】文本框中的两个“#XXXX#”符号之间输入想要说的话题，单击【发布】按钮，即可完成话题的发布。

高手私房菜

技巧 1 ● 一键锁定 QQ，保护隐私

在自己离开电脑时，如果担心别人看到自己的 QQ 聊天信息，除了可以关闭 QQ 外，还可以将其锁定，防止别人窥探 QQ 聊天记录，其操作方法如下。

1 打开 QQ 界面

打开 QQ 界面，按【Ctrl+Alt+L】组合键，弹出系统提示框，选择锁定 QQ 的方式，如可以选择 QQ 密码解锁，也可以选择输入独立密码解锁。选择完成后，单击【确定】按钮，即可锁定 QQ。

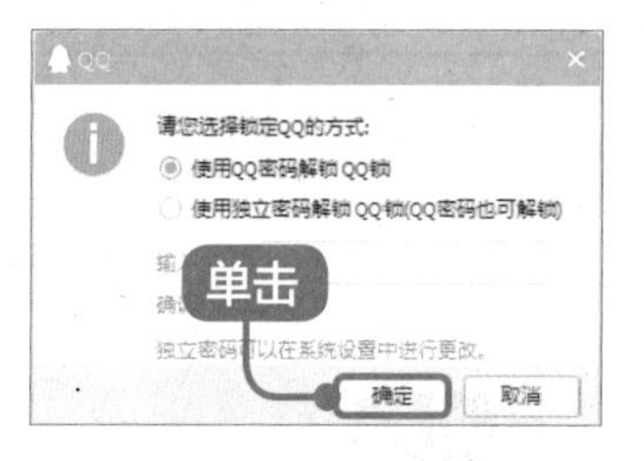

2 解锁 QQ

在 QQ 锁定状态下，将不会弹出新消息。再次单击【解锁】图标或者按【Ctrl+Alt+L】组合键，在密码框中输入解锁密码，按【Enter】键或者单击【确定】按钮即可解锁。

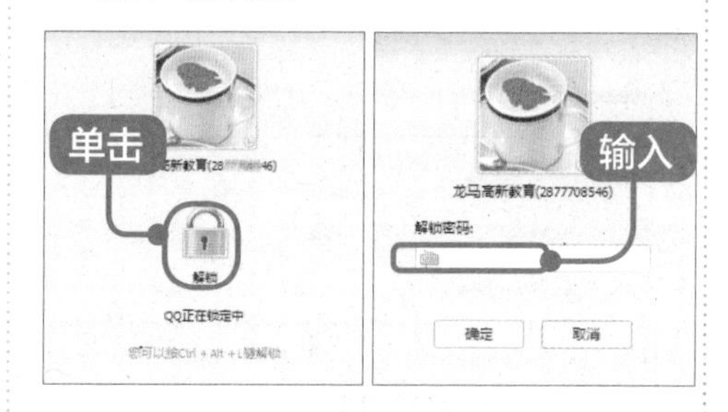

技巧 2 • 备份 / 还原 QQ 聊天记录

QQ 是最为常用的聊天工具，而 QQ 资料则是极为重要的数据，如用户信息、聊天资料和系统消息等，用户可以将其导入到电脑中进行备份。当 QQ 资料因软件卸载、系统重装等丢失时，可将备份的 QQ 资料重新导入到 QQ 中恢复历史聊天记录。

1 登录 QQ 主界面

登录到个人 QQ 主界面，单击【消息管理器】按钮，弹出【消息管理器】对话框，单击右上角的【工具】按钮，在弹出的菜单中选择【导出全部消息记录】命令。

2 单击【保存】按钮

在弹出的【另存为】对话框中，选择要保存的路径，设置文件名，然后单击【保存】按钮，即可保存至电脑中。打开刚刚选择的路径，可以查看保存的文件。

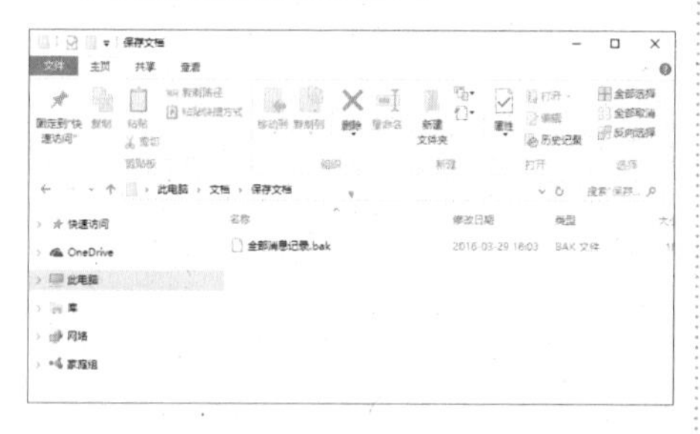

3 还原 QQ 聊天记录

如果要恢复聊天记录，可打开【消息管理器】对话框，单击右上角的【工具】按钮，在弹出的菜单中选择【导入记录】命令，根据提示进行导入操作，选择备份的 QQ 资料文件，然后单击【导入】按钮，即可将消息记录导入到 QQ 中。

第 11 章

使用 Word 处理文档

本章视频教学时间 /42 分钟

重点导读

Word 是最常用的办公软件之一，也是目前使用最多的文字处理软件。使用 Word 2013 可以方便地完成各种办公文档的制作、编辑以及排版等工作。

学习效果图

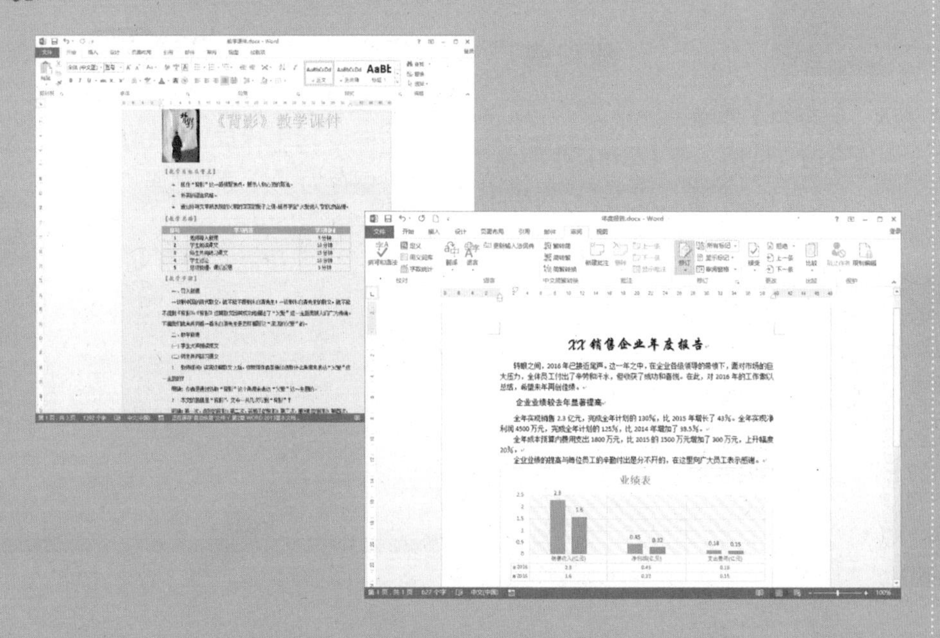

11.1 实例 1——制作公司内部通知

本节视频教学时间 / 8 分钟

通知是在学校、单位、公共场所经常看到的一种知照性公文。公司内部通知是一项仅限于公司内部人员知道或遵守的，为实现某一项活动或决策特制定的说明性文件，常用的通知还有会议通知、比赛通知、放假通知、任免通知等。

11.1.1 创建并保存 Word 文档

在制作公司内部通知前，首先需要创建一个 Word 文档，具体的操作步骤如下。

1 新建空白文档

在打开的 Word 文档中选择【文件】选项卡，在其列表中选择【新建】选项，在【新建】区域中单击【空白文档】选项，即可新建空白文档。

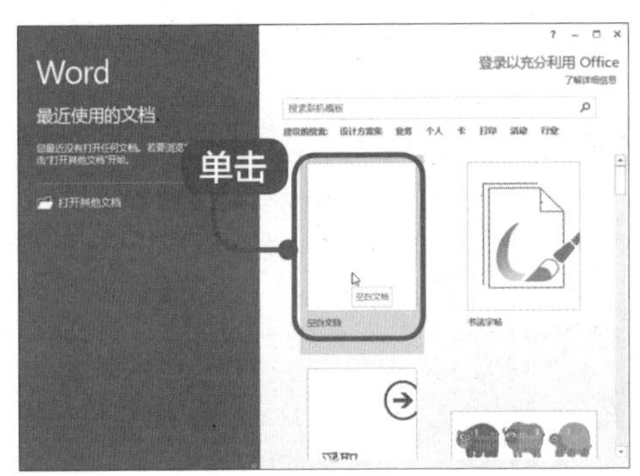

2 进入【另存为】界面

创建空白文档后，按【Ctrl+S】组合键，进入【另存为】界面，双击【计算机】选项。

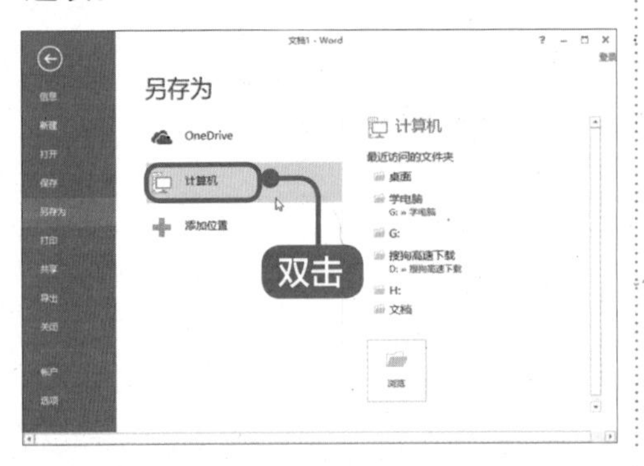

3 选择保存路径

弹出【另存为】对话框，选择要保存的路径，在【文件名】文本框中输入“公司内部通知”，单击【保存】按钮。

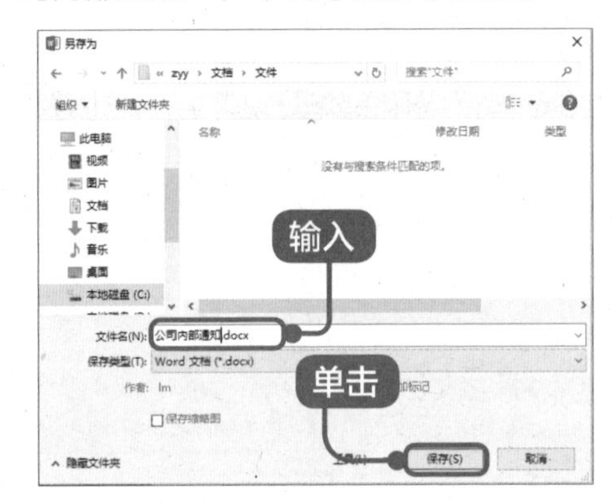

4 返回文档工作界面

返回文档工作界面，可以看到该文档已被保存为“公司内部通知”。

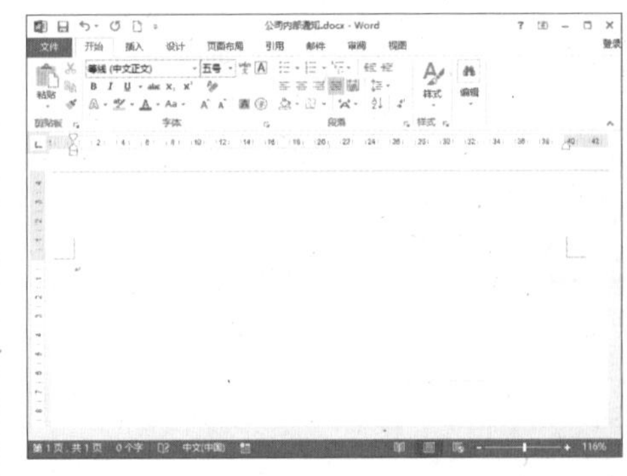

11.1.2 设置文本字体

字体外观的设置，直接影响到文本内容的阅读效果，美观大方的文本样式可以给人以简洁、清新、赏心悦目的阅读感觉。

1 复制内容

打开随书光盘中的“素材\ch011\公司内部通知 .txt”文件，将内容全部复制到 11.1.1 节中新建的 Word 文档中。

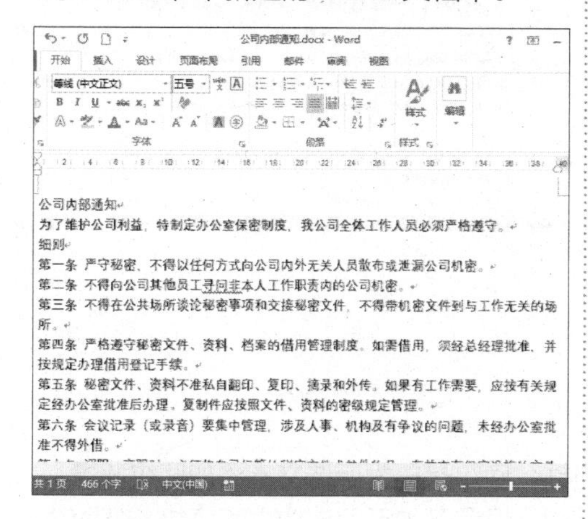

2 设置字体

选择“公司内部通知”文本，在【开始】选项卡的【字体】选项组中，设置【字体】为“方正楷体简体”，【字号】为“二号”，并“加粗”和“居中”显示。

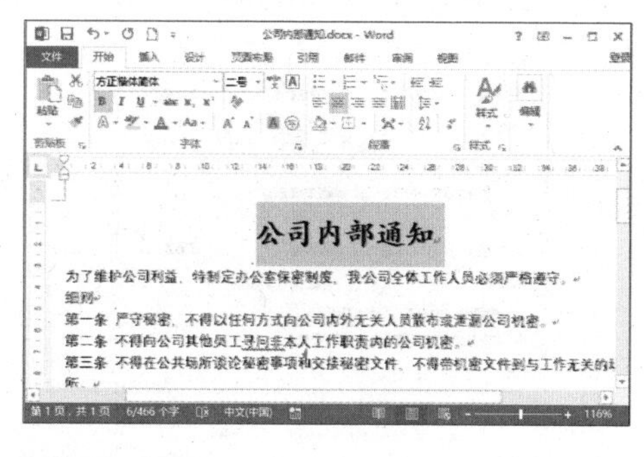

3 设置字体

使用同样的方法分别设置“细则”和“责任”的【字体】为“方正楷体简体”，【字号】为“小三”，并“加粗”和“居中”显示。

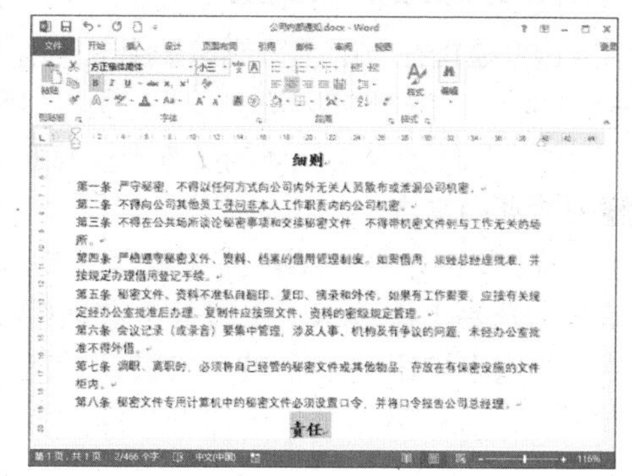

11.1.3 设置文本段落缩进和间距

段落样式是指以段落为单位所进行的格式设置。本节主要讲解如何设置段落的对齐方式、段落的缩进、行间距及段落间距等。

1 设置段落

选择正文的第 1 段内容，单击【开始】选项卡下【段落】选项组中的【段落设置】按钮，弹出【段落】对话框。分别设置【特殊格式】为“首行缩进”，【缩进值】为“2 字符”，【行距】为“1.5 倍行距”，然后单击【确定】按钮。

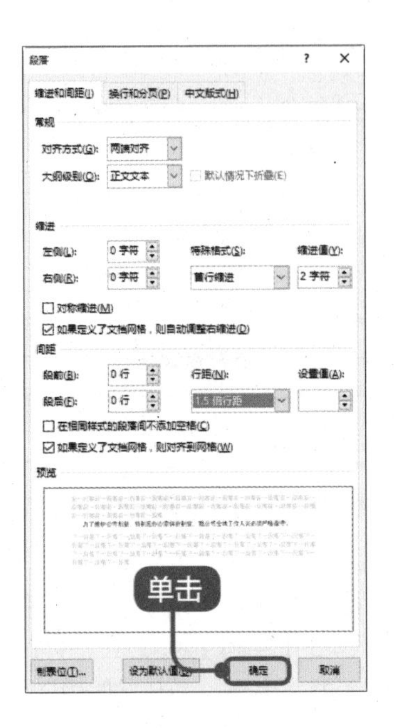

2 设置其他段落

使用同样的方法设置其他段落，最终效果如下图所示。

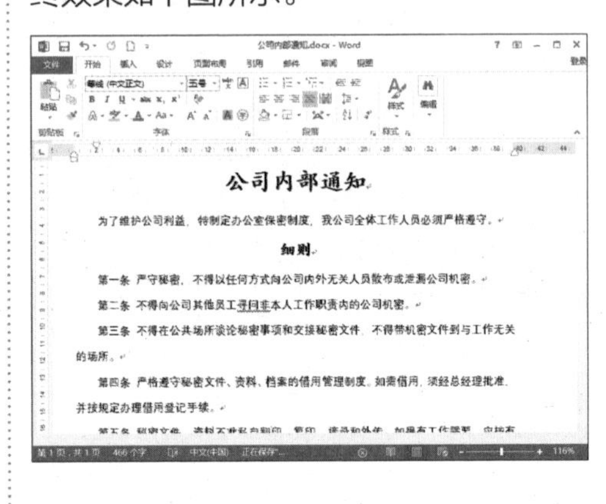

11.1.4 添加边框和底纹

边框是指在一组字符或句子周围应用边框；底纹是指为所选文本添加底纹背景。在文档中，为选定的字符、段落、页面以及图形设置各种颜色的边框和底纹，从而达到美化文档的效果。具体的操作步骤如下。

1 选中所有文本

按【Ctrl+A】组合键，选中所有文本，单击【开始】选项卡下【段落】选项组中【边框】按钮右侧的下拉按钮，在弹出的下拉列表中选择【边框和底纹】选项。

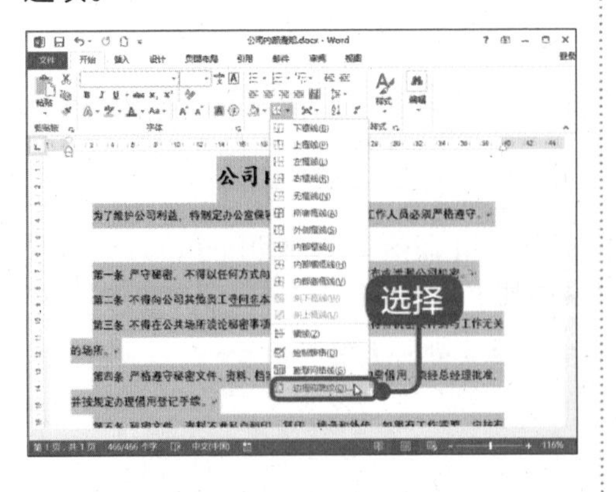

2 设置边框和底纹

弹出【边框和底纹】对话框，在【设置】列表中选择【阴影】选项，在【样式】列表中选择一种线条样式，在【颜色】列表中选择【浅蓝】选项，在【宽度】列表中选择【0.75 磅】选项。

3 选择颜色

选择【底纹】选项卡，在【填充】颜色下拉列表中选择【金色，个性色，淡色 80%】选项，单击【确定】按钮。

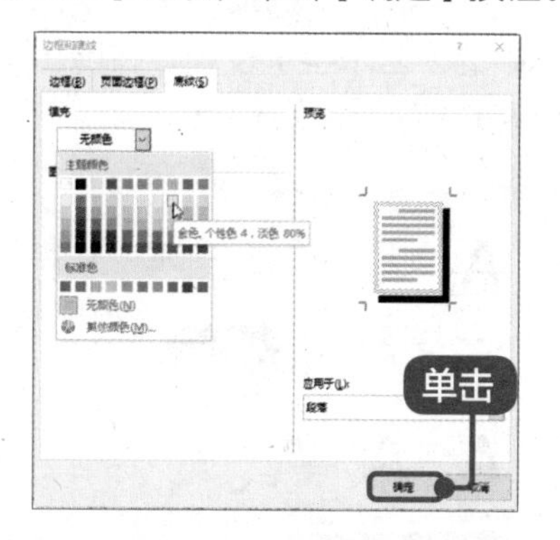

4 保存文档

文档的最终效果如下图所示，按【Ctrl+S】组合键保存该文档。

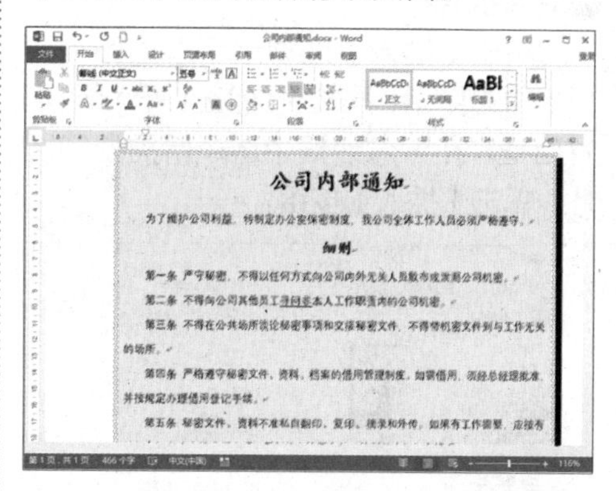

11.2 实例 2——制作教学课件

本节视频教学时间 / 13 分钟

教师在教学过程中经常需要制作教学课件。一般的教案内容较枯燥和繁琐，在这一节中，通过在文档中设置页面背景、插入图片等操作，制作更加精美的教学课件，使阅读者心情愉悦。

11.2.1 设置页面背景颜色

在 Word 2013 中可以通过添加水印来突出文档的重要性或原创性，还可以通过设置页面颜色以及添加页面边框来设置文档的背景，使文档更加美观。

1 新建空白文档

新建一个空白文档，保存为“教学课件.docx”，单击【设计】选项卡下【页面背景】选项组中的【页面颜色】按钮，在弹出的下拉列表中选择“灰色 -25%，背景 2”选项。

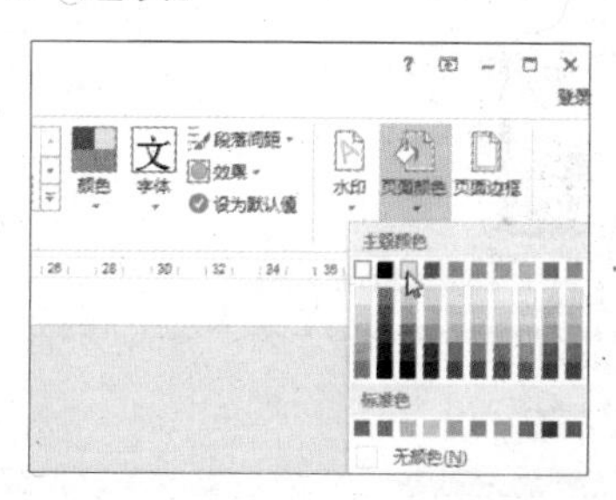

2 设置背景颜色

此时就将文档的背景颜色设置为“灰色”。

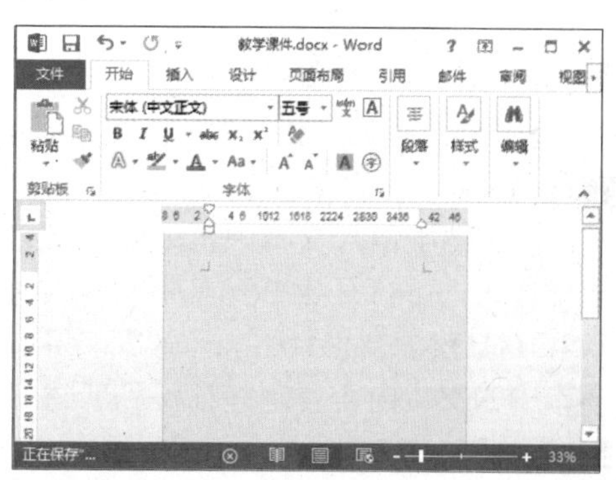

11.2.2 插入图片及艺术字

插入图片及艺术字的具体步骤如下。

1 选择图片

单击【插入】选项卡下【插图】选项组中的【图片】按钮，弹出【插入图片】对话框，在该对话框中选择所需要的图片，单击【插入】按钮。

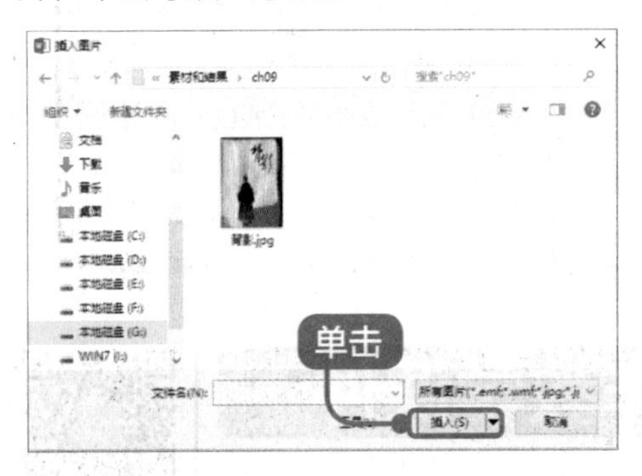

2 调整图片大小

此时就将图片插入到文档中，调整图片大小后的效果如下图所示。

3 选择艺术字样式

单击【插入】选项卡下【文本】选项组中的【艺术字】按钮，在弹出的下拉列表中选择一种艺术字样式。

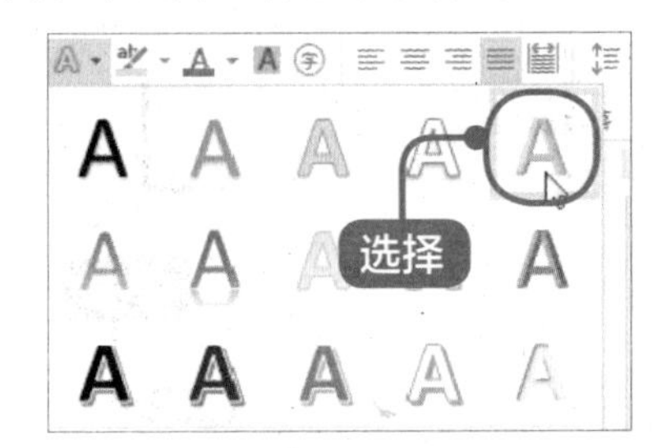

4 调整艺术字位置

在“请在此放置你的文字”处输入文字，设置【字号】为“小初”，并调整艺术字的位置。

11.2.3 设置文本格式

设置完标题后，就需要对正文进行设置，具体的操作步骤如下。

1 输入文本

在文档中输入文本内容（用户不必全部输入，可打开随书光盘中的“素材\ch011\教学课件.txt”记事本，将记事本中的文本内容复制并粘贴到新建文档中即可）。

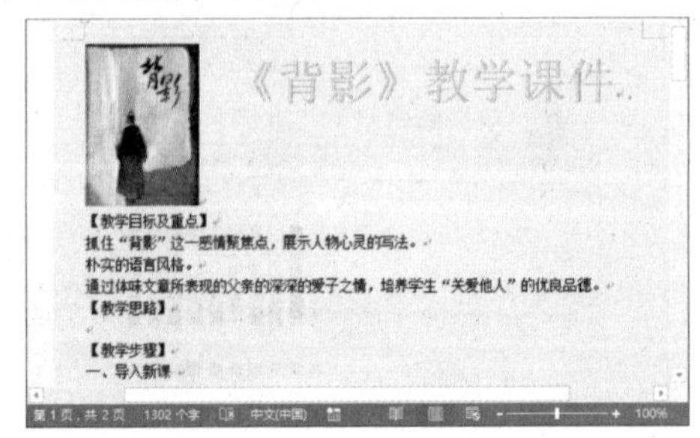

2 设置标题字体

将标题“教学目标及重点”“教学思路”“教学步骤”的字体格式设置为“华文行楷、四号、蓝色”。

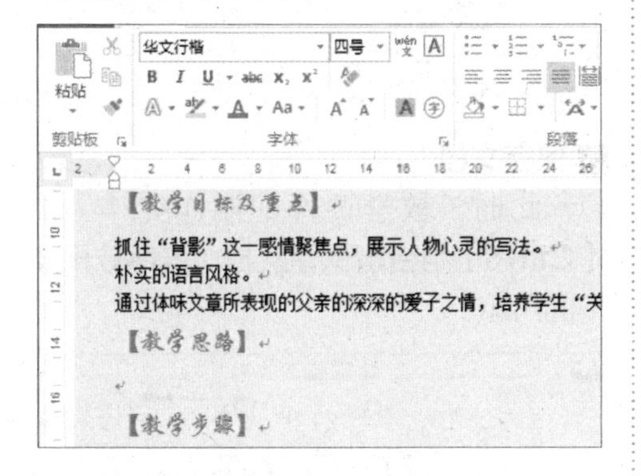

3 设置正文字体

将正文字体格式设置为“华文宋体、五号”，首行缩进设置为“2 字符”，行距设置为“1.5 倍行距”，效果如下图所示。

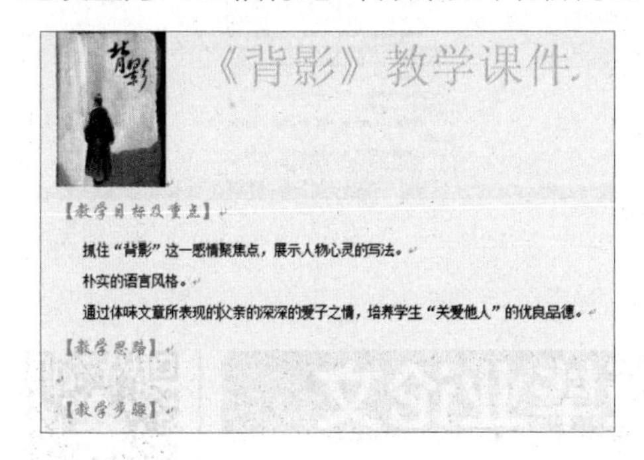

4 设置项目符号

为“教学目标及重点”标题下的正文设置项目符号，效果如下图所示。

5 设置编号

为“教学步骤”标题下的正文设置编号，效果如下图所示。

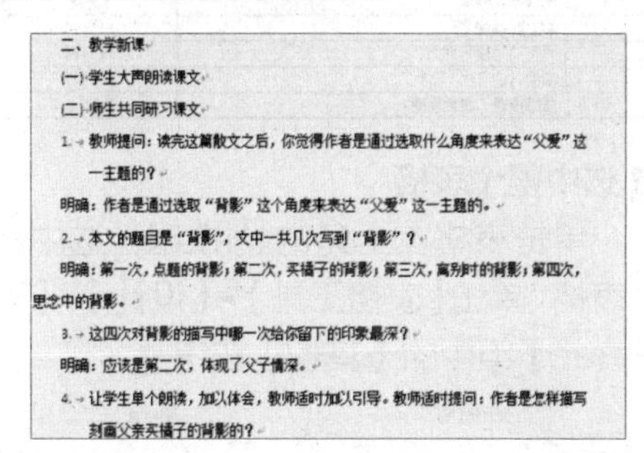

6 设置段落

添加编号后，多行文字的段落的段落缩进会发生变化，使用【Ctrl】键选择这些文本，然后打开【段落】对话框，将“左侧缩进”设置为“0”，“首行缩进”设置为“2 字符”。

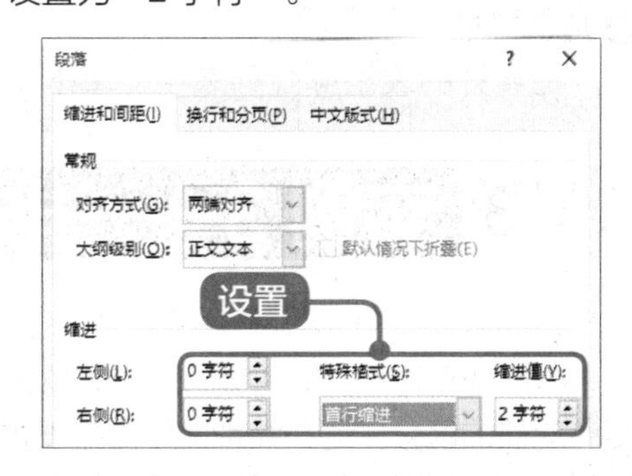

11.2.4 绘制表格

文本格式设置完后，可以为“教学思路”添加表格，具体的操作步骤如下。

1 插入表格

将鼠标光标定位至“教学思路”标题下，插入 3×6 表格，如下图所示。

2 调整表格列宽

调整表格列宽，并在单元格中输入表头和表格内容，然后将第 1 列和第 3 列设置为“居中对齐”，第 2 列设置为“左对齐”。

【教学思路】

序号	学习内容	学习时间
1	老师导入新课	5 分钟
2	学生朗读课文	10 分钟
3	师生共同研习课文	15 分钟
4	学生讨论	10 分钟
5	总结梳理，课后反思	5 分钟

3 选中整个表格

单击表格左上角的按钮，选中整个表格，单击【表格工具】➢【设计】➢【表格样式】组中的【其他】按钮。

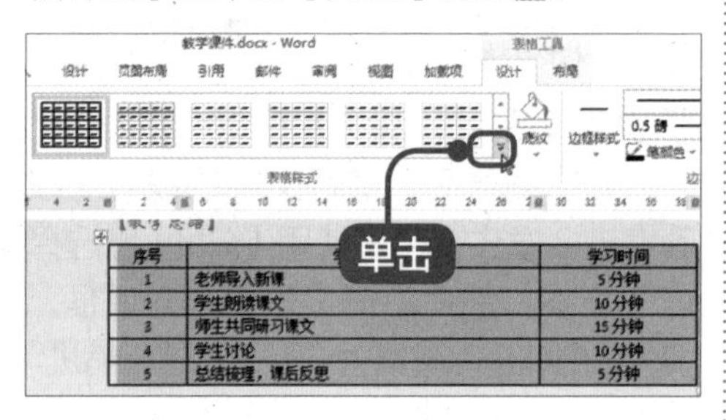

4 应用样式

在展开的表格样式列表中，单击并选择所应用的样式，效果如下图所示。

【教学思路】

序号	学习内容	学习时间
1	老师导入新课	5 分钟
2	学生朗读课文	10 分钟
3	师生共同研习课文	15 分钟
4	学生讨论	10 分钟
5	总结梳理，课后反思	5 分钟

【教学步骤】

一、导入新课

5 保存文档

此时，教学课件即制作完毕，按【Ctrl+S】组合键保存文档，最终效果如下图所示。

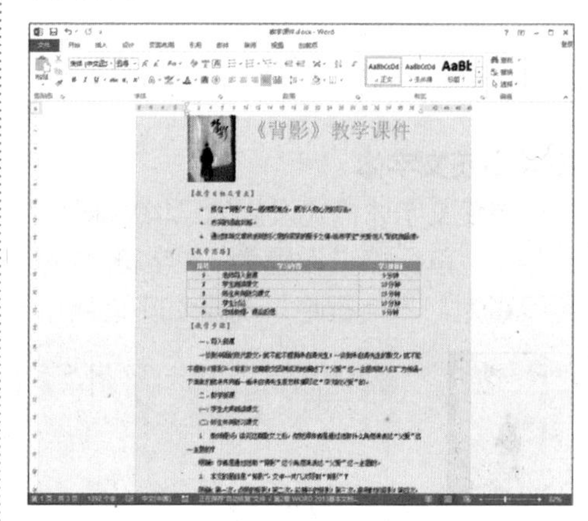

11.3 实例 3——排版毕业论文

本节视频教学时间 / 11 分钟

排版毕业论文时，需要注意的是文档中同一类别的文本的格式要统一，不同层次要有明显的区分，同一级别的段落应设置相同的大纲级别，需要单独显示的页面要单独显示，下图所示即为常见的论文结构。

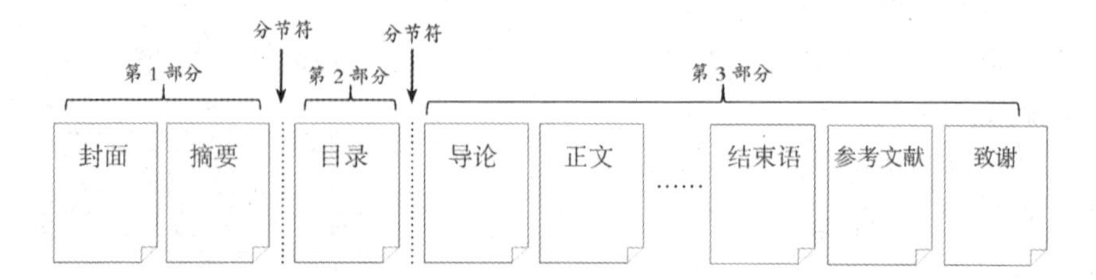

11.3.1 设计毕业论文首页

在制作毕业论文时，首先要为论文添加描述个人信息的首页。

1 插入空白页面

打开随书光盘中的“素材\ch011\毕业论文.docx”文档，将鼠标光标定位至文档最前面的位置，按【Ctrl+Enter】组合键，插入空白页面。

2 输入信息

选择新创建的空白页，在其中输入学校信息、个人信息和指导教师名称等信息。

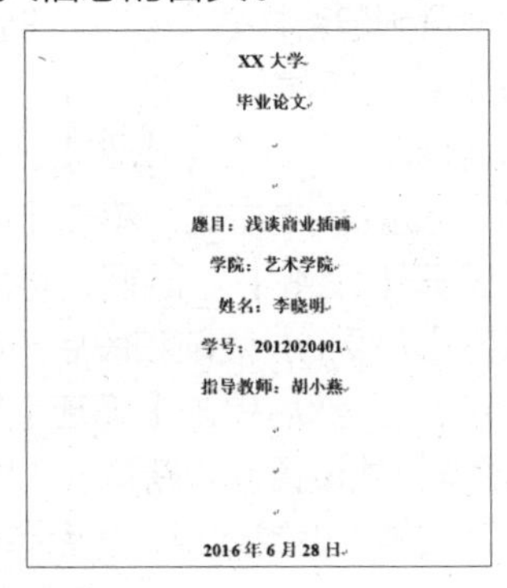

3 设置格式

分别选择不同的信息，并根据需要为不同的信息设置不同的格式，使所有的信息占满论文首页。

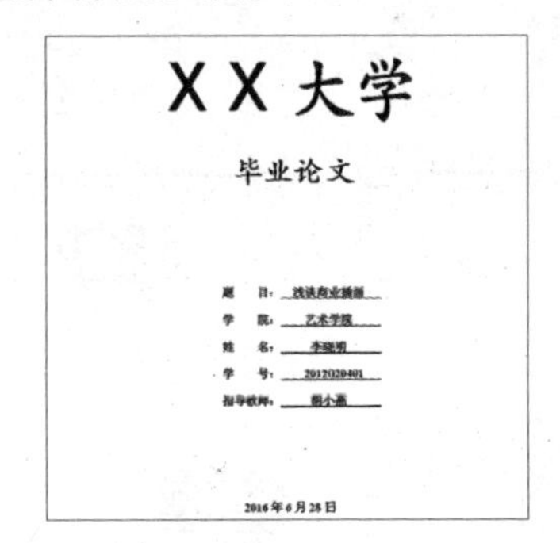

11.3.2 设计毕业论文格式

在撰写毕业论文时，学校会统一毕业论文的格式，学生需要根据提供的格式统一样式。

1 打开【样式】窗格

选中需要应用样式的文本，或者将插入符移至需要应用样式的段落内的任意一个位置，然后在【开始】选项卡的【样式】组中单击【样式】按钮，弹出【样式】窗格。

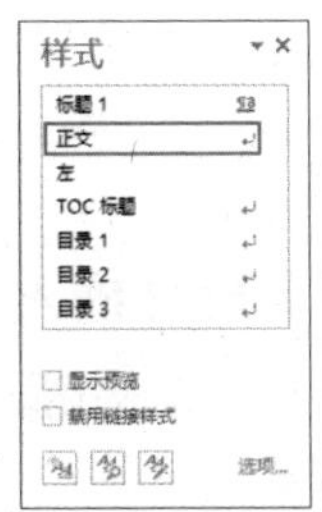

2 进行样式设置

单击【新建样式】按钮，弹出【根据格式设置创建新样式】窗口，在【名称】文本框中输入新建样式的名称，例如输入“论文标题 1”，在【属性】区域分别根据需求设置字体样式。单击【格式】按钮，打开【段落】对话框，将大纲级别设置为【1 级】，段前和段后间距设置为“0.5 行”，然后单击【确定】按钮，返回【根据格式设置创建新样式】对话框，在中间区域浏览设置效果，然后单击【确定】按钮。

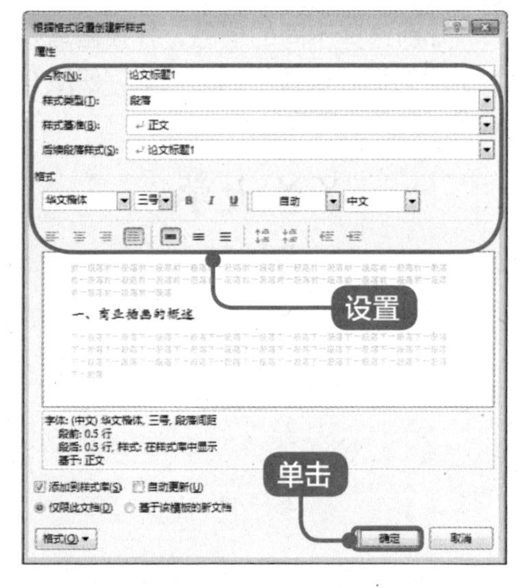

3 显示设置的效果

在【样式】窗格中可以看到创建的新样式，在文档中显示设置后的效果。

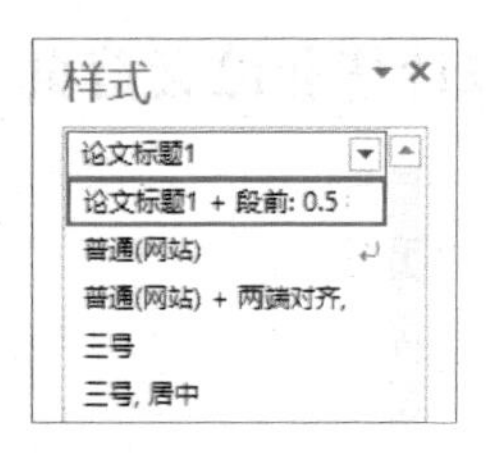

4 应用样式

选择其他需要应用该样式的段落，单击【样式】窗格中的【论文标题 1】样式，即可将该样式应用到新选择的段落。

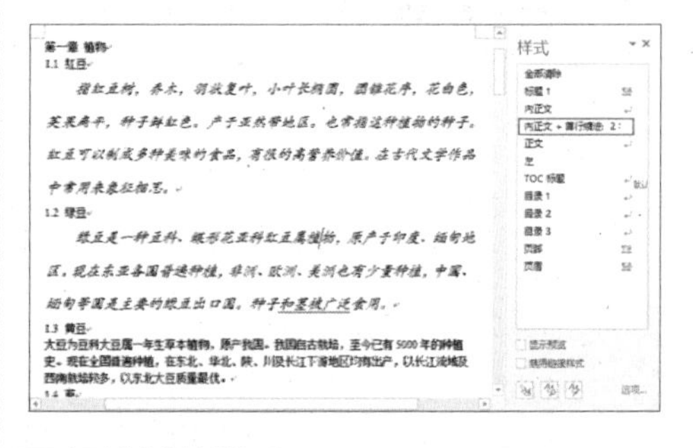

5 设计其他样式

使用同样的方法为其他标题及正文设计样式，最终效果如下图所示。

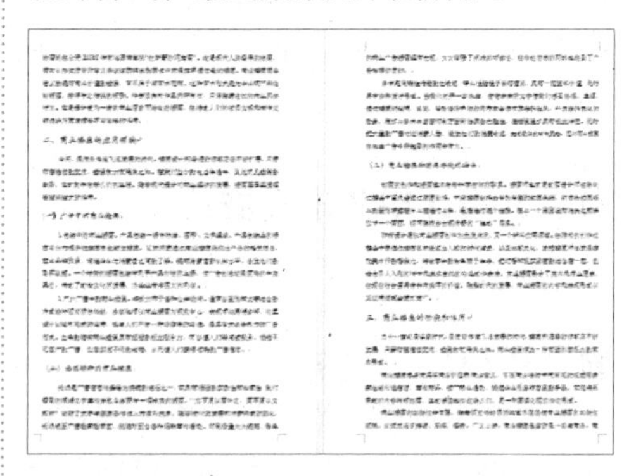

11.3.3 设置页眉并插入页码

在毕业论文中插入页眉和页码，使文档看起来更美观。

1 选择页眉样式

单击【插入】选项卡下【页眉和页脚】组中的【页眉】按钮，在弹出的【页眉】下拉列表中选择【空白】页眉样式。

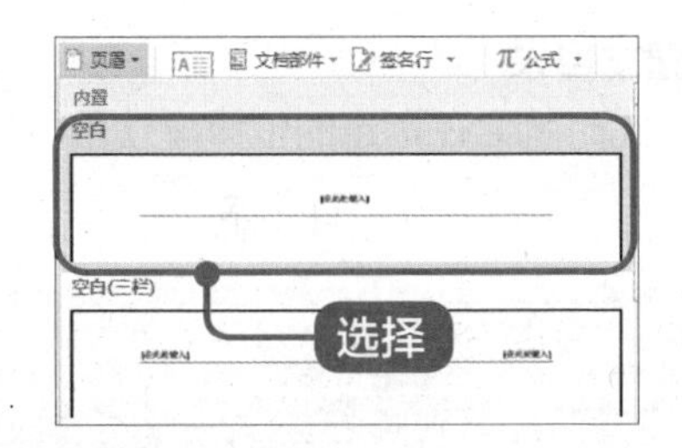

2 进行选择

在【设计】选项卡的【选项】选项组中选择【首页不同】和【奇偶页不同】复选框。

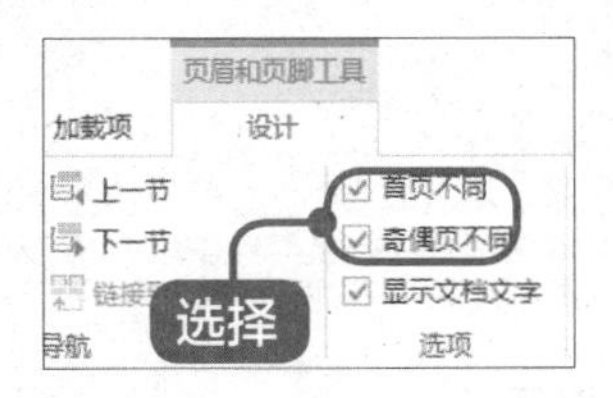

3 输入内容

在奇数页页眉中输入合适的内容，并根据需要设置字体样式。

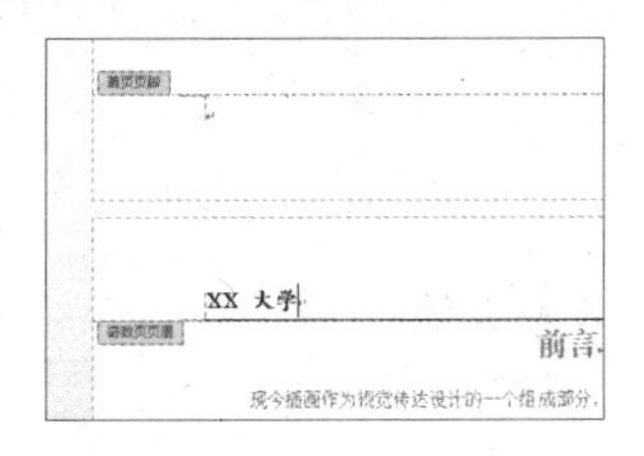

4 设置字体样式

创建偶数页页眉，并设置字体样式。

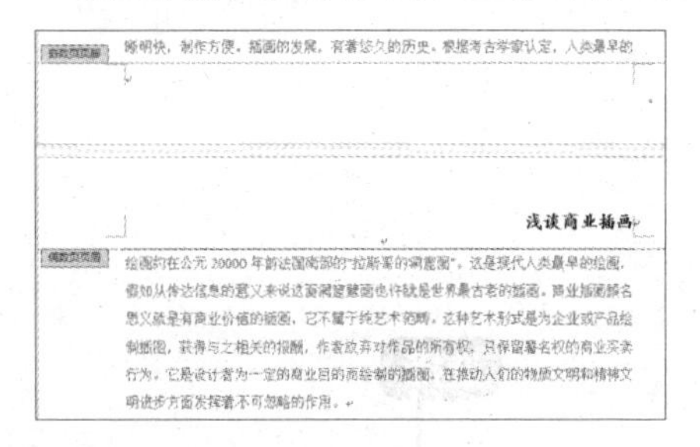

5 选择页码格式

单击【设计】选项卡下【页眉和页脚】选项组中的【页码】按钮，在弹出的下拉列表中选择一种页码格式，单击【关闭页眉和页脚】按钮。

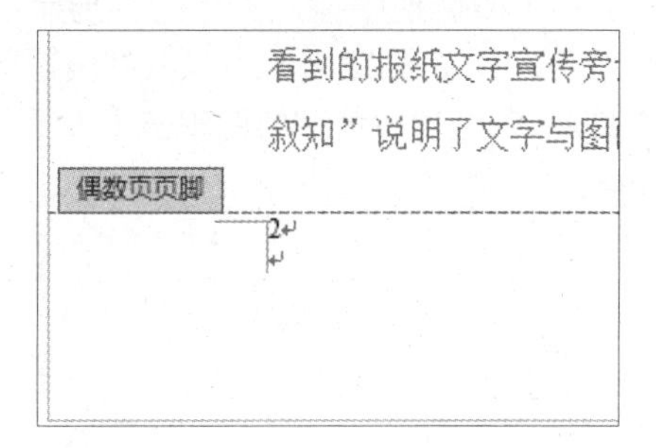

11.3.4 提取目录

论文格式设置完毕后，即可提取目录，具体的操作步骤如下。

1 输入“目录”文本

将鼠标光标定位至文档第 2 页面最前的位置，单击【插入】选项卡下【页面】选项组中的【空白页】按钮，添加一个空白页，在空白页中输入“目录”文本，并根据需要设置字体样式。

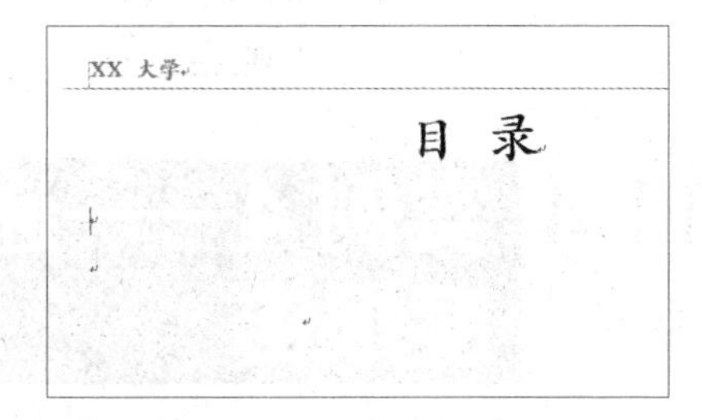

2 自定义目录

单击【引用】选项卡下【目录】组中的【目录】按钮，在弹出的下拉列表中选择【自定义目录】选项。

3 进行设置

在弹出的【目录】对话框中，在【格式】下拉列表中选择【正式】选项，在【显示级别】微调框中输入或者选择显示级别为“3”，在预览区域可以看到设置后的效果，各选项设置完成后单击【确定】按钮。

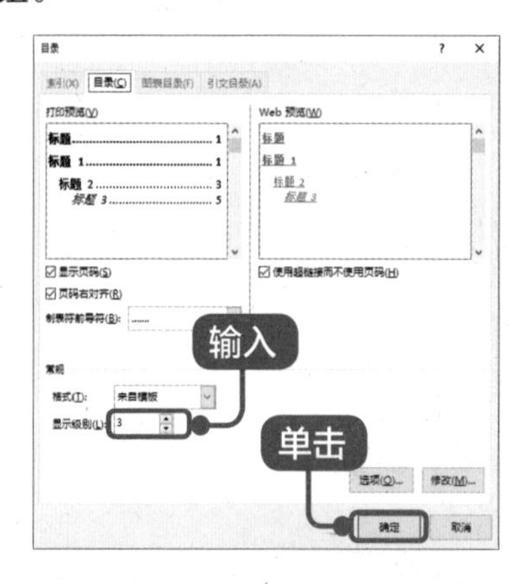

4 建立目录

此时就会在指定的位置建立目录。

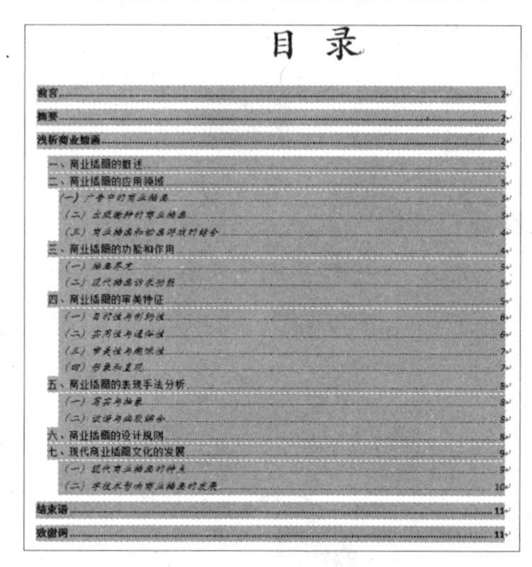

5 完成排版

根据需要，设置目录字体的大小和段落间距，至此就完成了毕业论文的排版。

11.4 实例 4——递交准确的年度报告

本节视频教学时间 / 7 分钟

年度报告可以是整个公司会计年度的财务报告及其他相关文件，也可以是公司一年历程的简单总结，如向公司员工介绍公司一年的经营状况、举办的活动、制度的改革以及企业的文化发展等内容，以激发员工工作热情，增进员工与领导之间的交流，促进公司的良性发展。根据实际情况的不同，每个公司的年度报告也不相同，但是对于年度报告的制作者来说，所递交的年度报告必须是准确无误的。

11.4.1 批注文档

通过批注文档，可以让作者根据批注内容修改文档。

1 新建批注

打开随书光盘中的"素材\ch011\年度报告.docx"文档，选择"完善制度，改善管理"文本，单击【审阅】选项卡下【批注】选项组中的【新建批注】按钮。

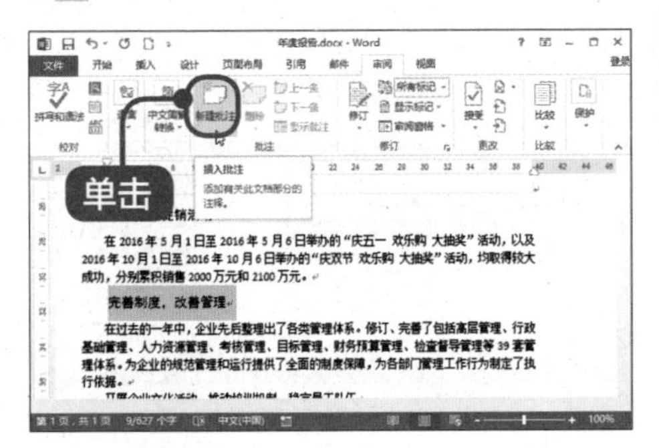

2 输入文本

在新建的批注中输入"核对管理体系内容是否有误？"文本。

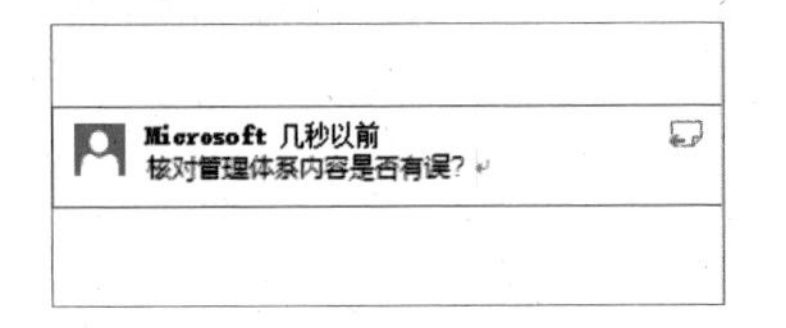

3 添加批注内容

选择"开展企业文化活动，推动培训机制，稳定员工队伍"文本，新建批注，并添加批注内容"此处格式不正确。"

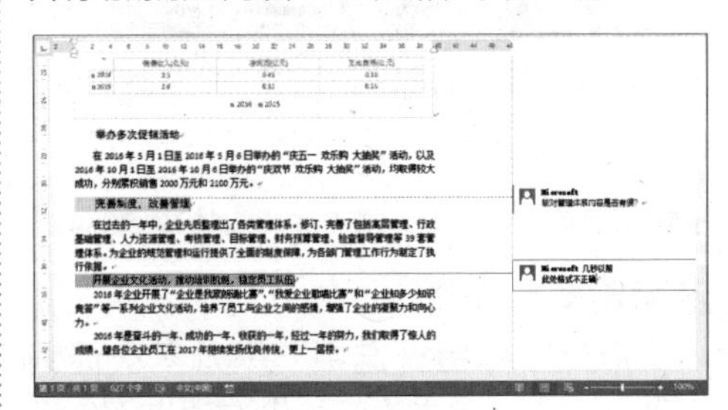

4 添加其他批注

根据需要为其他存在错误的地方添加批注，最终结果如下图所示。

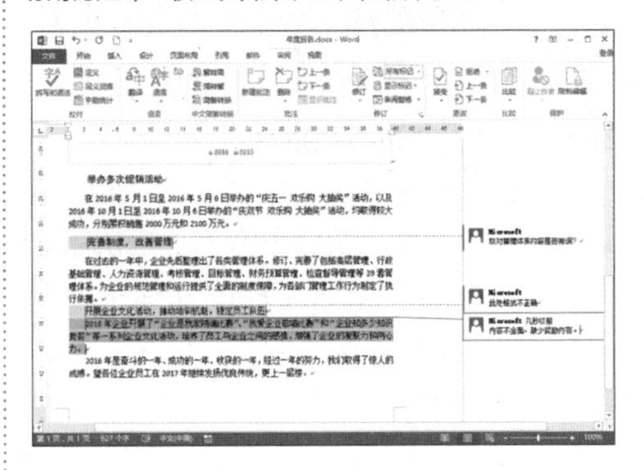

11.4.2 修订文档

根据添加的批注，可以对文档进行修订，改正错误的内容。

1 文档处于修订状态

单击【审阅】选项卡下【修订】组中的【修订】按钮，使文档处于修订状态。

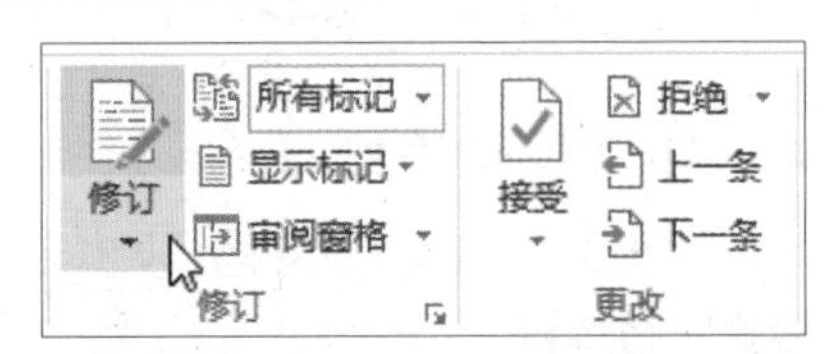

2 根据批注内容修订

根据批注内容"核对管理体系内容

是否有误？”，检查输入的管理体系内容，若发现错误，则需要改正。这里将其下方第 2 行中的“目标管理”改为“后勤管理”，即删除“目标”2 个字符并输入“后勤”。

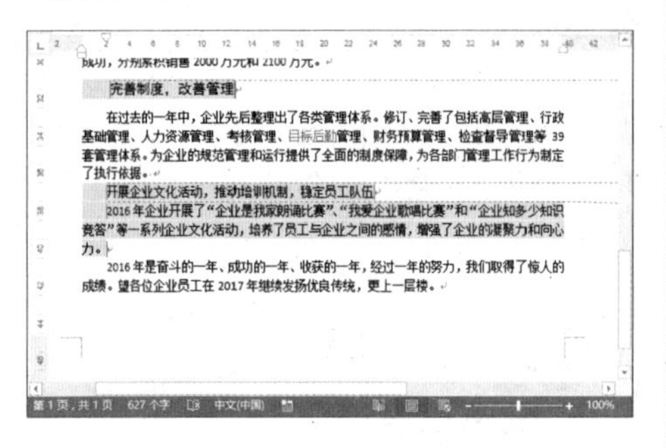

3 复制文本格式

拖曳鼠标指针选中“举办多次促销活动”文本，单击【开始】选项卡下【剪贴板】组中的【格式刷】按钮，复制其格式。

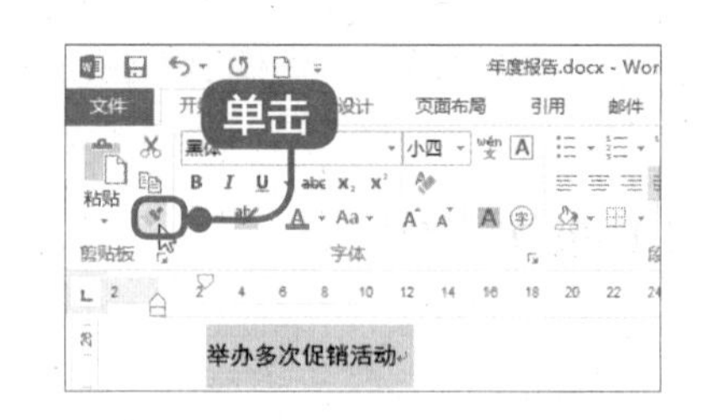

4 完成修订

选择“开展企业文化活动，推动培训机制，稳定员工队伍”文本，将复制的格式应用到选择的文本，完成字体格式的修订。

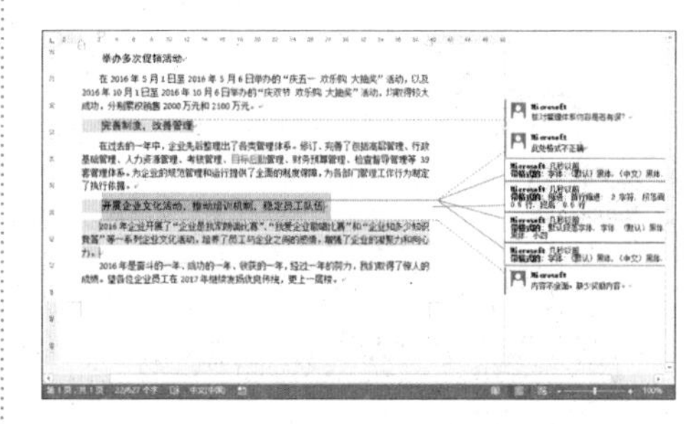

11.4.3 删除批注

根据批注的内容修改完文档之后，就可以将批注删除了。

1 删除文档中的所有批注

在【审阅】选项卡中，单击【批注】选项组中【删除】按钮下方的下拉按钮，在弹出的列表中选择【删除文档中的所有批注】选项。

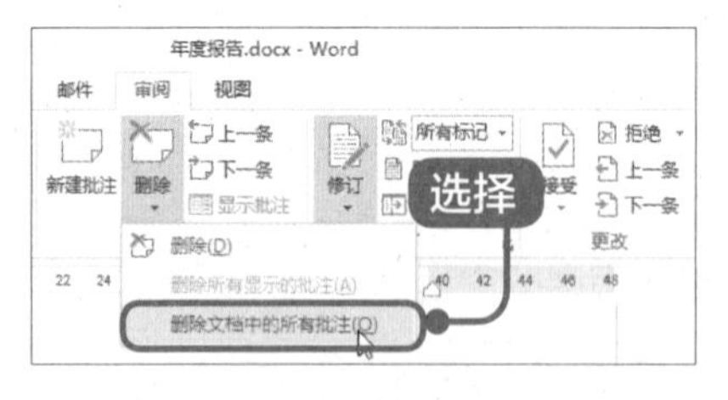

2 将批注删除

即可将文档中的所有批注删除。

11.4.4 接受或拒绝修订

根据修订的内容检查文档，如修订的内容无误，则可以接受全部修订。

1 接受所有修订

在【审阅】选项卡的【更改】选项组中，单击【接受】按钮下方的下拉按钮，在弹出的下拉列表中选择【接受所有修订】选项。

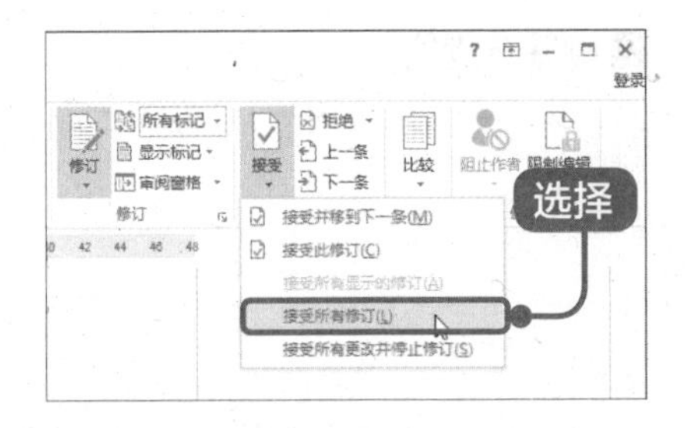

2 结束修订状态

即可接受对文档所做的所有修订，再次单击【修订】按钮，结束修订状态，最终结果如下图所示。

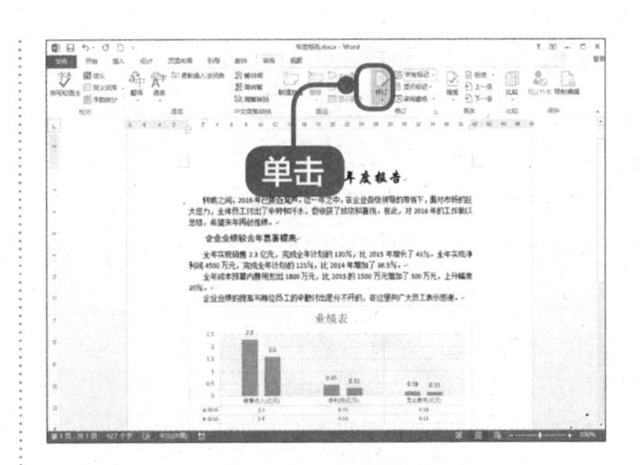

至此，年度报告就制作完成了，用户可以递交了。

高手私房菜

技巧 1 ● 使用【Enter】键增加表格行

在 Word 2013 中可以使用【Enter】键来快速增加表格行。

1 定位光标

将鼠标光标定位至要增加行位置的前一行右侧，如在下图中需要在【学号】为“10114”的行前添加一行，可将鼠标光标定位至【学号】为“10113”所在行的最右端。

学号	总成绩	名次
10111	605	4
10112	623	1
10113	601	5
10114	598	6
10115	583	8
10116	618	2
10117	590	7
10118	615	3

2 增加新的行

按【Enter】键，即可在【学号】为“10114”的行前快速增加新的一行。

技巧 2 ● 删除页眉分割线

在添加页眉时，经常会看到自动添加的分割线。在排版时，有时为了美观，需要将分割线删除，具体的操作步骤如下。

1 选择【清除格式】命令

双击页眉位置，进入页眉编辑状态。然后单击【开始】选项卡，在样式组中单击【其他】按钮，在弹出的菜单中选择【清除格式】命令。

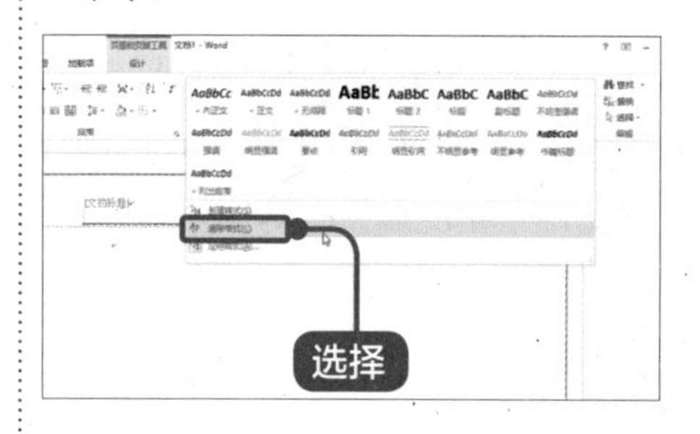

2 删除分割线

即可看到页眉中的分割线已被删除。

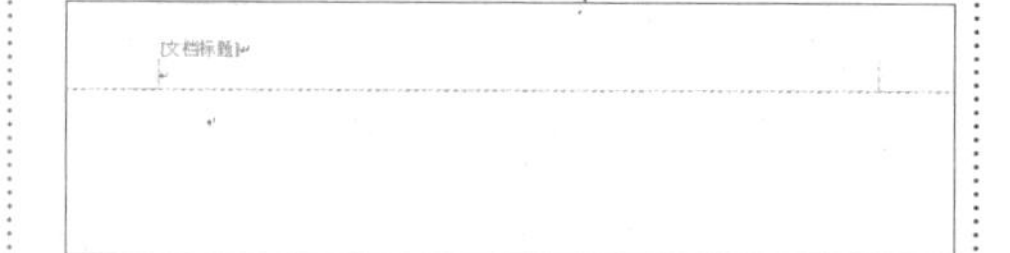

学号	总成绩	名次
10111	605	4
10112	623	1
10113	601	5
10114	598	6
10115	583	8
10116	618	2
10117	590	7
10118	615	3

第 12 章

使用 Excel 制作报表

本章视频教学时间 / 45 分钟

重点导读

Excel 2013 是微软公司推出的 Office 2013 办公系列软件的一个重要组成部分，主要用于电子表格的处理，可以高效地完成各种表格的设计，进行复杂的数据计算和分析，大大提高了数据处理的效率。

学习效果图

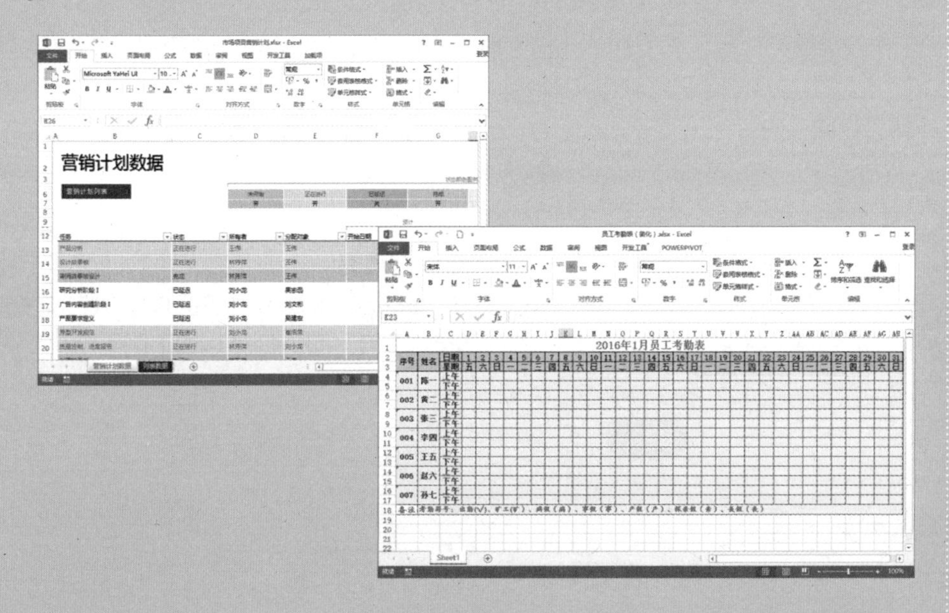

12.1 实例 1——制作员工考勤表

本节视频教学时间 / 9 分钟

员工考勤表是办公中最常用的文秘表格之一，记录员工每天的上班出勤情况，也是计算员工工资的一种参考依据。考勤表包括每个员工每个工作日的迟到、早退、矿工、病假、事假、休假等信息。本节将介绍如何制作一个简单的员工考勤表。

12.1.1 新建工作簿

在使用 Excel 时，首先需要创建一个工作簿，具体的操作步骤如下。

1 单击【空白工作簿】选项

启动 Excel 2013 后，在打开的界面中单击右侧的【空白工作簿】选项。

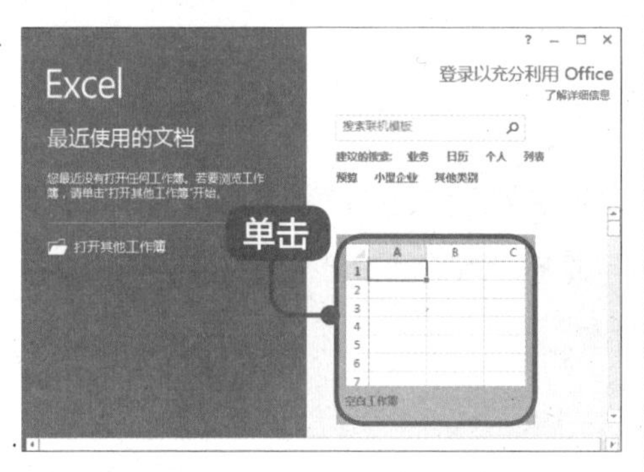

2 创建"工作簿 1"

系统会自动创建一个名称为"工作簿 1"的工作簿。

12.1.2 在单元格中输入文本内容

工作簿创建完成后，需要在单元格中填写考勤表的相关数据，如标题、表头内容等。

1 新建工作簿

打开 Excel 2013，新建一个工作簿，在 A1 单元格中输入"2017 年 9 月份员工考勤表"。

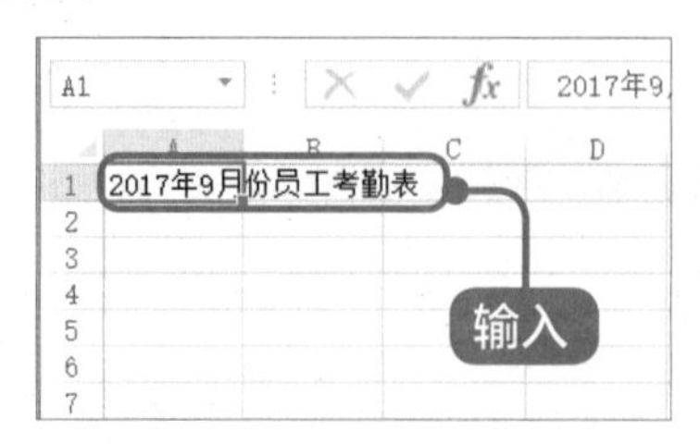

2 输入内容

在工作表中输入下图所示的内容。

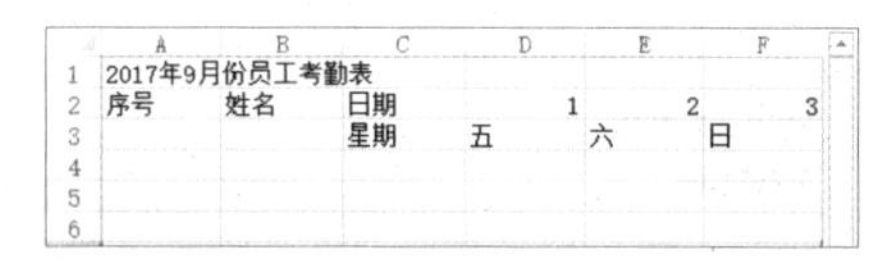

	A	B	C	D	E	F
1	2017年9月份员工考勤表					
2	序号	姓名	日期	1	2	3
3			星期	五	六	日
4						
5						
6						

3 向右填充

选择 D2:F3 单元格区域，向右填充至数字 30，即 AG 列，如下图所示。

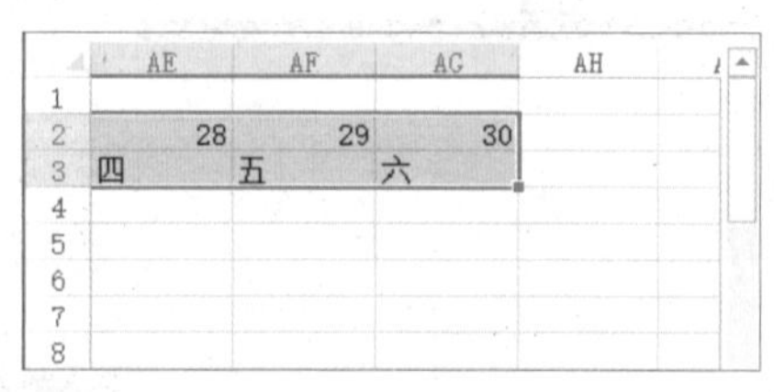

	AE	AF	AG	AH
1				
2	28	29	30	
3	四	五	六	
4				
5				
6				
7				
8				

12.1.3 调整单元格

在制作考勤表时，为了使数据能在一张纸上打印出来，需要合理地调整行高和列宽，并且根据需要调整单元格显示的内容，必要时需要合并多个单元格。

1 自动调整列宽

选择 A2:AG3 单元格区域，单击【开始】➢【单元格】➢【格式】按钮，将其列宽设置为“自动调整列宽”。

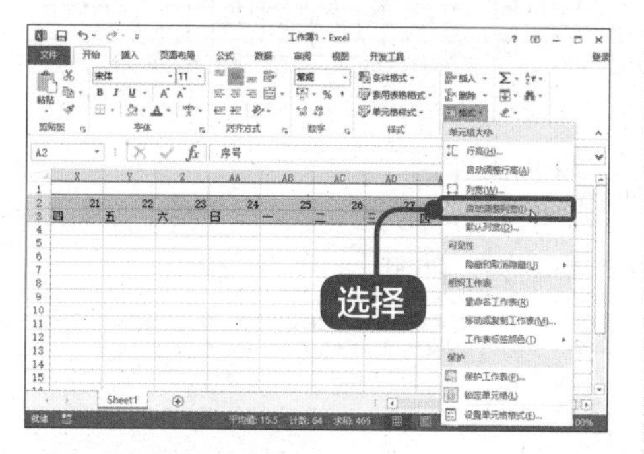

2 合并单元格区域

分别合并 A2:A3、B2:B3、A4:A5 和 B4:B5 单元格区域，并拖曳合并后的 A4 和 B4 单元格向下填充至第 17 行，如下图所示。

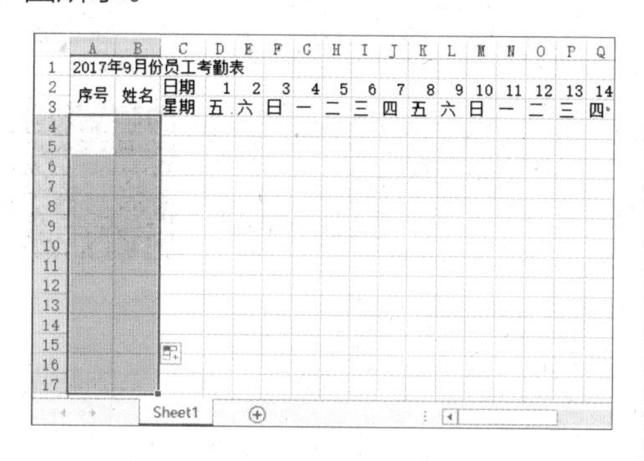

3 输入内容

在 A 列中输入序号，并进行递增填充；分别在 C4 和 C5 单元格中输入“上午”和“下午”，并使用填充柄向下填充，然后在B列中输入员工姓名，如下图所示。

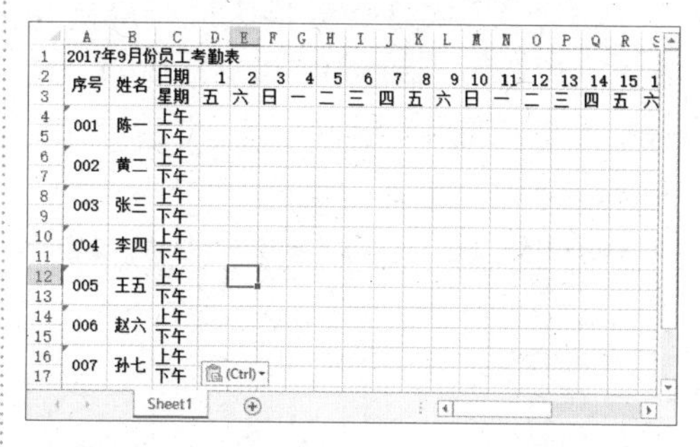

4 输入备注内容

合并 A1:AH1 单元格区域，然后在第 18 行中输入下图所示的备注内容，至此员工考勤表制作完成，单击【保存】按钮，将其保存为“员工考勤表”。

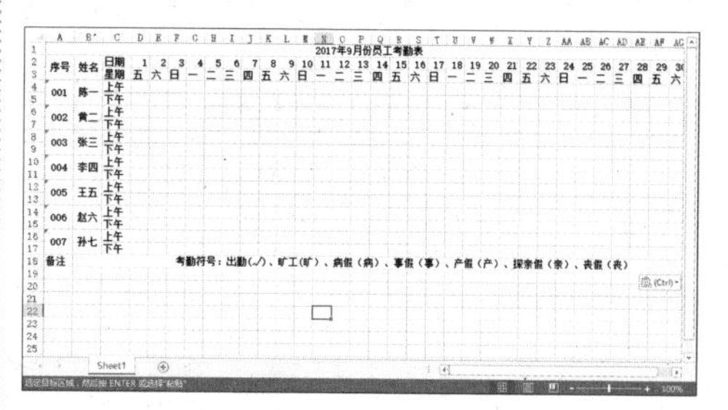

12.1.4 美化单元格

基础考勤表创建完成后，为了使其更好看，可以对单元格的字体、单元格格式、表格填充等进行美化。

1 设置标题

选择 A1 单元格，将标题字体设置为“楷体”，字号为“20”，颜色设置为“浅蓝”。

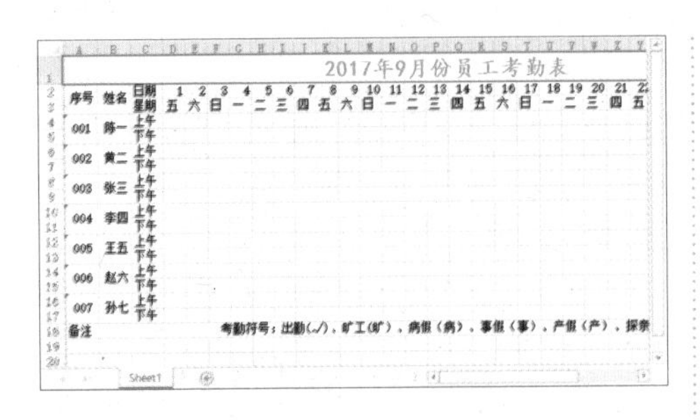

2 设置对齐方式

选择 A2:AG3 单元格区域，将其对齐方式设置为“居中”，设置字体为“黑体”，并“加粗”显示。

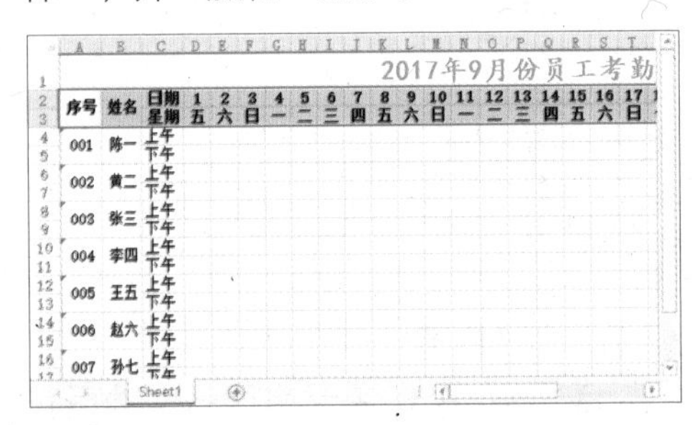

3 添加边框线

选择 A2:AG18 单元格区域，单击【开始】➤【字体】➤【无框线】按钮，在弹出的下拉列表中选择【所有框线】选项，添加边框线。

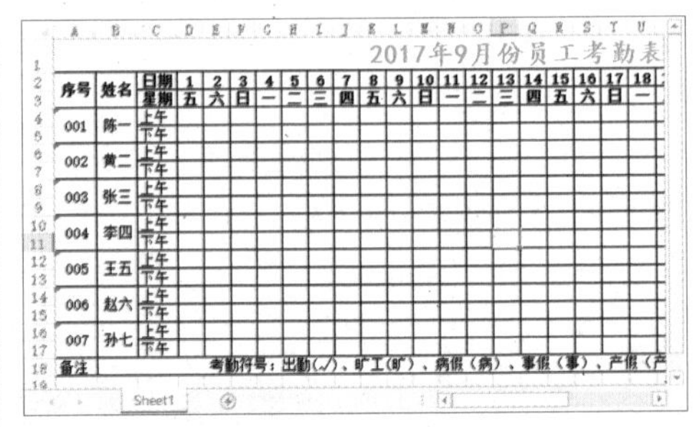

4 保存工作簿

按【Ctrl+S】组合键，将其保存为“员工考勤表”即可。

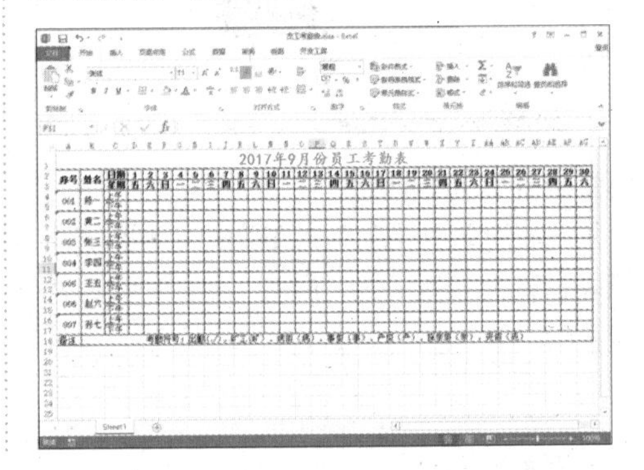

12.2 实例 2——制作汇总销售记录表

本节视频教学时间 / 4 分钟

本实例主要介绍汇总销售记录表中数据的分类汇总、显示与隐藏分类汇总的数据等操作。

12.2.1 对数据进行排序

在制作销售记录表时，用户可以根据需要，对表格原数据进行排序，以便查阅和分析数据。

1 选中单元格

打开随书光盘中的“素材 \ch12\ 汇总销售记录表 .xlsx”工作簿，选中 B 列的任意一个单元格。

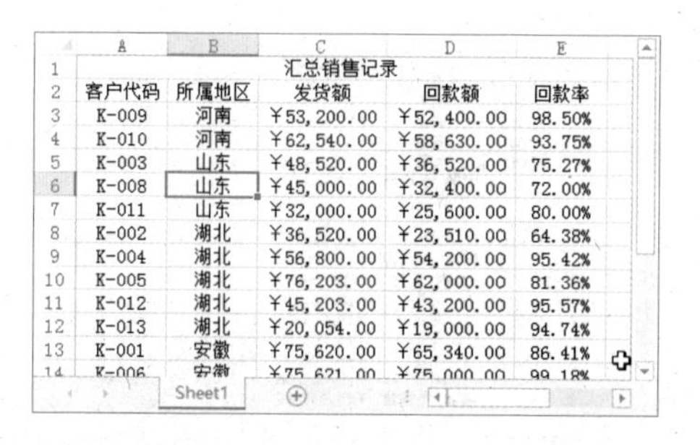

	A	B	C	D	E
1	汇总销售记录				
2	客户代码	所属地区	发货额	回款额	回款率
3	K-009	河南	¥53,200.00	¥52,400.00	98.50%
4	K-010	河南	¥62,540.00	¥58,630.00	93.75%
5	K-003	山东	¥48,520.00	¥36,520.00	75.27%
6	K-008	山东	¥45,000.00	¥32,400.00	72.00%
7	K-011	山东	¥32,000.00	¥25,600.00	80.00%
8	K-002	湖北	¥36,520.00	¥23,510.00	64.38%
9	K-004	湖北	¥56,800.00	¥54,200.00	95.42%
10	K-005	湖北	¥76,203.00	¥62,000.00	81.36%
11	K-012	湖北	¥45,203.00	¥43,200.00	95.57%
12	K-013	湖北	¥20,054.00	¥19,000.00	94.74%
13	K-001	安徽	¥75,620.00	¥65,340.00	86.41%
14	K-006	安徽	¥75,621.00	¥75,000.00	99.18%

2 进行排序

在【数据】选项卡中，单击【排序和筛选】选项组中的【升序】按钮，对“所属地区”列进行排序。

	A	B	C	D	E
1	汇总销售记录				
2	客户代码	所属地区	发货额	回款额	回款率
3	K-001	安徽	¥75,620.00	¥65,340.00	86.41%
4	K-006	安徽	¥75,621.00	¥75,000.00	99.18%
5	K-007	安徽	¥85,230.00	¥45,060.00	52.87%
6	K-014	安徽	¥75,264.00	¥75,000.00	99.65%
7	K-009	河南	¥53,200.00	¥52,400.00	98.50%
8	K-010	河南	¥62,540.00	¥58,630.00	93.75%
9	K-002	湖北	¥36,520.00	¥23,510.00	64.38%
10	K-004	湖北	¥56,800.00	¥54,200.00	95.42%
11	K-005	湖北	¥76,203.00	¥62,000.00	81.36%
12	K-012	湖北	¥45,203.00	¥43,200.00	95.57%
13	K-013	湖北	¥20,054.00	¥19,000.00	94.74%
14	K-003	山东	¥48,520.00	¥36,520.00	75.27%
15	K-008	山东	¥45,000.00	¥32,400.00	72.00%

12.2.2 数据的分类汇总

分类汇总是先对数据清单中的数据进行分类，然后在分类的基础上进行汇总。分类汇总时，用户不需要创建公式，系统会自动创建公式，对数据清单中的字段进行求和、求平均值和求最大值等函数运算。分类汇总的计算结果将分级显示出来。

1 单击【分类汇总】按钮

选择任一单元格，在【数据】选项卡中，单击【分级显示】选项组中的【分类汇总】按钮，弹出【分类汇总】对话框。

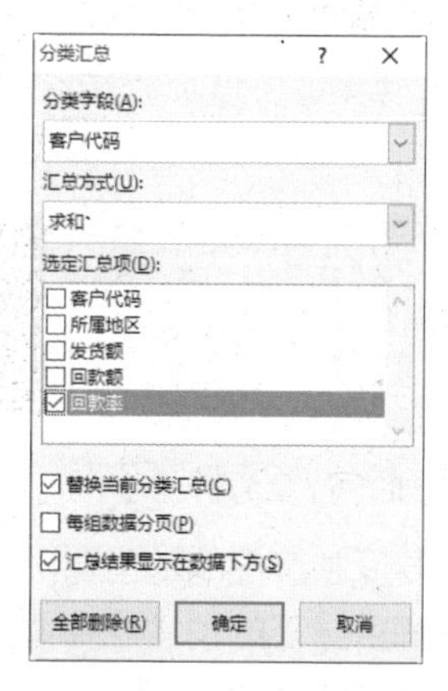

2 设置汇总属性

在【分类字段】列表中选择【所属地区】选项，在【选定汇总项】列表框中选择【发货额】和【回款额】复选框，取消选择【回款率】复选框。

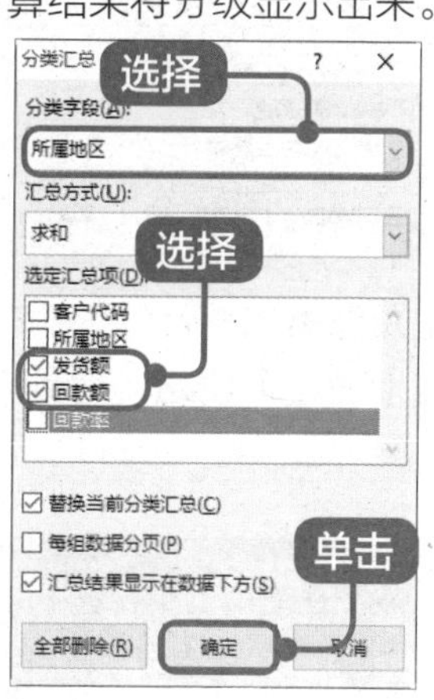

3 汇总结果

单击【确定】按钮，汇总结果如图所示。

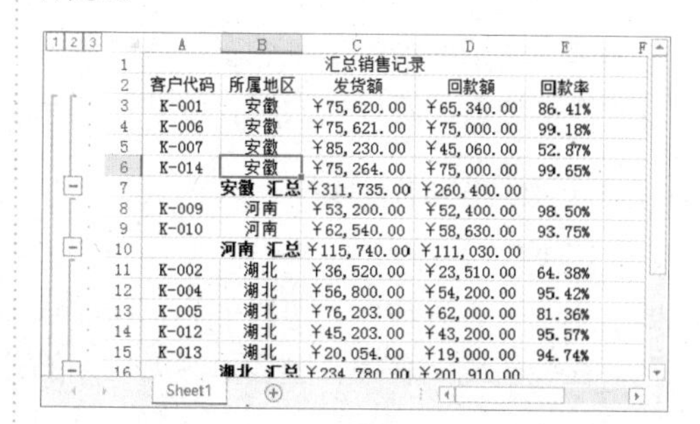

	A	B	C	D	E
1	汇总销售记录				
2	客户代码	所属地区	发货额	回款额	回款率
3	K-001	安徽	¥75,620.00	¥65,340.00	86.41%
4	K-006	安徽	¥75,621.00	¥75,000.00	99.18%
5	K-007	安徽	¥85,230.00	¥45,060.00	52.87%
6	K-014	安徽	¥75,264.00	¥75,000.00	99.65%
7		安徽 汇总	¥311,735.00	¥260,400.00	
8	K-009	河南	¥53,200.00	¥52,400.00	98.50%
9	K-010	河南	¥62,540.00	¥58,630.00	93.75%
10		河南 汇总	¥115,740.00	¥111,030.00	
11	K-002	湖北	¥36,520.00	¥23,510.00	64.38%
12	K-004	湖北	¥56,800.00	¥54,200.00	95.42%
13	K-005	湖北	¥76,203.00	¥62,000.00	81.36%
14	K-012	湖北	¥45,203.00	¥43,200.00	95.57%
15	K-013	湖北	¥20,054.00	¥19,000.00	94.74%
16		湖北 汇总	¥234,780.00	¥201,910.00	

4 设置分类汇总

选择任意一个单元格，在【数据】选项卡中，单击【分级显示】选项组中的【分类汇总】按钮，弹出【分类汇总】对话框，在【汇总方式】列表中选择【平均值】选项，取消【替换当前分类汇总】复选框的勾选。

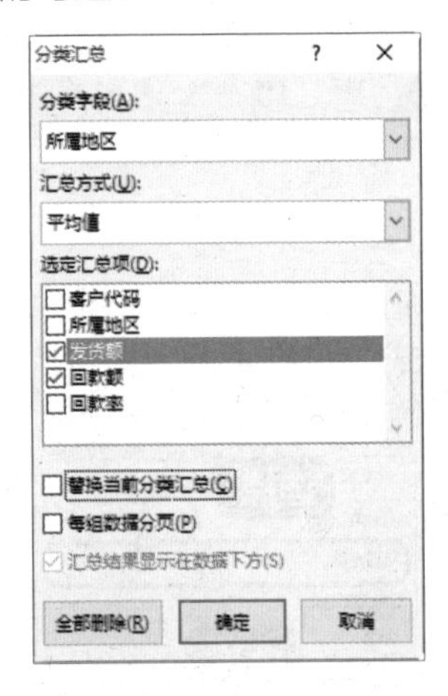

5 多级汇总结果

单击【确定】按钮，得到多级汇总结果，如图所示。

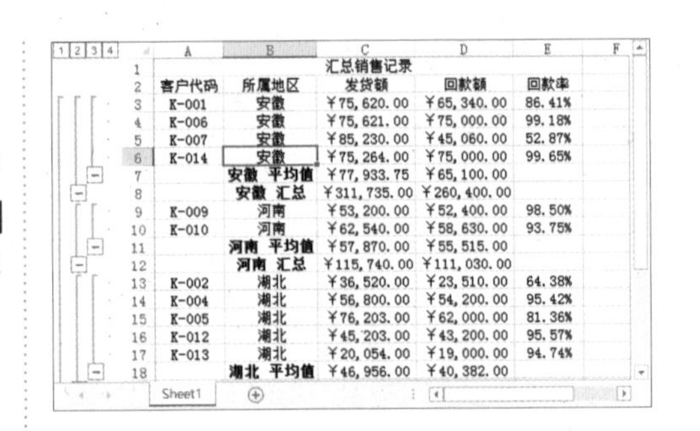

汇总销售记录

行	客户代码	所属地区	发货额	回款额	回款率
3	K-001	安徽	￥75,620.00	￥65,340.00	86.41%
4	K-006	安徽	￥75,621.00	￥75,000.00	99.18%
5	K-007	安徽	￥85,230.00	￥45,060.00	52.87%
6	K-014	安徽	￥75,264.00	￥75,000.00	99.65%
7		安徽 平均值	￥77,933.75	￥65,100.00	
8		安徽 汇总	￥311,735.00	￥260,400.00	
9	K-009	河南	￥53,200.00	￥52,400.00	98.50%
10	K-010	河南	￥62,540.00	￥58,630.00	93.75%
11		河南 平均值	￥57,870.00	￥55,515.00	
12		河南 汇总	￥115,740.00	￥111,030.00	
13	K-002	湖北	￥36,520.00	￥23,510.00	64.38%
14	K-004	湖北	￥56,800.00	￥54,200.00	95.42%
15	K-005	湖北	￥76,203.00	￥62,000.00	81.36%
16	K-012	湖北	￥45,203.00	￥43,200.00	95.57%
17	K-013	湖北	￥20,054.00	￥19,000.00	94.74%
18		湖北 平均值	￥46,956.00	￥40,382.00	

6 隐藏数据

销售记录太多，可以将部分结果隐藏，如将“湖北”的汇总结果隐藏。单击“湖北”销售记录左侧 3 按钮下方的 − 按钮，即可隐藏湖北 3 级的销售数据。

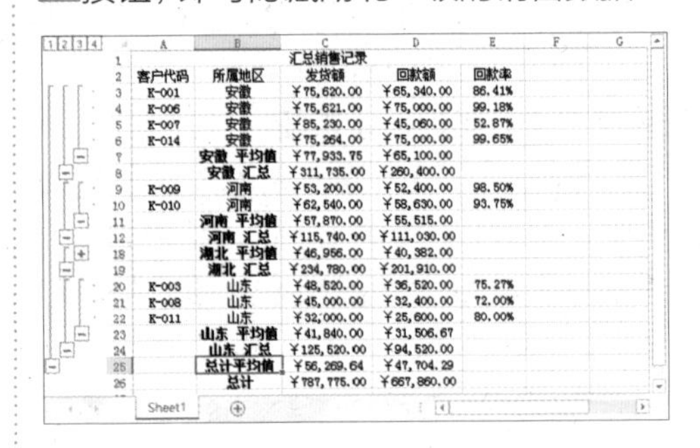

汇总销售记录

行	客户代码	所属地区	发货额	回款额	回款率
3	K-001	安徽	￥75,620.00	￥65,340.00	86.41%
4	K-006	安徽	￥75,621.00	￥75,000.00	99.18%
5	K-007	安徽	￥85,230.00	￥45,060.00	52.87%
6	K-014	安徽	￥75,264.00	￥75,000.00	99.65%
7		安徽 平均值	￥77,933.75	￥65,100.00	
8		安徽 汇总	￥311,735.00	￥260,400.00	
9	K-009	河南	￥53,200.00	￥52,400.00	98.50%
10	K-010	河南	￥62,540.00	￥58,630.00	93.75%
11		河南 平均值	￥57,870.00	￥55,515.00	
12		河南 汇总	￥115,740.00	￥111,030.00	
18		湖北 平均值	￥46,956.00	￥40,382.00	
19		湖北 汇总	￥234,780.00	￥201,910.00	
20	K-003	山东	￥48,520.00	￥36,520.00	75.27%
21	K-008	山东	￥45,000.00	￥32,400.00	72.00%
22	K-011	山东	￥32,000.00	￥25,600.00	80.00%
23		山东 平均值	￥41,840.00	￥31,506.67	
24		山东 汇总	￥125,520.00	￥94,520.00	
25		总计平均值	￥56,269.64	￥47,704.29	
26		总计	￥787,775.00	￥667,860.00	

12.3 实例 3——制作销售情况统计表

本节视频教学时间 / 9 分钟

销售统计表是市场营销中最常用的一种表格，主要反映产品的销售情况，可以帮助销售人员根据销售信息做出正确的决策，也可以了解各员工的销售业绩情况。本节以制作销售情况统计表为例，帮助读者熟悉图表的应用方法。

12.3.1 创建柱形图表

图表可以非常直观地反映工作表中数据之间的关系，也可以方便地对比与分析数据。用图表表达数据，可以使表达结果更加清晰、直观和易懂，为使用数据提供了便利。在销售统计表中，图表是最为常用的分析方式。

1 打开素材

打开随书光盘中的“素材 \ch12\ 销售情况统计表 .xlsx”工作簿，选择单元格区域 A2:M7。

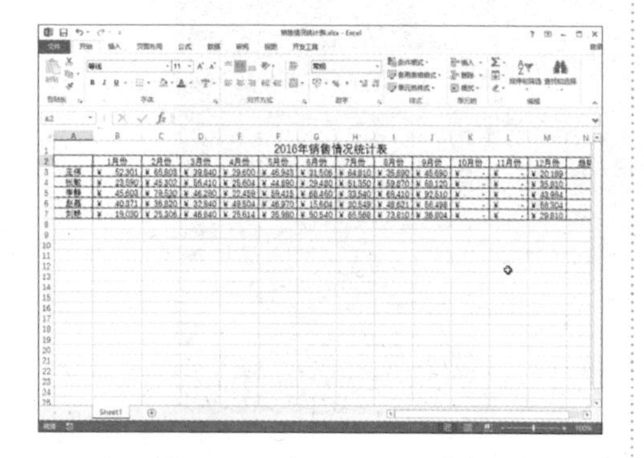

2 插入柱形图

在【插入】选项卡中，单击【图表】选项组中的【插入柱形图或条形图】按钮，在弹出的列表中选择【簇状柱形图】选项，即可插入柱形图。

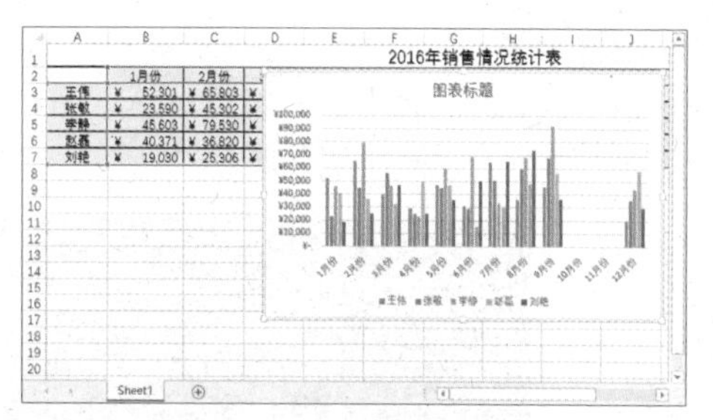

3 调整图表

选择图表，调整图表的位置和大小，如下图所示。

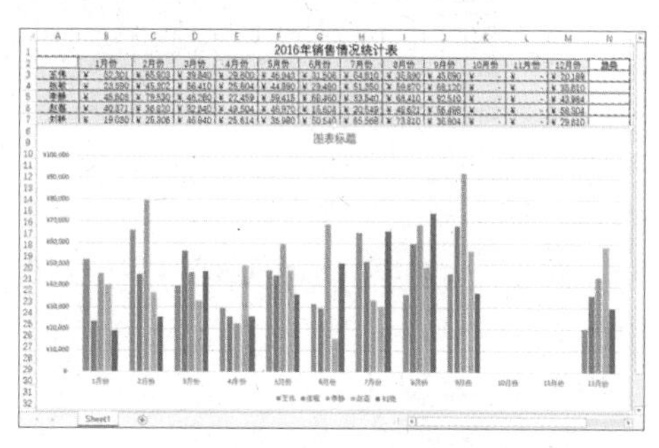

12.3.2 美化图表

为了使图表美观，可以设置图表的格式。

1 选择一种样式

选择图表，在【图表工具】➤【设计】选项卡中，单击【图表样式】选项组中的按钮，在弹出的列表中选择一种样式应用于图表，效果如下图所示。

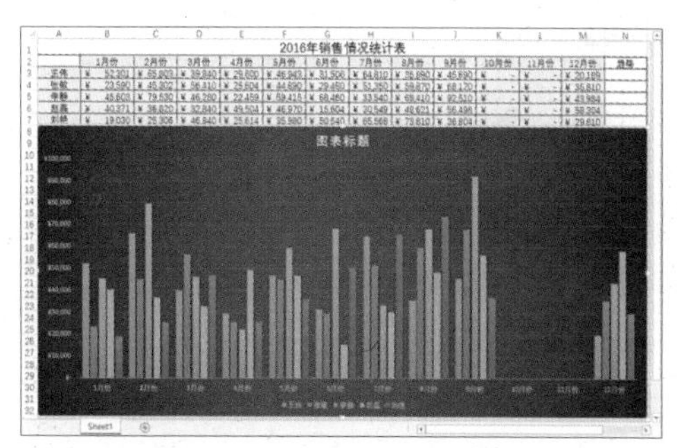

2 添加数据

选择要添加数据标签的分类，如选择“王伟”柱体，在【图表工具】➤【设计】选项卡中，单击【图表布局】选项组中的【添加图表元素】按钮，在弹出的列表中选择【数据标签】➤【数据标签外】选项，即可添加数据，如下图所示。

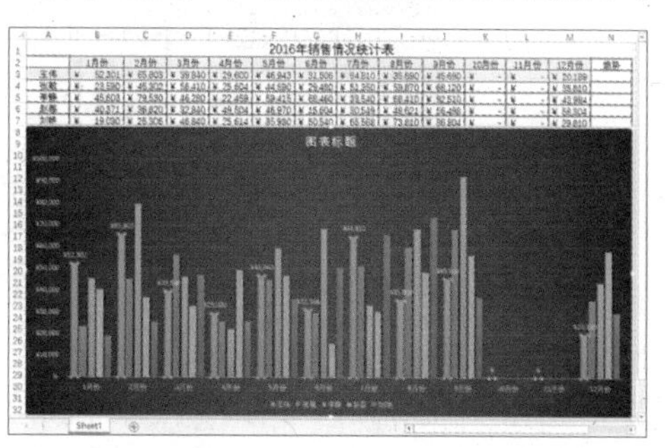

3 设置字体

在【图表标题】文本框中输入“2016 年销售情况统计表”字样，并设置字体的大小和样式，效果如下图所示。

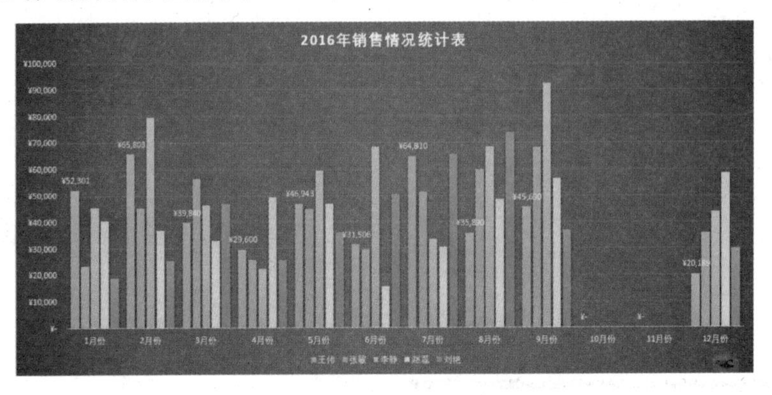

12.3.3 添加趋势线

通过添加图表数据趋势线，可以帮助用户分析数据的走向情况，具体的操作步骤如下。

1 设置线条类型

右键单击要添加趋势线的柱体，如首先选择“王伟”的柱体，在弹出的快捷菜单中，选择【添加趋势线】菜单命令，添加线性趋势线，并设置线条类型为“圆点”线型。

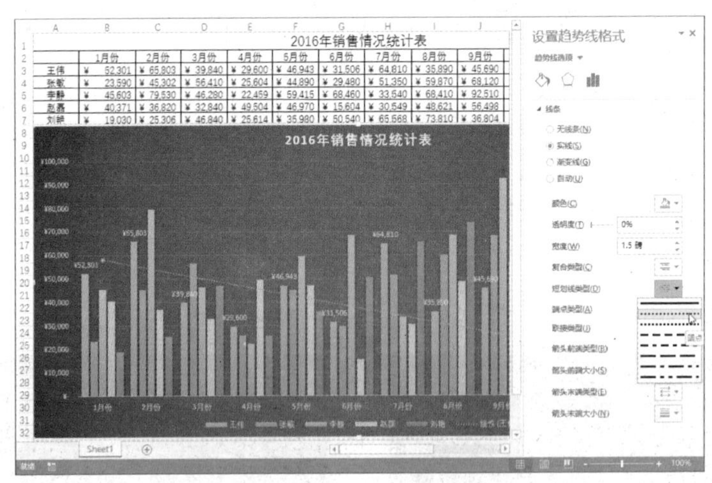

2016年销售情况统计表

	1月份	2月份	3月份	4月份	5月份	6月份	7月份	8月份	9月份
王伟	¥ 52,301	¥ 65,803	¥ 39,840	¥ 29,600	¥ 46,943	¥ 31,506	¥ 64,810	¥ 35,890	¥ 45,690
张敏	¥ 23,590	¥ 45,302	¥ 56,410	¥ 25,604	¥ 44,890	¥ 29,480	¥ 51,350	¥ 59,870	¥ 68,120
李静	¥ 45,603	¥ 79,530	¥ 46,280	¥ 22,459	¥ 59,415	¥ 68,460	¥ 33,540	¥ 68,410	¥ 92,510
赵磊	¥ 40,371	¥ 36,820	¥ 32,840	¥ 49,504	¥ 46,970	¥ 15,604	¥ 30,549	¥ 48,621	¥ 56,498
刘艳	¥ 19,030	¥ 25,306	¥ 46,840	¥ 25,614	¥ 35,980	¥ 50,540	¥ 65,568	¥ 73,810	¥ 36,804

2 添加趋势线

使用同样的方法，为其他柱体添加趋势线，效果如下图所示。

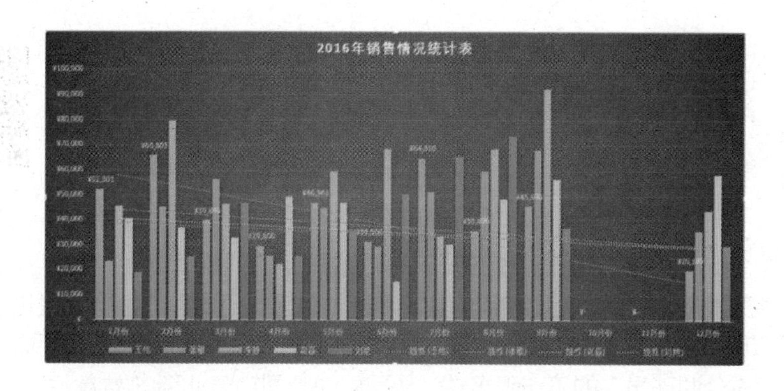

12.3.4 插入迷你图

迷你图是一种小型图表，可放在工作表内的单个单元格中。由于其尺寸已经过压缩，因此，迷你图能够以简明且非常直观的方式显示大量数据集所反映出的图案。

1 创建销售迷你图

选择 N3 单元格，单击【插入】选项卡下【迷你图】组中的【折线图】按钮，创建“王伟”销售迷你图。

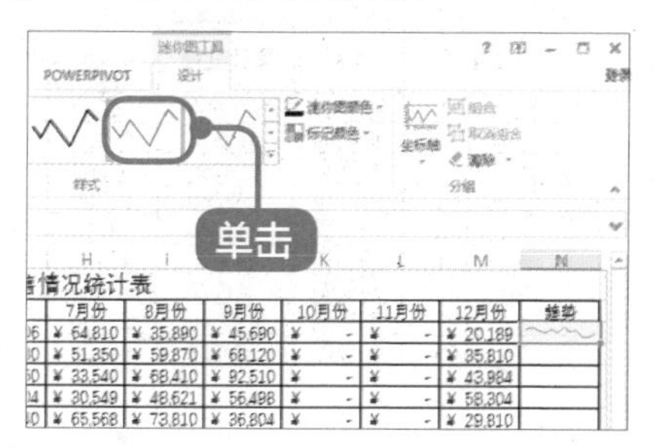

2 填充迷你图

拖曳鼠标指针，为 N4:N7 单元格区域填充迷你图，效果如下图所示。

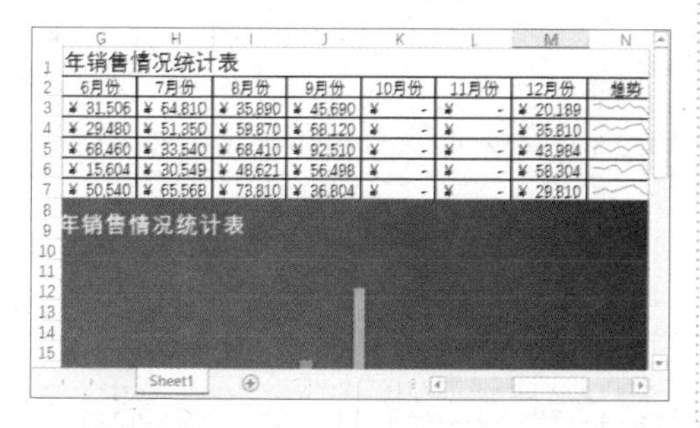

3 设置样式

选择 N3:N7 单元格区域，单击【迷你图工具】➢【设计】选项卡，在【显示】组中，勾选【尾点】和【标记】复选框，并设置其样式为“迷你图样式深色 #3”。

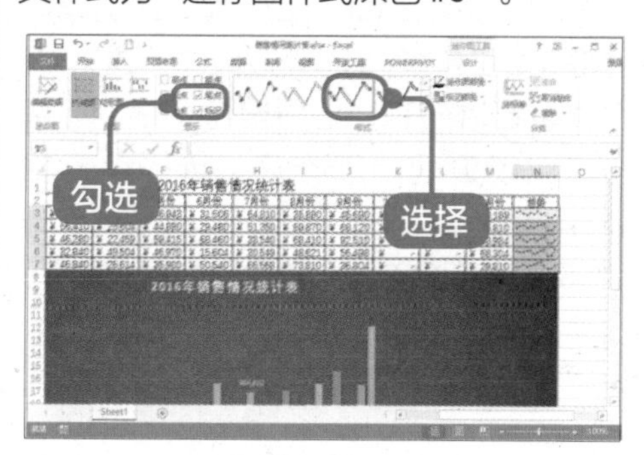

4 保存工作簿

制作完成后，按【F12】键，打开【另存为】对话框，将工作簿保存，最终效果如下图所示。

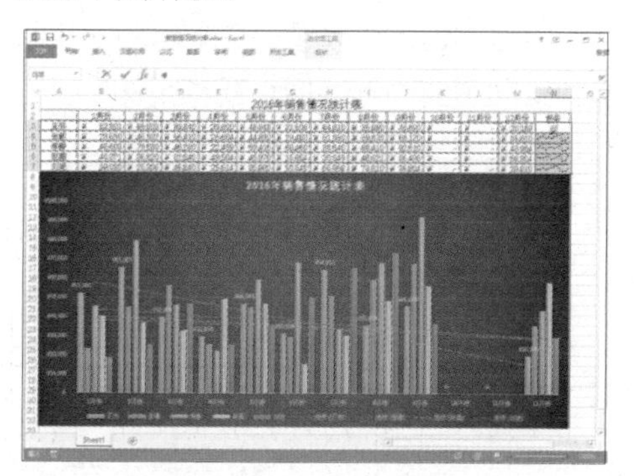

12.4 实例 4——制作销售奖金计算表

本节视频教学时间 / 7 分钟

销售奖金计算表是公司根据每位员工每月或每年的销售情况计算月奖金或年终奖的表格。员工销售业绩好，公司获得的利润就高，相应员工得到的销售奖金也就越多。人事部门合理有效地统计员工的销售奖金是非常必要和重要的，这不仅能提高员工的待遇，还能充分调动员工的工作积极性，从而推动公司销售业绩的发展。

12.4.1 使用【SUM】函数计算累计业绩

SUM 函数主要用于求和，可以计算出所选单元格中数值之和，在本案例中主要用此函数求出员工的累计业绩。

1 输入公式

打开随书光盘中的“素材 \ch12\ 销售奖金计算表 .xlsx”工作簿，该工作簿包含 3 个工作表，分别为“业绩管理”“业绩奖金标准”和“业绩奖金评估”。单击“业绩管理”工作表，选择单元格 C2，在编辑栏中直接输入公式“=SUM(D3:O3)”，按【Enter】键即可计算出该员工的累计业绩。

C3 =SUM(D3:O3)

	A	B	C	D
1 2	员工编号	姓名	累计业绩	 1月
3	20160101	张光辉	670970	39300
4	20160102	李明明		20010
5	20160103	胡亮亮		32100
6	20160104	周广俊		56700

2 复制公式

利用自动填充功能，将公式复制到该列的其他单元格中。

	A	B	C	D
1 2	员工编号	姓名	累计业绩	 1月
3	20160101	张光辉	670970	39300
4	20160102	李明明	399310	20010
5	20160103	胡亮亮	590750	32100
6	20160104	周广俊	697650	56700
7	20160105	刘大鹏	843700	38700
8	20160106	王冬梅	890820	43400
9	20160107	胡秋菊	681770	23400
10	20160108	李夏雨	686500	23460
11	20160109	张春歌	588500	56900

12.4.2 使用【VLOOKUP】函数计算销售业绩额和累计业绩额

VLOOKUP 函数是一个常用的查找函数，给定一个查找目标，可以从查找区域中查找返回想要找到的值。在本案例中，主要使用 VLOOKUP 函数进行快速查找，完成对销售业绩额和累计业绩额的计算。

1 单击工作表

单击“业绩奖金标准”工作表。

	A	B	C	D	E	F
1	销售额分层	34999以下	35,000~49,999	50,000~79,999	80,000~119,999	120,000以上
2	销售额基数	0	35000	50000	80000	120000
3	百分比	0	3%	7%	10%	15%
4						
5						
6						
7						

业绩管理 业绩奖金标准 业绩奖金评估 ...

提示

“业绩奖金标准”主要有以下几条：单月销售额在 34999 元及以下的，没有基本业绩奖；单月销售额在 35000~49999 元之间的，按销售额的 3% 发放业绩奖金；单月销售额在 50000~79999 元之间的，按销售额的 7% 发放业绩奖金；单月销售额在 80000~119999 元之间的，按销售额的 10% 发放业绩奖金；单月销售额在 120000 元及以上的，按销售额的 15% 发放业绩奖金，但基本业绩奖金不得超过 48000 元；累计销售额超过 600000 元的，公司给予一次性 18000 元的奖励；累计销售额在 600000 元及以下的，公司给予一次性 5000 元的奖励。

2 计算销售业绩额

单击“业绩奖金评估”工作表，选择单元格 C2，在编辑栏中直接输入公式“=VLOOKUP(A2，业绩管理 !$A$3:$O$11,15,1)”，按【Enter】键确认，即可看到单元格 C2 中自动显示员工“张光辉”的 12 月份的销售业绩额。

C2 =VLOOKUP(A2,业绩管理!$A$3:$O$11,15,1)

	A	B	C	D	E
1	员工编号	姓名	销售业绩额	奖金比例	累计业绩额
2	20160101	张光辉	78000		
3	20160102	李明明			
4	20160103	胡亮亮			
5	20160104	周广俊			
6	20160105	刘大鹏			
7	20160106	王冬梅			

提示

公式“=VLOOKUP(A2，业绩管理 !$A$3:$O$11,15,1)”中第 3 个参数设置为“15”表示取满足条件的记录在“业绩管理 !$A$3:$O$11”区域中第 15 列的值。

3 计算累计业绩额

按照同样的方法设置自动显示累计业绩额。选择单元格 E2，在编辑栏中直接输入公式“=VLOOKUP(A2，业绩管理 !$A$3:$C$11，3,1)”，按【Enter】键确认，即可看到单元格 E2 中自动显示员工“张光辉”的累计销售业绩额。

E2 =VLOOKUP(A2,业绩管理!$A$3:$C$11, 3,1)

	A	B	C	D	E	
1	员工编号	姓名	销售业绩额	奖金比例	累计业绩额	基
2	20160101	张光辉	78000		¥670,970.00	
3	20160102	李明明				
4	20160103	胡亮亮				
5	20160104	周广俊				
6	20160105	刘大鹏				
7	20160106	王冬梅				

4 自动填充

使用自动填充功能，完成其他员工的销售业绩额和累计销售业绩额的计算。

	A	B	C	D	E
1	员工编号	姓名	销售业绩额	奖金比例	累计业绩额
2	20160101	张光辉	78000		¥670,970.00
3	20160102	李明明	66000		¥399,310.00
4	20160103	胡亮亮	82700		¥590,750.00
5	20160104	周广俊	64800		¥697,650.00
6	20160105	刘大鹏	157640		¥843,700.00
7	20160106	王冬梅	21500		¥890,820.00
8	20160107	胡秋菊	39600		¥681,770.00
9	20160108	李夏雨	52040		¥686,500.00
10	20160109	张春歌	70640		¥588,500.00

12.4.3 使用【HLOOKUP】函数计算奖金比例

HLOOKUP 函数与 LOOKUP 函数和 VLOOKUP 函数属于一类函数，HLOOKUP 是按行查找的，VLOOKUP 是按列查找的。本案例主要使用 HLOOKUP 函数计算员工奖金比例。

1 计算奖金比例

选择单元格 D2，输入公式“=HLOOKUP (C2，业绩奖金标准 !$B$2:$F$3,2)”，按【Enter】键即可计算出该员工的奖金比例。

D2 =HLOOKUP(C2,业绩奖金标准!$B$2:$F$3,2)

	A	B	C	D	E	
1	员工编号	姓名	销售业绩额	奖金比例	累计业绩额	基本
2	20160101	张光辉	78000	7%	¥670,970.00	
3	20160102	李明明	66000		¥399,310.00	
4	20160103	胡亮亮	82700		¥590,750.00	
5	20160104	周广俊	64800		¥697,650.00	
6	20160105	刘大鹏	157640		¥843,700.00	
7	20160106	王冬梅	21500		¥890,820.00	
8	20160107	胡秋菊	39600		¥681,770.00	
9	20160108	李夏雨	52040		¥686,500.00	

提示

公式“=HLOOKUP(C2,业绩奖金标准!$B$2:$F$3,2)”中第 3 个参数设置为“2”表示取满足条件的记录在“业绩奖金标准!“$B$2:$F$3”区域中第 2 行的值。

2 自动填充

使用自动填充功能，完成其他员工的奖金比例计算。

	A	B	C	D
1	员工编号	姓名	销售业绩额	奖金比例
2	20160101	张光辉	78000	7%
3	20160102	李明明	66000	7%
4	20160103	胡亮亮	82700	10%
5	20160104	周广俊	64800	7%
6	20160105	刘大鹏	157640	15%
7	20160106	王冬梅	21500	0%
8	20160107	胡秋菊	39600	3%
9	20160108	李夏雨	52040	7%
10	20160109	张春歌	70640	7%

12.4.4 使用【IF】函数计算基本业绩奖金和累计业绩奖金

IF 函数是 Excel 中最常用的函数之一，它允许进行逻辑值的判断。在本案例中，使用 IF 函数判断员工的奖金获得情况。

1 计算基本业绩奖金

在“业绩奖金评估”工作表中选择单元格 F2，在编辑栏中直接输入公式“=IF(C2<=400000,C2*D2,”48,000”)”，按【Enter】键确认。

F2 fx =IF(C2<=400000,C2*D2,"48,000")

	C	D	E	F
1	销售业绩额	奖金比例	累计业绩额	基本业绩奖金
2	78000	7%	¥670,970.00	¥5,460.00
3	66000	7%	¥399,310.00	
4	82700	10%	¥590,750.00	
5	64800	7%	¥697,650.00	
6	157640	15%	¥843,700.00	
7	21500	0%	¥890,820.00	

提示

公式“=IF(C2<=400000,C2*D2,”48,000”)”的含义为：当单元格数据小于等于 400000 时，返回结果为单元格 C2 乘以单元格 D2，否则返回 48000。

2 自动填充

使用自动填充功能，完成其他员工的销售业绩奖金的计算。

	D	E	F
1	奖金比例	累计业绩额	基本业绩奖金
2	7%	¥670,970.00	¥5,460.00
3	7%	¥399,310.00	¥4,620.00
4	10%	¥590,750.00	¥8,270.00
5	7%	¥697,650.00	¥4,536.00
6	15%	¥843,700.00	¥23,646.00
7	0%	¥890,820.00	¥0.00
8	3%	¥681,770.00	¥1,188.00
9	7%	¥686,500.00	¥3,642.80
10	7%	¥588,500.00	¥4,944.80

3 计算累计业绩奖金

使用同样的方法计算累计业绩奖金。选择单元格 G2，在编辑栏中直接输入公式“=IF (E2>600000,18000,5000)”，按【Enter】键确认，即可计算出累计业绩奖金。

G2 fx =IF(E2>600000,18000,5000)

	E	F	G
1	累计业绩额	基本业绩奖金	累计业绩奖金
2	¥670,970.00	¥5,460.00	¥18,000.00
3	¥399,310.00	¥4,620.00	
4	¥590,750.00	¥8,270.00	
5	¥697,650.00	¥4,536.00	
6	¥843,700.00	¥23,646.00	

4 自动填充

使用自动填充功能，完成其他员工的累计业绩奖金的计算。

	E	F	G
1	累计业绩额	基本业绩奖金	累计业绩奖金
2	¥670,970.00	¥5,460.00	¥18,000.00
3	¥399,310.00	¥4,620.00	¥5,000.00
4	¥590,750.00	¥8,270.00	¥5,000.00
5	¥697,650.00	¥4,536.00	¥18,000.00
6	¥843,700.00	¥23,646.00	¥18,000.00
7	¥890,820.00	¥0.00	¥18,000.00
8	¥681,770.00	¥1,188.00	¥18,000.00
9	¥686,500.00	¥3,642.80	¥18,000.00
10	¥588,500.00	¥4,944.80	¥5,000.00

12.4.5 计算业绩总奖金额

如果计算的数据不多，使用简单的公式即可快速得出计算结果，如本案例中计算业绩总奖金额，仅有 2 项数据相加，使用公式计算极为方便，具体的操作步骤如下。

1 输入公式

在单元格 H2 中输入公式“=F2+G2”，按【Enter】键确认，计算出业绩总奖金额。

H2 =F2+G2

	G	H
1	累计业绩奖金	业绩总奖金额
2	¥18,000.00	¥23,460.00
3	¥5,000.00	
4	¥5,000.00	
5	¥18,000.00	

2 自动填充

使用自动填充功能，计算出所有员工的业绩总奖金额。

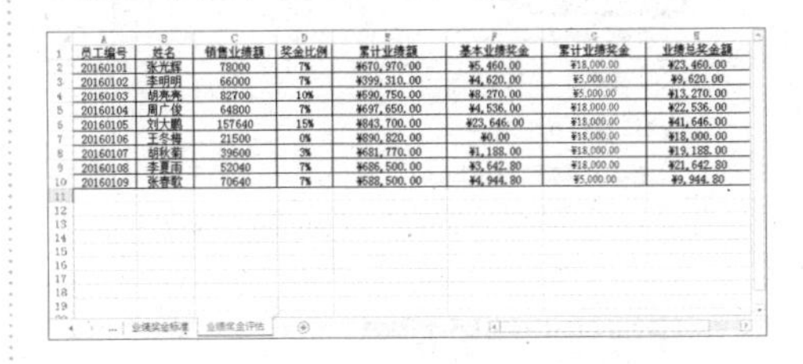

员工编号	姓名	销售业绩额	奖金比例	累计业绩额	基本业绩奖金	累计业绩奖金	业绩总奖金额
20160101	张光辉	78000	7%	¥670,970.00	¥5,460.00	¥18,000.00	¥23,460.00
20160102	李明明	66000	7%	¥399,310.00	¥4,620.00	¥5,000.00	¥9,620.00
20160103	胡亮亮	82700	10%	¥590,750.00	¥8,270.00	¥5,000.00	¥13,270.00
20160104	周广俊	64800	7%	¥697,650.00	¥4,536.00	¥18,000.00	¥22,536.00
20160105	刘大鹏	157640	15%	¥843,700.00	¥23,646.00	¥18,000.00	¥41,646.00
20160106	王冬梅	21500	0%	¥890,820.00	¥0.00	¥18,000.00	¥18,000.00
20160107	胡秋菊	39600	3%	¥681,770.00	¥1,188.00	¥18,000.00	¥19,188.00
20160108	李夏雨	52040	7%	¥686,500.00	¥3,642.80	¥18,000.00	¥21,642.80
20160109	张春歌	70640	7%	¥588,500.00	¥4,944.80	¥5,000.00	¥9,944.80

至此，销售奖金计算表制作完毕，按【Ctrl+S】组合键保存该表格即可。

12.5 实例 5——制作销售业绩透视表 / 图

本节视频教学时间 / 10 分钟

销售业绩表是一种常用的工作表格，主要汇总了销售人员的销售情况，可以为公司销售策略及员工销售业绩的考核提供有效的参考数据。本节主要介绍如何制作销售业绩透视表 / 图。

12.5.1 创建销售业绩透视表

数据透视表是一种对大量数据快速汇总和建立交叉列表的交互式动态表格，能够帮助用户分析、组织既有数据，是 Excel 中的数据分析利器。下面介绍如何创建销售业绩透视表。

1 打开素材

打开随书光盘中的“素材 \ch12\ 销售业绩表 .xlsx”工作簿。

销售业绩表

产品名称	销售员	销售时间	销售点	单价	销量	销售额
智能电视	关利	2017-1-1	人民路店	¥ 2,200	120	¥ 264,000
变频空调	赵锐	2017-1-1	新华路店	¥ 2,100	140	¥ 294,000
组合音响	张磊	2017-1-1	新华路店	¥ 4,520	90	¥ 406,800
变频空调	江涛	2017-1-1	黄河路店	¥ 4,210	80	¥ 336,800
电冰箱	陈晓华	2017-1-2	黄河路店	¥ 5,670	86	¥ 487,620
全自动洗衣机	李小林	2017-1-2	人民路店	¥ 3,210	97	¥ 311,370
液晶电视	成军	2017-1-2	长江路店	¥ 7,680	78	¥ 599,040
智能电视	王军	2017-1-3	长江路店	¥ 2,130	110	¥ 234,300
变频空调	李阳	2017-1-3	人民路店	¥ 3,210	105	¥ 337,050
组合音响	陆洋	2017-1-3	建设路店	¥ 4,000	40	¥ 160,000
智能电视	赵琳	2017-1-3	建设路店	¥ 3,420	45	¥ 153,900

2 输入数据区域

在【插入】选项卡中，单击【表格】选项组中的【数据透视表】按钮，在弹出的下拉菜单中选择【数据透视表】选项，弹出【创建数据透视表】对话框。在该对话框的【表 / 区域】文本框中输入销售业绩表的数据区域 A2:G13，在【选择放置数据透视表的位置】区域中选择【新工作表】单选项。

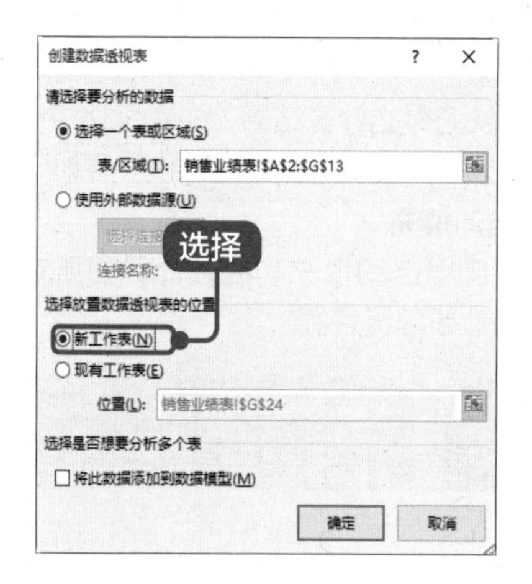

3 创建销售业绩透视表

单击【确定】按钮，即可在新工作表中创建一个销售业绩透视表。

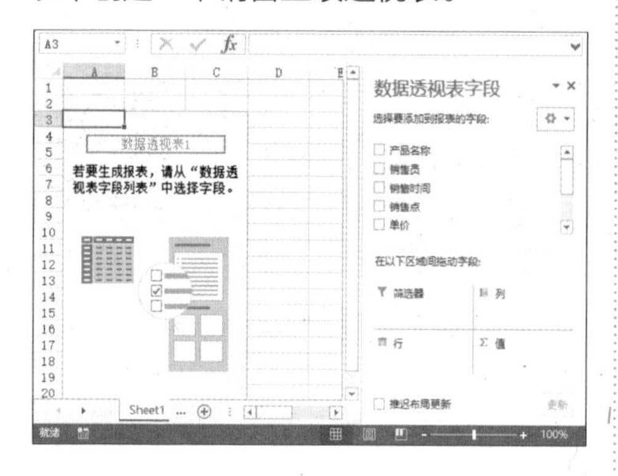

4 添加字段

在【数据透视表字段列表】窗格中，将“产品名称”字段和“销售点”字段添加到【列标签】列表框中，将“销售员”字段添加到【行标签】列表框中，将“销售点”字段添加到【列标签】列表框中，将“销售额”字段添加到【Σ 值】列表框中。

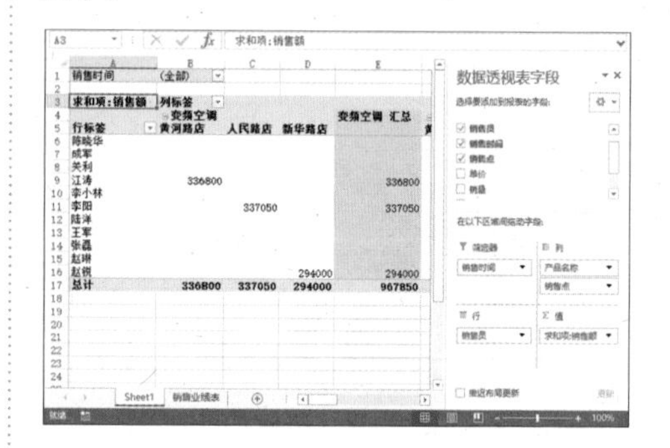

5 重命名标签

单击【数据透视表字段列表】窗格右上角的×按钮，将该窗格关闭，然后将此工作表的标签重命名为“销售业绩透视表”。

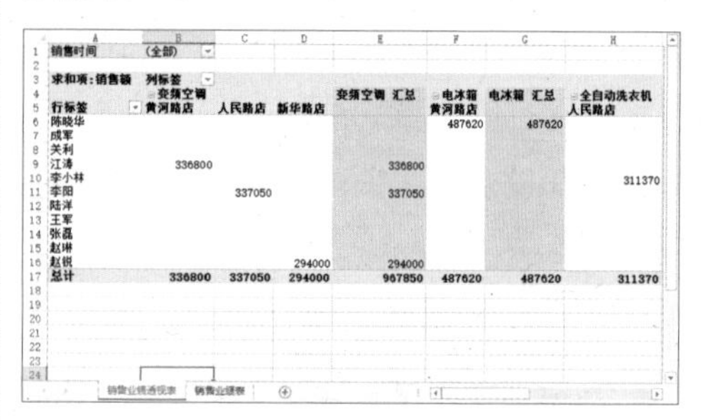

12.5.2 设置销售业绩透视表表格

在工作表中插入数据透视表后，还可以对数据表的格式进行设置，使数据透视表更加美观。

1 选择一种样式

选择任意一个单元格，在【设计】选项卡中，单击【数据透视表样式】选项组中的按钮，在弹出的样式列表中选择一种样式。

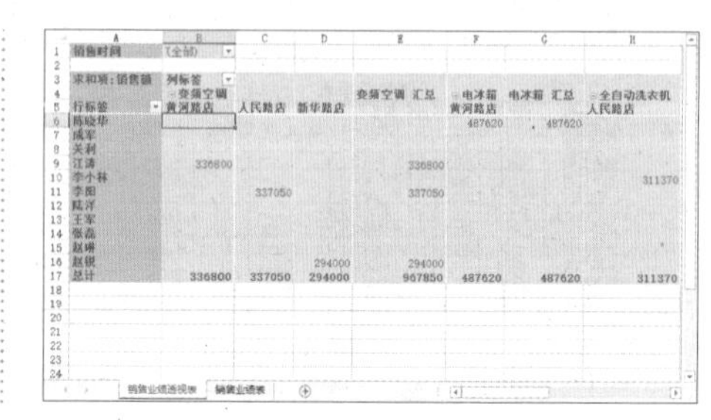

2 值字段设置

在“数据透视表”中代表数据总额的单元格上右键单击，在弹出的快捷菜单中选择【值字段设置】命令，弹出【值字段设置】对话框。

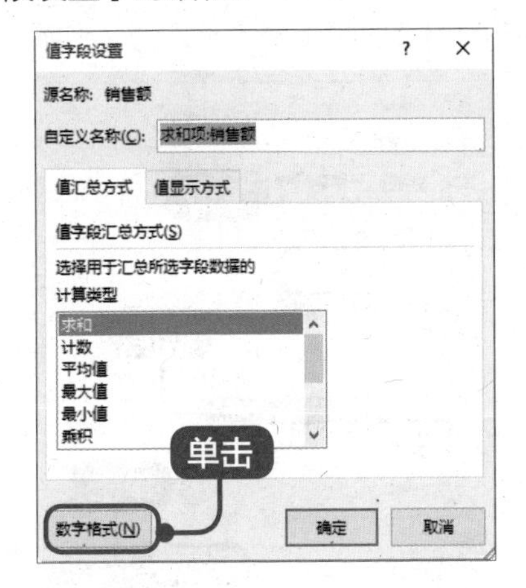

3 进行设置

单击【数字格式】按钮，弹出【设置单元格格式】对话框，在【分类】列表框中选择【货币】选项，将【小数位数】设置为“0”，【货币符号】设置为“￥”，单击【确定】按钮。

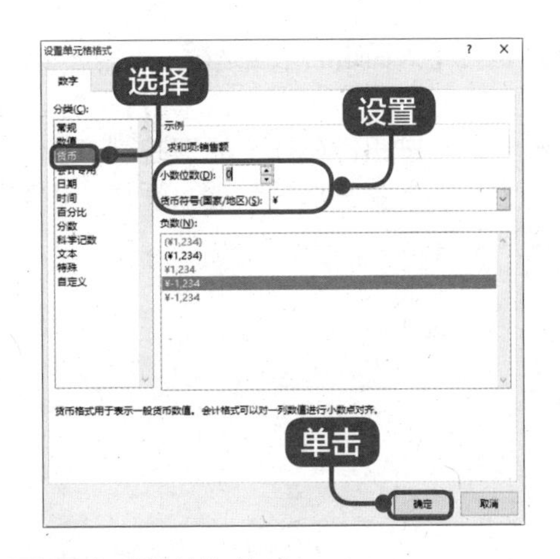

4 更改“数值”格式

返回【值字段设置】对话框，单击【确定】按钮，将销售业绩透视表中的“数值”格式更改为“货币”格式。

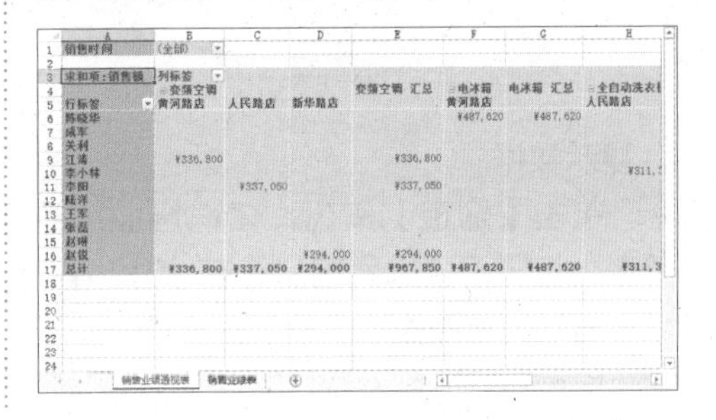

12.5.3 设置销售业绩透视表中的数据显示形式

在使用透视表分析数据时，可以根据需要设置数据的排序及显示等，具体的操作步骤如下。

1 选择排序依据

在销售业绩透视表中，单击【销售时间】右侧的▼按钮，在弹出的下拉列表中取消【选择多项】复选框的勾选，选择“2017-1-1”选项。

2 显示销售数据

单击【确定】按钮，在销售业绩透视表中将显示 2017 年 1 月 1 日的销售数据。

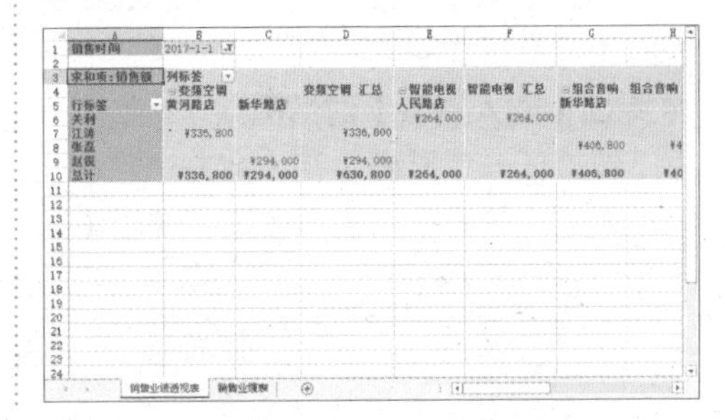

3 选择【人民路店】复选框

单击【黄河路店】，再单击【列标签】右侧的▾按钮，在弹出的下拉列表中取消【全选】复选框的勾选，选择【人民路店】复选框。

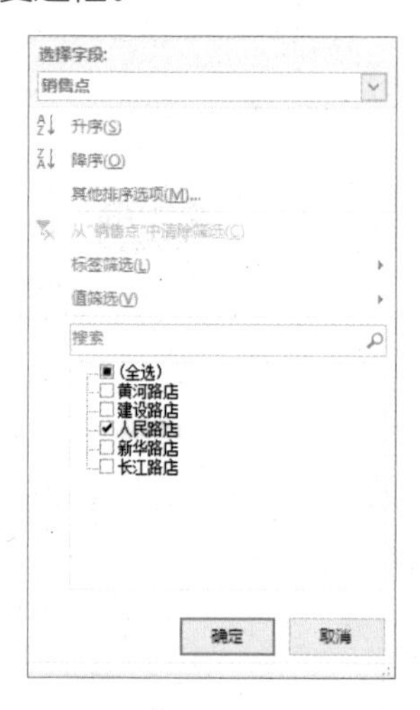

4 显示数据

单击【确定】按钮，在销售业绩透视表中将显示“人民路店”在 2017 年 1 月 1 日的销售数据。

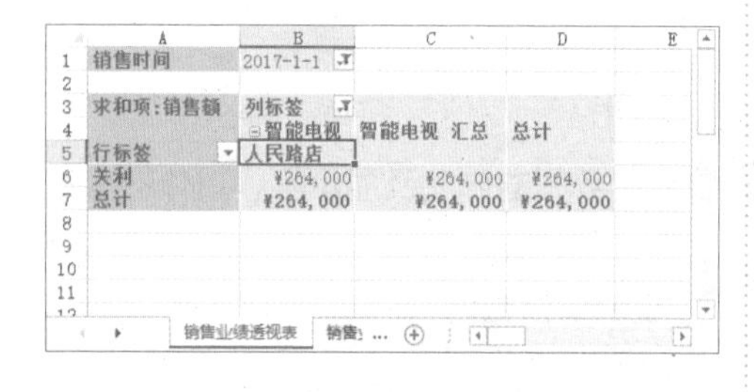

	A	B	C	D
1	销售时间	2017-1-1		
2				
3	求和项:销售额	列标签		
4		⊟智能电视	智能电视 汇总	总计
5	行标签	人民路店		
6	关利	¥264,000	¥264,000	¥264,000
7	总计	¥264,000	¥264,000	¥264,000

5 选择【平均值】选项

取消日期和店铺筛选，右键单击任一单元格，在弹出的快捷菜单中选择【值字段设置】选项，弹出【值字段设置】对话框，单击【值汇总方式】选项，在下方的列表框中选择【平均值】选项。

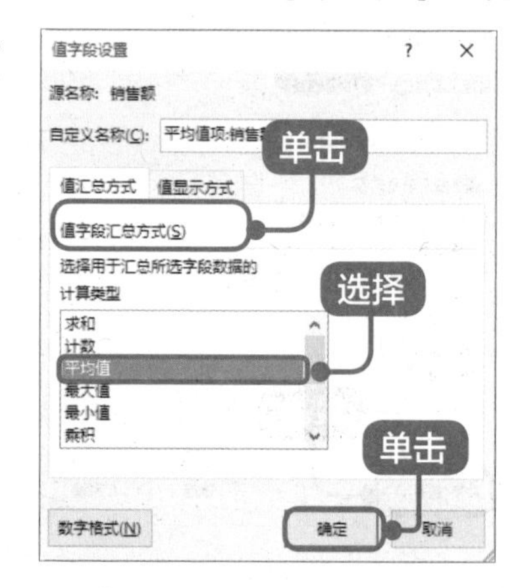

6 显示平均值

单击【确定】按钮，在销售业绩透视表中将显示数据的平均值。

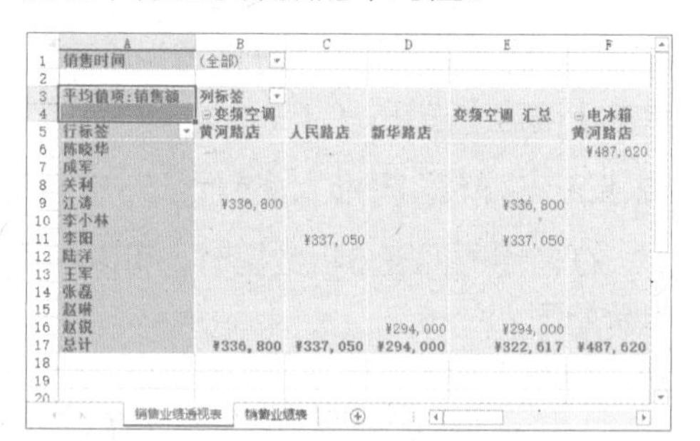

12.5.4 创建销售业绩透视图

数据透视图是数据透视表中的数据的图形表示形式。与数据透视表一样，数据透视图也是交互式的。

1 弹出【插入图表】对话框

选择任一单元格，在【数据透视表工具】➤【分析】选项卡中，单击【工具】选项组中的【数据透视图】按钮，弹出【插入图表】对话框。

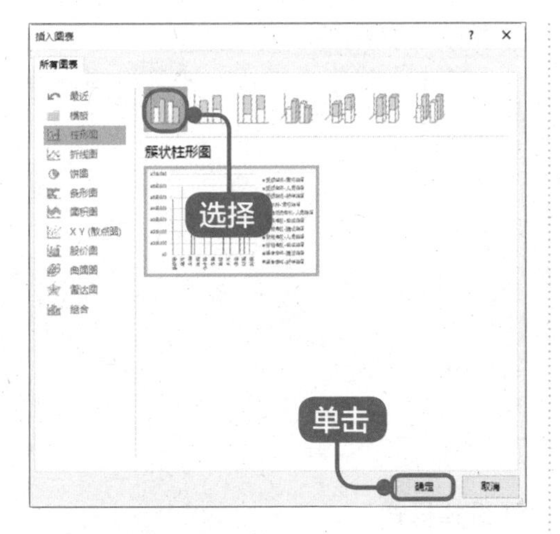

2 插入数据透视图

在【插入图表】对话框中选择【柱形图】中的任意一种柱形，单击【确定】按钮，即可在当前工作表中插入数据透视图。

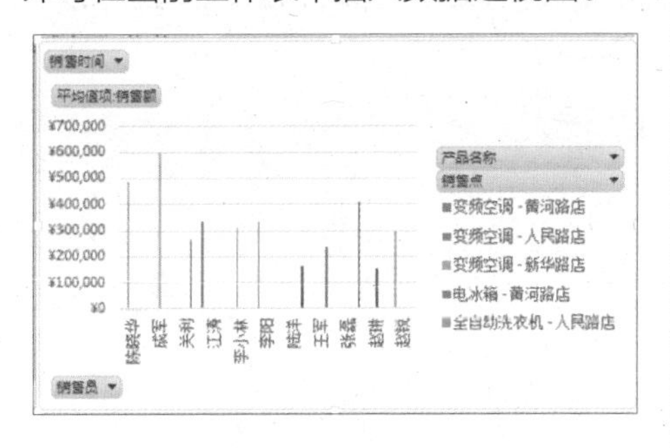

3 输入工作表名称

右键单击数据透视图，在弹出的快捷菜单中选择【移动图表】菜单命令，弹出【移动图表】对话框，选择【新工作表】单选项，并输入工作表名称“销售业绩透视图”。

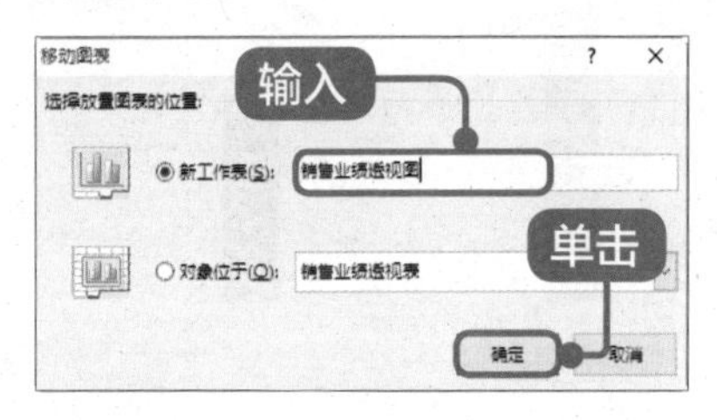

4 移动销售业绩透视图

单击【确定】按钮，自动切换到新建工作表，并把销售业绩透视图移动到该工作表中。

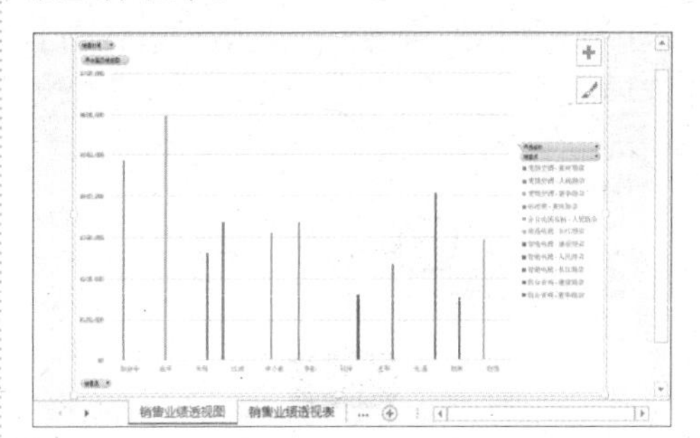

12.5.5 编辑销售业绩透视图

数据透视图创建完成后，同样可以根据需求，对透视图的图表类型、绘图区背景、显示元素等进行编辑和美化。

1 进行选择

单击透视图左下角的【销售员】按钮，在弹出的列表中取消【全部】复选框的勾选，选择【陈晓华】和【李小林】复选框。

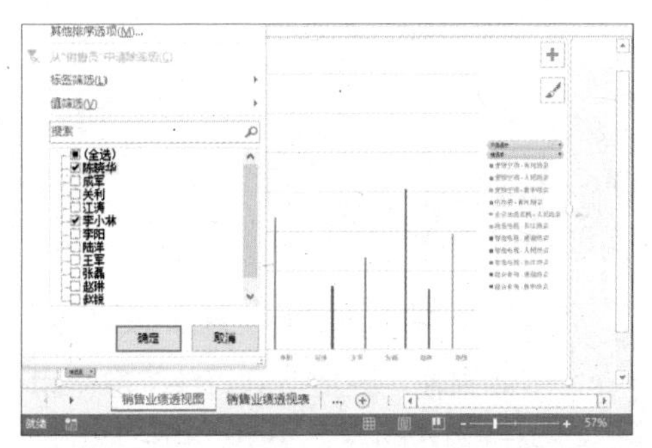

2 显示销售数据

单击【确定】按钮，在销售业绩透视图中将只显示“陈晓华”和“李小林”的销售数据。

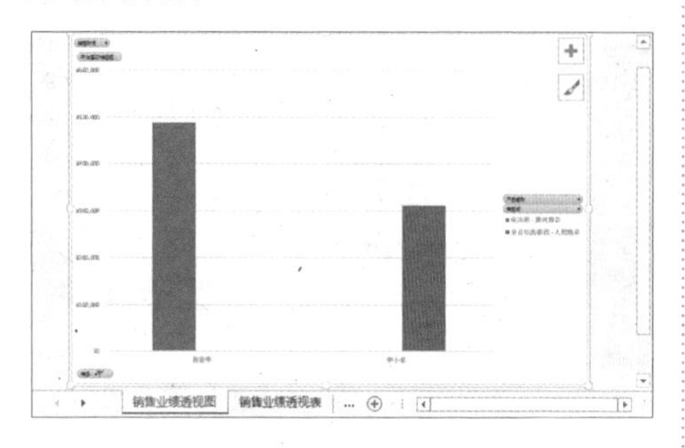

3 选择【堆积折线图】选项

右键单击销售数据透视图，在弹出的快捷菜单中选择【更改图表类型】菜单命令，弹出【更改图表类型】对话框，选择【折线图】类型中的【堆积折线图】选项。

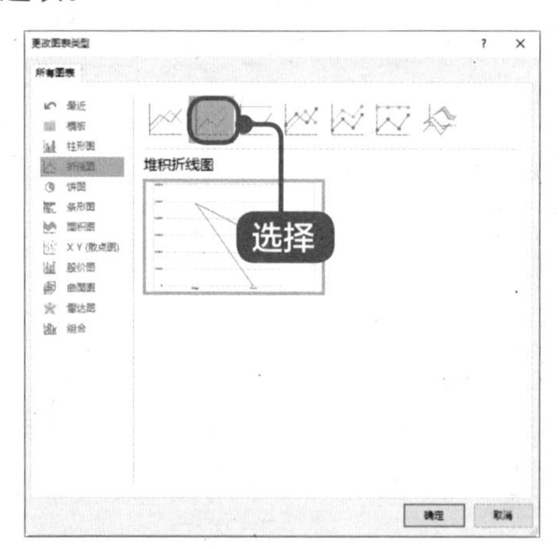

4 更改图表类型

单击【确定】按钮，即可将销售业绩透视图类型更改为【折线图】类型。

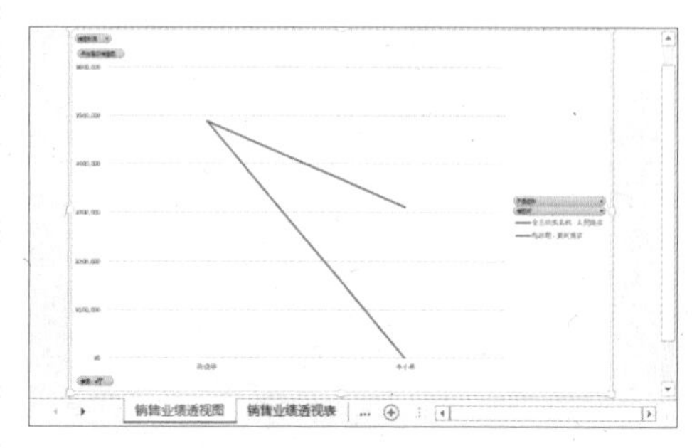

5 选择样式

选择销售业绩透视图的【绘图区】，在【格式】选项卡中，单击【形状样式】选项组中的按钮，在弹出的样式列表中选择一种样式，即可为透视图应用该样式。

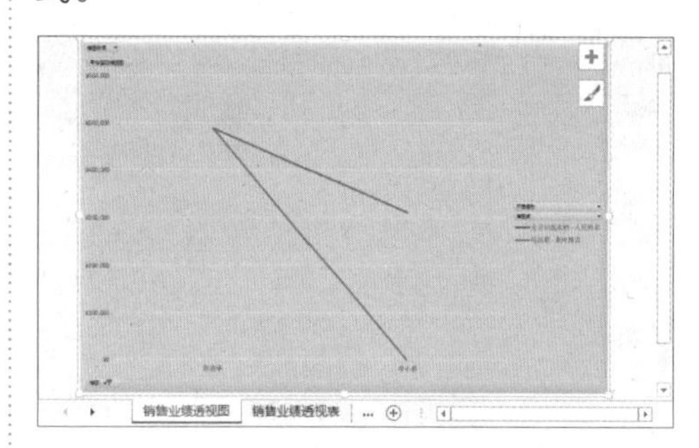

高手私房菜

技巧 1 • 输入以“0”开头的数字

如果输入以数字 0 开头的数字串，Excel 将自动省略 0。如果要保持输入的内容不变，可以先输入单引号“' ”，再输入数字或字符。

1 输入数字

先输入一个半角单引号“’”，然后在单元格中输入以 0 开头的数字。

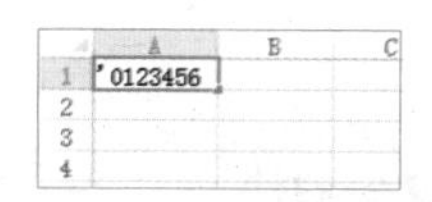

> **提示**
> 在英文输入状态下，单击键盘上的引号键，即可输入半角单引号“’”。

2 进行确认

按【Tab】键或【Enter】键确认。

技巧 2 ● 在 Excel 中绘制斜线表头

在制作表格时，有时会涉及交叉项目，这时就需要使用斜线表头。斜线表头主要分为单斜线表头和多斜线表头，下面介绍如何绘制这两种斜线表头。

1. 绘制单斜线表头

单斜线表头是较为常用的斜线表头，适用于两个交叉项目，具体的绘制方法如下。

1 新建工作簿

新建一个空白工作簿，在 B1 和 A2 单元格中输入数据，如下图所示。

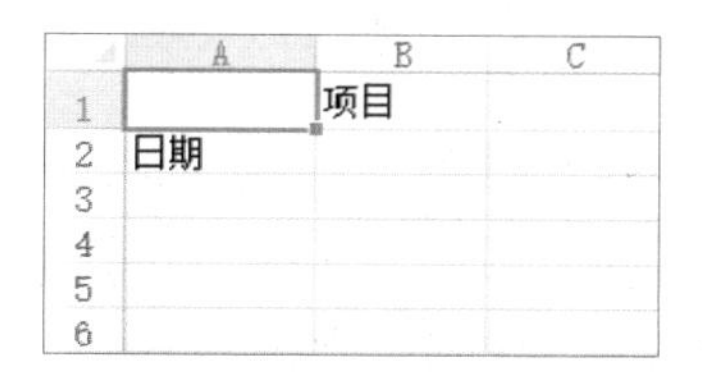

2 选择线型

选择 A1 单元格，按【Ctrl+1】组合键，打开【设置单元格格式】对话框，单击【边框】选项卡，在【线条】列表中选择一种线型，然后在边框区域中选择斜线样式。

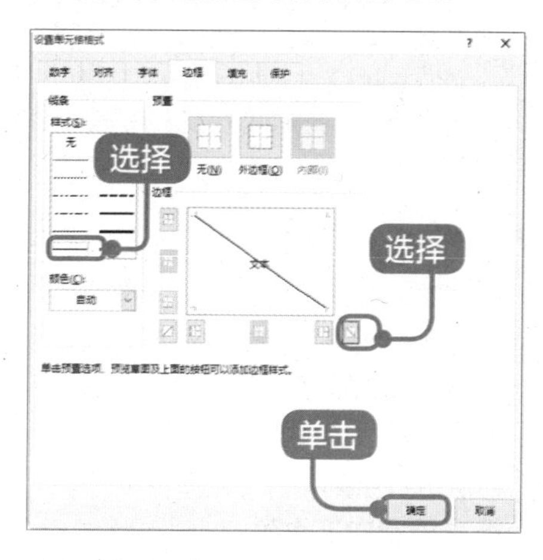

3 添加斜线

单击【确定】按钮，返回工作表，即可看到 A1 单元格中添加的斜线。

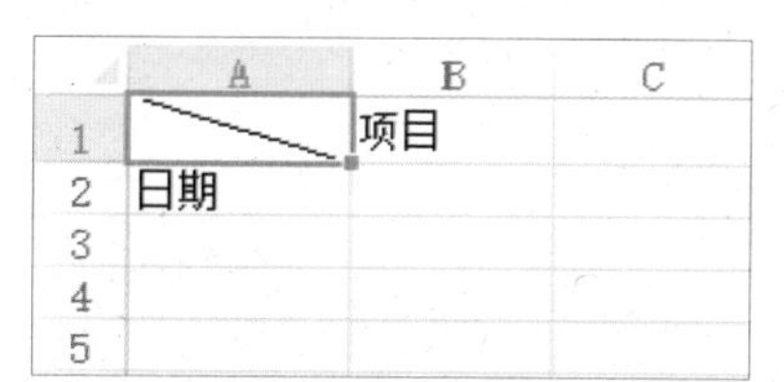

> **提示**
>
> 单击【开始】选项卡下【字体】组中的【边框】按钮 ，在弹出的列表中选择【绘制边框】菜单命令，也可以绘制斜线。

4 最终效果

使用同样办法，选择 B2 单元格，设置同样的斜线边框样式，使其成为 A1:B2 单元格区域的对角线，最终效果如下图所示。

	A	B	C
1		项目	
2	日期		
3			
4			
5			

> **提示**
>
> 也可以复制 A1 单元格中的边框斜线到 B2 单元格中，同样可以得到上图效果。

2. 绘制多斜线表头

如果有多个交叉项目，就需要绘制多斜线表头，如双斜线、三斜线等。而单斜线的绘制方法就并不适合多斜线表头，此时可采用下述方法进行绘制。

1 新建空白工作簿

新建一个空白工作簿，选择 A1 单元格，并调整该单元格的大小。

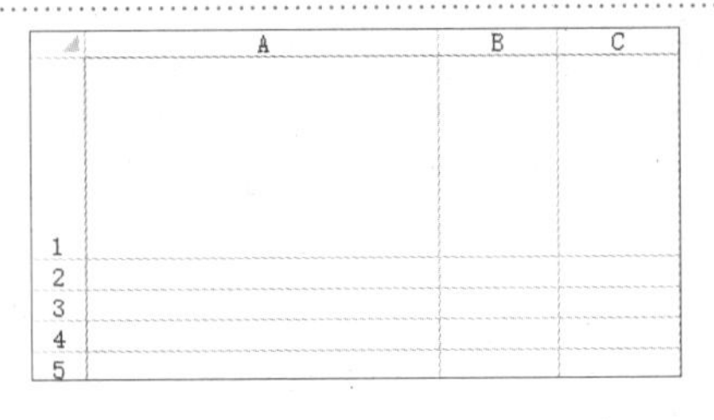

2 绘制多条斜线

单击【插入】➢【形状】按钮 ，在弹出的形状列表中选择【直线】形状，根据需要在单元格中绘制多条斜线。

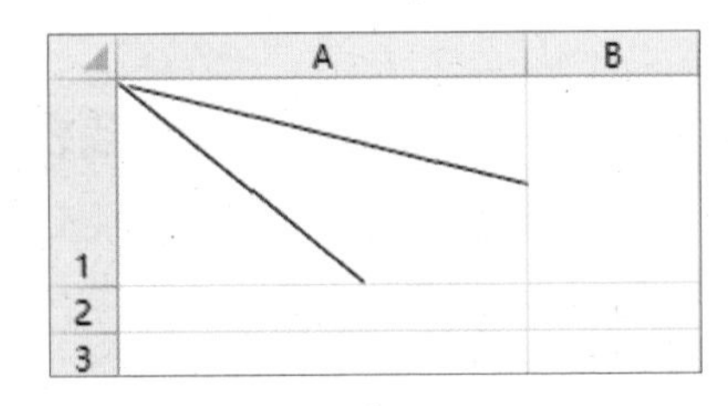

3 绘制文本框

单击【插入】➢【文本框】按钮 ，在单元格中绘制文本框，并输入文本内容，然后设置文本框为“无轮廓”，最终效果如下图所示。

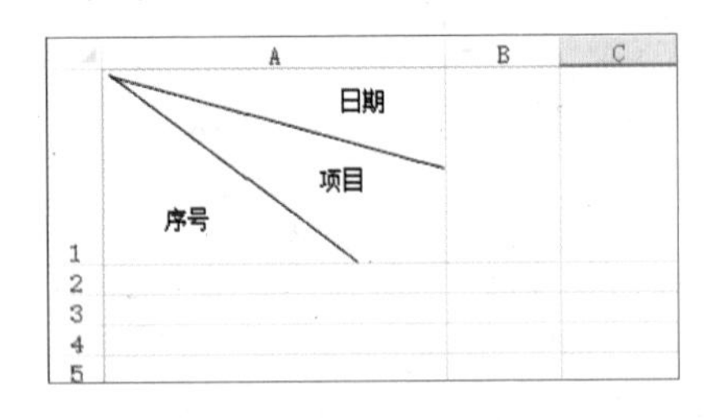

第 13 章

使用 PowerPoint 制作演示文稿

本章视频教学时间 / 1 小时 16 分钟

重点导读

PPT 形式的报告，展示的不仅是一种制作技巧，还是一种精神面貌。有声有色的报告常常会令听众惊叹，并能使报告达到最佳效果。若要做到这一步，制作一个好的幻灯片是基础。

学习效果图

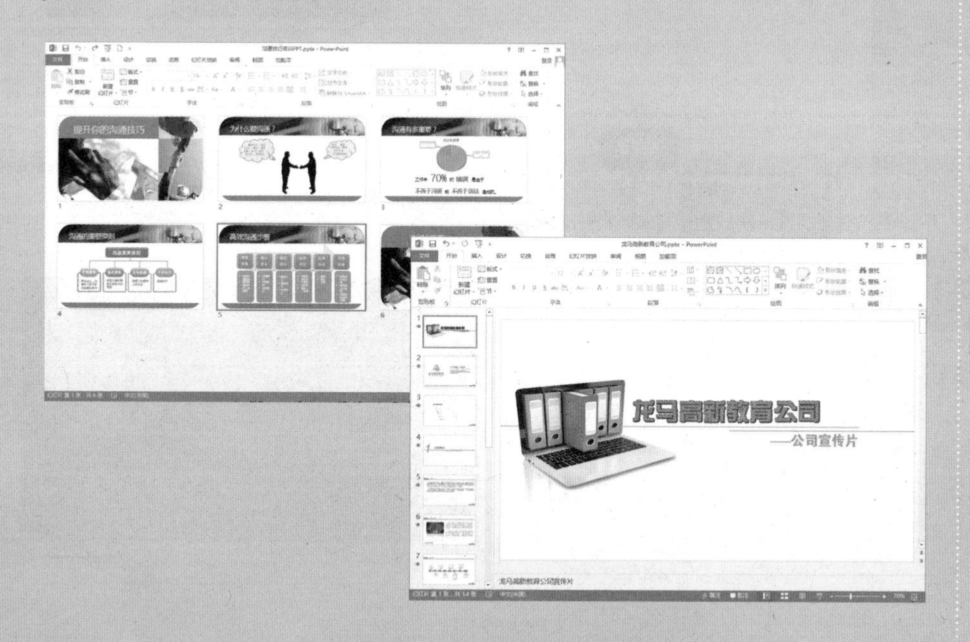

13.1 实例 1——制作岗位竞聘演示文稿

本节视频教学时间 / 14 分钟

通过竞聘上岗，可以增大选人用人的渠道。而精美的岗位竞聘演示文稿，可以让竞聘者在演讲时，能够最大限度地展现自己，让主考官能够多方面地了解竞聘者的实际情况。

13.1.1 制作首页幻灯片

本节主要讲述幻灯片的一些基本操作，如选择主题、设置幻灯片大小和设置字体格式等内容。

1 创建空白演示文稿

启动 PowerPoint 2013，在【文件】选项卡下，单击【新建】选项，在右侧区域中选择【离子】模板，创建一个空白演示文稿。

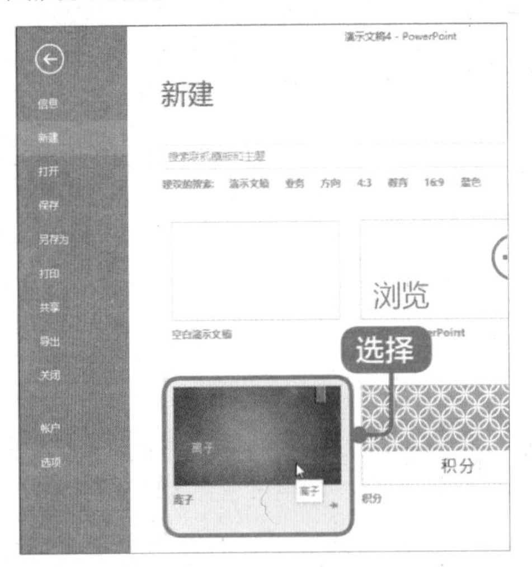

2 设置字体

单击【单击此处添加标题】文本框，在文本框中输入“注意细节，抓住机遇”，并设置标题字体为“汉仪大黑体”、字号为“72”、字体颜色为“橙色”、文字效果为“文字阴影”、对齐方式为“居中对齐”。

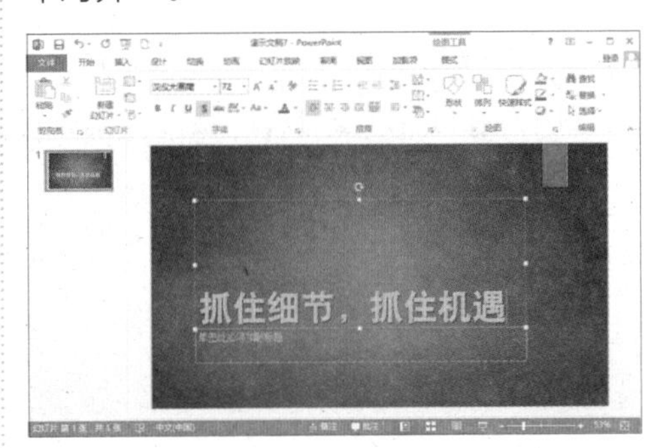

3 输入文本内容

单击【单击此处添加副标题】文本框，在副标题中输入如下图所示的文本内容，并设置字体为“幼圆”、字号为“28”、对齐方式为“右对齐”。

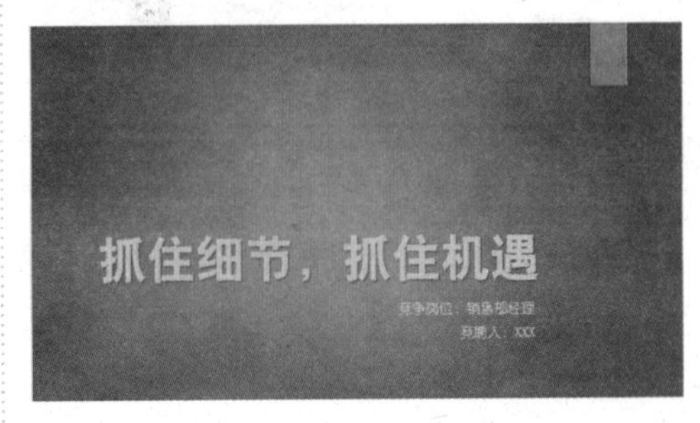

13.1.2 制作岗位竞聘幻灯片

本节主要介绍添加幻灯片、设置字体格式和添加编号等内容。

1 设置字体

添加一张空白幻灯片，在幻灯片中插入横排文本框，输入如下图所示的文本内容，设置其字体为“方正楷体简体”、字号为“36”、字体颜色为“白色”。

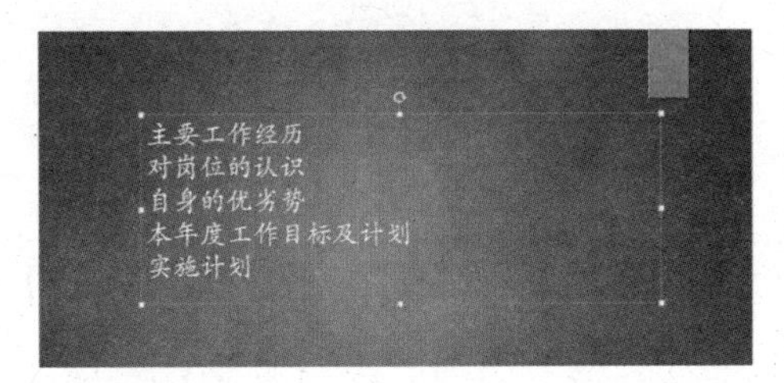

2 选择编号

选中文本内容，在【开始】选项卡下【段落】组中，单击【编号】按钮 右侧的三角按钮，在弹出的下拉列表中选择样式为“一、二、三”的编号。

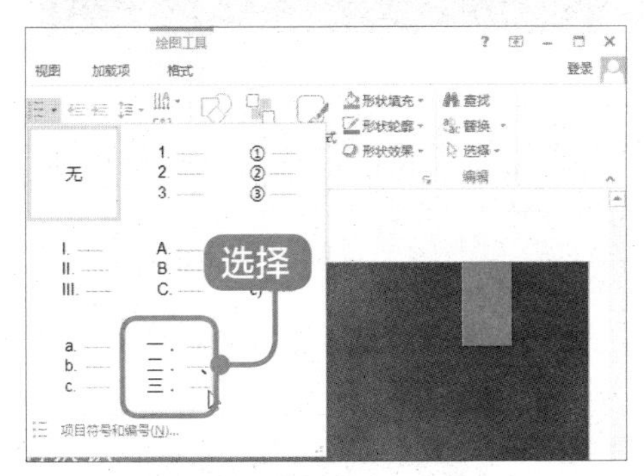

3 设置段落

将文本内容的段前和段落间距设置为“12 磅”，如下图所示。

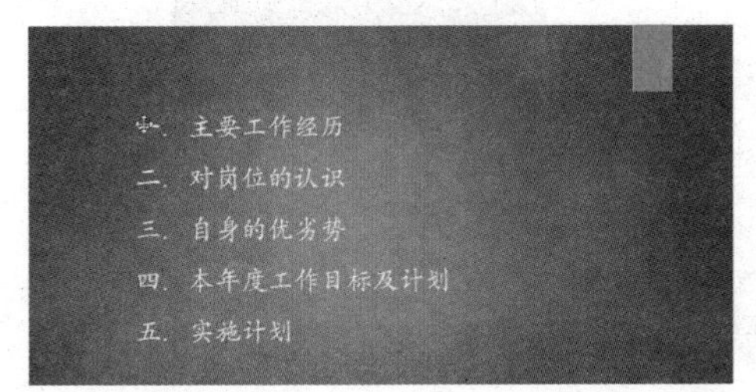

4 添加并设置第 3 张幻灯片

添加一张标题和内容幻灯片，在标题文本框中输入“一、主要工作经历”，设置标题字体为“方正楷体简体”、字号为“32”。打开随书光盘中的“素材\ch13\工作经历.txt”，将其文本内容粘贴至内容文本框中，并设置字体为“等线”、字号为“28”、首行缩进“2 厘米”、段前段后间距均为“10 磅”、行距为“1.5 倍行距”，效果如下图所示。

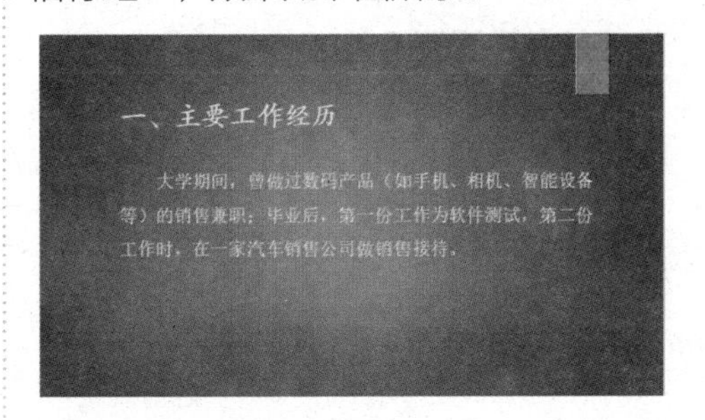

5 添加并设置第 4 张幻灯片

添加一张标题和内容幻灯片，在标题文本框中输入“二、对岗位的认识”，设置标题字体为“方正楷体简体”、字号为“32”。打开随书光盘中的“素材\ch13\岗位认识.txt”，将其文本内容粘贴至内容文本框中，并设置字体为“等线”、字号为“24”、首行缩进“1.8 厘米”、段前段后间距均为“10 磅”、行距为“1.5 倍行距”，效果如下图所示。

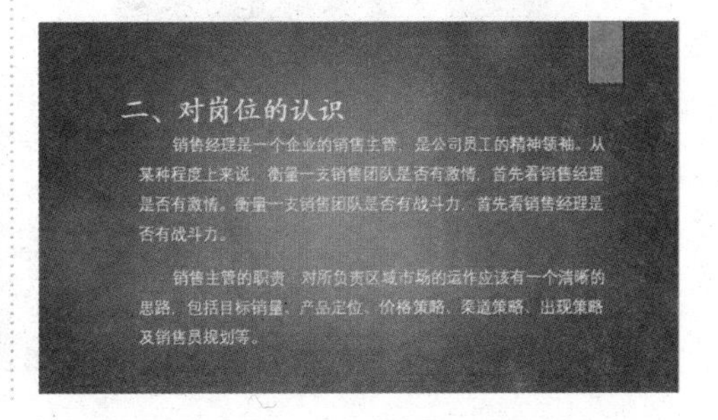

6 添加并设置第 5 张幻灯片

添加一张标题和内容幻灯片，在标题文本框中输入“三、自身的优略势”，打开随书光盘中的“素材 \ch13\ 自身的优略势 .txt”，将其文本内容粘贴至副标题文本框中，按照步骤4设置文字的字体和段落格式。

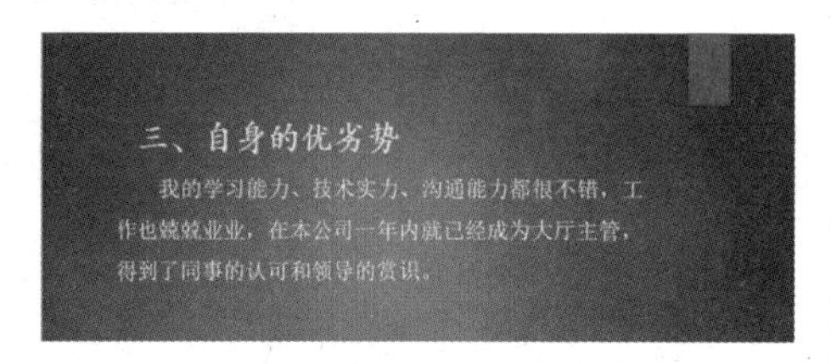

7 添加并设置第 6 张幻灯片

添加一张标题和内容幻灯片，在标题文本框中输入“四、本年度工作目标”，打开随书光盘中的“素材 \ch13\ 本年度工作目标 .txt”，将其文本内容粘贴至副标题文本框中，按照步骤4设置文字的字体和段落格式。

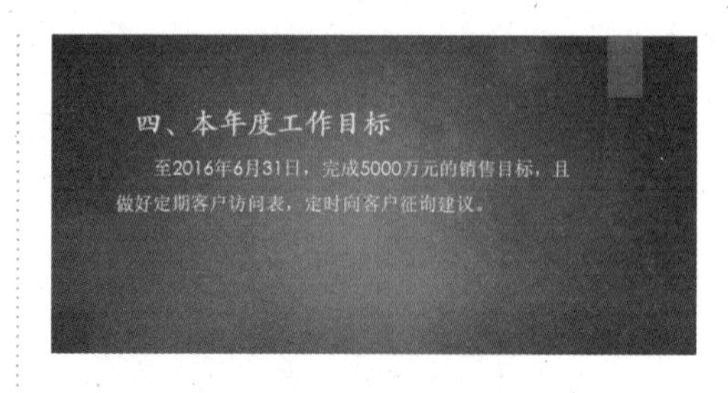

8 添加并设置第 7 张幻灯片

添加一张标题和内容幻灯片，在标题文本框中输入“五、实施计划”，打开随书光盘中的“素材 \ch13\ 实施计划 .txt”，将其文本内容粘贴至副标题文本框中，按照步骤4设置文字的字体和段落格式。

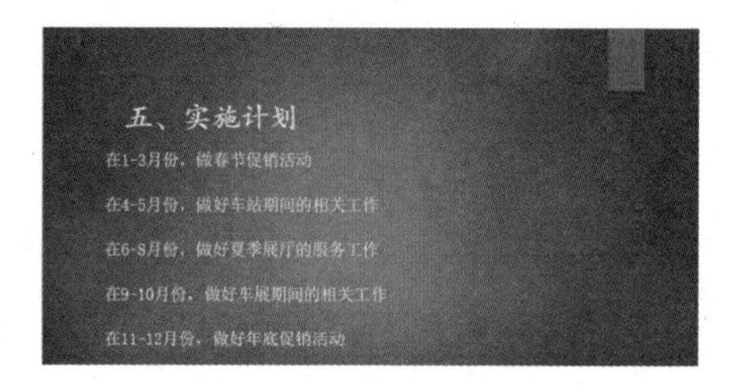

9 选择项目符号

选中文本内容，在【开始】选项卡下【段落】组中单击【项目符号】按钮右侧的倒三角按钮，在弹出的下拉列表中选择一种项目符号。

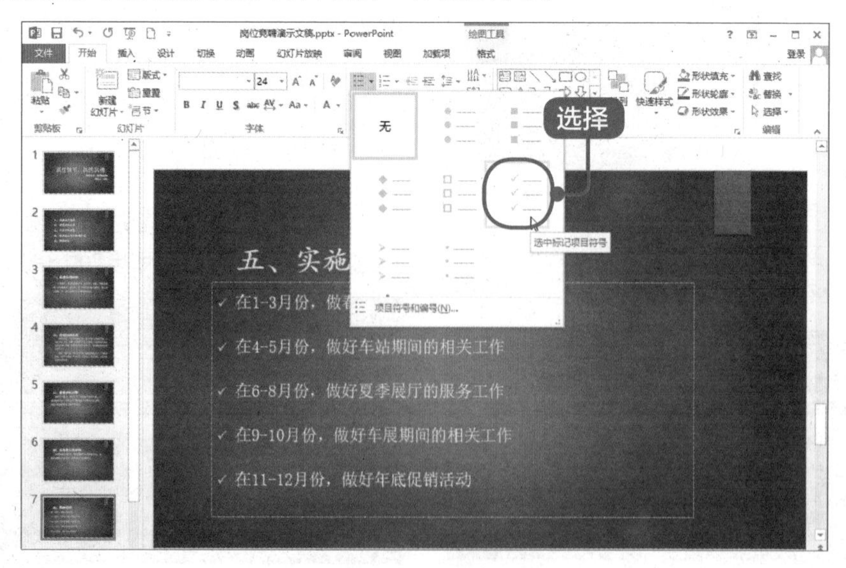

13.1.3 制作结束幻灯片

本节主要讲述添加幻灯片、设置字体格式等内容。

1 输入文本并设置

添加一张空白幻灯片，插入横排文本框，输入如下图所示的文本内容，选中文本内容，设置其字体为“等线”、字号为“72”，在【格式】选项卡下设置艺术字样式为“填充 - 白色，文本 1，阴影”。

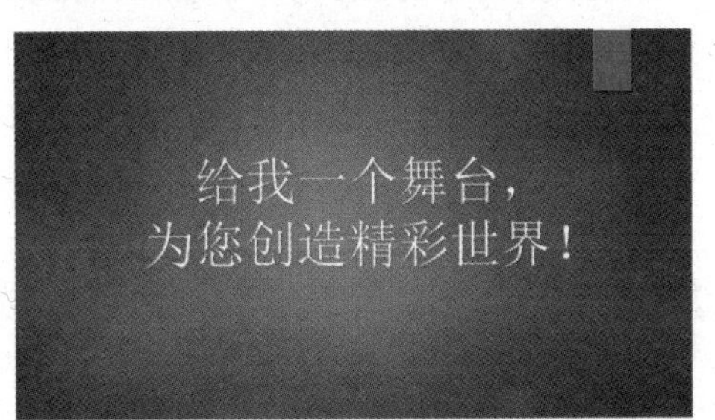

2 设置字体

添加一张空白幻灯片，插入垂直文本框，输入“谢谢”，设置其字体为“方正楷体简体”、字号为“88”，并添加加粗、文本阴影效果，如下图所示。

13.2 实例 2——设计沟通技巧培训 PPT

本节视频教学时间 / 28 分钟

沟通是人与人之间、群体与群体之间思想与感情的传递和反馈过程，目的在于思想达成一致和感情交流通畅。沟通是社会交际中必不可少的技能，很多时候，沟通的好坏直接影响着事业成功与否。

本例将制作一个介绍培训沟通技巧的演示文稿，展示提高沟通技巧的要素，具体的操作步骤如下。

13.2.1 设计幻灯片母版

此演示文稿除首页和结束页外，其他所有幻灯片都是在标题处放置一个展现沟通交际的图片。为了版面美观，设置图片四角为弧形。设计该幻灯片母版的步骤如下。

1 新建空白文稿

启动 PowerPoint 2013，新建一个空白演示文稿。在【视图】选项卡的【母版视图】中单击【幻灯片母版】按钮，切换到幻灯片母版视图，并在左侧列表中单击第 1 张幻灯片。

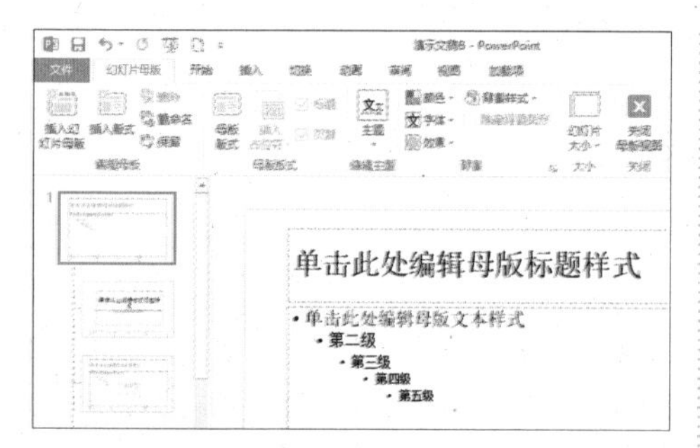

2 选择图片

在【插入】选项卡的【图像】组中单击【图片】按钮，在弹出的对话框中浏览到随书光盘中的“素材\ch13\背景1.png”文件，单击【插入】按钮。

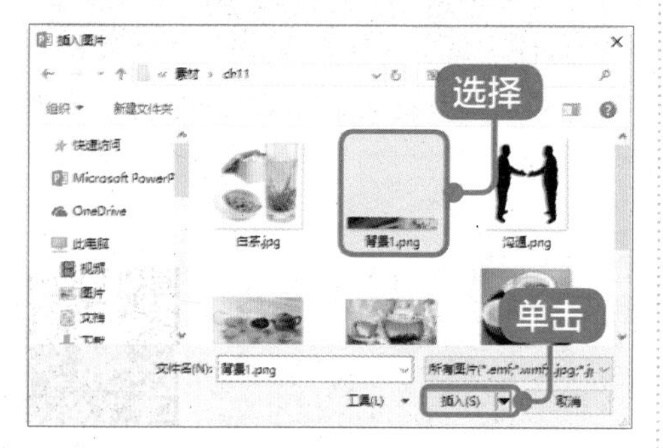

3 调整图片位置

插入图片并调整图片的位置，如下图所示。

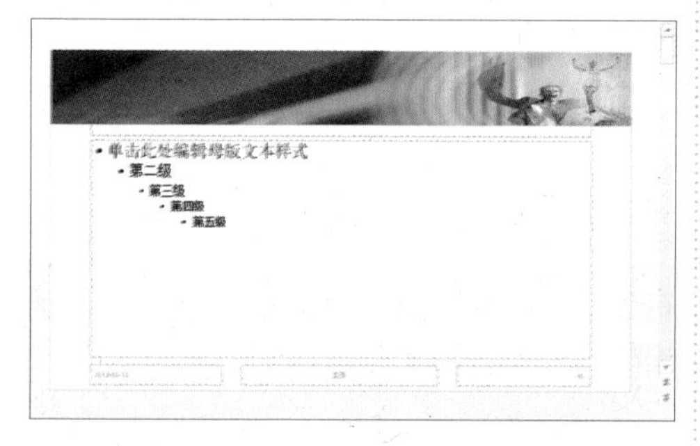

4 填充颜色

使用形状工具在幻灯片底部绘制1个矩形框，并填充颜色为蓝色（R：29，G：122，B:207）。

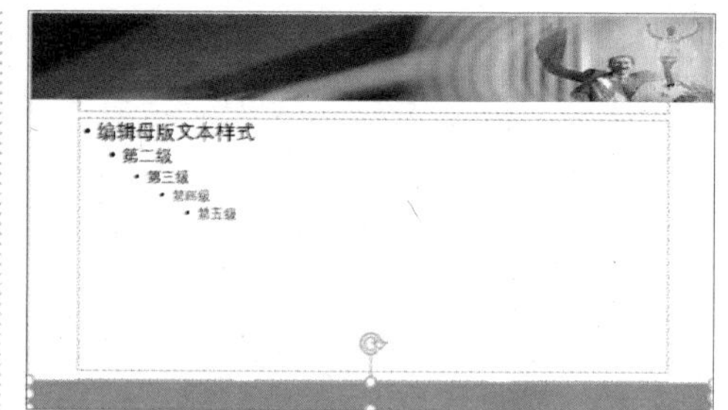

5 设置圆角矩形

使用形状工具绘制1个圆角矩形，并拖动圆角矩形左上方的黄点，调整圆角角度。设置【形状填充】为“无填充颜色”，【形状轮廓】为“白色”，【粗细】为“4.5磅”。

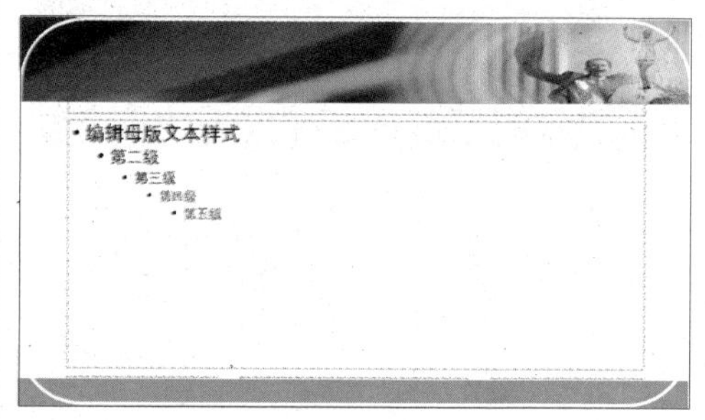

6 删除右下角的顶点

在左上角绘制1个正方形，设置【形状填充】和【形状轮廓】均为“白色”，右击该正方形，在弹出的快捷菜单中选择【编辑顶点】选项，删除右下角的顶点，并单击斜边中点将其向左上方拖动，调整为如下图所示的形状。

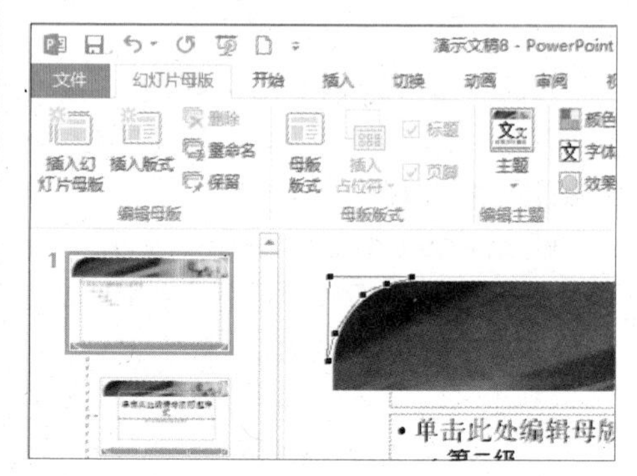

7 调整其他角的形状

按照上述操作方法，绘制并调整幻灯片其他角的形状。

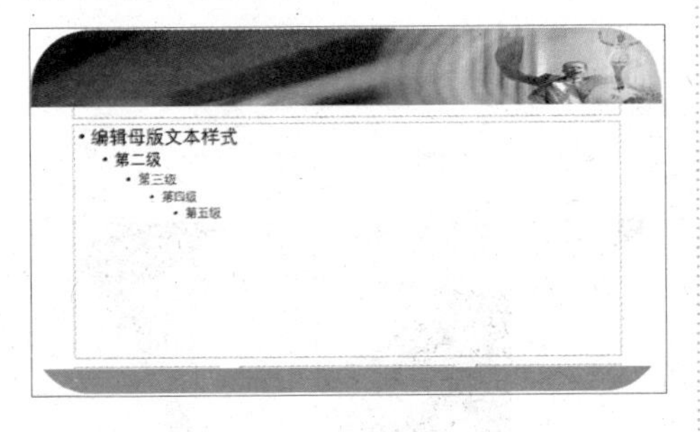

8 设置字体

将标题框置于顶层，设置内容的字体为“微软雅黑”、字号为“44”、颜色为“白色”。

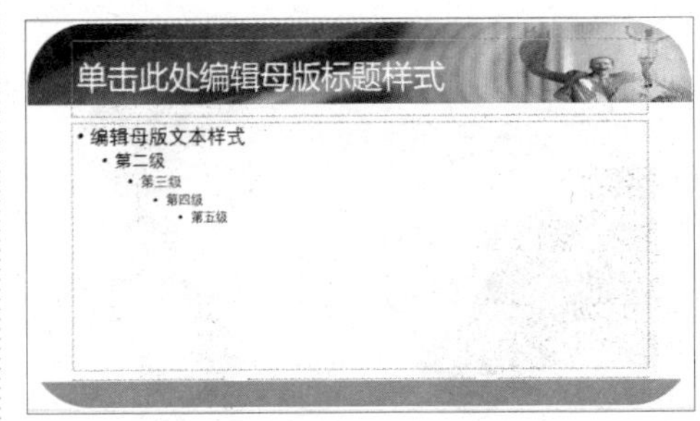

13.2.2 设计幻灯片首页

首页幻灯片由能够体现主题的背景图和标题组成。在设计首页幻灯片之前，首先应构思首页幻灯片的效果图。

1 隐藏背景图形

在幻灯片母版视图中选择左侧列表中的第 2 张幻灯片，在【幻灯片母版】选项卡的【背景】组中单击选中【隐藏背景图形】复选框。

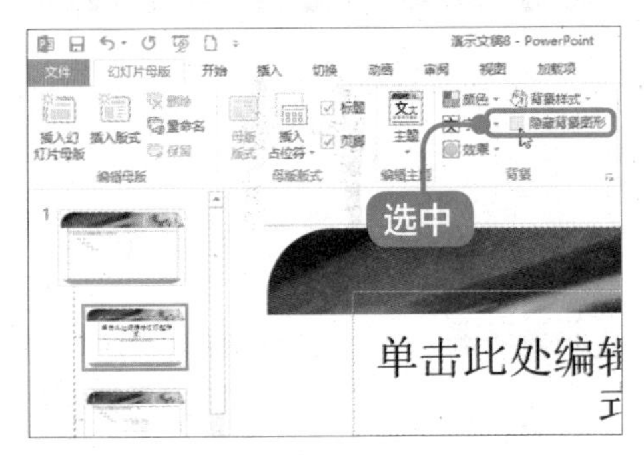

2 选择素材

单击【背景】选项组右下角的【设置背景格式】按钮，在弹出的【设置背景格式】对话框的【填充】区域中单击【文件】按钮，在弹出的对话框中选择“素材 \ch13\ 首页 .jpg”文件。

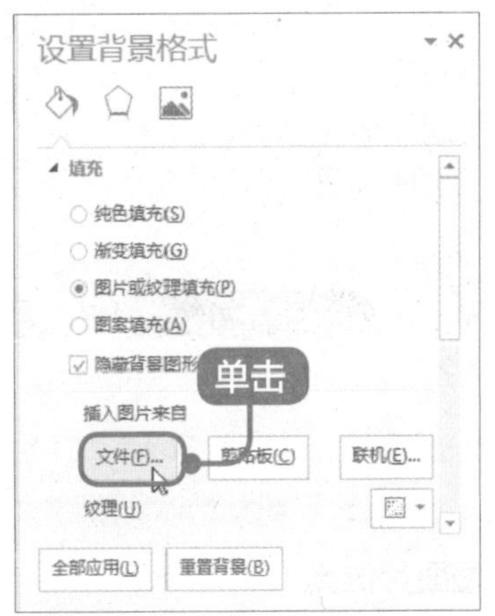

3 设置背景

设置背景后的幻灯片如下图所示。

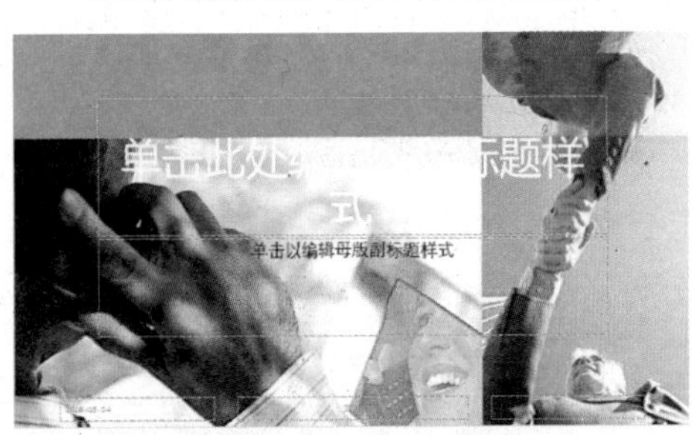

4 调整形状顶点

按照13.2.1节中的步骤5～6操作，绘制1个圆角矩形框，在其四角再绘制4个正方形，并调整形状顶点，效果如下图所示。

5 输入文字

单击【关闭母版视图】按钮，返回普通视图，在幻灯片中输入文字“提升你的沟通技巧”。

13.2.3 设计图文幻灯片

首页幻灯片设计完成后，就可以设计图文幻灯片了，具体的操作步骤如下。

1 输入标题

新建1张【仅标题】幻灯片，输入标题“为什么要沟通？”。

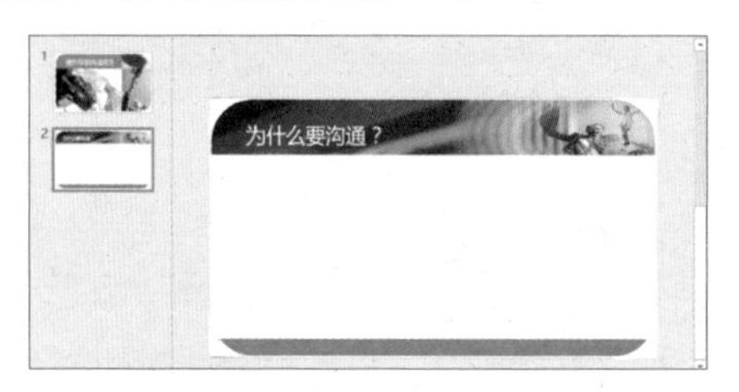

2 调整图片位置

在【插入】选项卡的【图像】组中单击【图片】按钮，插入“素材\ch13\沟通.png”文件，并调整图片的位置。

3 插入云形标注

使用形状工具插入两个云形标注。

4 编辑文字

右键单击云形标注，在弹出的快捷菜单中选择【编辑文字】命令，输入如下文字。

■5 输入标题

新建【标题和内容】幻灯片，输入标题“沟通有多重要？”。

■6 选择【三维饼图】选项

单击内容文本框中的【插入图表】按钮，在弹出的【插入图表】对话框中选择【三维饼图】选项。

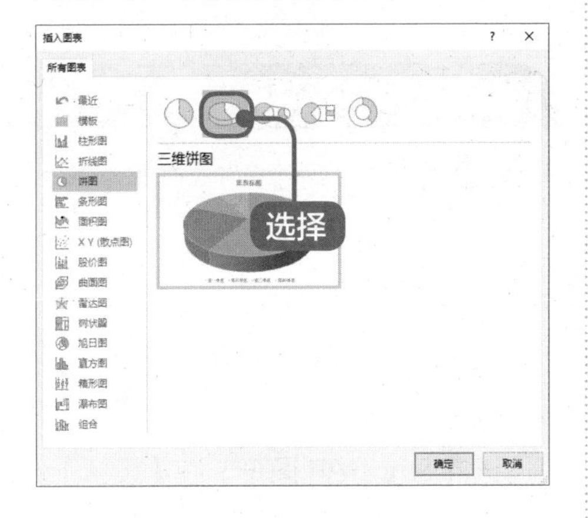

■7 修改数据

在打开的Excel工作簿中修改数据，如下图所示。

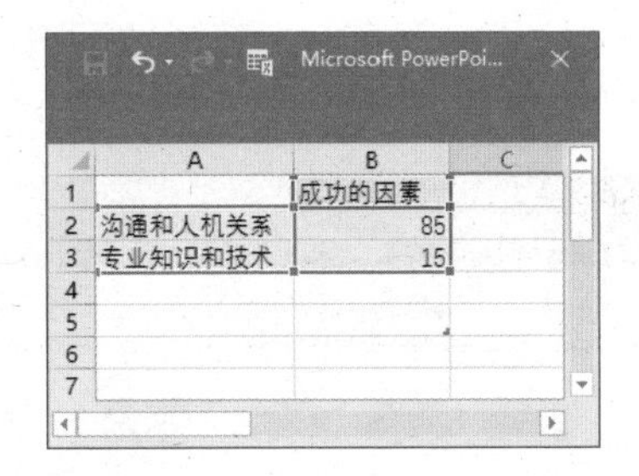

	A	B	C
1		成功的因素	
2	沟通和人机关系	85	
3	专业知识和技术	15	
4			
5			
6			
7			

■8 调整文字

保存并关闭Excel工作簿，完成图表插入。可以根据需要美化图表，在图表下方插入1个文本框，输入内容，并调整文字的字体、字号和颜色，效果如下图所示。

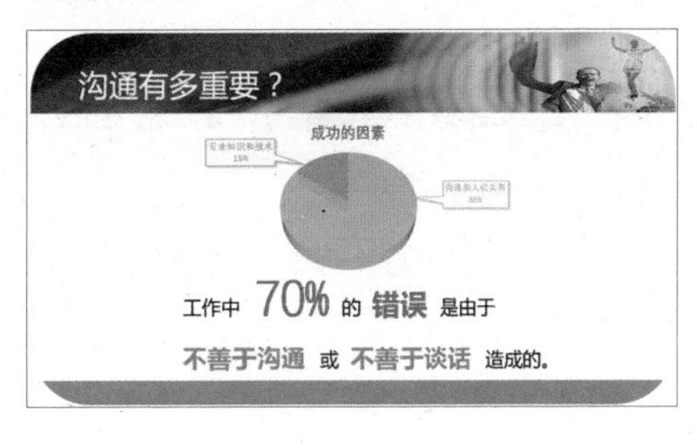

13.2.4 设计图形幻灯片

使用形状和SmartArt图形直观地展示沟通的重要原则和实现高效沟通的步骤。

■1 输入标题内容

新建1张【仅标题】幻灯片，并输入标题内容“沟通的重要原则”。

2 绘制 5 个圆角矩形

使用形状工具绘制 5 个圆角矩形，调整圆角矩形的圆角角度并分别应用一种形状样式，再根据需要设置图形的颜色和形状效果。

3 绘制 4 个圆角矩形

绘制 4 个圆角矩形，设置【形状填充】为【无填充颜色】，并设置形状轮廓的颜色。

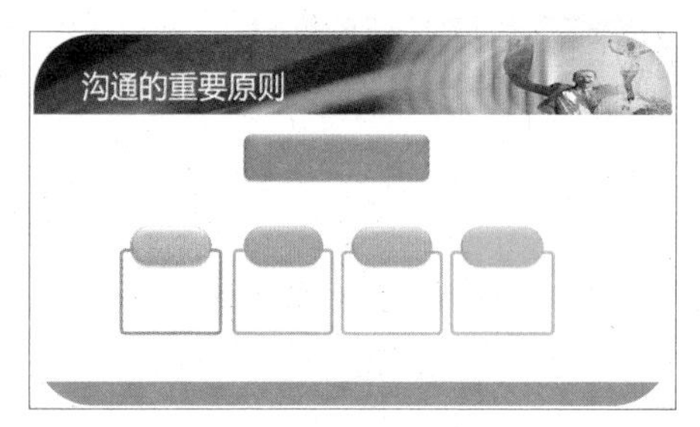

4 编辑文字

右击形状，在弹出的快捷菜单中选择【编辑文字】命令，输入文字，并绘制直线将图形连接起来，如下图所示。

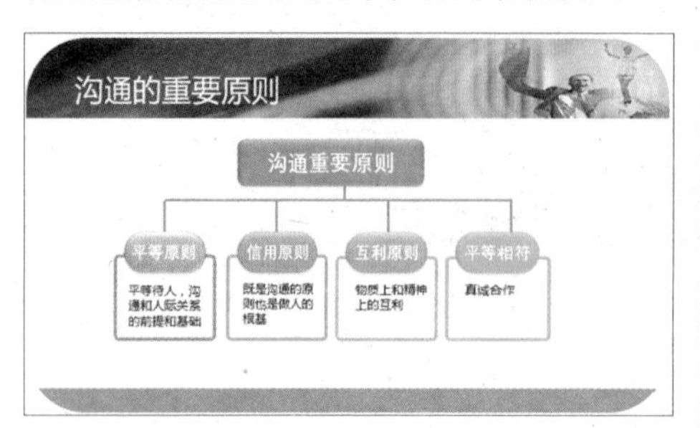

5 输入标题

新建 1 张【仅标题】幻灯片，输入标题“高效沟通步骤”。

6 输入文字

在【插入】选项卡的【插图】组中单击【SmartArt】按钮，在弹出的【选择 SmartArt 图形】对话框中选择【连续块状流程】图形，单击【确定】按钮，在 SmartArt 图形中输入文字，如下图所示。

7 选择颜色

选择 SmartArt 图形，在【设计】选项卡的【SmartArt 样式】组中单击【更改颜色】按钮，在弹出的下拉列表中选择【彩色填充 - 个性色 3】选项。

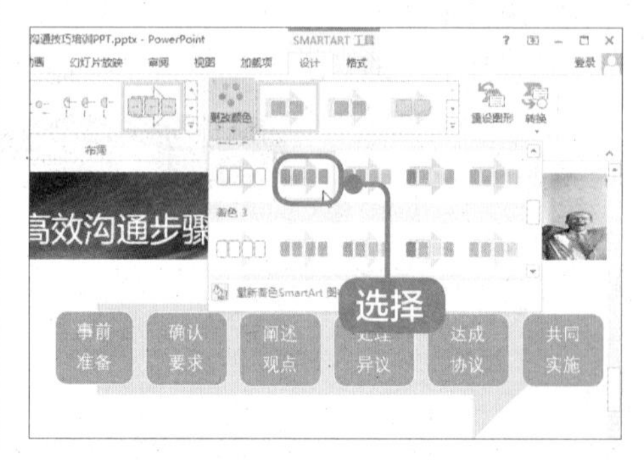

8 选择【嵌入】选项

单击【SmartArt样式】组中的【其他】按钮，在弹出的下拉列表中选择【嵌入】选项。

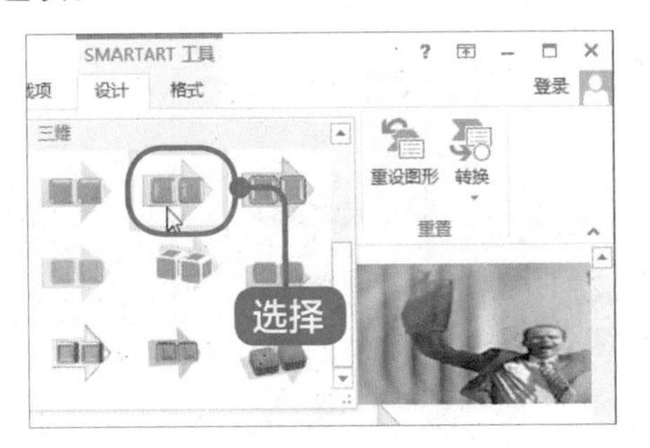

9 绘制 6 个圆角矩形

在 SmartArt 图形下方绘制 6 个圆角矩形，并应用蓝色形状样式。

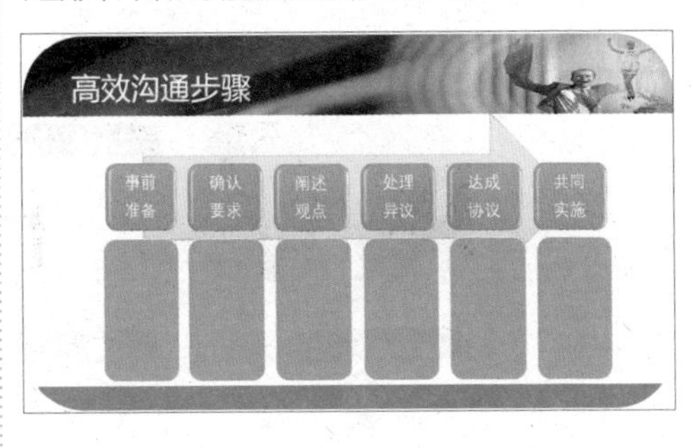

10 输入文字

在圆角矩形中输入文字，并为文字添加“√”形式的项目符号，然后设置字体颜色为“白色”，效果如下图所示。

13.2.5 设计结束页幻灯片

结束页幻灯片和首页幻灯片的背景一致，只是标题内容不同。

1 输入文字

新建 1 张【标题幻灯片】，并在标题文本框中输入“谢谢观看！”

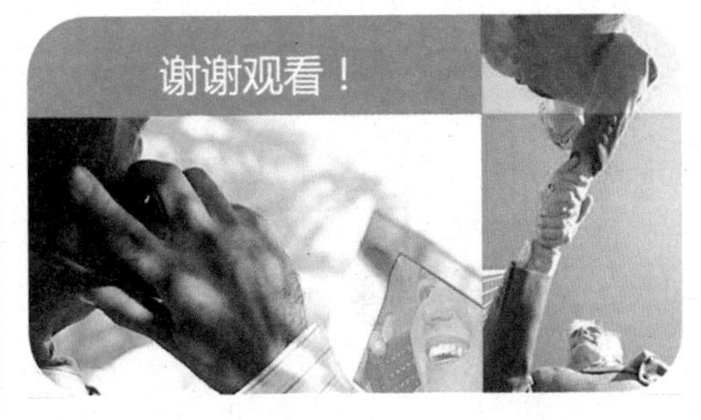

2 设计完成

此时，幻灯片设计完成，保存幻灯片即可，最终幻灯片的预览图如下图所示。

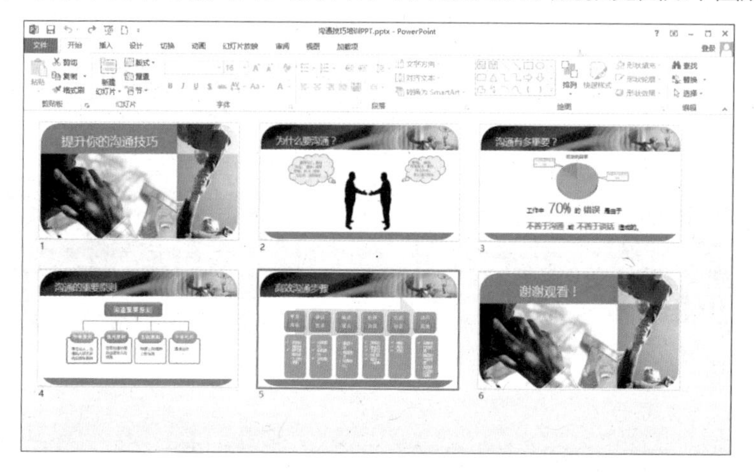

13.3 实例 3——制作中国茶文化幻灯片

本节视频教学时间 / 28 分钟

中国茶历史悠久，现在已发展成了独特的茶文化，中国人饮茶，注重一个“品”字。“品茶”不但可以鉴别茶的优劣，还可以消除疲劳、振奋精神。本节就以中国茶文化为背景，制作一份中国茶文化幻灯片。

13.3.1 设计幻灯片母版

设计该幻灯片母版的步骤如下。

1 单击【幻灯片母版】按钮

启动 PowerPoint 2016，新建幻灯片，并将其保存为“中国茶文化 .pptx”的幻灯片。单击【视图】选项卡下【母版视图】组中的【幻灯片母版】按钮。

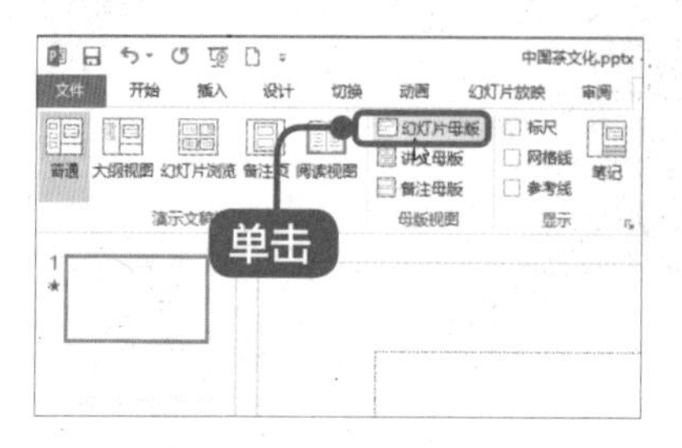

2 单击【图片】按钮

切换到幻灯片母版视图，并在左侧列表中单击第 1 张幻灯片，单击【插入】选项卡下【图像】组中的【图片】按钮。

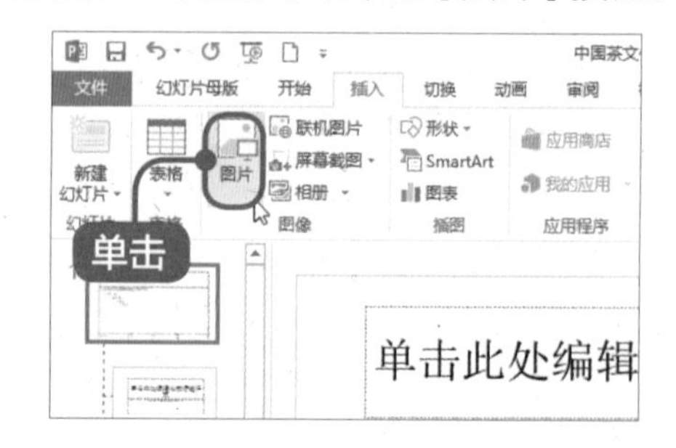

3 选择图片

在弹出的【插入图片】对话框中选择“素材 \ch13\ 图片 01.jpg”文件，单击【插入】按钮，将选择的图片插入幻灯片中。选择插入的图片，并根据需要调整图片的大小及位置。

4 图片置于底层

在插入的背景图片上单击鼠标右键，在弹出的快捷菜单中选择【置于底层】➢【置于底层】菜单命令，将背景图片在底层显示。

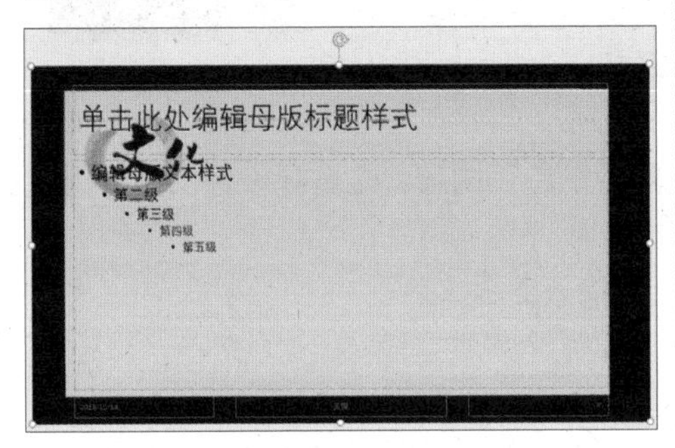

5 选择艺术字样式

选择标题框内文本，在【绘图工具】的【格式】选项卡下单击【艺术字样式】组中的【其他】按钮，在弹出的下拉列表中选择一种艺术字样式。

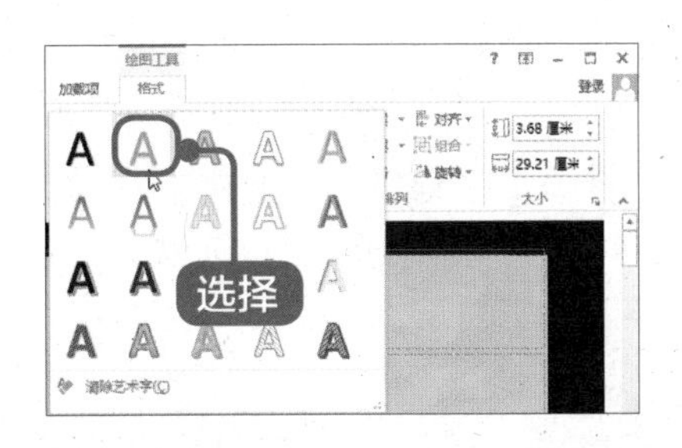

6 设置字体和字号

选择设置后的艺术字，根据需求设置艺术字的字体和字号，并设置其【文本对齐】为“居中对齐”。此外，还可以根据需要调整文本框的位置。

> **提示**
>
> 如果设置的字体较大，标题栏中不足以容纳“单击此处编辑母版标题样式”文本时，可以删除部分文本内容。

7 设置【开始】模式

为标题框应用【擦除】动画效果，设置【效果选项】为“自左侧”，设置【开始】模式为“上一动画之后”。

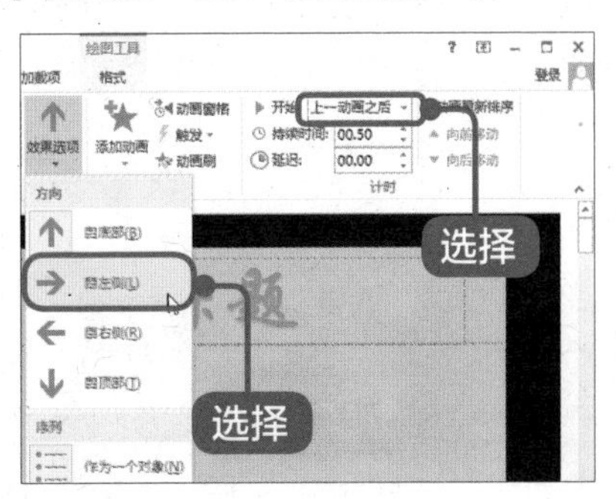

8 删除文本框

在幻灯片母版视图中，在左侧列表中选择第 2 张幻灯片，选中【背景】组中的【隐藏背景图形】复选框，并删除文本框。

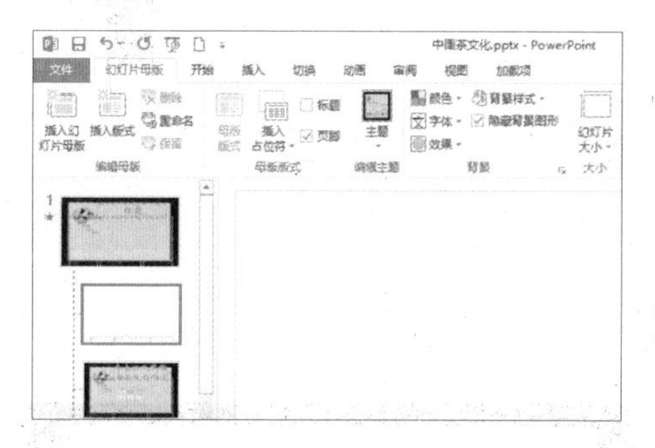

9 调整图片位置

单击【插入】选项卡下【图像】组中的【图片】按钮，在弹出的【插入图片】对话框中选择“素材 \ch13\ 图片 02.jpg”文件，单击【插入】按钮，将图片插入幻灯片中，并调整图片的位置和大小。

10 图片置于底层

在插入的背景图片上单击鼠标右键，在弹出的快捷菜单中选择【置于底层】➢【置于底层】菜单命令，将背景图片在底层显示，并删除文本占位符。

13.3.2 设计幻灯片首页

幻灯片的母版制作完成后，即可设计幻灯片的首页内容，主要是设计主页的标题文字，具体的操作步骤如下。

1 选择艺术字样式

单击【幻灯片母版】选项卡中的【关闭母版视图按钮】按钮，返回普通视图，删除幻灯片页面中的文本框，在【插入】选项卡下【文本】组中单击【艺术字】按钮，在弹出的下拉列表中选择一种艺术字样式。

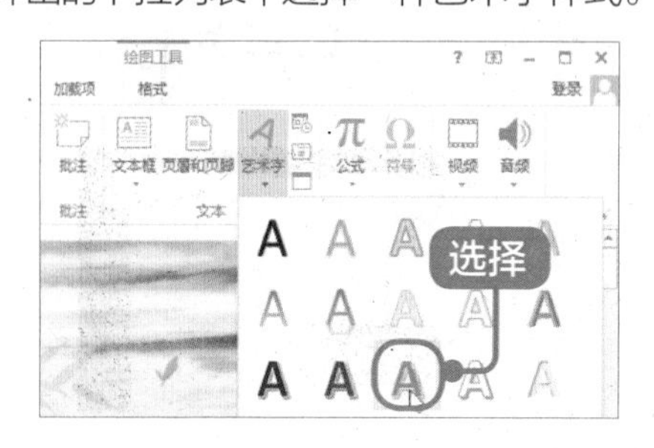

2 输入文本

输入“中国茶文化”文本，根据需要调整艺术字的字体、字号以及颜色等，并适当调整文本框的位置。

13.3.3 设计茶文化简介页面

茶文化简介界面设计的具体步骤如下。

1 输入文本

新建【仅标题】幻灯片，在标题栏中输入“茶文化简介”文本。设置其【对齐方式】为“左对齐”。

2 复制内容

打开随书光盘中的“素材 \ch13\ 茶文化简介 .txt”文件，将其内容复制到该幻灯片中，适当调整文本框的位置以及字体的字号和大小。

3 设置段落

选择输入的正文，并单击鼠标右键，在弹出的快捷菜单中选择【段落】菜单命令，打开【段落】对话框，在【缩进和间距】选项卡下设置【特殊格式】为“首行缩进”，设置【度量值】为“2 字符”。设置完成后单击【确定】按钮。

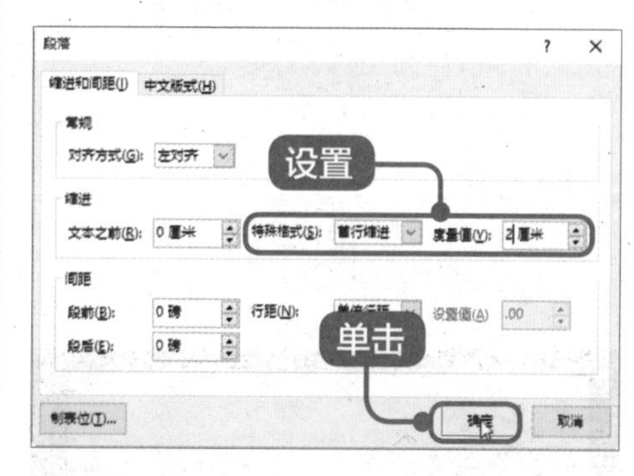

4 最终效果

即可看到设置段落样式后的效果。

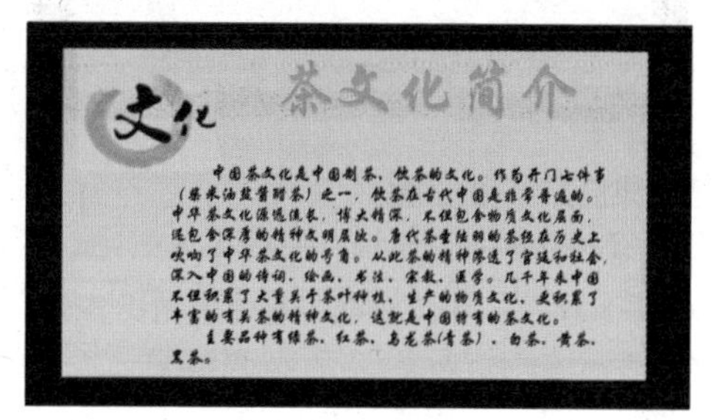

13.3.4 设计目录页面

目录页面设计的具体步骤如下。

1 输入标题

新建【标题和内容】幻灯片，输入标题“茶品种”。

2 设置字体字号

在标题的下方输入茶的种类，并根据需要设置字体和字号等。

13.3.5 设计其他幻灯片

下面介绍如何设计其他幻灯片，具体的操作步骤如下。

1 输入标题

新建【标题和内容】幻灯片。输入标题“绿茶”。

2 调整文本框位置

打开随书光盘中的“素材\ch13\茶种类.txt”文件，将其“绿茶”下的内容复制到该幻灯片中，适当调整文本框的位置以及字体的字号和大小。

3 插入图片

单击【插入】选项卡下【图像】组中的【图片】按钮，在弹出的【插入图片】对话框中选择“素材\ch13\绿茶.jpg”文件，单击【插入】按钮，将选择的图片插入幻灯片中。选择插入的图片，并根据需要调整图片的大小及位置。

4 选择样式

选择插入的图片，在【格式】选项卡下【图片样式】选项组中单击【其他】按钮，在弹出的下拉列表中选择一种样式。

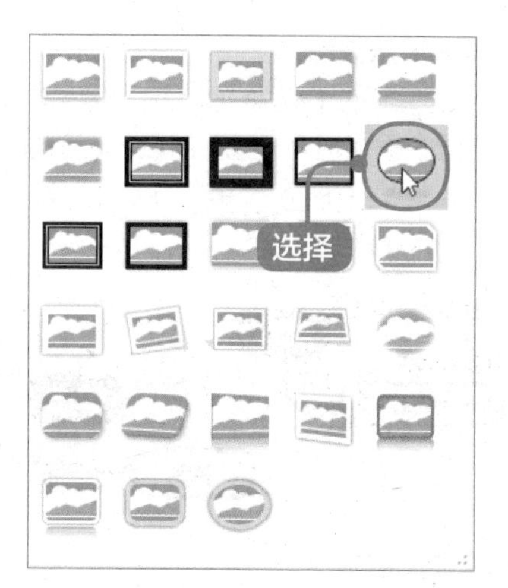

5 进行设置

根据需要在【图片样式】组中设置【图片边框】、【图片效果】及【图片版式】等。

6 设计其他幻灯片

重复步骤1～5，分别设计红茶、乌龙茶、白茶、黄茶、黑茶等幻灯片。

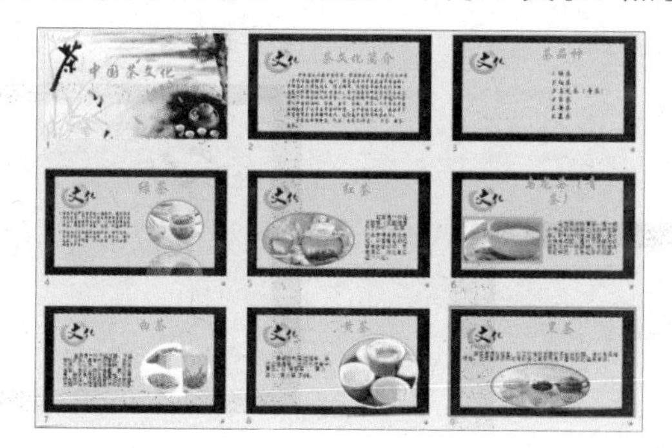

7 设置字体样式

新建【标题】幻灯片，插入艺术字文本框，输入“谢谢欣赏！”文本，并根据需要设置字体样式。

13.3.6 设置超链接

在 PowerPoint 中，超链接可以是从一张幻灯片到同一演示文稿中另一张幻灯片的连接，也可以是从一张幻灯片到不同演示文稿中另一张幻灯片、到电子邮件地址、网页或文件的连接等，还可以为文本或对象创建超链接。

1 选中文本

在第 3 张幻灯片中选中要创建超链接的文本“1. 绿茶”。

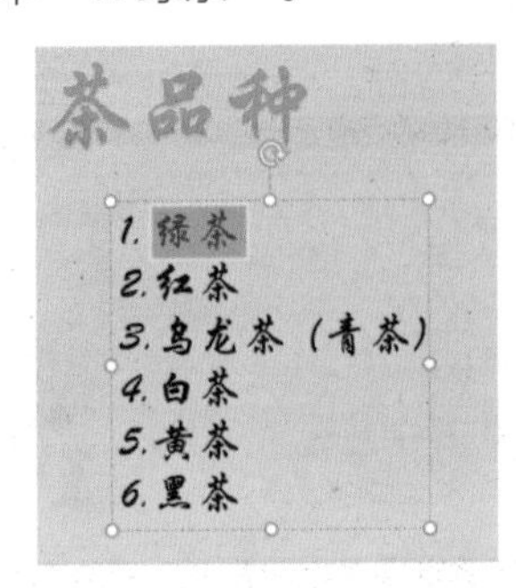

2 单击【超链接】按钮

单击【插入】选项卡下【链接】选项组中的【超链接】按钮。

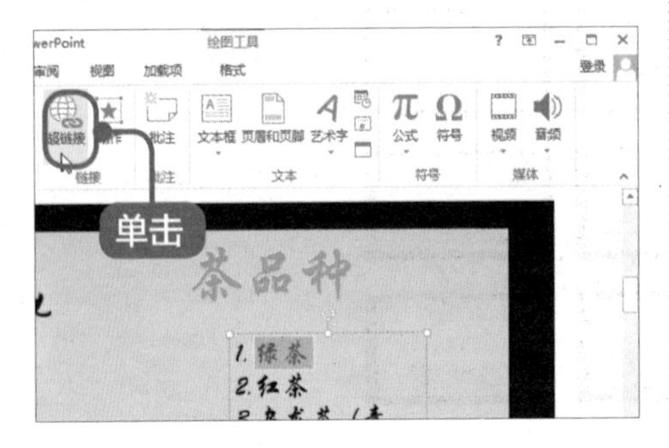

3 单击【屏幕提示】按钮

弹出【插入超链接】对话框，选择【链接到】列表框中的【本文档中的位置】选项，在右侧的【请选择文档中的位置】列表框中选择【幻灯片标题】下方的【4. 绿茶】选项，然后单击【屏幕提示】按钮。

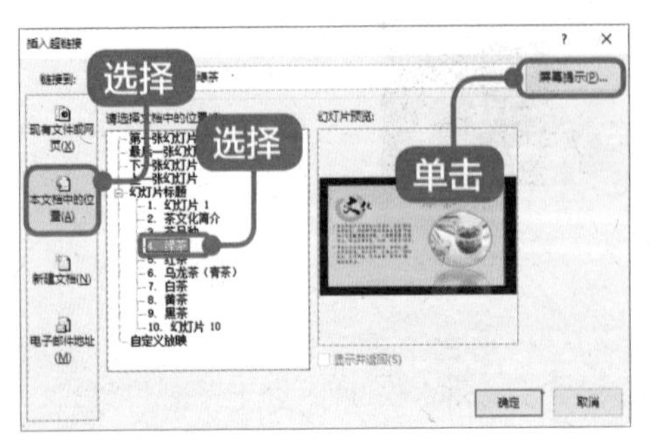

4 输入提示信息

在弹出的【设置超链接屏幕提示】对话框中输入提示信息，然后单击【确定】按钮，返回【插入超链接】对话框，单击【确定】按钮。

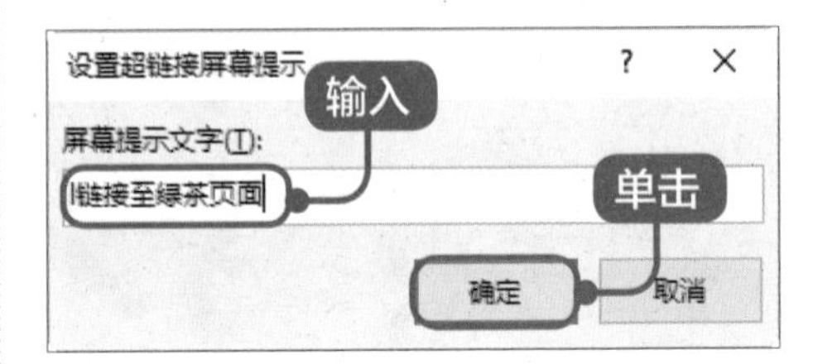

5 添加超链接

即可将选中的文本链接到【产品策略】幻灯片，添加超链接后的文本以蓝色、下划线字显示。

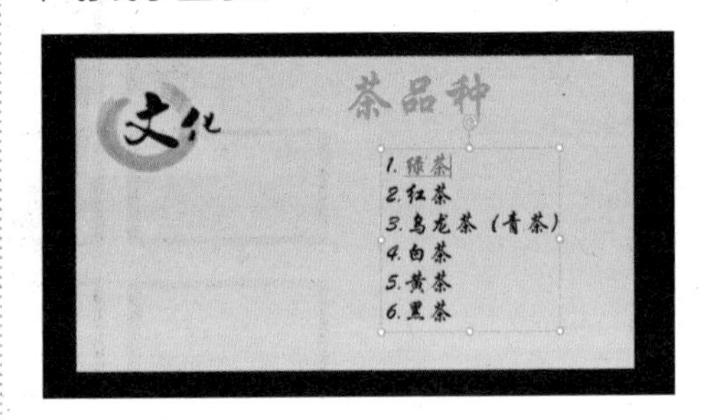

6 创建其他超链接

使用同样的方法创建其他超链接

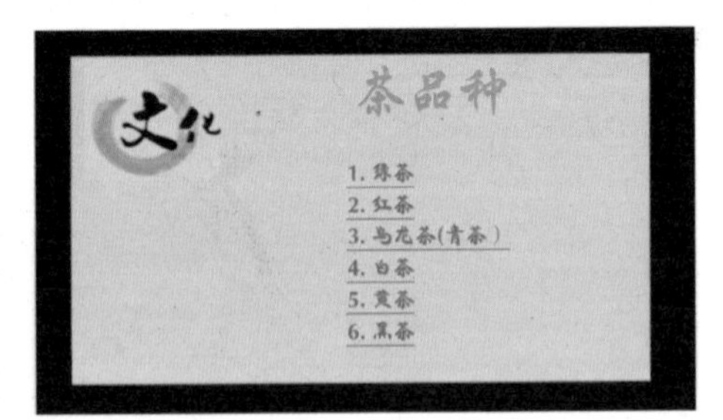

13.3.7 添加切换效果

切换效果是指由一张幻灯片进入另一张幻灯片时屏幕显示的变化。用户可以选择不同的切换方案并且可以设置切换速度。

1 选择第 1 张幻灯片

选择要设置切换效果的幻灯片，这里选择第 1 张幻灯片。

2 选择切换效果

单击【切换】选项卡下【切换到此幻灯片】选项组中的【其他】按钮，在弹出的下拉列表中选择【华丽型】下的【帘式】切换效果，即可自动预览该效果。

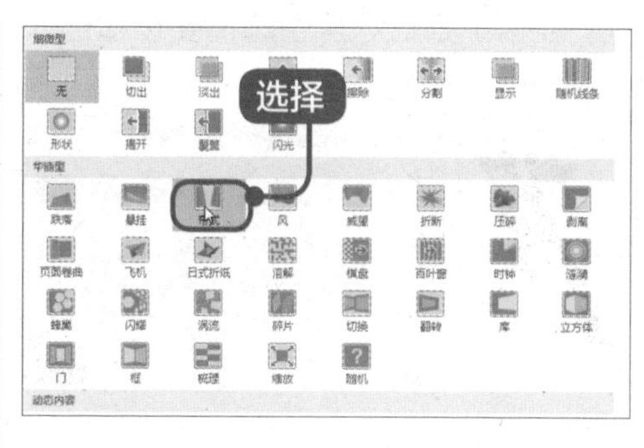

3 设置【持续时间】

在【切换】选项卡下【计时】选项组中，设置【持续时间】为“07.00”。

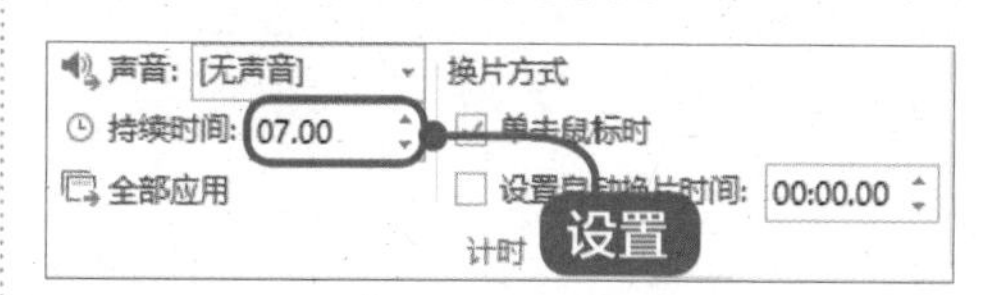

4 设置其他切换效果

使用同样的方法，为其他幻灯片设置不同的切换效果。

13.3.8 添加动画效果

可以将 PowerPoint 2016 演示文稿中的文本、图片、形状、表格、SmartArt 图形和其他对象制作成动画，赋予它们进入、退出、大小或颜色变化，甚至移动等视觉效果。

1 选择文字

在第1张幻灯片中选择要创建进入动画效果的文字。

2 弹出下拉列表

单击【动画】选项卡下【动画】组中的【其他】按钮，弹出如下图所示的下拉列表。

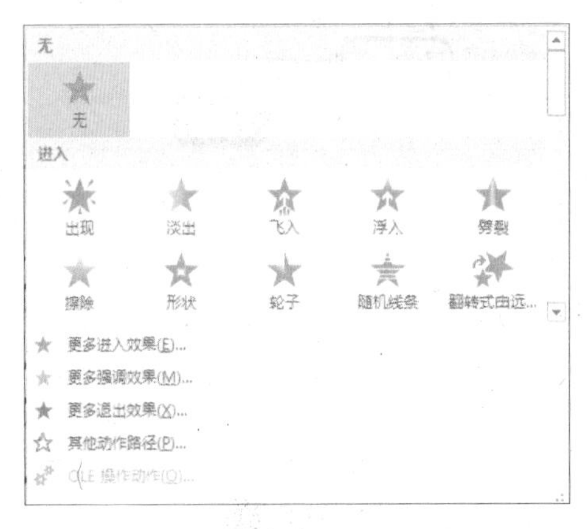

3 选择【浮入】选项

在下拉列表的【进入】区域中选择【浮入】选项，创建进入动画效果。

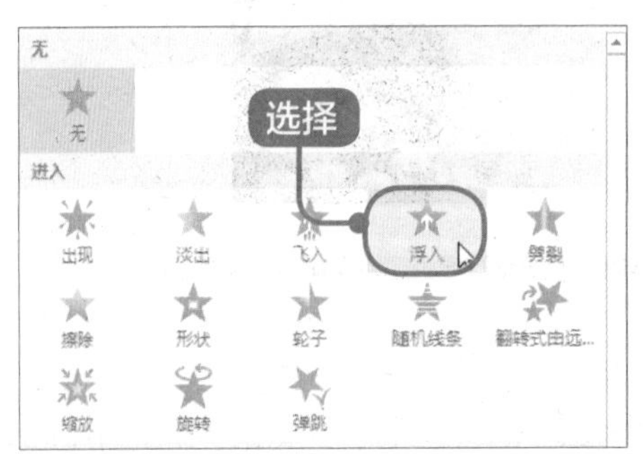

4 选择【下浮】选项

添加动画效果后，单击【动画】选项组中的【效果选项】按钮，在弹出的下拉列表中选择【下浮】选项。

5 设置【持续时间】

在【动画】选项卡的【计时】选项组中，设置【开始】为“上一动画之后”，设置【持续时间】为“02.00”。

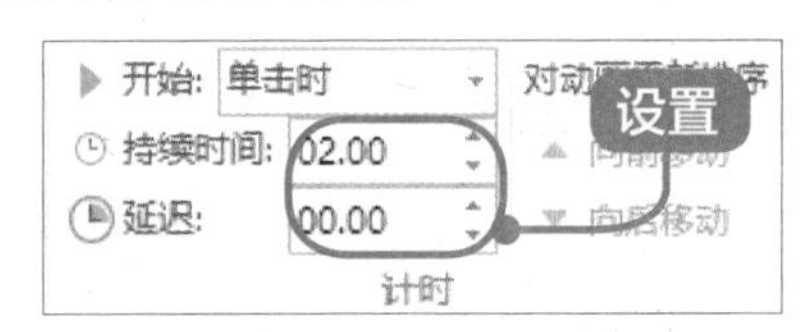

6 保存幻灯片

参照步骤1～5为其他幻灯片中的内容设置不同的动画效果。设置完成后单击【保存】按钮，保存制作的幻灯片。

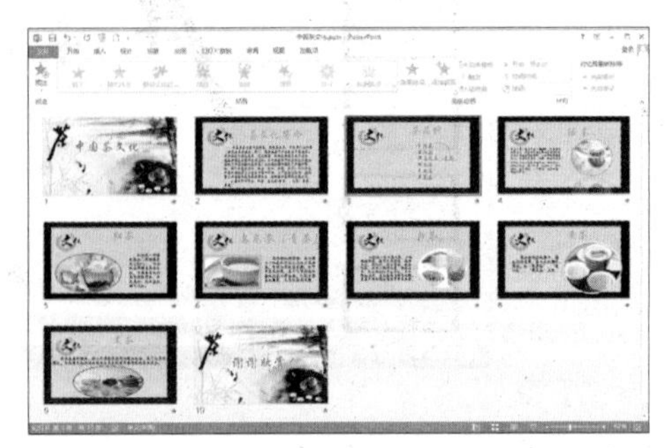

13.4 实例 4——公司宣传片的放映

本节视频教学时间 / 6 分钟

本节以放映公司宣传片为例，介绍幻灯片的放映方法。

13.4.1 设置幻灯片放映

本节主要讲述幻灯片放映的基本设置，如添加备注和设置放映类型等内容。

1 添加备注

打开随书光盘中的“素材 \ch13\ 龙马高新教育公司 .pptx”文件，选择第 1 张幻灯片，在幻灯片下方的【单击此处添加备注】处添加备注。

2 进行设置

单击【幻灯片放映】选项卡下【设置】组中的【设置幻灯片放映】按钮，弹出【设置放映方式】对话框，在【放映类型】中选择【演讲者放映（全屏幕）】单选项，在【放映选项】区域中选择【放映时不加旁白】和【放映时不加动画】复选框，然后单击【确定】按钮。

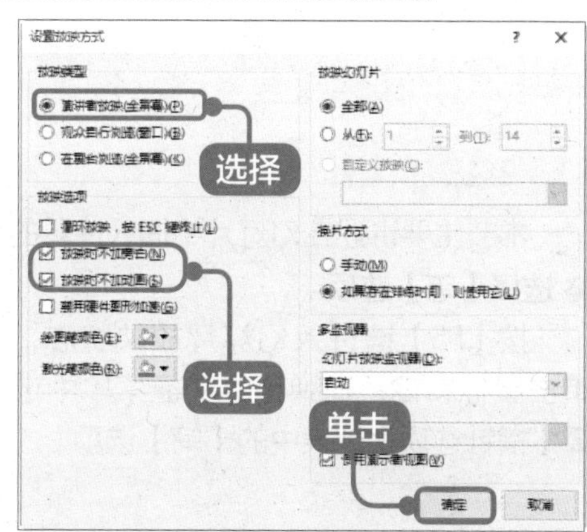

3 单击【排练计时】按钮

单击【幻灯片放映】选项卡下【设置】组中的【排练计时】按钮。

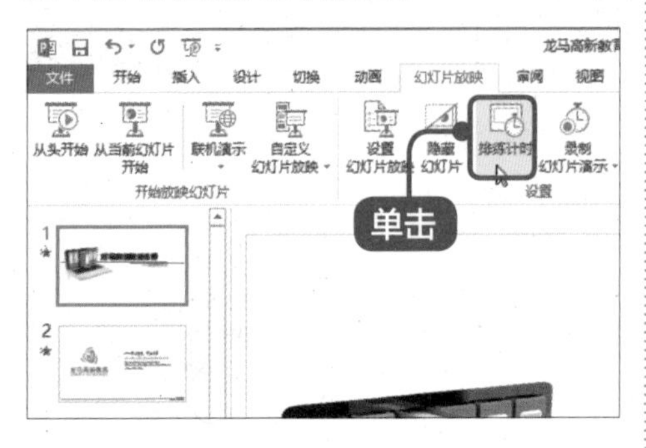

4 设置排练计时时间

设置排练计时的时间。

5 保留排练计时

排练计时结束后，单击【是】按钮，保留排练计时。

6 效果如图

添加排练计时后的效果如下图所示。

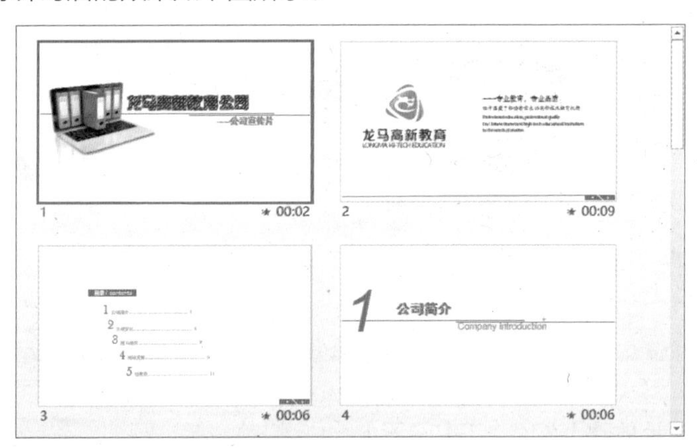

13.4.2 添加注释

本节主要讲述在幻灯片中插入注释的方法。

1 选择【笔】选项

按【F5】键进入幻灯片放映状态，单击鼠标右键，在弹出的快捷菜单中选择【指针选项】列表中的【笔】选项。

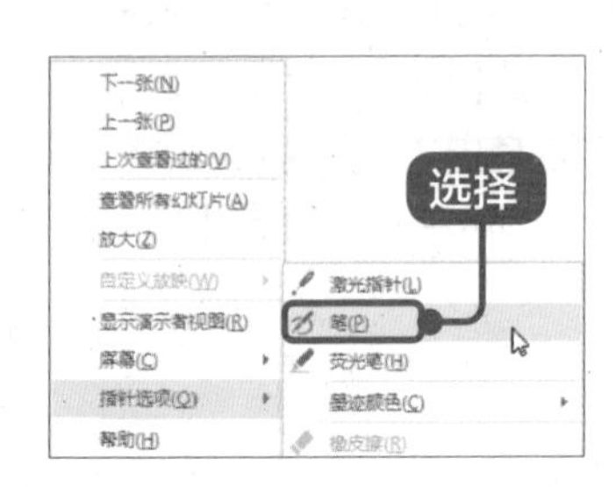

2 标记注释

当鼠标指针变为一个点时，即可以在幻灯片播放界面中标记注释，如图所示。

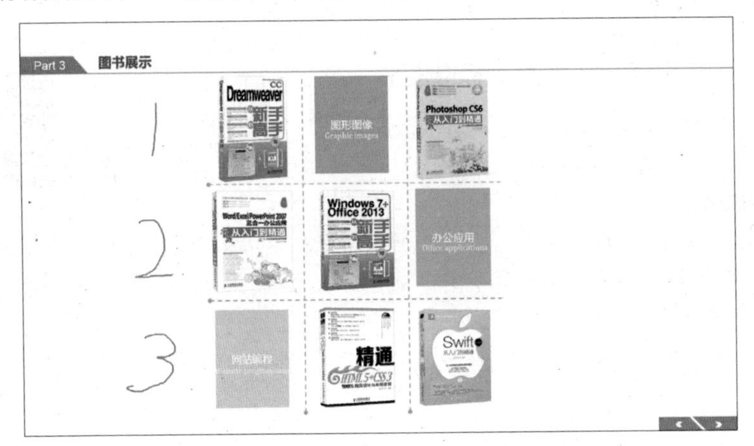

3 保留注释

幻灯片放映结束后，会弹出如下图所示对话框，单击【保留】按钮，即可将添加的注释保留到幻灯片中。

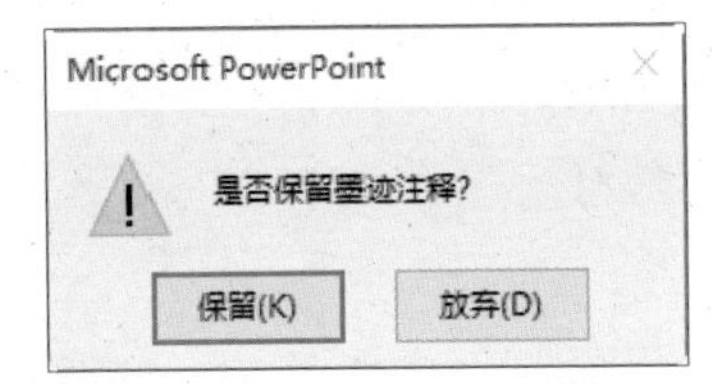

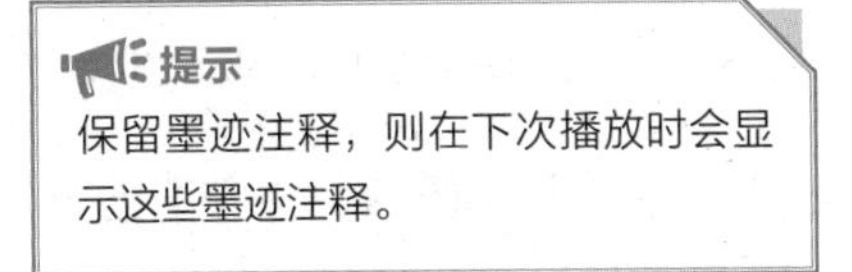

4 最终效果

在演示文稿工作区中即可看到插入的注释，如下图所示。

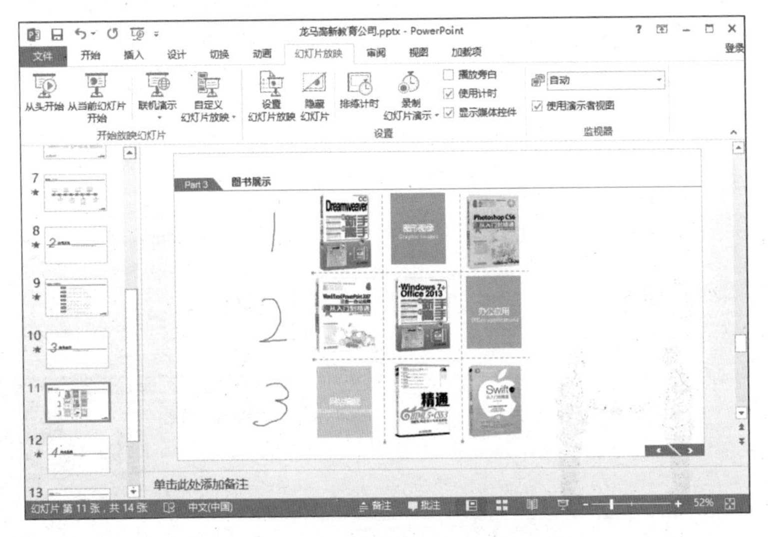

技巧 1 ● 用【Shift】键绘制标准图形

在使用形状工具绘制图形时，时常会遇到绘制的直线不直，或者圆形不圆、正方形不正的问题，此时使用【Shifit】键可以解决这些问题。

例如，单击【形状】按钮，选择【椭圆】工具，按住【Shift】键的同时在工作表中绘制，即可绘制为标准的圆形，如下图所示。如果不按【Shift】键，则绘制出椭圆形。

同样，按住【Shifit】键可绘制标准的正三角形、正方形、正多边形等。

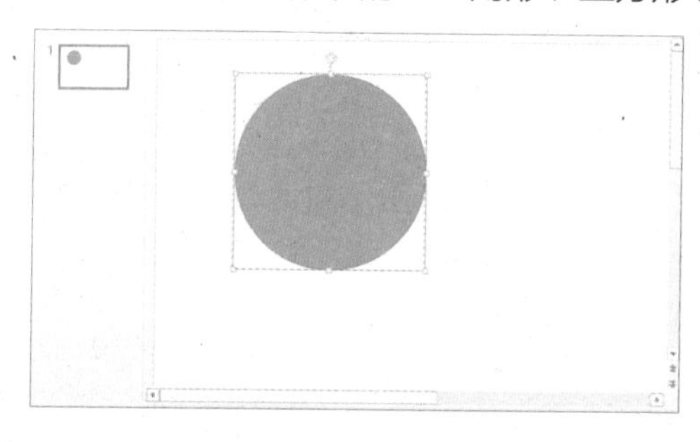

技巧 2 ● 通过压缩图片为 PPT 瘦身

插入的图片太大，会造成 PPT 过于“臃肿”，压缩图片是解决这个问题的有效方法。

1 选择图片

选择插入的图片，在【图片工具】➤【格式】选项卡中单击【调整】选项组内的【压缩图片】按钮 压缩图片。

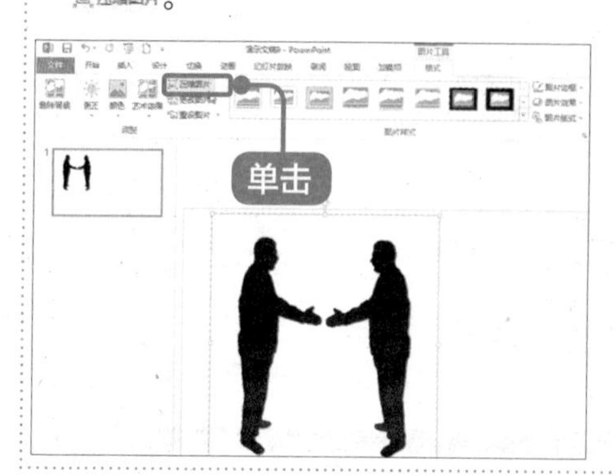

2 选择分辨率

在弹出的【压缩图片】对话框中，选择合适的分辨率，单击【确定】按钮，压缩图片就完成了。

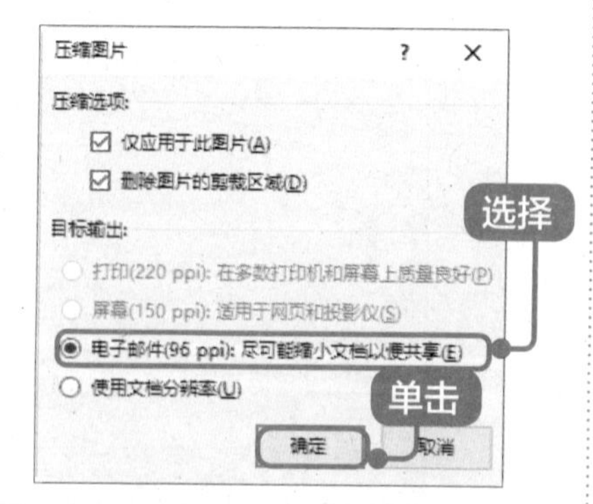

第 14 章

使用电脑高效办公

本章视频教学时间 / 25 分钟

重点导读

在电脑办公中，不仅要熟练使用办公软件，而且要掌握一些办公技巧，以实现高效办公。本章主要讲解一些高效办公的方法，如收 / 发邮件、下载资料、共享文件、使用云盘等。

学习效果图

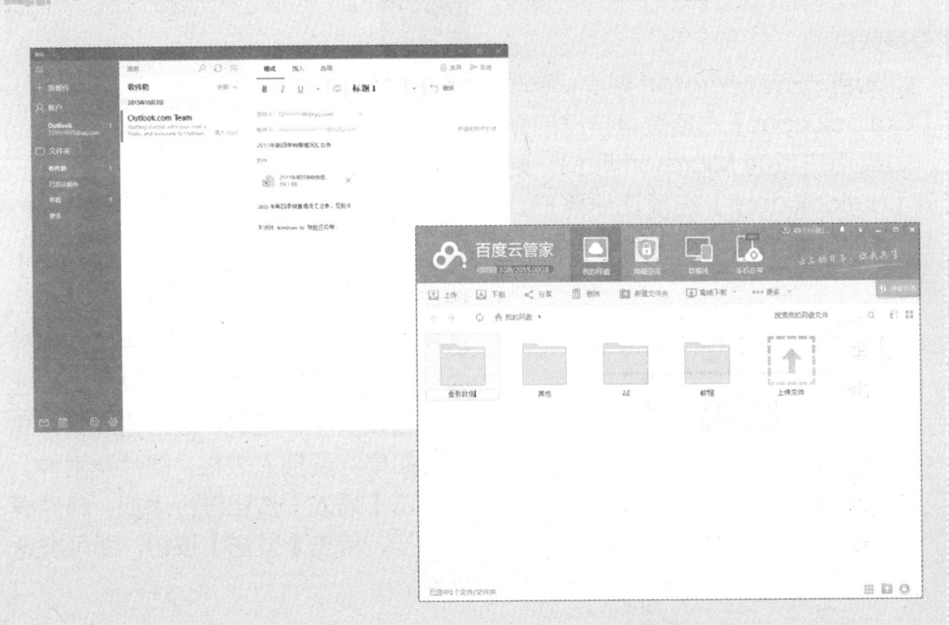

14.1 实例 1——收 / 发邮件

本节视频教学时间 / 2 分钟

邮件是办公中使用最为广泛的网络沟通方式之一。通过邮件，可以将文字、图像、声音等多种内容形式发送给对方，本节主要介绍 Windows 10 自带邮件应用的使用方法。

1 添加账户

单击【开始】按钮，弹出【开始】菜单，单击选择右侧“开始”屏幕上的【邮件】图标，打开电子邮件的欢迎页面。单击【开始使用】按钮，打开账户窗口，如果用户没有登录 Microsoft 账户，则需要添加账户，这里单击【添加账户】按钮。

2 登录账户

如果用户已有 Microsoft 账户，则选择【Outlook.com】选项登录自己的账户；如果用户没有 Microsoft 账户，则打开【outlook.com】选项注册账户。这里单击【Outlook.com】选项。

> **提示**
>
> 如果是 Microsoft 账户，则选择【Outlook.com】选项，如果是企业账户，则选择【Exchange】选项；如果是 Gmail，则选择【Google】选项；如果是 Apple 账户，则选择【iCloud】选项；如果是 QQ、163 等邮箱，则选择【其他账户】选项。

3 进入【邮件】界面

根据提示输入邮箱地址和密码后，即可进入【邮件】界面。

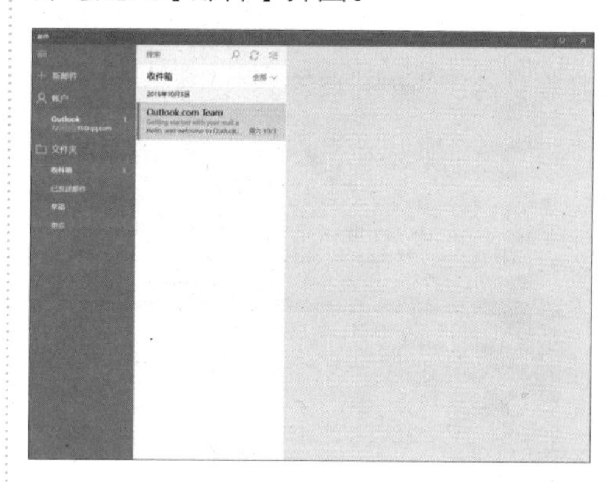

4 编辑邮件

如果要发送邮件，单击【新邮件】按钮，在界面右侧弹出邮件编辑窗口，该窗口中编辑收件人、邮件主题和邮件内容等。在编辑正文时，可以使用格式工具栏设置字体格式、段落格式和样式等。如果需要插入表格、图片及附件，可单击【插入】按钮进行添加。邮件编写完毕，单击【发送】按钮，即可发送邮件。

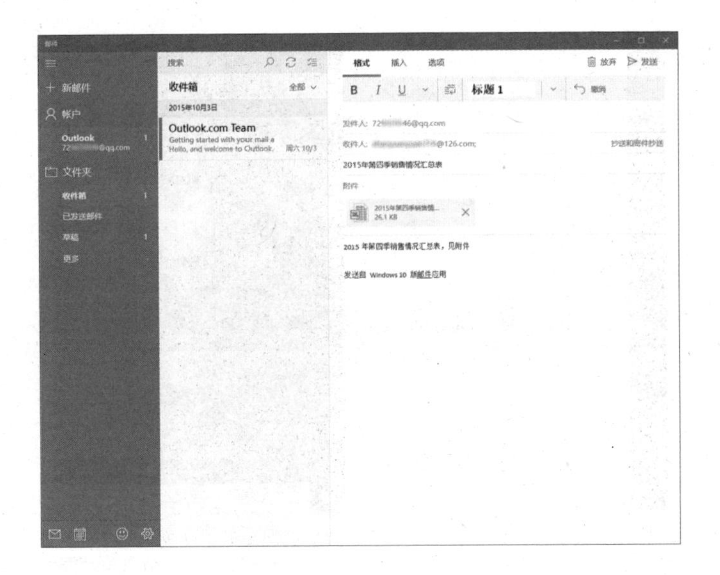

5 查收信件

如果要查收信件，单击【收件箱】选项，即可看到来信列表，单击即可查看。

除了使用【邮件】应用外，还可以使用其他方式，如使用浏览器登录网页版邮箱，发送和查看邮件。还可以使用邮件客户端，如 Foxmail，这种方式也是极其方便的。

14.2 实例 2——使用个人智能助理 Cortana

本节视频教学时间 / 2 分钟

Cortana（小娜）是 Windows 10 中集成的一个程序，它不仅是语音助手，还可以根据用户的喜好和习惯，帮助用户进行日程安排、回答问题和推送关注信息等。如果能够熟练使用它，可以极大地提高工作效率。本节主要介绍如何使用 Cortana。

1. 启用并唤醒 Cortana

在初次使用时，Cortana 是关闭的。如果要启用 Cortana，需要登录 Microsoft 账户，并单击任务栏中的搜索框，启动 Cortana 设置向导，并根据提示进行允许显示提醒、启用声音唤醒、使用名称或昵称等设置。设置完成后，即可使用 Cortana。

虽然通过上面的设置启用了 Cortana，但是在使用时，需要唤醒 Cortana。用户可以单击麦克风图标，唤醒 Cortana 至聆听状态，然后就可以使用麦克风和它对话了。另外，用户也可以按【Win+C】组合键，唤醒 Cortana 至迷你版聆听状态。

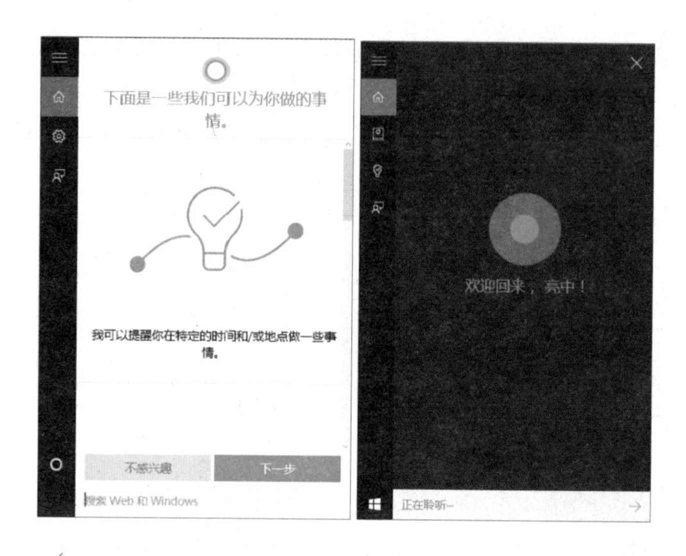

2. 设置 Cortana

Cortana 界面非常简洁，主要包含主页、笔记本、提醒和反馈 4 个选项卡。用户可按【Win+S】组合键，打开 Cortana 主页，单击【笔记本】➢【设置】命令，打开设置列表，设置 Cortana 的开 / 关、图标样式、响应“你好小娜”、查找跟踪信息等。

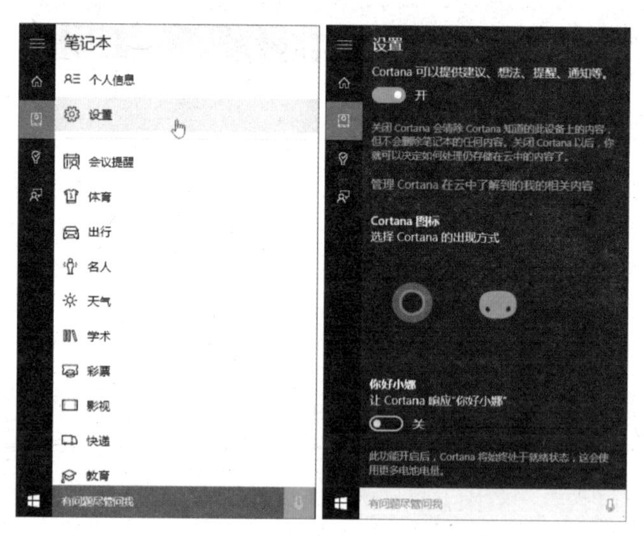

3. 使用 Cortana

使用 Cortana 可以做很多事，如打开应用、查看天气、安排日程、快递跟踪等。用户可以在“笔记本”中设置喜好和习惯，方便 Cortana 带来更贴心的帮助。

Cortana 的语音功能十分好用，唤醒 Cortana 后，如对麦克风讲“明天会下雨吗”，Cortana 会聆听并识别语音信息，准确识别后，即刻显示明天的天气情况。

如果不能回答用户的问题，会自动触发浏览器，并搜索相关的内容。

另外，用户也可以在“提醒”页面中，设置通知提醒，安排日程。

14.3 实例 3——文档的下载

本节视频教学时间 / 2 分钟

在生活或工作中，我们可能需要搜索一些资料或文档，甚至会下载下来方便使用，如下载一些 Word、Excel 或 PPT 模板等。下面以百度文库为例，介绍搜索并下载文档的方法。

1 登录百度账号

打开百度文库页面，单击【登录】超链接，登录百度账号。如果没有账号，可单击【注册】超链接，根据提示注册即可。

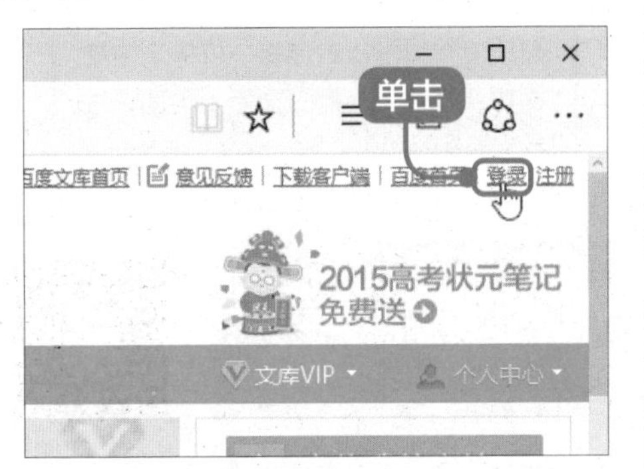

2 输入关键字

在搜索框中输入要搜索的文档关键字，然后单击【百度一下】按钮。

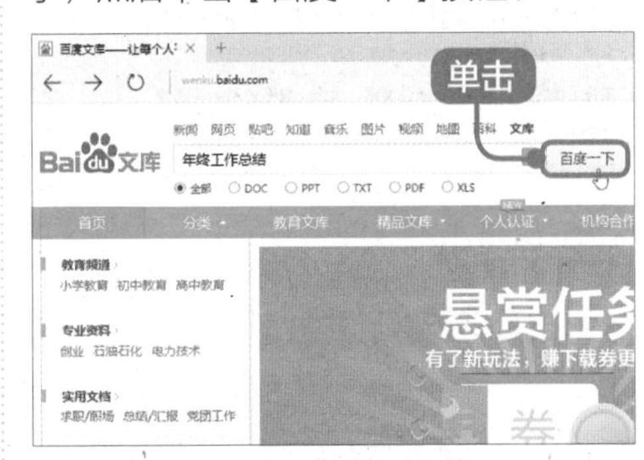

3 单击超链接

在搜索结果中，可以筛选文档的类型、排序等，然后单击文档名称超链接，进行查看。

4 单击【下载】按钮

打开文档，如果需要下载，单击【下载】按钮。

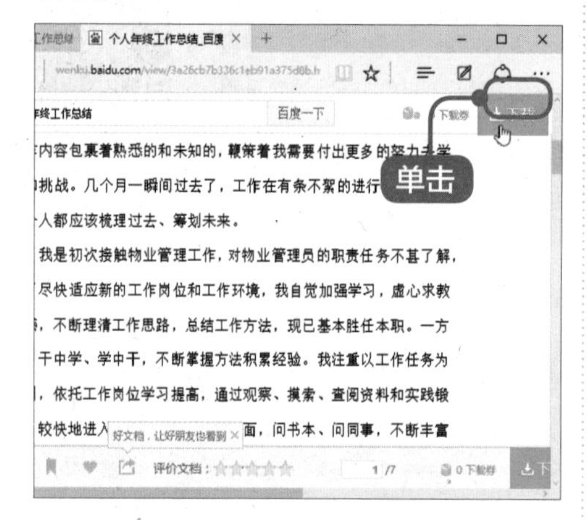

5 立即下载

在弹出的对话框中，单击【立即下载】按钮。

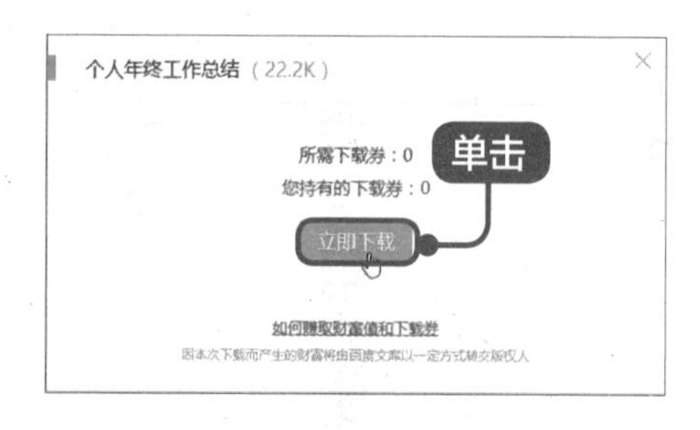

提示

有些文档下载需要财富值和下载券，用户可以通过完成网站任务的方式获得财富值或下载券，然后下载文档。

6 查看下载列表

下载完成后，单击【打开】按钮，打开文档，或单击【查看下载】按钮，查看并打开下载列表。

提示

如果没有弹出该对话框，仅提示下载成功，可进入【我的文库】页面，进行文档保存即可。

14.4 实例 4——局域网内文件的共享

本节视频教学时间 / 4 分钟

组建的局域网，无论是什么规模什么性质的，最重要的就是实现资源的共享与传送，这样可以避免使用移动硬盘进行资源传递带来的麻烦。

14.4.1 开启公用文件夹共享

在安装 Windows 10 操作系统时，系统会自动创建一个“公用”的用户，同时还会在硬盘上创建名为“公用”的文件夹，如在电脑上见到【Administrator】文件夹内的【视频】、【图片】、【文档】、【下载】、【音乐】文件夹。公用文件夹主要用于不同用户间的文件共享，以及网络资源的共享。如果开启了公用文件夹的共享，在同一局域网下的用户就可以看到公用文件夹内的文件。当然，用户也可以向公用文件夹内添加任意文件，供其他人访问。

开启公用文件夹的共享的具体操作步骤如下。

1 更改高级共享设置

在【网络】图标上单击鼠标右键，在弹出的快捷菜单中选择【打开网络和共享中心】命令，打开【网络和共享中心】窗口，单击【更改高级共享设置】超链接。

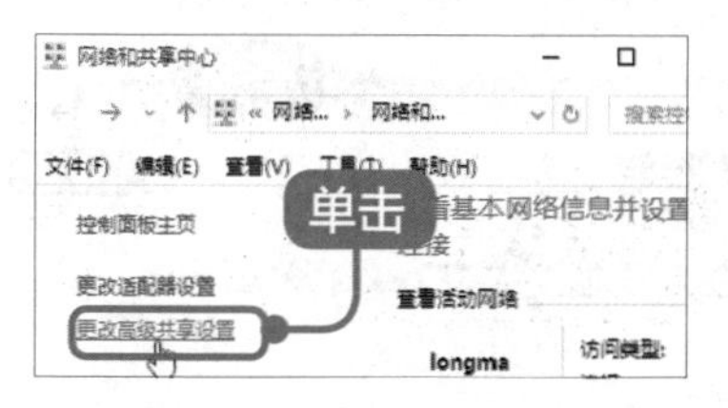

2 保存更改

弹出【高级共享设置】窗口，分别选择【启用网络发现】、【启用文件和打印机共享】单选项，单击【所有网络】后的折叠按钮，选择【启动共享以便可以访问网络的用户可以读取和写入公用文件夹中的文件】、【关闭密码保护共享】单选项，然后单击【保存更改】按钮，即可开启公用文件夹的共享。

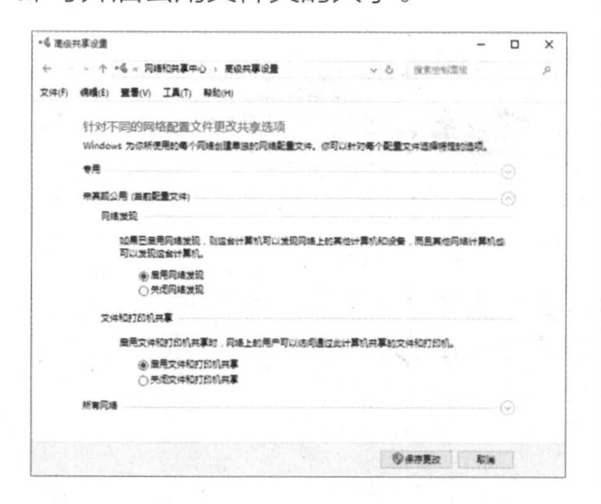

3 单击电脑名称

单击电脑桌面上的【网络】图标，打开【网络】窗口，即可看到局域网内共享的电脑。单击电脑名称，即可查看该电脑中的共享文件夹。

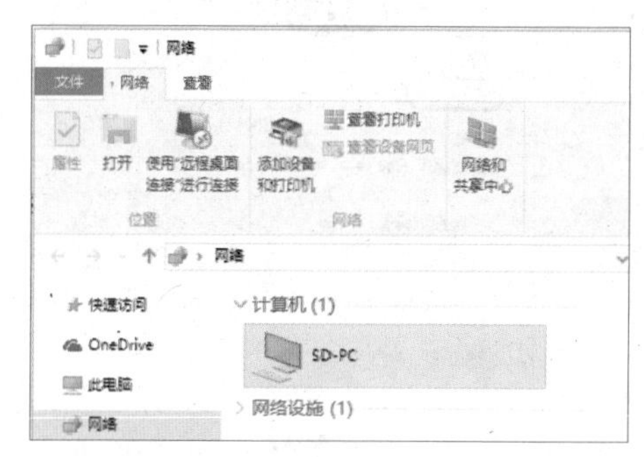

4 查看公用文件夹

此时，即可看到该电脑中共享的文件夹，也可在电脑用户路径下查看公用文件夹。

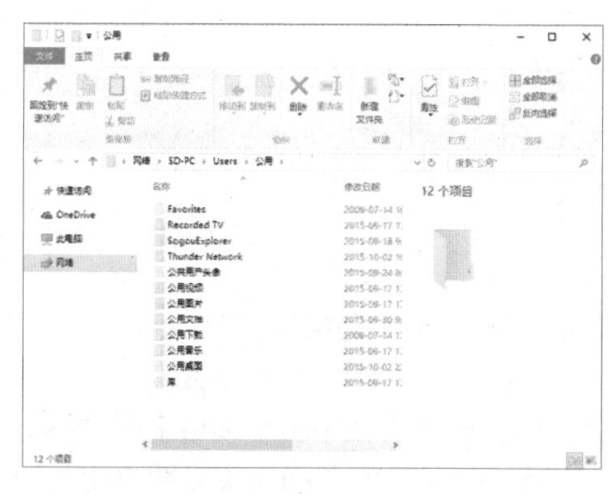

14.4.2 共享任意文件夹

公用文件夹的共享，只能共享公用文件夹内的文件，如果需要共享其他文件，用户需要将文件复制到公用文件夹下，供其他人访问，操作相对比较烦琐。此时，我们完全可以将该文件夹设置为共享文件夹，同一局域网的其他用户可以直接访问该文件夹。

共享任意文件夹的具体操作步骤如下。

1 单击【共享】按钮

选择需要共享的文件夹，单击鼠标右键，在弹出的快捷菜单中选择【属性】命令，弹出【属性】对话框，选择【共享】选项卡，单击【共享】按钮。

2 选择用户

弹出【文件共享】对话框，单击【添加】左侧的下拉按钮，选择要与其共享的用户，本实例选择每一个用户的“Everyone”选项，然后单击【添加】按钮，再单击【共享】按钮。

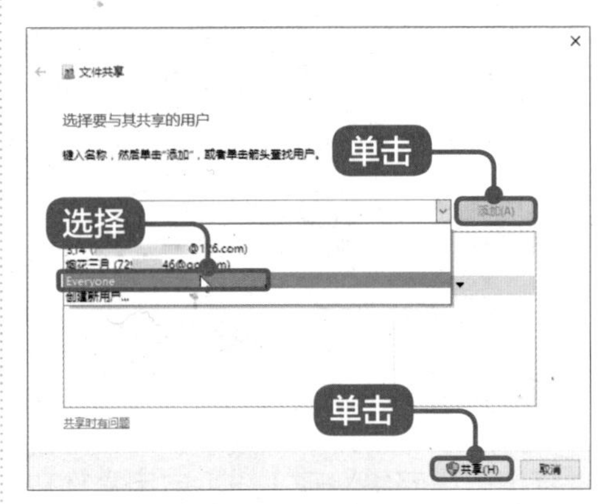

提示

文件夹共享之后，局域网内的其他用户可以访问该文件夹，并能够打开共享文件夹内部的文件。此时，其他用户只能读取文件，不能对文件进行修改。如果希望同一局域网内的用户可以修改共享文件夹中文件的内容，可以在添加用户后，选择改组用户，并且单击鼠标右键，在弹出的快捷菜单中选择【读取 / 写入】选项即可。

3 查看共享文件夹路径

当提示“您的文件夹已共享”时，单击【完成】按钮，至此，成功地将文件夹设为共享文件夹。在【各个项目】区域中，可以看到共享文件夹的路径，如这里显示的“\\Sd-pc\ 文件”即为该文件的共享路径。

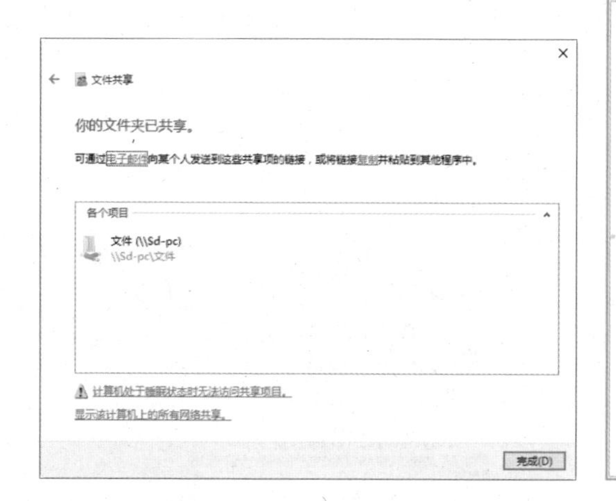

> **提示**
>
> \\Sd-pc\ 文件中，“\\”是指路径引用，“Sd-pc”是指计算机名，而“\”是指根目录，\ 文件在【文件】文件夹根目录下。在【此电脑】窗口地址栏中，输入“\\Sd-pc\ 文件”可以直接访问该文件。用户还可以直接输入电脑的 IP 地址，如果共享文件夹的电脑 IP 地址为 192.168.1.105，则直接在地址栏中输入“\\192.168.1.105”即可。另外，也可以在【网络】窗口中，直接进入该电脑进行文件夹访问。

4 输入访问地址

输入访问地址后，系统自动跳转到共享文件夹的位置。

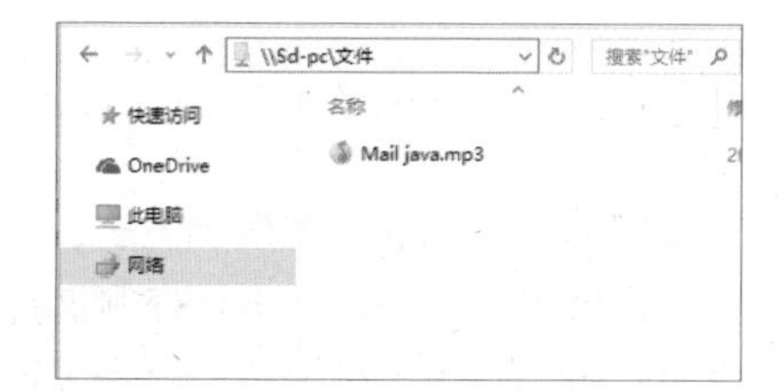

14.5 实例 5——办公设备的使用

本节视频教学时间 / 4 分钟

办公设备是自动化办公中不可缺少的部分，熟练掌握办公设备，如打印机、复印机和扫描仪等的使用方法，都是十分必要的，因为在日常办公中，随时都需要用到这些设备。

14.5.1 打印机的使用

在日常办公中，我们主要使用打印机打印一些办公文档，如 Word 文档、Excel 工作表、PPT 演示文稿及图片等，其打印机的方法基本是打开要打印的文件，按【Ctrl+P】组合键进行打印。下面主要具体介绍一下 Office 文件的打印方法。

1. 打印预览

在进行文档打印之前，最好先使用打印预览功能查看即将打印的文档的效果，以免出现错误，浪费纸张。在需要打印的 Word 文档、Excel 工作表或 PPT 演示文稿中查看打印效果的方法类似，这里以查看 Word 2013 文档的打印效果为例进行介绍。

在打开的 Word 文档中，单击【文件】选项卡，在弹出的界面左侧选择【打印】命令，在右侧即可显示打印预览效果。

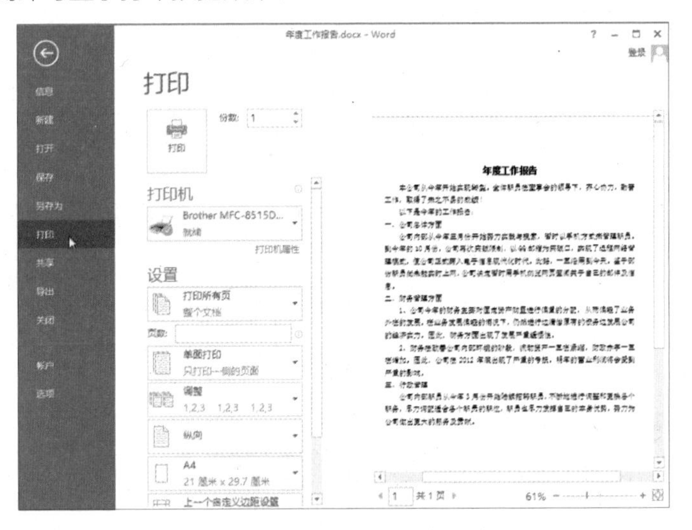

2. 打印当前文档

当用户在打印预览中对所打印文档的效果感到满意时，就可以对文档进行打印。具体的方法是：单击【文件】选项卡，在弹出的界面左侧选择【打印】命令，在右侧【打印机】下拉列表中选择打印机。在【份数】微调框中设置需要打印的份数，如这里输入“3”，单击【打印】按钮即可进行打印。

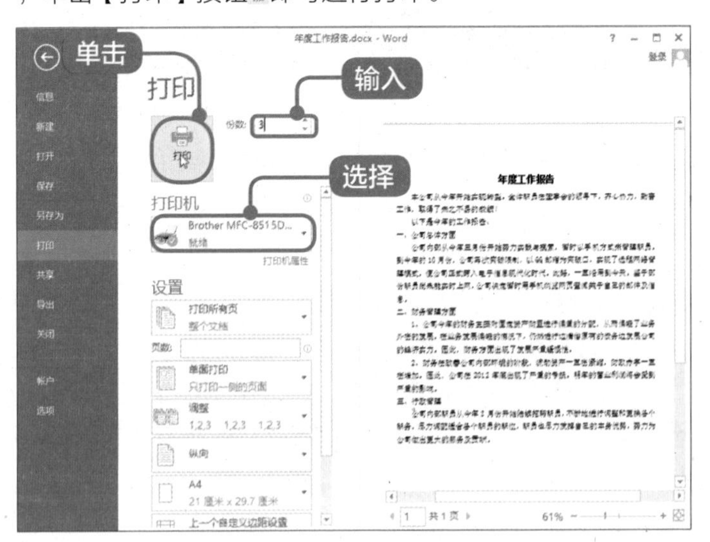

3. 打印当前页面

打印当前页面是指打印目前正在浏览的页面。具体的方法是：单击【文件】选项卡，在【打印】区域的【设置】组下单击【打印所有页】后的下拉按钮，在弹出的下拉列表中选择【打印当前页】选项，然后单击【打印】按钮即可进行打印。

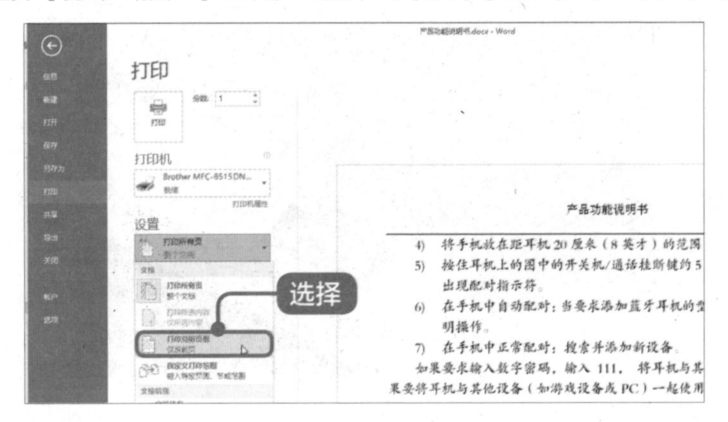

4. 自定义打印范围

用户可以自定义打印的页码范围，有目的性地打印。具体的方法是：单击【文件】选项卡，在【打印】区域的【设置】组下单击【打印所有页】后的下拉按钮，在弹出的下拉列表中选择【自定义打印范围】选项，然后在【页数】文本框中输入要打印的页码，如输入“5-9”，则表示打印第 5 页到第 9 页内容；如输入“5-9,11”，则表示打印第 5 页到第 9 页、第 11 页内容，单击【打印】按钮即可进行打印。

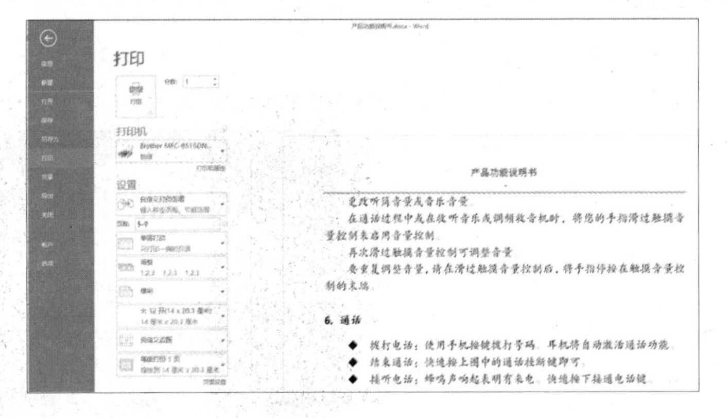

14.5.2 复印机的使用

复印机是从书写、绘制或印刷的原稿得到等倍、放大或缩小的复印品的设备。复印机复印的速度快，操作简便，与传统的铅字印刷、蜡纸油印、胶印等的主要区别是，无需经过其他制版等中间手段，而能直接从原稿获得复印品。复印份数不多时较为经济。复印机发展的总体趋势为从低速到高速、从黑白到彩色（数码复印机与模拟复印机的对比），至今，复印机、打印机、传真机已集于一体。

复印机的使用方法是：打开复印机翻盖，将要复印的文件放进去，把文件有字的一面向下，盖上复印机的翻盖，选择复印机上的【复印】按钮进行复印。部分机器需要按【复印】按钮后，再按一下打印机的【开始】或【启用】按钮进行复印。

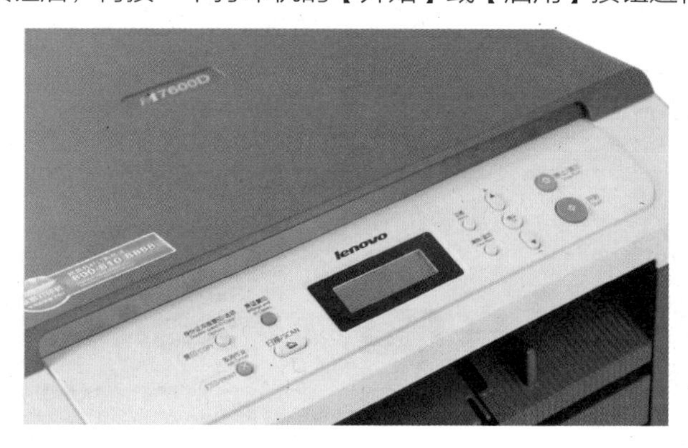

14.5.3 扫描仪的使用

在日常办公中，使用扫描仪可以很方便地把纸上的文件扫描至电脑中。

目前，大多数办公用的扫描仪都是一体式机器，包含了打印、复印和扫描 3 种功能，可以最大化地节约成本和办公空间。不管是一体机还是独立的扫描仪，其安装方法和打印机相同，将机器与电脑相连，并将附带的驱动程序安装到电脑上，即可使用。下面主要介绍一下如何扫描文件。

1 单击【扫描】按钮

将需要扫描的文件放入扫描仪中，要扫描的一面向下，运行扫描仪程序，扫描仪会提示设置，如下图所示，用户可以对扫描保存的文件类型、路径、分辨率、扫描类型、文档尺寸等进行设置，然后单击【扫描】按钮。

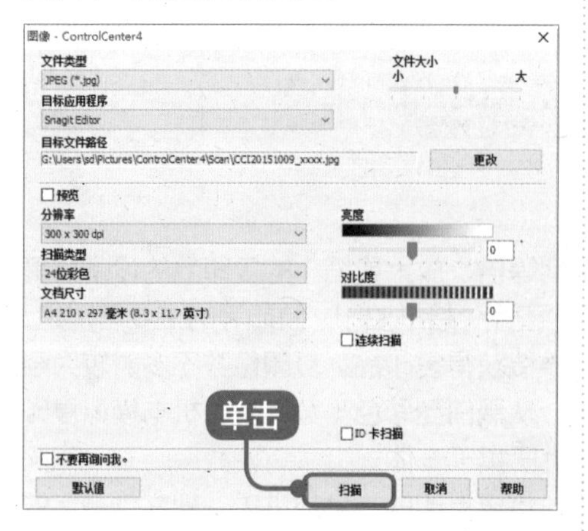

2 自动打开扫描文件

扫描仪即会扫描，扫描完成后会自动打开扫描的文件，如下图所示。

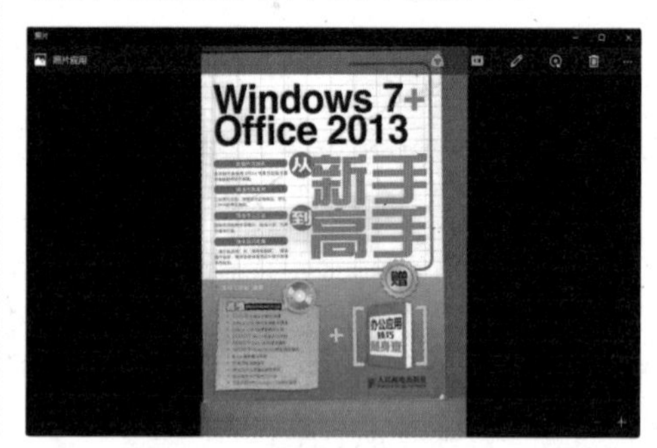

14.6 实例 6——使用云盘保护重要资料

本节视频教学时间 / 9 分钟

随着云技术的快速发展，各种云盘出现，其中使用比较广泛的有百度云管家、360 云盘和腾讯微云等，它们不仅功能强大，而且具备了很好的用户体验。下表列举了 3 款软件的初始容量和最大免费扩容情况，供读者参考。

	百度云管家	360 云盘	腾讯微云
初始容量	5GB	5GB	2GB
最大免费扩容容量	2055GB	36TB	10TB
免费扩容途径	下载手机客户端送 2TB	1. 下载电脑客户端送 10TB 2. 下载手机客户端送 25TB 3. 签到、分享等活动赠送	1. 下载手机客户端送 5GB 2. 上传文件，赠送容量 3. 每日签到赠送

上传、分享和下载是各类云盘最主要的功能，用户可以将重要数据文件上传到云盘空间，可以将其分享给其他人，也可以在不同的客户端下载云盘空间上的数据，方便不同用户、不同客户端直接的交互。下面介绍百度云盘如何上传、分享和下载文件。

1 打开软件

下载并安装【百度云管家】客户端后，在【此电脑】中，双击设备和驱动器列表中的【百度云管家】图标，打开该软件。

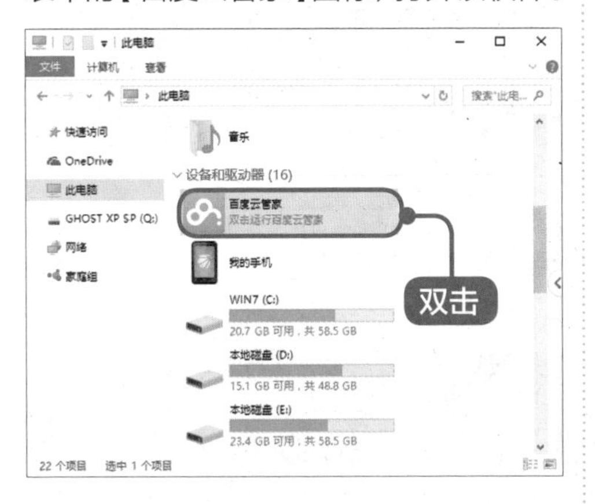

> **提示**
>
> 一般云盘软件均提供网页版，但是为了有更好的功能体验，建议用户安装客户端版。

2 新建分类目录

打开百度云管家客户端，在【我的网盘】界面中，用户可以新建目录，也可以直接上传文件，如这里单击【新建文件夹】按钮，新建分类目录，并命名。下图所示为新建的“云备份”目录。

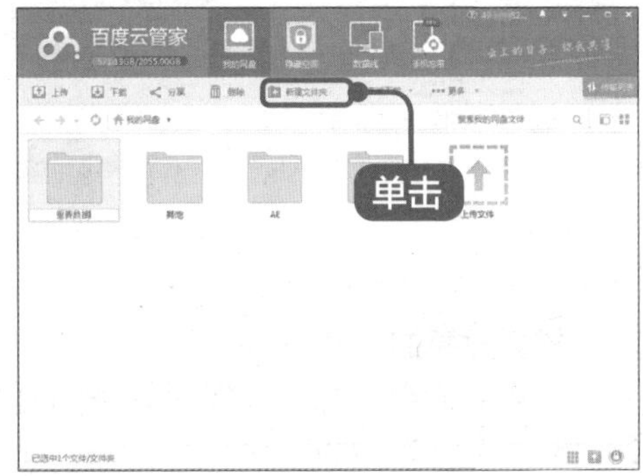

3 选择资料

打开新建目录文件夹，选择要上传的重要资料，拖曳到客户端界面上。

提示

用户也可以单击【上传】按钮，通过选择路径的方式上传资料。

4 查看传输情况

此时，资料即会上传至云盘中，如下图所示，如需删除未上传完的文件，单击对应文件右上角的⊗按钮即可。另外，也可以单击【传输列表】按钮，查看具体的传输情况。

5 选择要分享的文件

文件上传完毕后，选择要分享的文件，单击【分享】按钮 分享 。

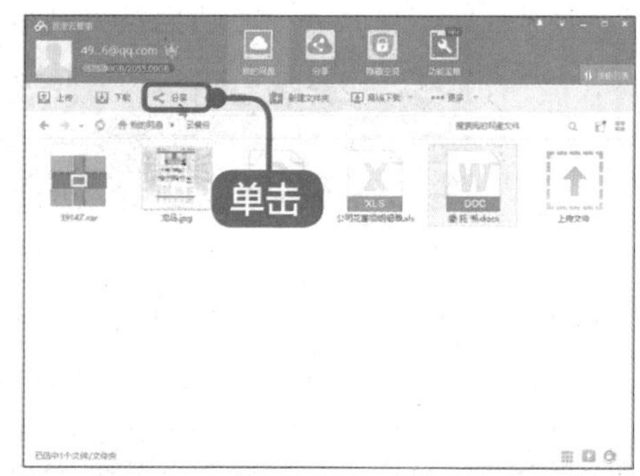

6 选择分享方式

弹出分享文件对话框，显示了分享的两种方式：公开分享和私密分享。如果创建公开分享，该文件会显示在分享主页，其他人都可下载；而私密分享，系统会自动为每个分享链接生成一个提取密码，只有获取密码的人才能通过连接查看并下载私密共享的文件。如这里单击【私密分享】选项卡下的【创建私密链接】按钮，即可看到生成的链接和密码，单击【复制链接及密码】按钮，即可将复制的内容发送给好友进行查看。

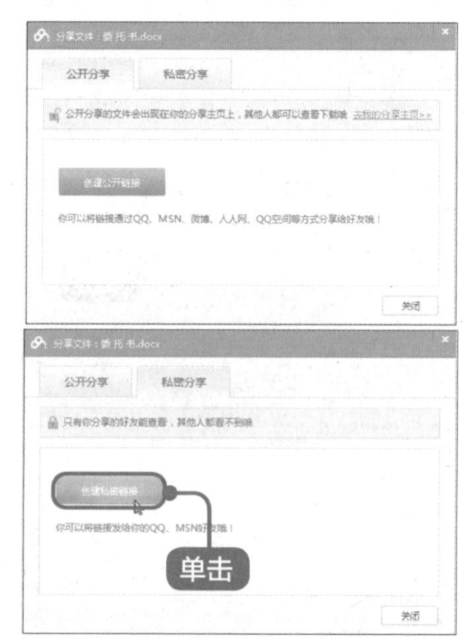

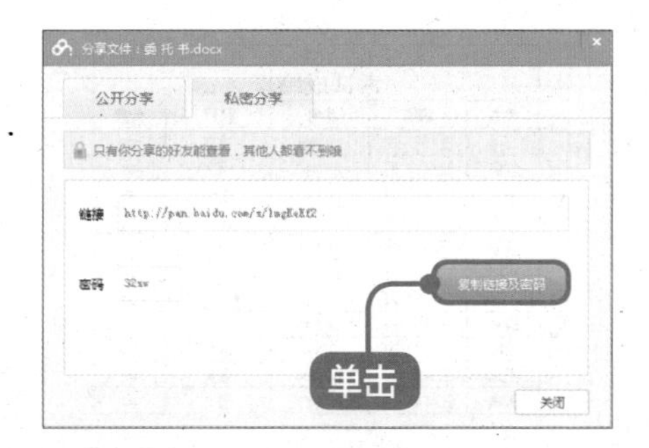

7 分类查看

在【我的云盘】界面，单击【分类查看】按钮，并在左侧弹出的分类菜单中单击【我的分享】选项，弹出【我的分享】对话框，列出了当前分享的文件，带有标识，则表示为私密分享文件，否则为公开分享文件。勾选分享的文件，然后单击【取消分享】按钮，即可取消分享的文件。

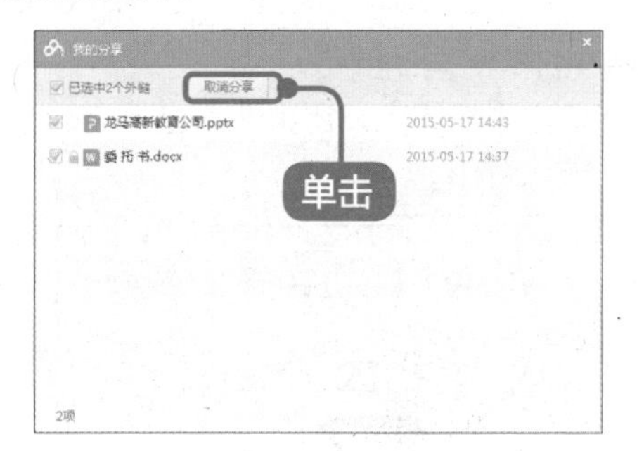

8 下载文件到电脑

用户可以将云盘中的文件下载到电脑、手机或平板电脑上，以电脑端为例，选择要下载的文件，单击【下载】按钮，可将该文件下载到电脑中。

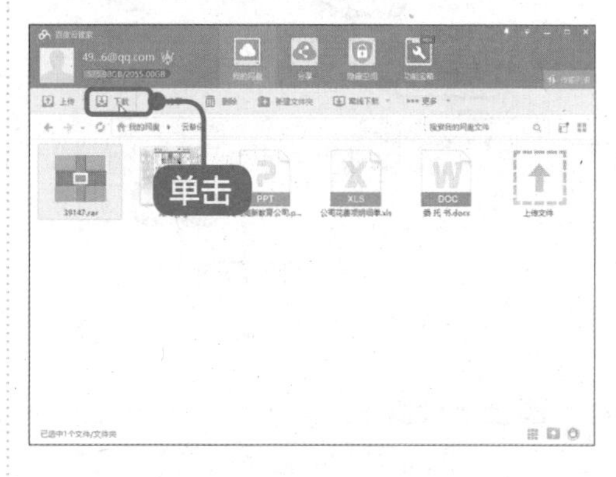

> **提示**
>
> 单击【删除】按钮，可将其从云盘中删除。另外，单击【设置】按钮，可在【设置】➢【传输】对话框中，设置文件下载的位置、任务数和传输速度等。

高手私房菜

技巧 1 ● 打印行号、列标

在打印 Excel 表格时，可以根据需要将行号和列标打印出来，具体的操作步骤如下。

1 打印预览

在 Excel 2013 中，单击【页面布局】选项卡下【页面设置】组中的【打印标题】按钮，弹出【页面设置】对话框，在【工作表】选项卡下【打印】组中选择【行号列标】单选项，单击【打印预览】按钮。

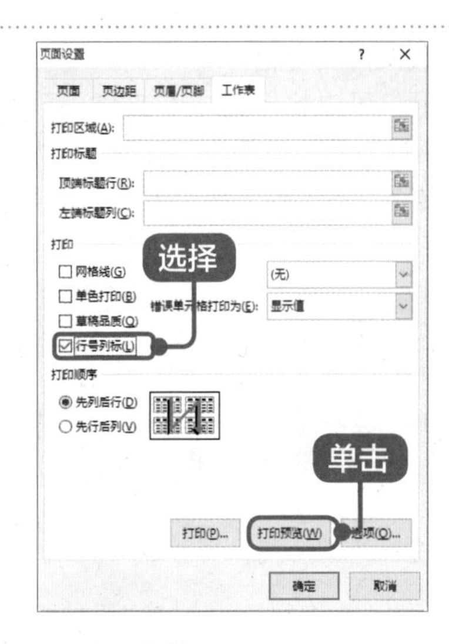

2 显示预览效果

此时即可查看显示行号列标后的打印预览效果。

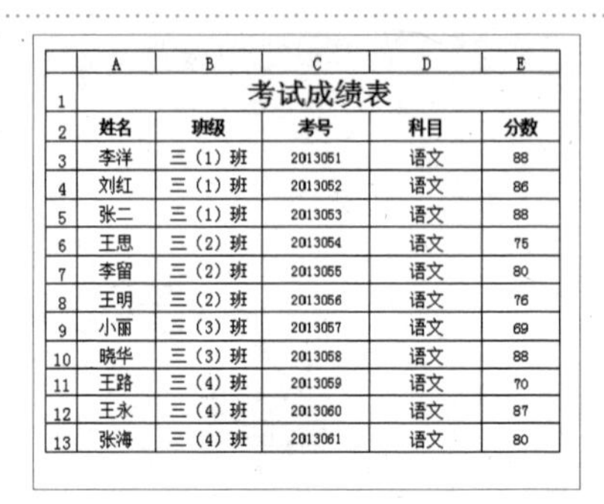

	A	B	C	D	E
1	考试成绩表				
2	姓名	班级	考号	科目	分数
3	李洋	三（1）班	2013051	语文	88
4	刘红	三（1）班	2013052	语文	86
5	张二	三（1）班	2013053	语文	88
6	王思	三（2）班	2013054	语文	75
7	李留	三（2）班	2013055	语文	80
8	王明	三（2）班	2013056	语文	76
9	小丽	三（3）班	2013057	语文	69
10	晓华	三（3）班	2013058	语文	88
11	王路	三（4）班	2013059	语文	70
12	王永	三（4）班	2013060	语文	87
13	张海	三（4）班	2013061	语文	80

提示

在【打印】组中选择【网格线】复选框，可以在打印预览界面中查看网格线。选择【单色打印】复选框，可以以灰度的形式打印工作表。选择【草稿品质】复选框，可以节约耗材，提高打印速度，但打印质量会降低。

技巧 2 • 打印时让文档自动缩页

在打印时为了节约成本，可以设置文档在打印时自动缩页。

1 单击【页面设置】按钮

在打开的工作簿中，在【页面布局】选项卡下【页面设置】组中单击【页面设置】按钮 。

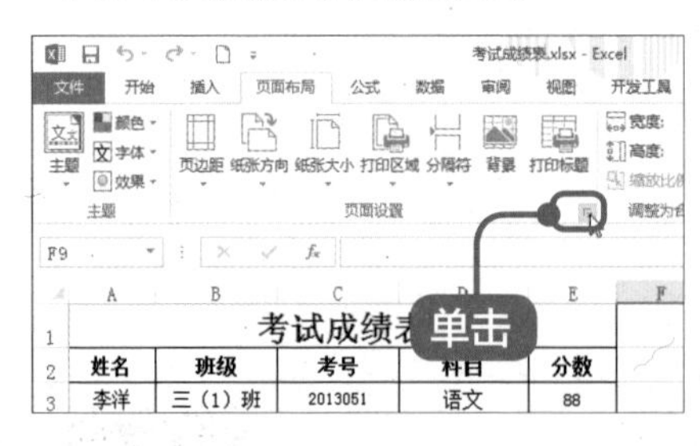

2 单击【打印】按钮

弹出【页面设置】对话框，在【页面】选项卡下的【缩放】组中选择【调整为】单选项，并设置右侧的宽度为“1 页宽”和“1 页高”，单击【打印】按钮，即可进行自动缩页打印。

第 15 章

电脑的优化与维护

本章视频教学时间 / 23 分钟

重点导读

在使用电脑中，不仅需要对电脑的性能进行优化，而且需要对病毒、木马进行防范，对电脑系统进行维护等，以确保电脑的正常使用。本章主要介绍电脑的优化和维护，包括系统安全与防护、优化电脑、备份与还原系统，以及重新安装系统等内容。

学习效果图

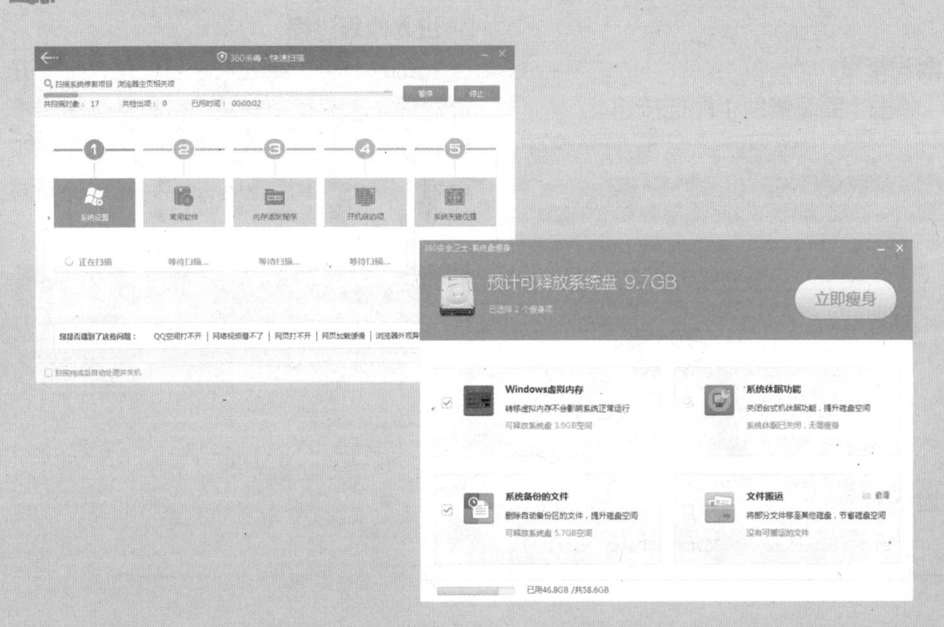

15.1 实例 1——系统安全与防护

本节视频教学时间 / 5 分钟

当前，电脑病毒十分猖獗，而且更具有破坏性和潜伏性。电脑染上病毒，不但会影响电脑的正常运行，使机器速度变慢，严重的还会造成整个电脑的彻底崩溃。本节主要介绍系统漏洞的修补与查杀病毒的方法。

15.1.1 修补系统漏洞

系统本身的漏洞是重大隐患之一，用户必须要及时修复系统的漏洞。下面以 360 安全卫士修复系统漏洞为例进行介绍，具体的操作步骤如下。

1 打开软件

打开 360 安全卫士软件，在其主界面中单击【查杀修复】图标按钮。

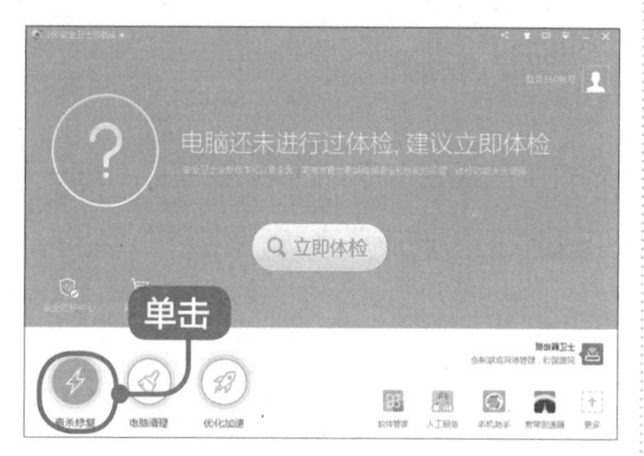

2 漏洞修复

单击【漏洞修复】图标按钮。

3 显示漏洞

软件扫描电脑系统后，即会显示电脑系统中存在的安全漏洞，单击【立即修复】按钮。

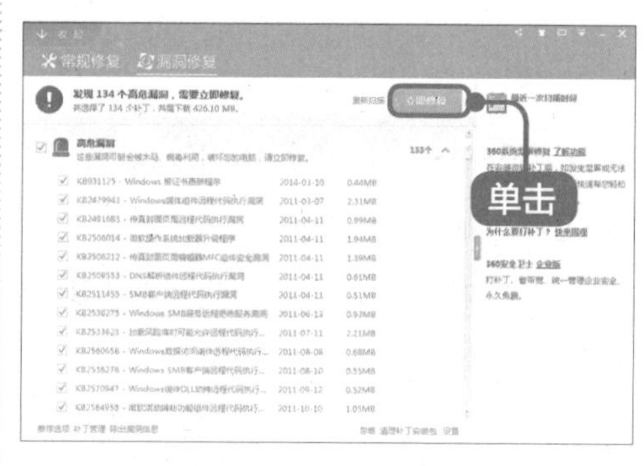

4 进入修复过程

此时，软件会进入修复过程，自行进行漏洞补丁下载及安装。有时系统漏洞修复完成后，会提示重启电脑，单击【立即重启】按钮，重启电脑即可完成系统漏洞的修复。

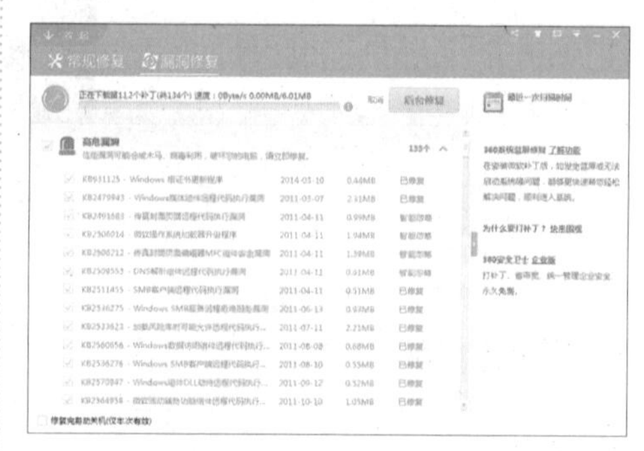

15.1.2 查杀电脑中的病毒

电脑感染病毒是很常见的，但是当遇到电脑故障的时候，很多用户不知道电脑是否是感染了病毒，即便知道了是病毒故障，也不知道该如何查杀病毒。下面以360杀毒软件为例，介绍查杀病毒的操作步骤。

1 打开360杀毒软件

打开360杀毒软件，单击【快速扫描】按钮。

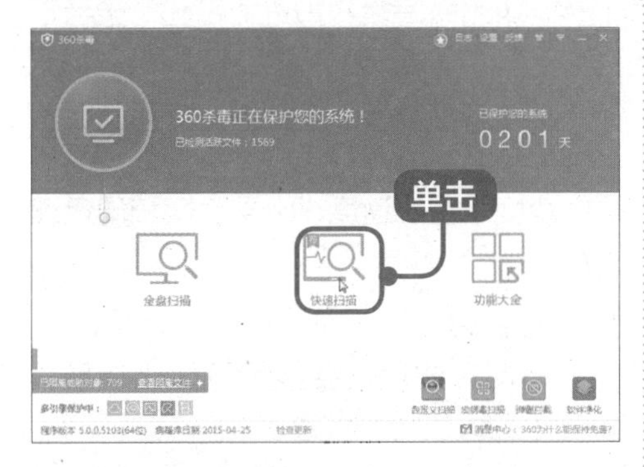

2 进行病毒查杀

软件只对系统设置、常用软件、内存及关键系统位置等进行病毒查杀。

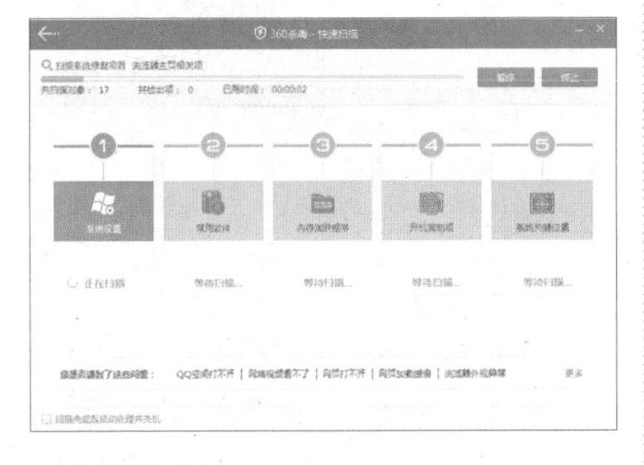

3 查杀结束

查杀结束后，如果未发现病毒，系统会提示“本次扫描未发现任何安全威胁”。

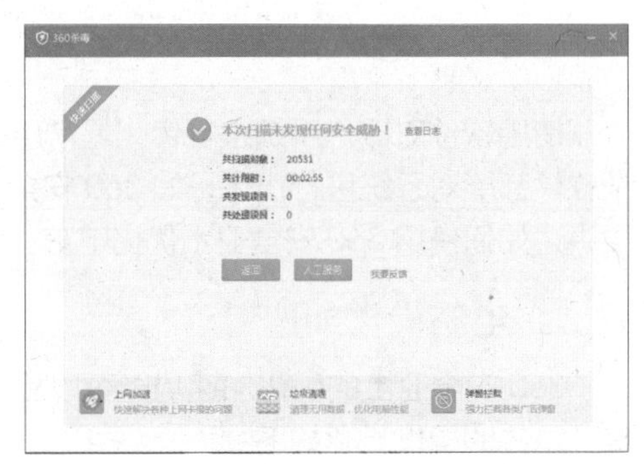

4 选中威胁对象

如果发现安全威胁，单击选中威胁对象，再单击【立即处理】按钮，360杀毒软件将自动处理病毒文件。处理完成后，单击【确认】按钮，完成本次病毒查杀。

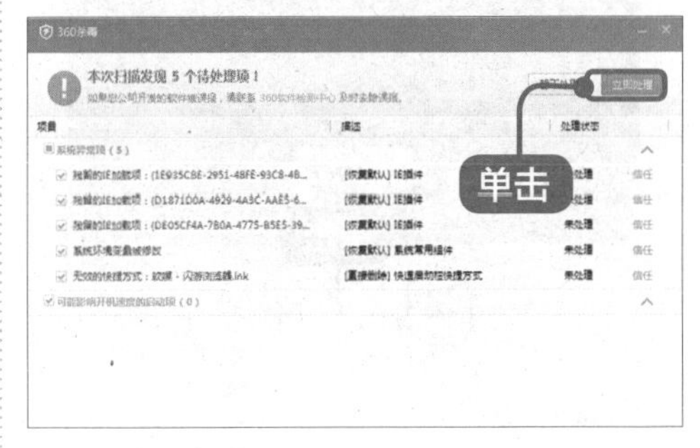

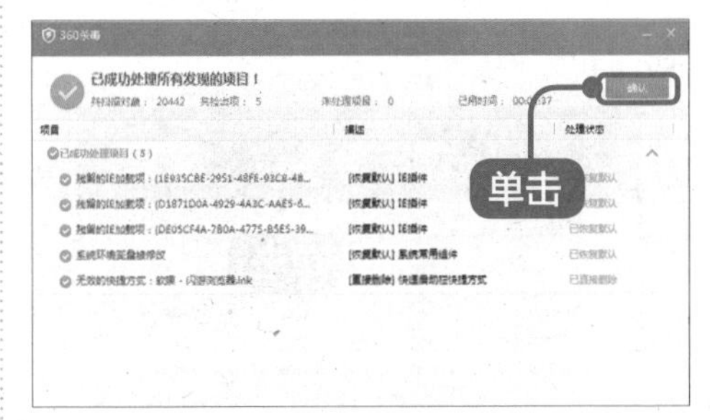

另外，用户还可以使用全面扫描和自定义扫描，对电脑进行病毒检测与查杀。

15.2 实例 2——使用 360 安全卫士优化电脑

本节视频教学时间 / 4 分钟

使用软件对操作系统进行优化是常用的优化系统的方式之一。目前，网络上有多种软件都能对系统进行优化，如 360 安全卫士、腾讯电脑管家、百度卫士等，本节主要讲述如何使用 360 安全卫士优化电脑。

15.2.1 电脑优化加速

360 安全卫士的优化加速功能可以提升开机速度、系统速度、上网速度和硬盘速度，具体的操作步骤如下。

1 优化加速

双击桌面上的【360 安全卫士】快捷图标，打开【360 安全卫士】主窗口，单击【优化加速】图标。

2 开始扫描

进入【优化加速】界面，单击【开始扫描】按钮。

3 立即优化

扫描完成后，会显示可优化选项，单击【立即优化】按钮。

4 选择优化项

弹出【一键优化提醒】对话框，勾选需要优化的选项。如需要全部优化，单击【全选】按钮；如需要进行部分优化，选择需要优化的项目前的复选框，然后单击【确认优化】按钮。

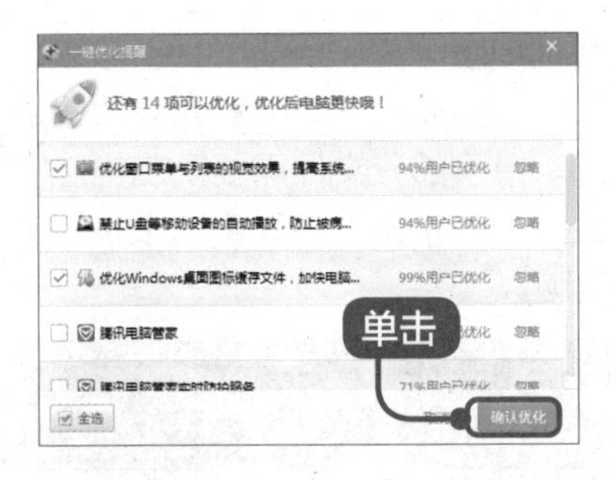

5 优化完成

对所选项目优化完成后，即可提示优化的项目及优化提升效果，如下图所示。

6 360 加速球

单击【运行加速】按钮，弹出【360 加速球】对话框，在该对话框中对可关闭程序、上网管理、电脑清理等进行管理。

15.2.2 给系统盘瘦身

如果系统盘可用空间太小，则会影响系统的正常运行，本节主要讲述使用 360 安全卫士的【系统盘瘦身】功能，释放系统盘空间。

1 单击【更多】超链接

双击桌面上的【360 安全卫士】快捷图标，打开【360 安全卫士】主窗口，单击窗口右下角的【更多】超链接。

2 单击【添加】按钮

进入【全部工具】界面，在【系统工具】类别下，将鼠标指针移至【系统盘瘦身】图标上，单击显示的【添加】按钮。

3 立即瘦身

工具添加完成后，打开【系统盘瘦身】工具，单击【立即瘦身】按钮，即可进行优化。

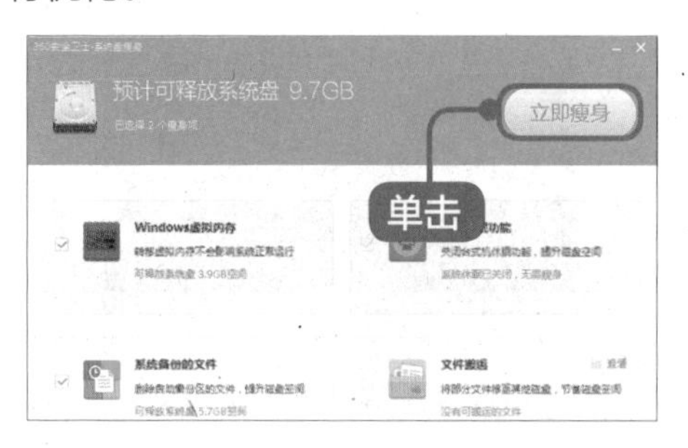

4 重启电脑

优化完成后，即可看到释放的磁盘空间。由于部分文件需要重启电脑后才能生效，故单击【立即重启】按钮，重启电脑。

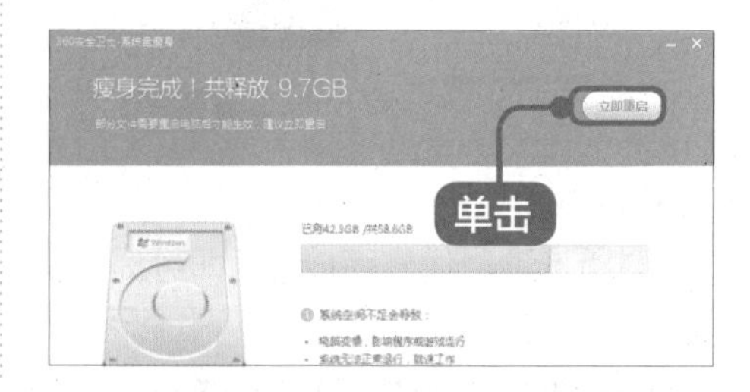

15.3 实例 3——一键备份与还原系统

本节视频教学时间 / 4 分钟

虽然 Windows 10 操作系统中自带了备份工具，但操作较为麻烦，下面介绍一种快捷的备份和还原系统的方法——使用 GHOST 备份和还原。

15.3.1 一键备份系统

使用一键 GHOST 备份系统的操作步骤如下。

1 单击【备份】按钮

下载并安装一键 GHOST 后，即可打开【一键恢复系统】对话框，此时一键 GHOST 开始初始化。初始化完毕后，将自动选择【一键备份系统】单选项，单击【备份】按钮。

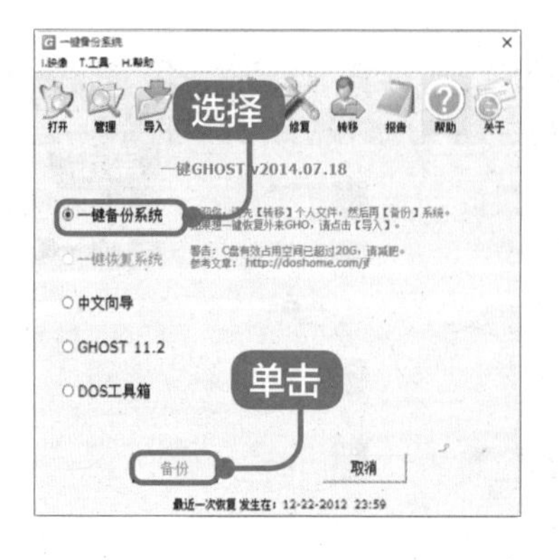

2 单击【确定】按钮

打开【一键 Ghost】提示框，单击【确定】按钮。

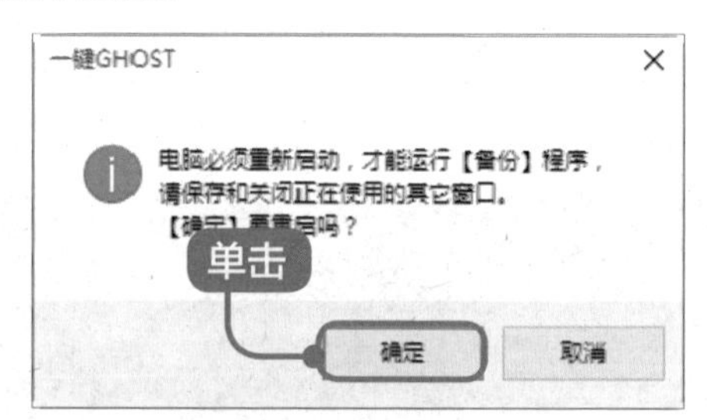

3 启动一键 GHOST

系统开始重新启动，并自动弹出 GRUB4DOS 菜单，在其中选择第 1 个选项，表示启动一键 GHOST。

4 选择第一个选项

系统自动选择完毕后，接下来会弹出【MS-DOS 一级菜单】界面，在其中选择第 1 个选项，表示在 DOS 安全模式下运行 GHOST 11.2。

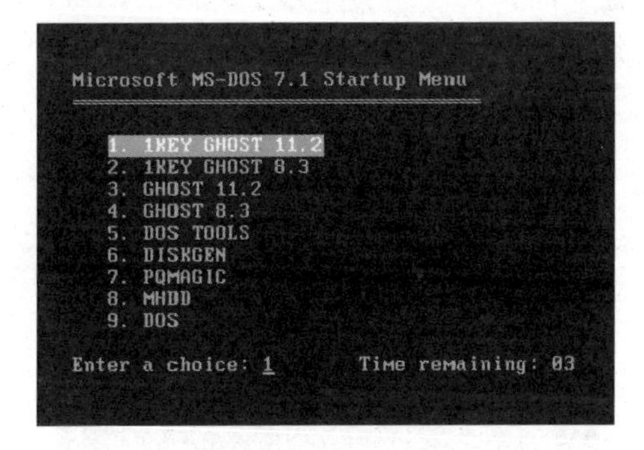

5 选择第一个选项

选择完毕后，接下来会弹出【MS-DOS 二级菜单】界面，在其中选择第一个选项，表示支持 IDE、SATA 兼容模式。

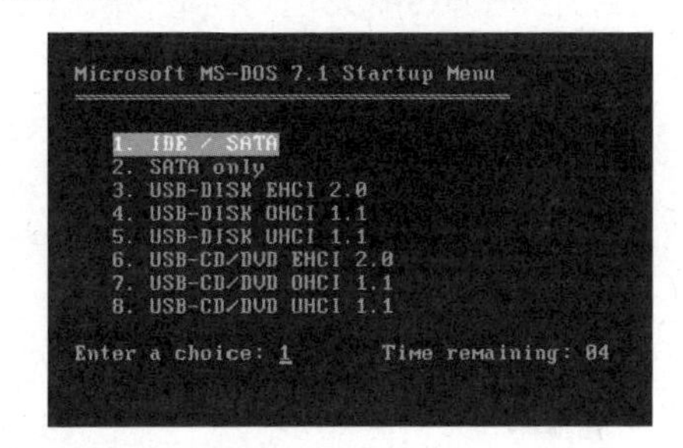

6 选择【备份】按钮

根据 C 盘是否存在映像文件，将会从主窗口自动进入【一键备份系统】警告窗口，提示用户开始备份系统，单击【备份】按钮。

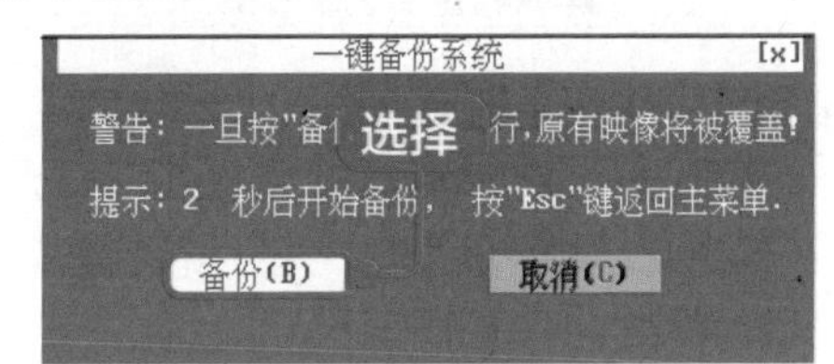

7 开始备份系统

此时，开始备份系统，如下图所示。

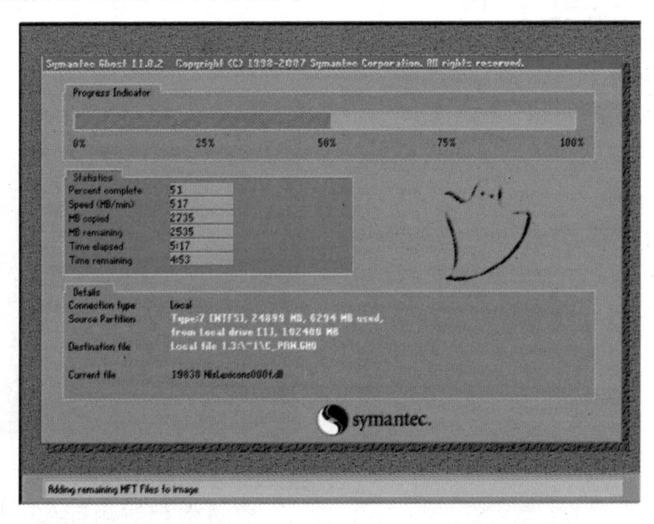

15.3.2 一键还原系统

使用一键GHOST还原系统的操作步骤如下。

1 单击【恢复】按钮

打开【一键GHOST】对话框，单击【恢复】按钮。

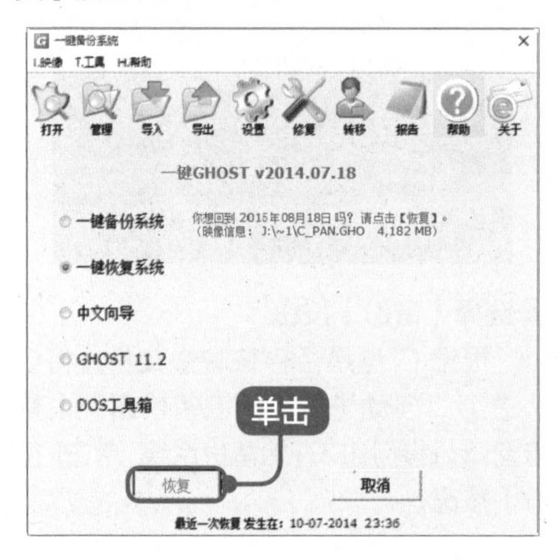

2 单击【确定】按钮

打开【一键GHOST】对话框，提示用户电脑必须重新启动，才能运行【恢复】程序，单击【确定】按钮。

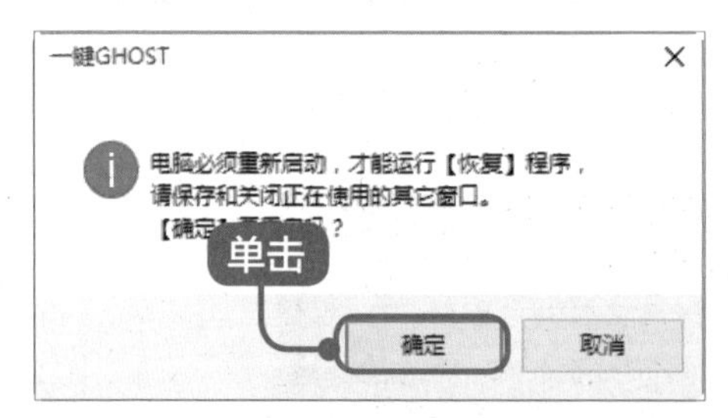

3 选择第一个选项

系统开始重新启动，并自动弹出GRUB4DOS菜单，在其中选择第一个选项，表示启动一键GHOST。

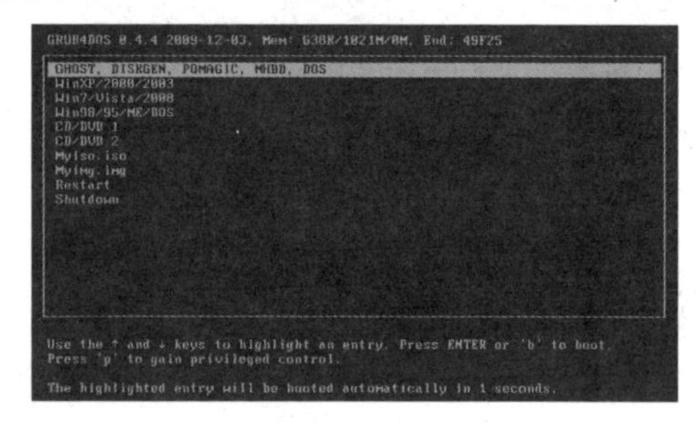

4 选择第一个选项

系统自动选择完毕后，接下来会弹出【MS-DOS一级菜单】界面，在其中选择第一个选项，表示在DOS安全模式下运行GHOST 11.2。

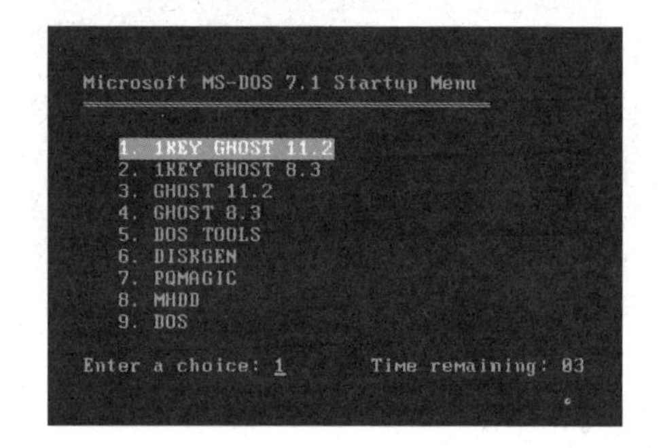

5 选择第一个选项

选择完毕后，接下来会弹出【MS-DOS二级菜单】界面，在其中选择第一个选项，表示支持IDE、SATA兼容模式。

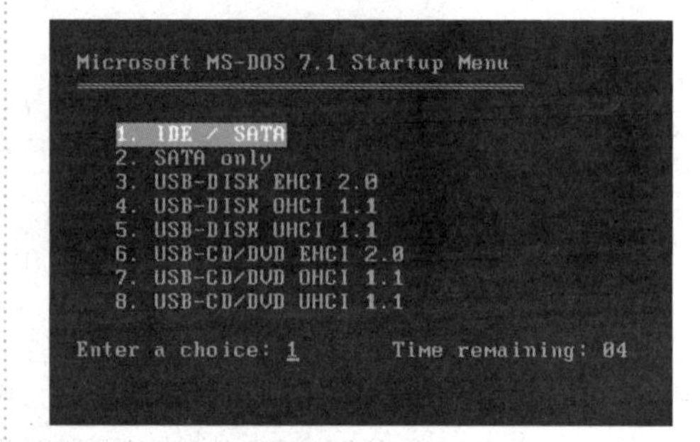

6 选择【恢复】按钮

根据C盘是否存在映像文件，将会

从主窗口自动进入【一键恢复系统】警告窗口，提示用户开始恢复系统。单击【恢复】按钮，即可开始恢复系统。

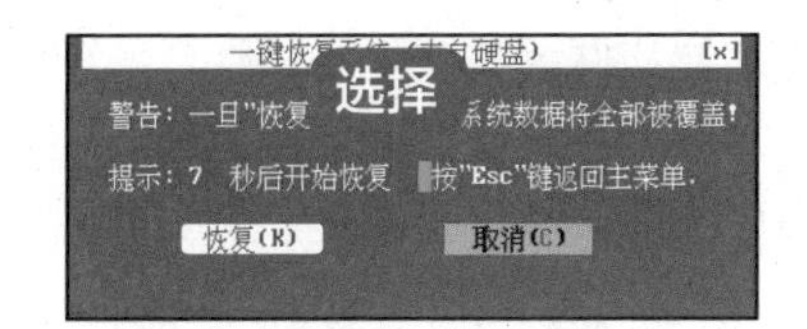

7 开始恢复系统

此时，开始恢复系统，如下图所示。

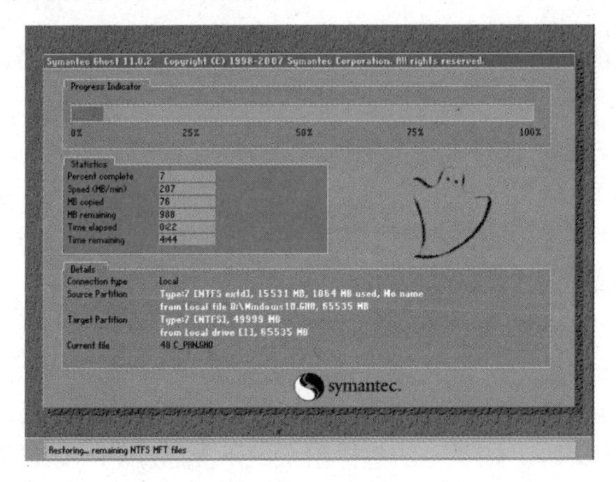

8 恢复成功

在系统还原完毕后，将弹出一个信息提示框，提示用户恢复成功，单击【Reset Computer】按钮重启电脑，然后选择从硬盘启动，即可将系统恢复到以前的系统。至此，就完成了使用 GHOST 工具还原系统的操作。

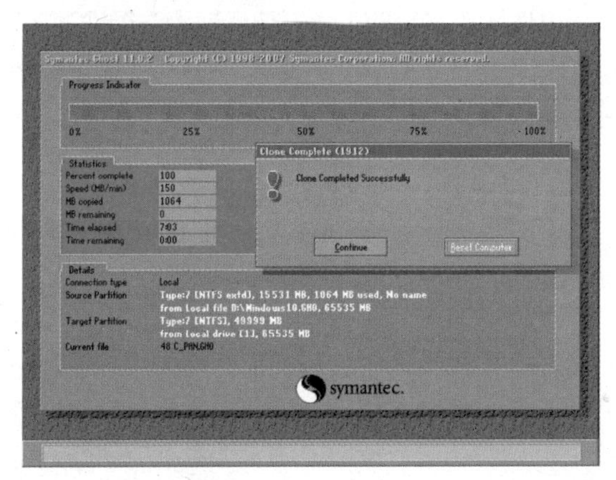

15.4 实例 4——重装系统

本节视频教学时间 / 5 分钟

由于种种原因，如用户误删除系统文件、病毒程序将系统文件破坏等，导致系统中的重要文件丢失或受损，甚至系统崩溃无法启动，此时就不得不重装系统了。另外，有些时候，系统虽然能正常运行，但是却经常出现不定期的错误提示，甚至系统修复之后也不能消除这一问题，那么此时也必须重装系统。

15.4.1 什么情况下重装系统

具体来讲，当系统出现以下 3 种情况之一时，就必须考虑重装系统了。

（1）系统运行变慢

系统运行变慢的原因有很多，如垃圾文件分布于整个硬盘而又不便于集中清理和自动清理，或者是电脑感染了病毒或其他恶意程序而无法被杀毒软件清理等。这样就需要对磁盘进行格式化处理并重装系统了。

（2）系统频繁出错

众所周知，操作系统是由很多代码和程序组成的，在操作过程中可能由于误删除某个文件或者是被恶意代码改写等原因，致使系统出现错误，此时如果该故障不便于准确定位或轻易解决，就需要考虑重装系统了。

（3）系统无法启动

导致系统无法启动的原因有很多，如 DOS 引导出现错误、目录表被损坏或系统文件“Nyfs.sys”丢失等。如果无法查找出系统不能启动的原因或无法修复系统以解决这一问题时，就需要重装系统。

另外，一些电脑爱好者为了能使电脑在最优的环境下工作，也会经常定期重装系统，这样就可以为系统“减肥”。但是，不管是哪种情况下重装系统，重装系统的方式都有两种，一种是覆盖式重装，另一种是全新重装。前者是在原操作系统的基础上进行重装，其优点是可以保留原系统的设置，缺点是无法彻底解决系统中存在的问题。后者则是对系统所在的分区重新格式化，其优点是彻底解决系统的问题。因此，在重装系统时，建议选择全新重装。

15.4.2 重装前应注意的事项

在重装系统之前，用户需要做好充分的准备，以避免重装之后造成数据的丢失等严重后果。那么在重装系统之前应该注意哪些事项呢？

（1）备份数据

在因系统崩溃或出现故障而准备重装系统前，首先应该想到的是备份好自己的数据。这时，一定要静下心来，仔细罗列一下硬盘中需要备份的资料，把它们一项一项地写在一张纸上，然后逐一对照进行备份。如果硬盘不能启动，这时需要考虑用其他启动盘启动系统，然后拷贝自己的数据，或将硬盘挂接到其他电脑上进行备份。但是，最好的办法是在平时就养成备份重要数据的习惯，这样就可以有效避免硬盘数据不能恢复的现象。

（2）格式化磁盘

重装系统时，格式化磁盘是解决系统问题最有效的办法，尤其是在系统感染病毒后，最好不要只格式化C盘，如果有条件将硬盘中的数据全部备份或转移，尽量将整个硬盘都进行格式化，以保证新系统的安全。

（3）牢记安装序列号

安装序列号相当于一个人的身份证号，标识这个安装程序的身份。如果不小心丢掉自己的安装序列号，那么在重装系统时，如果采用的是全新安装，安装过程将无法进行下去。正规的安装光盘的序列号会在软件说明书中或光盘封套的某个位置上。但是，如果用的是某些软件合集光盘中提供的测试版系统，那么，这些序列号可能是存在于安装目录中的某个说明文本中，如SN.TXT等文件。因此，在重装系统之前，首先将序列号读出并记录下来，以备稍后使用。

15.4.3 重新安装系统

如果系统不能正常运行，就需要重新安装系统。重装系统就是重新将系统安装一遍，下面以Windows 10为例，简单介绍重装的方法。

> **提示**
> 如果不能正常进入系统，可以使用U盘、DVD等重装系统，具体操作可参照第2章。

1 接受许可条款

直接运行目录中的setup.exe文件，在许可协议界面，单击选中【我接受许可条款】复选框，并单击【接受】按钮。

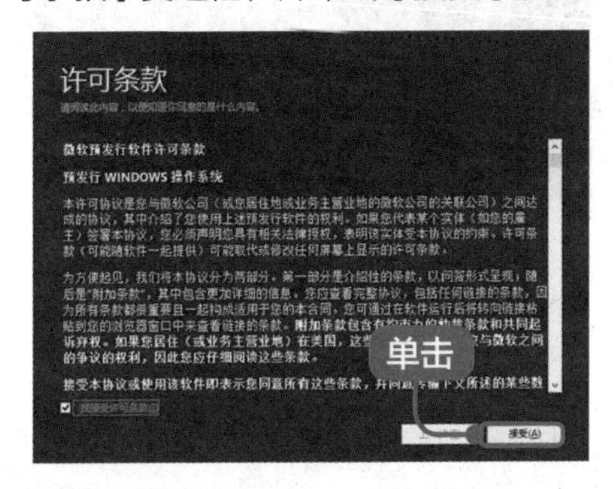

2 检查安装环境界面

进入【正在确保你已准备好进行安装】界面，检查安装环境，检测完成后，单击【下一步】按钮。

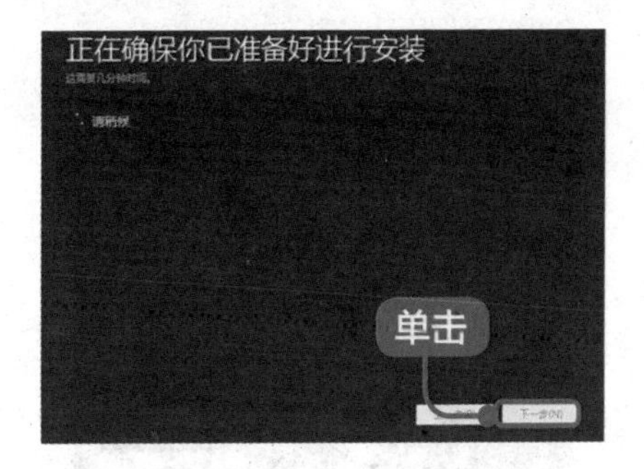

3 查看注意事项

进入【你需要关注的事项】界面，在该界面可以看到注意事项，单击【确认】按钮，然后单击【下一步】按钮。

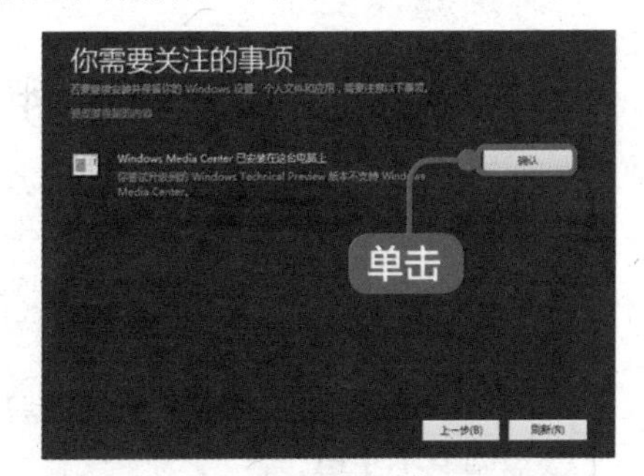

4 单击【安装】按钮

如果没有需要注意的事项，则会出现下图所示界面，单击【安装】按钮即可。

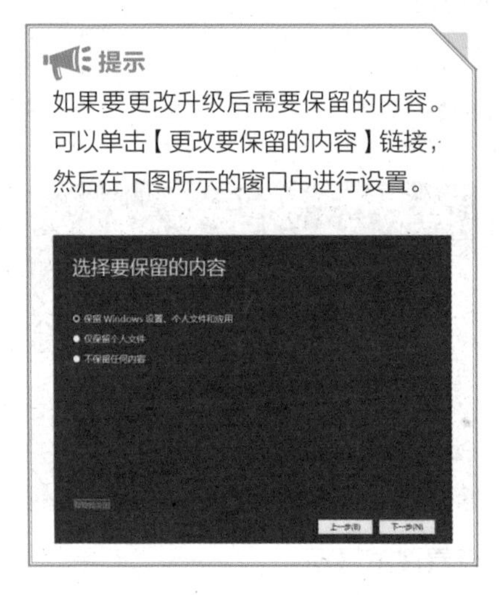

提示

如果要更改升级后需要保留的内容。可以单击【更改要保留的内容】链接，然后在下图所示的窗口中进行设置。

5 开始重装 Windows 10

即可开始重装 Windows 10，并显示【安装 Windows 10】界面。

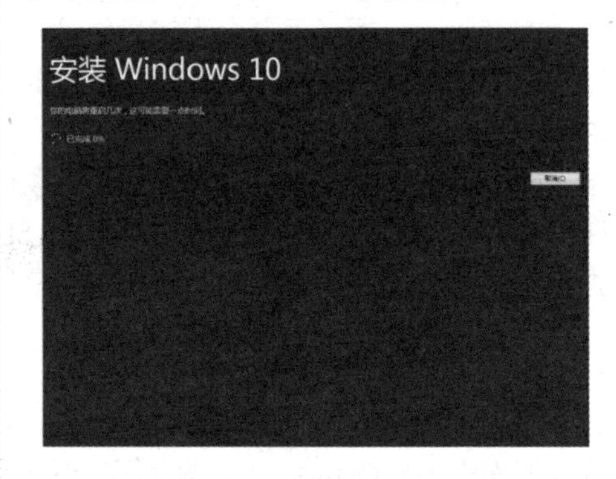

6 完成重装

电脑会重启几次后，即可进入 Windows 10 界面，表示完成重装。

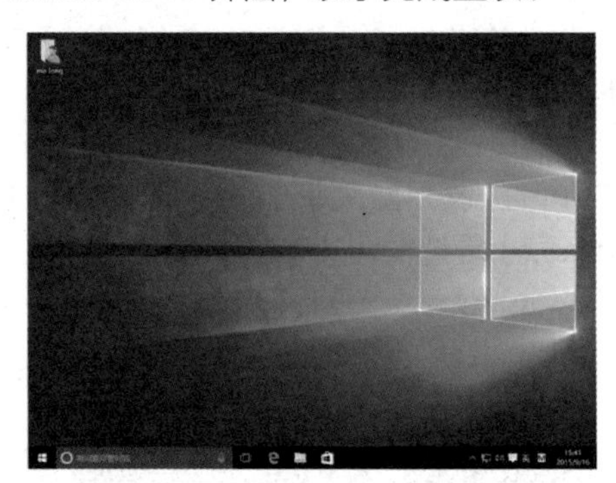

高手私房菜

技巧 • 转移系统盘重要资料和软件

如果使用了【系统盘瘦身】功能后，系统盘可用空间还是偏小，可以尝试转移系统盘重要资料和软件，腾出更大的空间。下面使用【C 盘搬家】小工具转移资料和软件，具体的操作步骤如下。

1 添加【C 盘搬家】工具

进入 360 安全卫士的【全部工具】界面，在【实用小工具】类别下，添加【C 盘搬家】工具。

2 勾选资料

添加完毕后，打开该工具。在【重要资料】选项卡下，勾选需要搬移的重要资料，单击【一键搬资料】按钮。

> **提示**
>
> 如果需要修改重要资料和软件，选中搬移的目标文件，单击窗口下面的【更改】按钮修改即可。

3 单击【继续】按钮

弹出【360 C 盘搬家】提示框，单击【继续】按钮。

4 提示搬移情况

此时，即可对所选重要资料进行搬移，搬移完成后，提示搬移的情况，如下图所示。

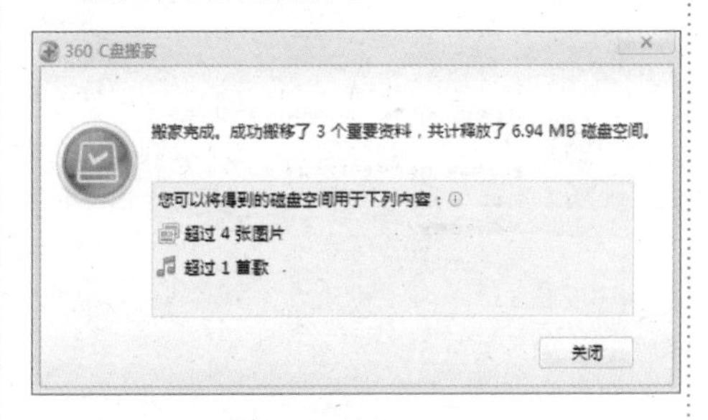

5 勾选搬移的软件

单击【关闭】按钮，选择【C盘软件】选项卡，即可看到 C 盘中安装的软件。软件默认勾选建议搬移的软件，用户也可以自行选择搬移的软件，在软件名称前，勾选复选框即可。选择完毕后，单击【一键搬软件】按钮。

6 单击【继续】按钮

弹出【360 C 盘搬家】提示框，单击【继续】按钮。

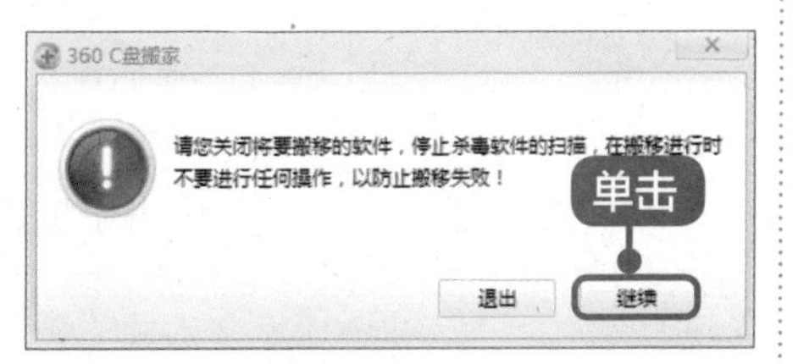

7 进行软件搬移

此时，即可进行软件搬移，搬移完成后即可看到释放的磁盘空间。

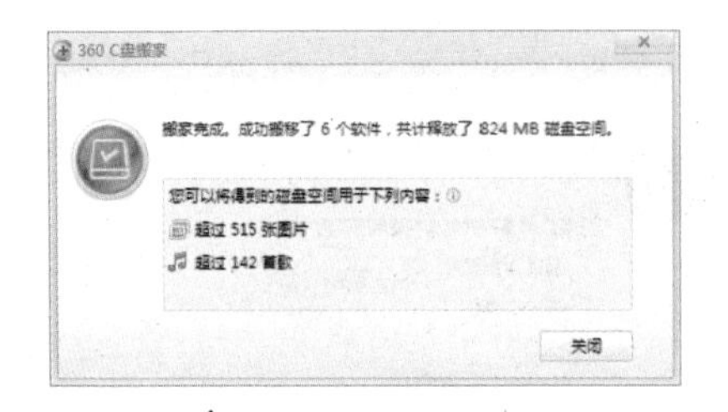

按照上述方法，用户也可以搬移 C 盘中的大型文件。另外，除了讲述的小工具，用户还可以使用【查找打文件】、【注册表瘦身】、【默认软件】等工具优化电脑，此处不再一一赘述，用户可以进行有需要的添加和使用。

第 16 章

办公实战秘技

本章视频教学时间 / 23 分钟

重点导读

通过前面内容的学习，相信读者已经掌握了电脑办公的主要操作，通过后续工作中的使用与积累，这些操作会更为熟练。在本书的最后，为读者提供了几个办公实战秘技，以提高读者的办公效率。

学习效果图

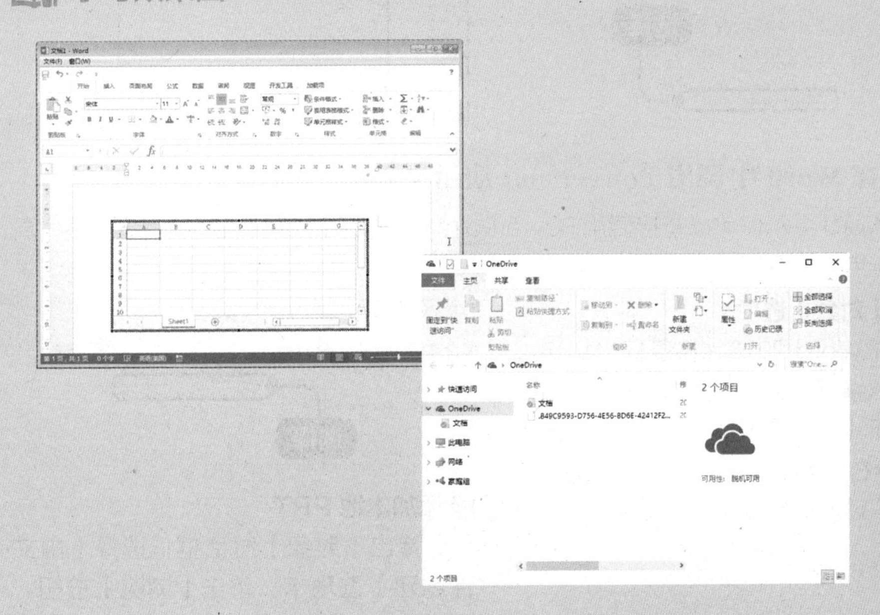

16.1 实例 1——Office 组件间的协作

本节视频教学时间 / 10 分钟

在使用比较频繁的办公软件中，Word、Excel 和 PowerPoint 之间可以通过资源共享和相互调用提高工作效率。

16.1.1 在 Word 中创建 Excel 工作表

在 Word 2013 中可以创建 Excel 工作表，这样不仅可以使文档的内容更加清晰、表达的意思更加完整，而且可以节约制表时间，具体的操作步骤如下 。

1 选择【Excel 电子表格】选项

打开 Word 2013，将鼠标光标定位在需要插入表格的位置，单击【插入】选项卡下【表格】组中的【表格】按钮，在弹出的下拉列表中选择【Excel 电子表格】命令。

2 输入数据

返回 Word 文档，即可看到插入的 Excel 电子表格，双击插入的电子表格，即可进入工作表的编辑状态，在该表格中输入所需的数据。

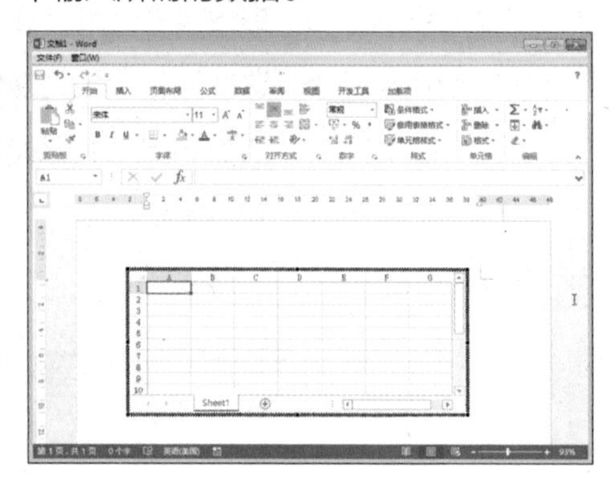

16.1.2 在 Word 中调用 PowerPoint 演示文稿

在 Word 中不仅可以直接调用 PowerPoint 演示文稿，还可以播放演示文稿，具体的操作步骤如下。

1 选择【对象】选项

打开 Word 2013，将鼠标光标定位在要插入演示文稿的位置，在【插入】选项卡下【文本】组中，单击【对象】按钮 对象 右侧的下拉按钮，在弹出的列表中选择【对象】命令。

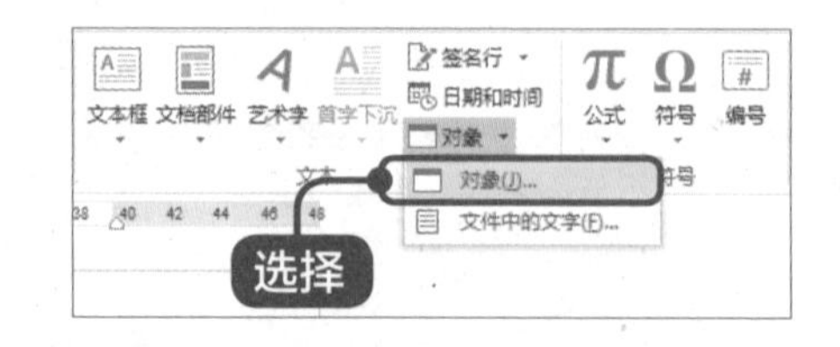

2 添加本地 PPT

弹出【对象】对话框，选择【由文件创建】选项卡，单击【浏览】按钮，即可添加本地的 PPT。

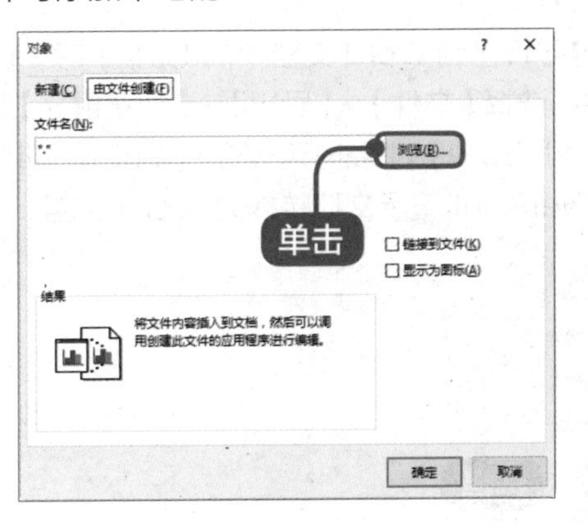

> **提示**
> 插入 PowerPoint 演示文稿后，在演示文稿中单击鼠标右键，在弹出的快捷菜单中选择【"演示文稿"对象】▶【显示】命令，弹出【Microsoft PowerPoint】对话框，单击【确定】按钮，即可播放幻灯片。

16.1.3 在 Excel 中调用 PowerPoint 演示文稿

在 Excel 2013 中调用 PowerPoint 演示文稿的具体操作步骤如下 。

1 单击【对象】按钮

新建一个 Excel 工作表，单击【插入】选项卡下【文本】组中【对象】按钮。

2 播放插入的演示文稿

弹出【对象】对话框，选择【由文件创建】选项卡，单击【浏览】按钮，选择要插入的 PowerPoint 演示文稿。插入 PowerPoint 演示文稿后，双击插入的演示文稿，即可播放该演示文稿。

16.1.4 在 PowerPoint 中调用 Excel 工作表

在 PowerPoint 2013 中调用 Excel 工作表的具体操作步骤如下 。

1 单击【对象】按钮

打开 PowerPoint 2013，选择要调用 Excel 工作表的幻灯片，单击【插入】选项卡下【文本】组中的【对象】按钮，弹出【插入对象】对话框，选择【由文件创建】单选项，然后单击【浏览】按钮。

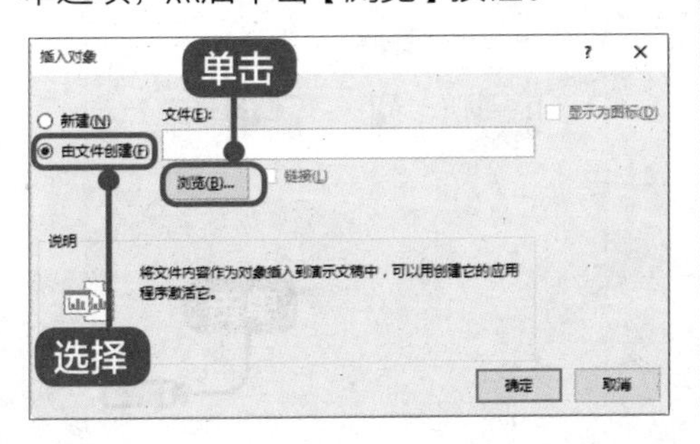

2 插入 Excel 表格

在弹出的【浏览】对话框中选择要插入的 Excel 工作表，然后单击【确定】按钮，返回【插入对象】对话框，单击【确定】按钮。此时就在演示文稿中插入了 Excel 表格，双击该表格，即可进入编辑状态，调整表格的大小。

16.1.5 将 PowerPoint 转换为 Word 文档

用户可以将 PowerPoint 演示文稿中的内容转化到 Word 文档中，以方便阅读、打印和检查。在打开的 PowerPoint 演示文稿中，选择【文件】➢【导出】➢【创建讲义】➢【创建讲义】命令，在弹出的【发送到 Microsoft Word】对话框中，选择【只使用大纲】单选项，然后单击【确定】按钮，即可将 PowerPoint 演示文稿转换为 Word 文档。

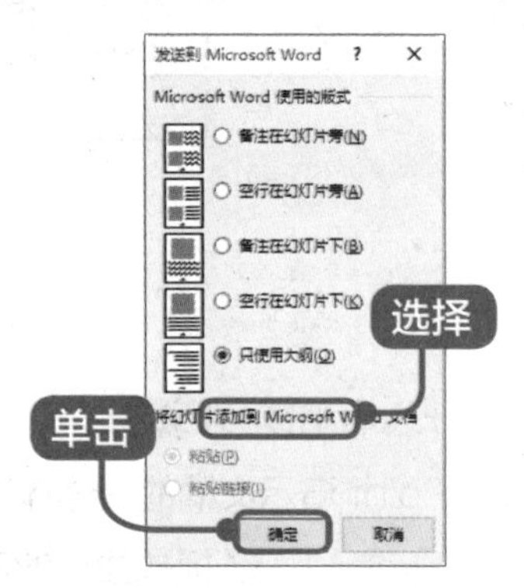

16.2 实例 2——使用 OneDrive 同步数据

本节视频教学时间 / 5 分钟

OneDrive 是微软公司推出的一款个人文件存储工具，也叫网盘，支持电脑端、网页版和移动端访问网盘中存储的数据，还可以借助 OneDrive for Business，将用户的工作文件与其他人共享，并与他们进行协作。Windows 10 操作系统中集成了桌面版 OneDrive，可以方便地进行上传、复制、粘贴、删除文件或文件夹等操作。本节主要介绍如何使用 OneDrive 同步数据。

1 账户设置

单击任务栏中的【OneDrive】图标，或在【此电脑】窗口中单击【OneDrive】命令，弹出【欢迎使用 OneDrive】对话框，单击【开始】按钮，根据提示完成 Microsoft 账户的设置。

2 进行操作

设置完成后，OneDrive 图标变成白色云朵，在该图标上单击鼠标右键，在弹出的快捷菜单中选择【打开你的 OneDrive 文件夹】命令，打开【OneDrive】窗口，即可对文件或文件夹进行上传、复制、粘贴、删除、重命名等操作。

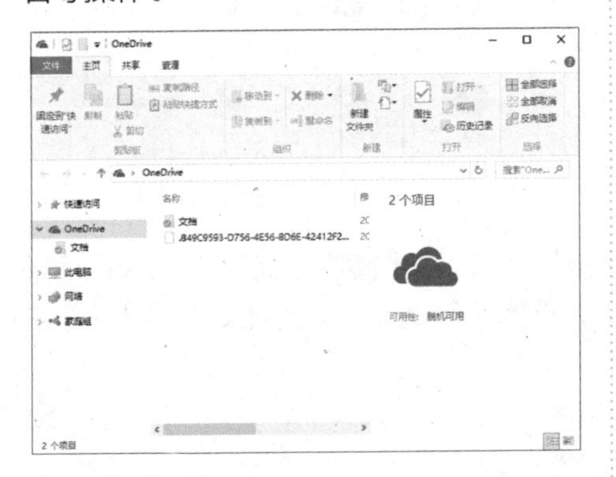

3 显示上传进度条

当进行操作时，OneDrive 即会自动同步，状态栏中的图标会显示为上传状态，单击该图标即会显示上传的进度条。

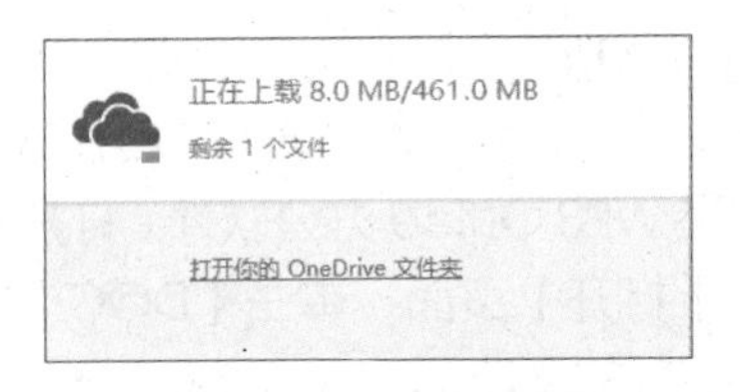

4 打开 OneDrive 设置对话框

用户也可以右键单击 OneDrive 图标，在弹出的快捷菜单中选择【设置】命令，即可打开 OneDrive 设置对话框，用户可以在该对话框中，进行 OneDrive 的常规设置、自动保存、同步文件夹，以及批量上传等设置。

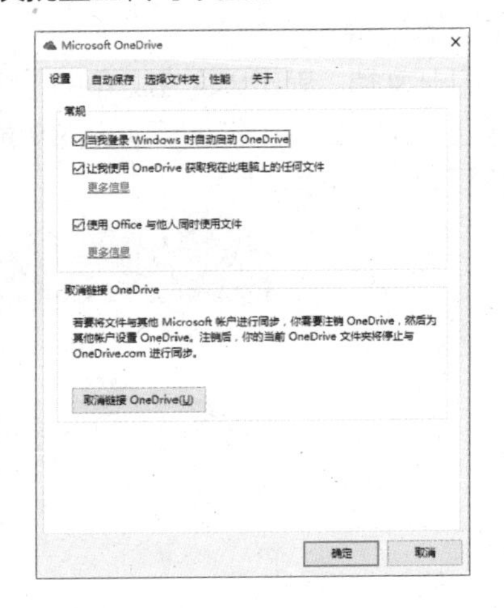

16.3 实例 3——使用手机 / 平板电脑办公

本节视频教学时间 / 6 分钟

随着移动信息产品的快速发展以及移动通信网络的普及，人们只需要一部智能手机或者平板电脑就可以随时随地进行办公，工作更加简单，更加方便了。

常用的 Office 办公软件有 WPS Office、Office 365，以及 iPad 端的 iWorks 系列办公套件。

16.3.1 修改文档

本节以 WPS Office 为例，介绍如何在手机和平板电脑上修改 Word 文档。

1 打开文档

将随书光盘中的“素材 \ch13\ 工作报告 .docx”文档传送到手机中，然后下载并安装 WPS Office 办公软件。打开 WPS Office，进入其主界面，单击【打开】按钮，进入【打开】页面，单击【DOC】图标，即可看到手机中所有的 Word 文档，单击要编辑的文档。

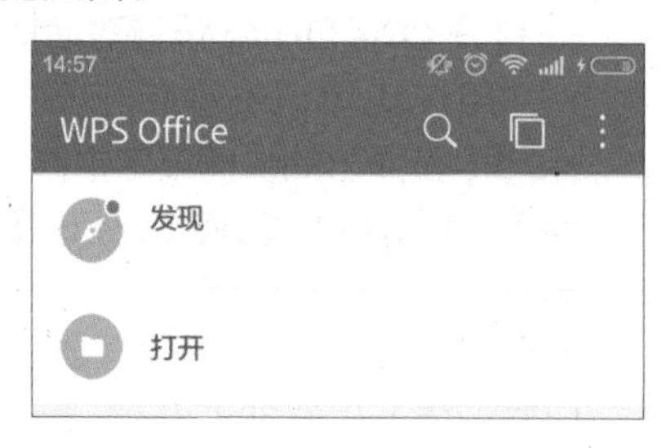

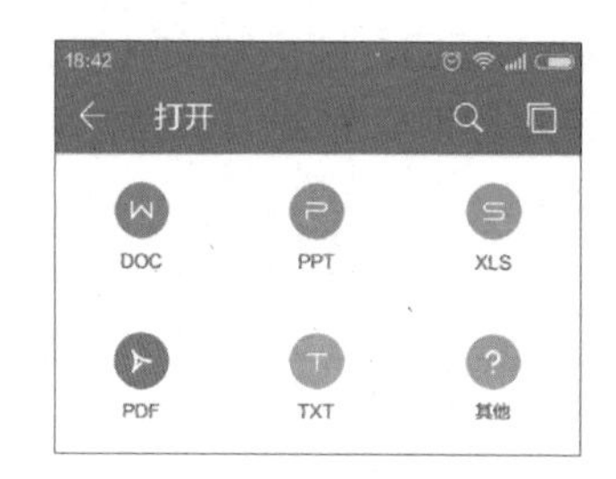

2 进入修订模式

打开文档，单击界面左上角的【编辑】按钮，进入文档编辑状态，然后单击底部的【工具】按钮，在底部弹出的功能区中，选择【审阅】➤【批注与修订】➤【进入修订模式】按钮。

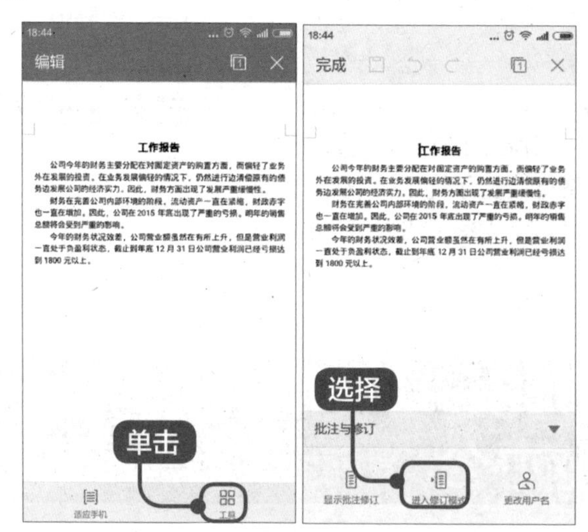

3 进行修改

进入修订模式后，长按手机屏幕，在弹出的提示框中，单击【键盘】按钮，对文本内容进行修改。修订完成之后，关闭键盘，修订后的效果如下图所示，将其保存即可。

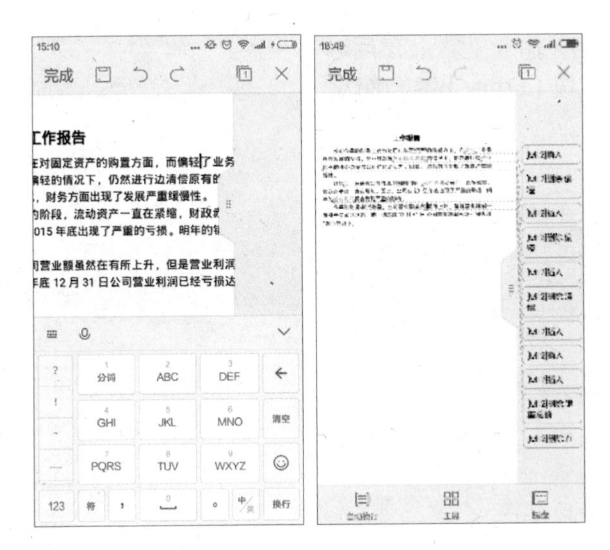

4 是否接受修订

若希望接受修订，单击【批注与修订】选项组中的【接受所有修订】按钮；如果要逐个审阅后确定是否接受修订，可以单击右侧的修订记录，显示【接受修订】和【拒绝修订】按钮。

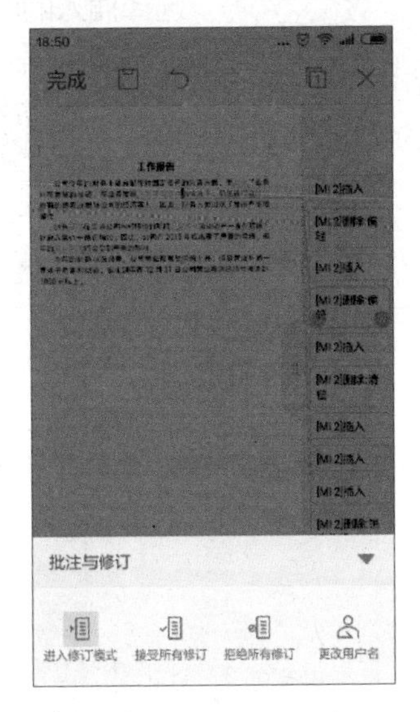

16.3.2 制作销售报表

本节以 WPS Office 为例，介绍如何在手机或平板电脑上制作销售报表。

1 计算结果

将随书光盘中的“素材 \ch13\ 销售报表 .xlsx”文档传送到手机或平板电脑中，在手机或平板电脑中打开该工作簿，选择 E3 单元格，单击【键盘】按钮，输入“=”，选择【C3】单元格，输入“*”，然后选择【D3】单元格，按【Enter】键↵确认，即可得出计算结果。

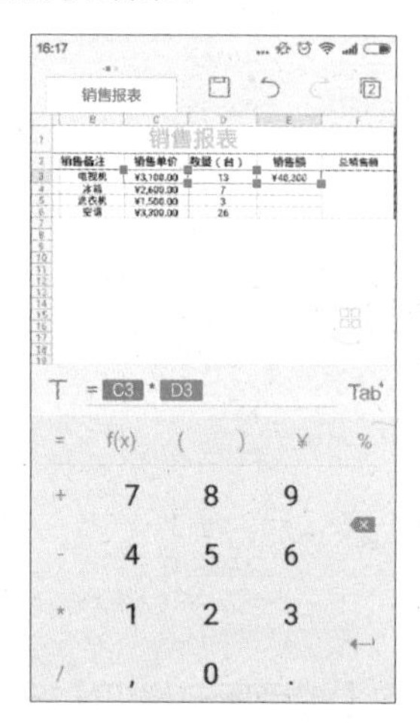

2 向下填充

选中 E3:E6 单元格区域，单击【工具】按钮，在底部弹出的功能区中，选择【单元格】➤【填充】➤【向下填充】按钮，即可得出 E4:E6 单元格区域的结果。

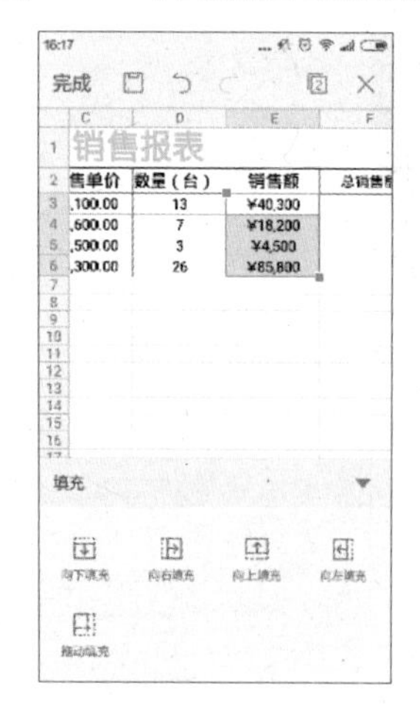

3 得出总销售额

选择 F3 单元格，打开键盘，单击【F(X)】键，选择【SUM】函数，然后选择 E3:E6 单元格区域，按【Enter】键↵，即可得出总销售额。

4 插入图表

单击【工具】按钮，在底部弹出的功能区中选择【插入】➤【图表】命令，选择插入的图表类型和样式，单击【确定】按钮即可插入图表。

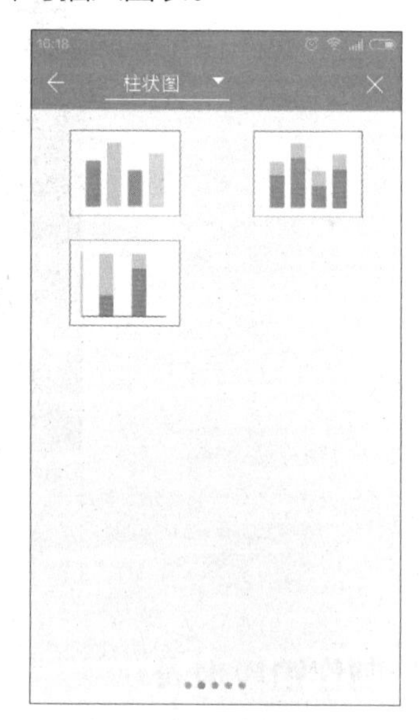

5 调整图表

插入的图表效果如下图所示，用户可以根据需求调整图表的位置和大小。

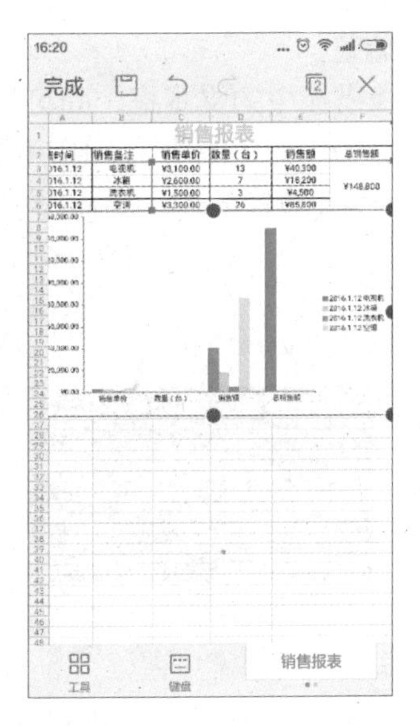

6 进行分享

单击【工具】按钮，在底部弹出的功能区中选择【文件】➤【分享】按钮，可以通过邮件、QQ、微信等将该文件发送给其他人。

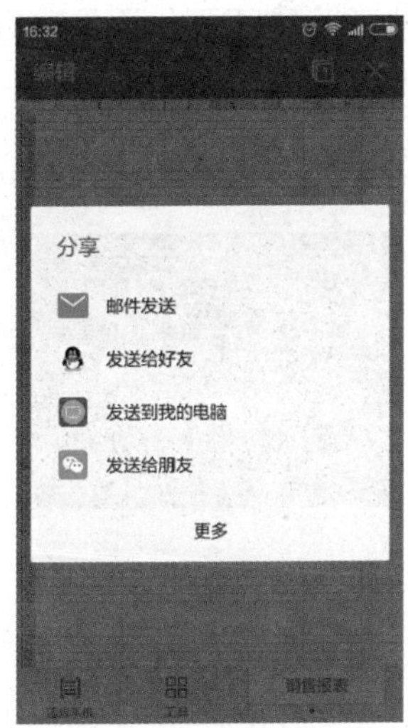

16.3.3 制作 PPT

本节以 WPS Office 为例，介绍如何在手机和平板电脑上创建并编辑 PPT。

1 选择【新建演示】选项

打开 WPS Office 软件，进入其主界面，单击右下角的【新建】按钮，在弹出的创建类型中选择【新建演示】选项。

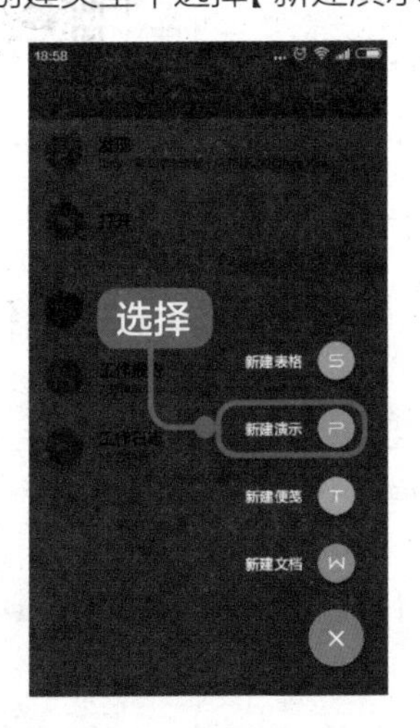

2 选择演示模板

进入【新建演示】页面，选择要创建的演示模板，如选择【工作报告】模板。

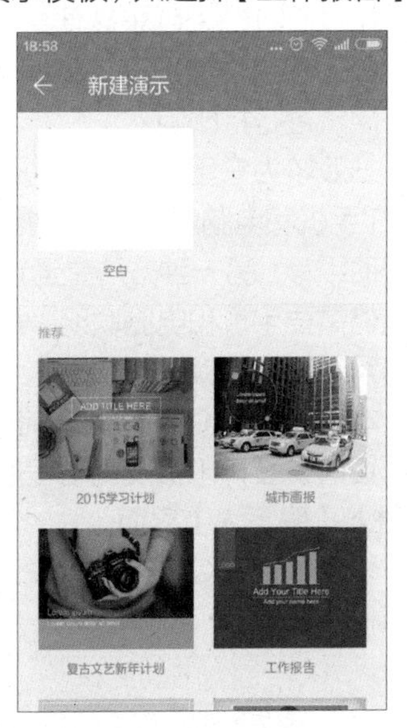

3 下载模板

手机或平板电脑即会在联网的情况下，下载并打开该模板，如下图所示。单击缩略图，即可打开不同页面的幻灯片。

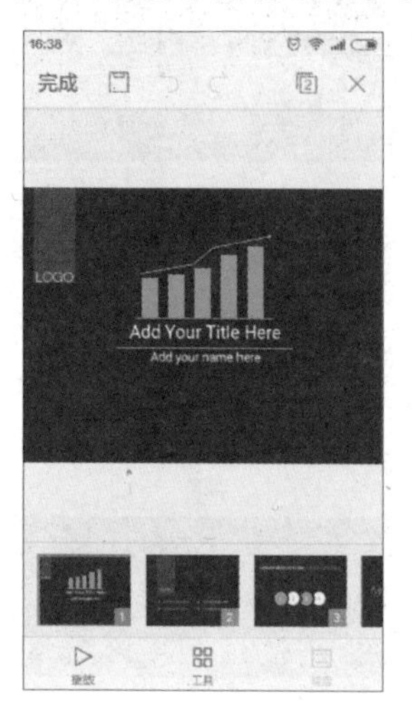

4 进行编辑

选择模板中的文本框，即可打开键盘进行编辑，如下图所示。用户可根据需要对模板进行修改，然后保存即可。

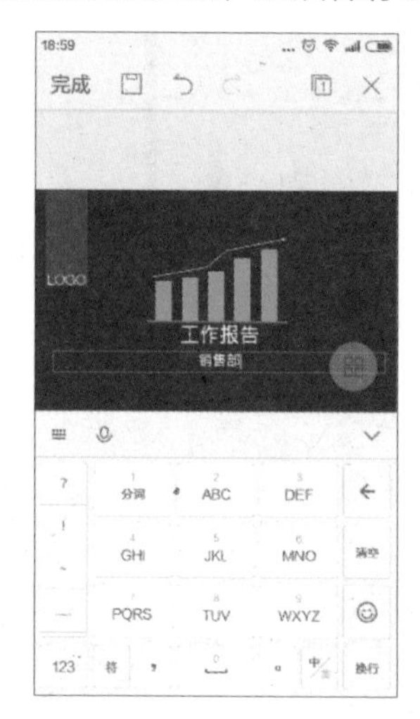

技巧 • 使用手机连接打印机打印文档

如今手机办公越来越便利，用户随时随地都可以处理文档和图片等。在这种情况下，将编辑好的文档，如何直接通过手机连接打印机进行打印呢?

一般较为常用的方法有两种：一种方法是手机和打印机同时连接同一个网络，在手机和电脑端分别安装打印机共享软件，实现打印机的共享，如打印工场、打印助手等；另一种方法是通过账号进行打印，该方法不局限于局域网的限制，但是仍需要手机和电脑联网，安装软件通过账号访问电脑端打印机并进行打印，最为常用的软件就是 QQ。

本技巧则以 QQ 为例，前提则需要手机端和电脑端同时登录 QQ，且电脑端已正确安装打印机及驱动程序，具体的操作步骤如下。

1 进入【联系人】界面

登录手机 QQ，进入【联系人】界面，单击【我的设备】分组下的【我的打印机】选项。

2 添加打印的文件

进入【我的打印机】界面，单击【打印文件】或【打印照片】按钮，添加打印的文件或照片。

3 进行打印

如果单击【打印文件】按钮，则显示【最近文件】界面，用户可选择最近手机访问的文件进行打印。

4 选择手机中的文件

如果最近文件列表中没有要打印的文件，则单击【全部文件】按钮，选择手机中要打印的文件，单击【确定】按钮。

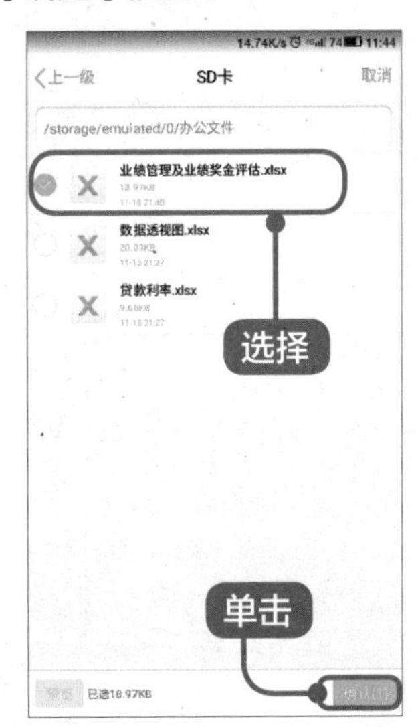

5 进行设置

进入【打印选项】界面，选择要使用的打印机、打印的份数、是否双面，设置完成后单击【打印】

按钮。

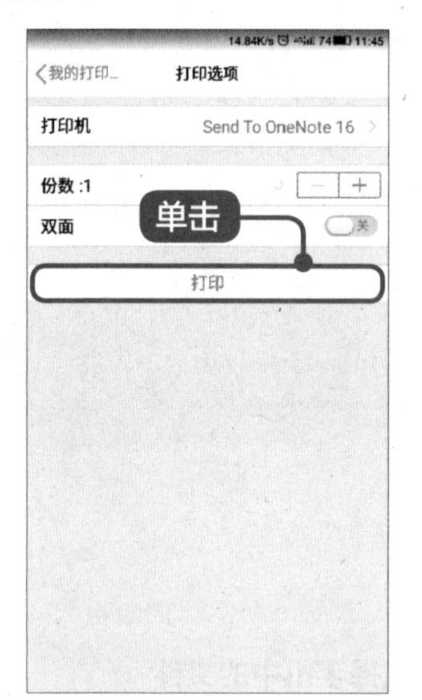

6 进行打印输出

返回到【我的打印机】界面，系统即会将该文件发送到打印机进行打印输出。